GraphPad Prism
图表可视化与统计数据分析
（视频教学版）

雍 杨 康巧昆 著

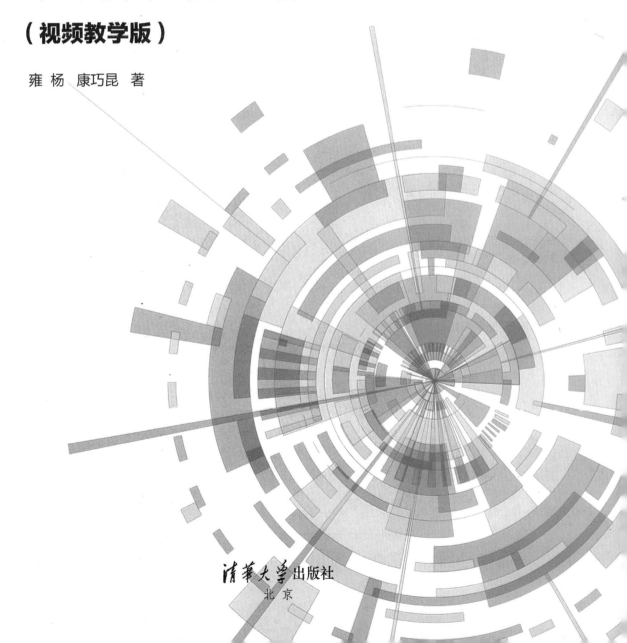

清华大学出版社
北京

内 容 简 介

本书以 GraphPad Prism 10 为平台,讲述统计分析软件 GraphPad Prism 的具体应用方法。在介绍本书内容的过程中,作者结合自己多年的工作经验及学习的通常心理,及时给出总结和相关提示,帮助读者快速掌握所学的知识。本书配套示例源文件、PPT 课件、教学视频、课程标准、教学大纲和教案。

本书共分 12 章,内容包括 GraphPad Prism 基础知识、工作表和单元格、数据输入和模拟、数据处理、图表数据可视化、图表格式设置与优化、图表图形修饰处理、试验数据分析、回归分析、推断性统计分析、一致性检验和生存分析。

本书既适合 GraphPad Prism 初学者、科学研究人员和统计分析工作者,也适合作为高等院校或高职高专院校生物、医学、统计学等相关专业的教材。

本书封面贴有清华大学出版社防伪标签,无标签者不得销售。
版权所有,侵权必究。举报: 010-62782989, beiqinquan@tup.tsinghua.edu.cn。

图书在版编目(CIP)数据

GraphPad Prism 图表可视化与统计数据分析 : 视频教学版 / 雍杨, 康巧昆著. -- 北京 : 清华大学出版社, 2025. 4.
ISBN 978-7-302-68646-0

Ⅰ. TP391.412

中国国家版本馆 CIP 数据核字第 2025YC6715 号

责任编辑:夏毓彦
封面设计:王 翔
责任校对:闫秀华
责任印制:杨 艳

出版发行:清华大学出版社
网　　址:https://www.tup.com.cn, https://www.wqxuetang.com
地　　址:北京清华大学学研大厦 A 座　　　邮　　编:100084
社 总 机:010-83470000　　　　　　　　　邮　　购:010-62786544
投稿与读者服务:010-62776969, c-service@tup.tsinghua.edu.cn
质 量 反 馈:010-62772015, zhiliang@tup.tsinghua.edu.cn

印 装 者:三河市天利华印刷装订有限公司
经　　销:全国新华书店
开　　本:190mm×260mm　　　印　张:27　　　字　数:728 千字
版　　次:2025 年 5 月第 1 版　　　　　　　印　次:2025 年 5 月第 1 次印刷
定　　价:119.00 元

产品编号:110409-01

前　　言

Graphpad Prism 是一款功能强大且简单易用的医学绘图分析软件，最初是为医学院校和制药公司的实验生物学家设计的，如今被各种生物学家、社会学家和物理科学家广泛使用。目前有超过 110 个国家的超过 20 万名科学家依靠 Graphpad Prism 来分析、绘制和展示他们的科学数据。

相对于其他统计绘图软件（例如 R 语言），Graphpad Prism 的绝对优势是可以直接输入原始数据，自动进行基本的数据统计，同时产生高质量的科学图表。

关于本书

本书编者结合自己多年的数据统计与分析领域的工作经验和教学经验，针对初级用户学习 Graphpad Prism 的难点和疑点，由浅入深、全面细致地讲解 Graphpad Prism 在数据统计与分析领域的各种功能和用法。书中很多实例本身就是数据统计与分析项目案例，经过编者精心提炼和改编，不仅保证了读者能够学好知识点，更重要的是能够帮助读者掌握实际的操作技能。

本书从全面掌握 Graphpad Prism 数据分析能力的角度出发，结合大量的案例来讲解如何利用 Graphpad Prism 进行数据统计与分析，旨在帮助读者掌握计算机辅助数据统计与分析的方法，并能够独立完成各种实际工作任务。

本书配套资源与技术支持

本书配套资源包含示例和练习源文件、PPT 课件、教学视频、课程标准、教学大纲和教案。读者可以用自己的微信扫描下面的二维码下载。

读者遇到有关本书的技术问题，可以按配套资源中给出的方法加入本书技术支持微信群，在群中直接留言，我们将尽快回复。

本书适合的读者

GraphPad Prism 软件拥有广泛的用户群体,包括大学、研究机构、医院、制药公司和生物科技公司等。本书既适合 GraphPad Prism 初学者、科学研究人员和统计分析工作者,也适合作为高等院校或高职高专院校生物、医学、统计学等相关专业的教材。

作者与鸣谢

本书作者是雍杨和康巧昆。本书虽经作者几易其稿,但由于时间仓促,加之水平有限,书中不足之处在所难免,望广大读者批评指正,作者将不胜感激。

本书的顺利出版离不开清华大学出版社老师们的帮助,在此表示感谢。

作 者
2025 年 1 月

目　　录

第 1 章　GraphPad Prism 基础知识 ·· 1
1.1　GraphPad Prism 简介 ·· 1
1.1.1　GraphPad Prism 的特点 ··· 1
1.1.2　GraphPad Prism 10 的新功能 ··· 2
1.2　启动 GraphPad Prism 10 ·· 4
1.3　GraphPad Prism 10 的工作界面 ·· 5
1.3.1　菜单栏 ··· 6
1.3.2　功能区 ··· 6
1.3.3　导航器 ··· 6
1.3.4　工作区 ··· 8
1.3.5　状态栏 ··· 8
1.4　"欢迎使用 GraphPad Prism"对话框 ·· 8
1.4.1　XY 表 ·· 8
1.4.2　列数据表 ··· 12
1.4.3　分组数据表 ··· 14
1.4.4　列联表 ·· 16
1.4.5　生存表 ·· 18
1.4.6　整体分解表 ··· 19
1.4.7　多变量表 ··· 21
1.4.8　嵌套表 ·· 22
1.5　项目的管理 ·· 24
1.5.1　新建项目 ··· 24
1.5.2　保存项目 ··· 26
1.5.3　合并项目 ··· 28
1.5.4　打开项目 ··· 29
1.5.5　关闭项目 ··· 30
1.6　工作表的管理 ·· 31
1.6.1　新建工作表 ··· 31
1.6.2　删除工作表 ··· 33
1.6.3　工作表的显示 ··· 34
1.6.4　关联工作表 ··· 35
1.7　操作实例——设计国民经济和社会发展结构指标项目 ····················· 36
1.7.1　创建项目 ··· 37
1.7.2　新建数据表和图表 ·· 39
1.7.3　新建数据表（不创建关联的图表）·· 40

第 2 章 工作表和单元格 ·················· 42

2.1 工作表的基本操作 ·················· 42
- 2.1.1 选择工作表 ·················· 42
- 2.1.2 切换工作表 ·················· 44
- 2.1.3 重命名工作表 ·················· 45
- 2.1.4 突出显示工作表 ·················· 46
- 2.1.5 移动工作表 ·················· 46
- 2.1.6 复制工作表 ·················· 49
- 2.1.7 克隆工作表 ·················· 49
- 2.1.8 冻结工作表 ·················· 51
- 2.1.9 搜索工作表 ·················· 52

2.2 认识单元格 ·················· 53
- 2.2.1 选定单元格区域 ·················· 53
- 2.2.2 插入单元格区域 ·················· 56
- 2.2.3 清除或删除单元格 ·················· 58
- 2.2.4 调整单元格列宽 ·················· 59

2.3 数据的基本操作 ·················· 60
- 2.3.1 数据输入 ·················· 61
- 2.3.2 设置数据格式 ·················· 64
- 2.3.3 数据显示处理 ·················· 65
- 2.3.4 对数据进行排序 ·················· 65

2.4 格式化数据表 ·················· 67
- 2.4.1 "表格式"选项卡 ·················· 68
- 2.4.2 "列标题"选项卡 ·················· 69
- 2.4.3 "子列标题"选项卡 ·················· 71

2.5 操作实例——国民经济和社会发展结构指标数据设计 ·················· 72

第 3 章 数据输入和模拟 ·················· 82

3.1 统计数据的类型 ·················· 82
3.2 获取数据 ·················· 83
- 3.2.1 填充序列数据 ·················· 83
- 3.2.2 复制数据到工作表 ·················· 84
- 3.2.3 实例——绘制儿童体重和体表面积表 ·················· 87
- 3.2.4 文件导入工作表 ·················· 90
- 3.2.5 剪贴板导出文件 ·················· 96
- 3.2.6 导出文件 ·················· 98
- 3.2.7 实例——新药研发现状分析表 ·················· 100

3.3 模拟数据 ·················· 108
- 3.3.1 模拟 XY 数据 ·················· 108
- 3.3.2 模拟列数据 ·················· 111

		3.3.3 模拟2×2列联表	112
		3.3.4 实例——创建螨虫增长速度分析表	113

第4章 数据处理 — 119

4.1	变换数据	119
4.2	变换浓度	125
4.3	实例——血小板凝集试验浓度转换	126
4.4	归一化数据	128
4.5	实例——转换新生儿的测试数据	129
4.6	删除行	133
4.7	移除基线和列数学计算	133
4.8	转置X和Y	135
4.9	占总数的比例	136
4.10	实例——计算两种疗法治疗脑血管梗塞的有效率	137
4.11	识别离群值	140
4.12	提取与重新排列	141
4.13	选择与变换	142
4.14	实例——计算膝痛患病率	144

第5章 图表数据可视化 — 152

5.1	数据可视化	152
	5.1.1 数据可视化的作用	152
	5.1.2 图表类型	153
5.2	图表模板	157
	5.2.1 XY系列图表	158
	5.2.2 实例——绘制儿童体重和体表面积XY图表	158
	5.2.3 "列"系列图表	163
	5.2.4 "分组"系列图表	164
	5.2.5 "列联"系列图表	165
	5.2.6 "生存"系列图表	166
	5.2.7 "整体分解"系列图表	167
	5.2.8 "多变量"系列图表	167
	5.2.9 "嵌套"系列图表	168
	5.2.10 实例——绘制膝痛患病数据图表图形	169
5.3	布局表	176
	5.3.1 创建布局表	176
	5.3.2 添加布局对象	177
	5.3.3 设置布局格式	178
	5.3.4 实例——膝痛患病数据表图表布局分析	179

第 6 章 图表格式设置与优化 · · · · · · · 182

6.1 图表基础格式设置 · · · · · · · 182
- 6.1.1 更改图表类型 · · · · · · · 182
- 6.1.2 调整图表尺寸 · · · · · · · 183
- 6.1.3 设置图表的显示 · · · · · · · 185
- 6.1.4 添加误差条 · · · · · · · 188
- 6.1.5 实例——新降压药血压对比图表分析 · · · · · · · 189

6.2 图表颜色与视觉美化 · · · · · · · 194
- 6.2.1 选择配色方案 · · · · · · · 194
- 6.2.2 定义配色方案 · · · · · · · 195
- 6.2.3 设置图表页面背景色 · · · · · · · 197
- 6.2.4 设置图表绘图区域的颜色 · · · · · · · 198
- 6.2.5 实例——新药研发现状分析表图表分析 · · · · · · · 199

6.3 图表高级格式设置 · · · · · · · 201
- 6.3.1 设置图表外观 · · · · · · · 201
- 6.3.2 设置图表间距 · · · · · · · 204
- 6.3.3 设置数据标签 · · · · · · · 206
- 6.3.4 设置图例 · · · · · · · 208
- 6.3.5 设置图表数据样式 · · · · · · · 209
- 6.3.6 设置图表魔法棒 · · · · · · · 212
- 6.3.7 实例——临床试验数量图表分析 · · · · · · · 215

第 7 章 图表图形修饰处理 · · · · · · · 222

7.1 图表元素 · · · · · · · 222
7.2 坐标轴设置 · · · · · · · 223
- 7.2.1 设置坐标轴格式 · · · · · · · 223
- 7.2.2 设置坐标轴外观 · · · · · · · 233
- 7.2.3 实例——新药研发现状正负柱状图分析 · · · · · · · 237

7.3 图表数据设置 · · · · · · · 241
- 7.3.1 在图表中添加数据 · · · · · · · 241
- 7.3.2 在图表中删除数据 · · · · · · · 242
- 7.3.3 排列数据集顺序 · · · · · · · 244
- 7.3.4 翻转数据集 · · · · · · · 245
- 7.3.5 设置数据集显示样式 · · · · · · · 246
- 7.3.6 实例——骨密度仪检测数据图表分析 · · · · · · · 248

7.4 插入图形对象 · · · · · · · 251
- 7.4.1 插入绘图工具 · · · · · · · 251
- 7.4.2 文本和文本框 · · · · · · · 254
- 7.4.3 使用图像 · · · · · · · 256
- 7.4.4 使用嵌入式对象 · · · · · · · 258

7.5 排列图形 ······ 262
    7.5.1 改变位置 ······ 262
    7.5.2 对齐与分布 ······ 262
    7.5.3 叠放图形对象 ······ 263
    7.5.4 组合图形对象 ······ 263
    7.5.5 实例——血吸虫病病例图表分析 ······ 263

第8章 试验数据分析 ······ 270

8.1 数据探索性分析 ······ 270
    8.1.1 统计量 ······ 270
    8.1.2 描述性统计 ······ 272
    8.1.3 实例——计算抗体滴度数据统计量 ······ 273
    8.1.4 行统计 ······ 277
    8.1.5 频数分布 ······ 278
    8.1.6 实例——编制抗体滴度数据频数分布表 ······ 279

8.2 相关性分析 ······ 283
    8.2.1 相关性概述 ······ 283
    8.2.2 相关系数 ······ 284
    8.2.3 正态性检验 ······ 285
    8.2.4 实例——儿童体重和体表面积相关性分析 ······ 287
    8.2.5 比较观察到的分布与预期分布 ······ 289

8.3 主成分分析 ······ 290
    8.3.1 主成分分析 ······ 290
    8.3.2 分析一堆 P 值 ······ 293
    8.3.3 实例——鸢尾花双基质测量指标主成分分析 ······ 295

8.4 曲线拟合 ······ 301
    8.4.1 平滑曲线 ······ 301
    8.4.2 实例——平滑双基质测量指标曲线 ······ 302
    8.4.3 拟合样条/LOWESS ······ 309
    8.4.4 实例——微量元素标准试样数据拟合曲线 ······ 310
    8.4.5 内插标准曲线 ······ 315
    8.4.6 实例——微量元素标准试样数据内插曲线 ······ 317

第9章 回归分析 ······ 320

9.1 回归模型 ······ 320

9.2 一元回归分析 ······ 323
    9.2.1 简单线性回归 ······ 323
    9.2.2 实例——雌三醇含量线性回归分析 ······ 325
    9.2.3 简单逻辑回归 ······ 330
    9.2.4 Deming（模型 II）线性回归 ······ 331

9.2.5 非线性回归分析 ... 333
9.2.6 实例——雌三醇含量非线性回归分析 ... 339
9.3 多元回归分析 ... 342
9.3.1 多重线性回归 ... 342
9.3.2 实例——男青年体检数据多重回归分析 ... 344
9.3.3 多重逻辑回归 ... 348
9.3.4 绘制非线性函数 ... 351

第 10 章 推断性统计分析 ... 353
10.1 t 检验 ... 353
10.1.1 单样本 t 检验和 Wilcoxon 检验 ... 353
10.1.2 实例——心理抑郁状况单样本 t 检验 ... 355
10.1.3 t 检验（和非参数检验） ... 357
10.1.4 实例——治疗血吸虫死亡病例 t 检验 ... 360
10.1.5 嵌套 t 检验 ... 362
10.1.6 实例——猪脑组织钙泵含量嵌套 t 检验 ... 363
10.1.7 多重 t 检验（和非参数检验） ... 366
10.1.8 实例——猪脑组织钙泵含量多重 t 检验 ... 369
10.2 方差分析 ... 371
10.2.1 单因素方差分析（非参数或混合） ... 372
10.2.2 实例——分析治疗方法的疗效 ... 377
10.2.3 嵌套的单因素方差分析 ... 381
10.2.4 双因素方差分析（或混合模型） ... 382
10.2.5 三因素方差分析（或混合模型） ... 384
10.2.6 卡方检验（和费希尔精确检验） ... 386
10.2.7 实例——卡方分析降压药有效率 ... 388

第 11 章 一致性检验 ... 392
11.1 Bland-Altman 分析 ... 392
11.1.1 诊断试验一致性 ... 392
11.1.2 Bland-Altman 方法比较 ... 393
11.1.3 实例——两台仪器检测数据一致性比较 ... 394
11.2 ROC 分析 ... 397
11.2.1 受试者工作特征曲线 ... 397
11.2.2 曲线下面积 ... 398
11.2.3 实例——小鼠体质量诊断试验评价 ... 399

第 12 章 生存分析 ... 401
12.1 生存分析概述 ... 401
12.1.1 生存分析的基本概念 ... 401
12.1.2 乘积限制估计 ... 402

  12.1.3 实例——狂犬病两种疗法生存分析 ·· 404
12.2 Cox 回归分析 ··· 407
  12.2.1 COX 回归模型概述 ··· 407
  12.2.2 COX 回归模型分析 ··· 407
  12.2.3 实例——胃癌生存时间 Cox 回归分析 ·· 414

第 1 章 GraphPad Prism 基础知识

GraphPad Prism 是一款集生物统计学、曲线拟合、科学绘图于一体的科研、医学生物数据处理和绘图专业软件。在正式使用 GraphPad Prism 之前，应该对它有一个整体的认识。本章主要介绍 GraphPad Prism 的功能、新版本的主要特点、工作界面、项目的管理以及工作表的管理。

内容要点

- GraphPad Prism 简介
- 启动 GraphPad Prism 10
- GraphPad Prism 10 的工作界面
- "欢迎使用 GraphPad Prism"对话框
- 项目的管理
- 工作表的管理
- 操作实例——设计国民经济和社会发展结构指标项目

1.1 GraphPad Prism 简介

GraphPad Prism 将科学绘图、综合曲线拟合（包括非线性回归）、易于理解的统计分析以及数据管理功能集于一身，帮助用户组织、分析并标注重复性实验的结果。

1.1.1 GraphPad Prism 的特点

GraphPad Prism 是一款功能强大且简单易用的医学绘图分析软件，最初专为医学院校和制药公司的实验生物学家设计，如今已被各领域生物学家、社会学家和物理科学家广泛采用。来自超过 110 个国家的超过 20 万名科学家依靠 GraphPad Prism 来分析、绘制和展示他们的科学数据。

相对于其他统计绘图软件（例如 R 语言），GraphPad Prism 的绝对优势是可以直接输入原始数据，并自动进行基本的生物统计分析，同时生成高质量的科学图表。下面将具体介绍该软件独有的特点。

1. 有效组织数据

GraphPad Prism 为分析进行了特别设计，包括定量分析和分类数据分析，这使得正确输入数据、选择合适的分析方法和创建精美图表变得更加容易。

2. 进行正确的分析

GraphPad Prism 使用易于理解的语言提供广泛的分析工具，覆盖从基础到高度专业化的分析，包括非线性回归、t 检验、非参数比较、方差分析（单因素、双因素和三因素）、列联表分析、生存分析等。每项分析都附有指南，帮助用户理解所需的前提条件，并确保选择了合适的检验方法。

3. 随时获得可操作的帮助

GraphPad Prism 的在线帮助功能超出了用户的预期，降低了统计数据的复杂性。几乎在每一步，用户都可以访问数千页的 Prism 用户指南，并通过 Prism Academy 学习视频课程、指南和培训材料，浏览图形组合并学习如何制作各种图形类型。同时，GraphPad Prism 提供了教程数据集，帮助用户理解为什么应该执行某些分析以及如何解释结果。

4. 工作更智能

- 一键式回归分析。没有其他程序像 Prism 那样简化曲线拟合。用户只需选择一个方程式，Prism 便会自动完成曲线的其余拟合工作，显示结果和函数参数表，在图表上绘制曲线，并插入未知值。
- 专注于研究。图表和结果会实时自动更新。对数据和分析的任何更改，如添加遗漏数据、省略错误数据、更正拼写错误或更改分析选择，都会立即反映在结果、图形和布局中。
- 无须编程即可自动完成工作。减少分析和绘制一组实验的烦琐步骤。通过创建模板、复制系列或克隆图表，可以轻松复制工作，从而节省设置时间。使用 Prism 一键单击，对一组图形应用一致的外观。

1.1.2 GraphPad Prism 10 的新功能

GraphPad Prism 软件的新版本为 GraphPad Prism 10，它增强了数据可视化和图形自定义能力，可进行更直观的导航和更复杂的统计分析，适合绝大部分医学科研绘图的实现。

1. 增强的数据可视化功能

- 气泡图：直接通过表示位置（x 和 y 坐标）、颜色和尺寸变量的原始数据即可创建气泡图。
- 小提琴图：与箱线图或简单的条形图相比，小提琴图可更清晰地显示大数据集的分布。
- 估计图：自动显示分析结果。
- 平滑样条：通过 Akima 样条和平滑样条显示一般数据的趋势，并改进了对节点或拐点数量的控制。

2. 增强的制图和自定义选项

- 图形上的星号：自动添加多个比较结果到图表。可从各种 P 值摘要样式中进行选择，包括适用于任何 α 水平的响应方法。

- 改进的图形自定义设置：绘制气泡图、实时交互和自定义多变量数据中的图表比以前更快、更容易、更直观。
- 自动标注条形图：在柱状图上标注均值、中位数或样本量，以强调重点。
- 增强的分组图：轻松创建同时显示单个点（散点）、均值（或中值）线和误差线的图表。

3. 更有效、更高效的研究

- 更开放的可访问文件的格式：通过使用行业标准格式（CSV、PNG、JSON 等），可以确保项目在 Prism 之外使用，并为数据工作流程和集成开辟新的可能性。
- 扩展的数据表功能：根据需要打开任意多个窗口，数据最多可分为 2048 列，每列中有 512 个子列。扩展的"分析常量"对话框允许用户链接到更多类型的分析结果。
- 更智能的数据整理：提供一系列全新升级的工具，为数据分析做好准备。覆盖多变量数据表的处理、选择和转换分析，以及提取和重新排列功能。
- Hook 常量对话框升级：提供了一种在 Prism 中建立不同元素之间连接的便捷方法。全新的、易于导航的树状结构现在覆盖了整个 Prism 分析库。

4. 操作系统的要求

GraphPad Prism 10 支持 Windows 和 Mac 系统，下面介绍 GraphPad Prism 10 对不同计算机操作系统的要求。

1）Windows 系统

（1）操作系统：在 64 位版本的 Windows 10 和 Windows 11 下运行。Prism 10 不支持 32 位版本的 Windows。

（2）CPU（Central Processing Unit，处理器）：x86-64 兼容。

（3）RAM（Random Access Memory，内存）：为了舒适的性能体验和顺畅的响应能力，Prism 需要以下 RAM 配置数：

- 2 GB RAM 至多可容纳 200 万个数据单元。
- 4 GB RAM 可容纳 200~800 万个数据单元。
- 8 GB RAM 可容纳 800~1600 万个数据单元。
- 16 GB RAM 可容纳 1600 万个以上的数据单元。

（4）显示：最低支持 800×600 分辨率，但建议使用 1366×768 分辨率，以获得更舒适的显示效果。

（5）HDD（Hard Disk Drive，硬盘驱动器）：需要约 100MB 的硬盘空间。

（6）网络：Prism 在首次激活时必须连接到互联网以检验许可证。它还将在每次启动时尝试连接网络，如果程序未关闭，将每 24 小时尝试连接一次。为确保正常使用，请务必每 30 天成功连接网络一次，或在 20 次内至少成功连接一次，以前者为准。

附加说明：Prism 要求安装 Microsoft Edge WebView2 渲染组件，以便在欢迎对话框中正确显示页面。Microsoft 已经在大多数新设备上预装了该组件，但是如果缺少该组件，Prism 将自动进行安装。

2）Mac 系统

（1）操作系统：在 macOS X 10.15（Catalina）或更高版本下运行。如果使用的是 macOS 10.14 版本，Prism 将启动并正常运行，但没有在这个版本的 macOS 下彻底测试 Prism，因此不能提供太多的支持。如果读者使用的是 macOS 10.14 版本，强烈建议更新至更高版本的 macOS。

（2）CPU：Prism Mac 是通用二进制文件，支持在苹果的硅芯片和英特尔处理器的 Mac 计算机上运行。

（3）RAM：Prism 对 Mac 计算机的 RAM 没有特别的要求，能够在苹果制造的所有标准配置的 Mac 计算机上正常运行。

（4）显示：要求显示器分辨率至少为 1024×768 像素。

（5）HDD：需要大约 130MB 的硬盘空间。

（6）网络：Prism 在首次激活时必须连接到互联网以检验许可证。它还将在每次启动时尝试连接网络，如果程序未关闭，将每 24 小时尝试连接一次。为确保正常使用，请务必每 30 天成功连接网络一次，或在 20 次内至少成功连接一次，以前者为准。

1.2　启动 GraphPad Prism 10

安装 GraphPad Prism 10 之后，就可以在操作系统中启动 GraphPad Prism 10 了。在 Windows 10 中启动 GraphPad Prism 10 有以下几种方法：

（1）单击桌面左下角的"开始"按钮，在"开始"菜单的程序列表中单击 GraphPad Prism 10，如图 1-1 所示。

（2）双击桌面上的快捷方式，如图 1-2 所示，启动 GraphPad Prism 10 应用程序。

图 1-1　启动 GraphPad Prism 10　　　　　　图 1-2　桌面快捷方式

执行上述步骤，即可启动 GraphPad Prism 10 应用程序，将显示"欢迎使用 GraphPad Prism"对话框，如图 1-3 所示。

第 1 章　GraphPad Prism 基础知识

图 1-3　"欢迎使用 GraphPad Prism"对话框

1.3　GraphPad Prism 10 的工作界面

启动 GraphPad Prism 10 后，单击"创建"按钮，自动根据模板创建项目。进入 GraphPad Prism 10 的工作界面，立即就能领略到 GraphPad Prism 10 界面的漂亮、精致、形象和美观，如图 1-4 所示。

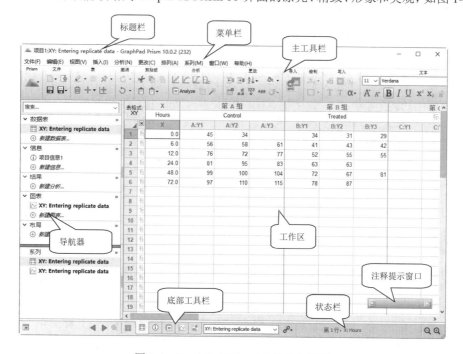

图 1-4　GraphPad Prism 10 的工作界面

从图1-4可以看出，GraphPad Prism 10的工作界面由标题栏、菜单栏、功能区、工作区、导航器、状态栏、注释提示窗口等组成。

1.3.1 菜单栏

菜单栏位于标题栏的下方，使用菜单栏中的命令可以执行GraphPad Prism的所有命令。

1.3.2 功能区

功能区是一组具有一定功能的操作按钮的集合。功能区位于工作区的上方和下方，分别为主工具栏和底部工具栏，功能区中包含大部分常用的菜单命令。有别于其他软件，GraphPad Prism不能添加或删除功能区中的按钮，只能控制功能区的显示或隐藏。

默认情况下，用户界面中显示主工具栏和底部工具栏。下面介绍两种显示或隐藏"主工具栏"的方法。

（1）选择菜单栏中的"视图"→"主工具栏"命令，如图1-5所示，确保"主工具栏"命令名称前显示符号，表示在用户界面中显示主工具栏。选择"主工具栏"命令，隐藏该工具栏。此时，"主工具栏"命令名称前不显示符号。

（2）在任意功能区右击，弹出快捷菜单，如图1-6所示。选择"隐藏主工具栏"命令，隐藏该工具栏。

底部工具栏的显示或隐藏方法与主工具栏相同，这里不再赘述。

图1-5 菜单命令

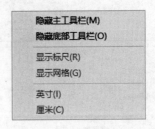
图1-6 快捷菜单

1.3.3 导航器

在GraphPad Prism 10中，为了方便设计过程中文件内容的操作，可以使用导航器。导航器在工作区左侧固定显示。

单击底部工具栏中的"显示/隐藏导航器面板"按钮，可隐藏导航器，如图1-7所示。再次单击该按钮，自动显示导航器。

第 1 章 GraphPad Prism 基础知识

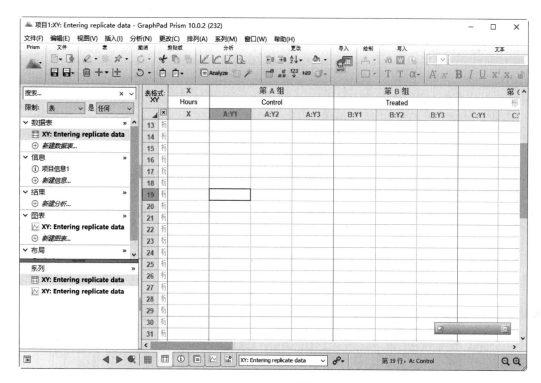

（a）默认显示导航器

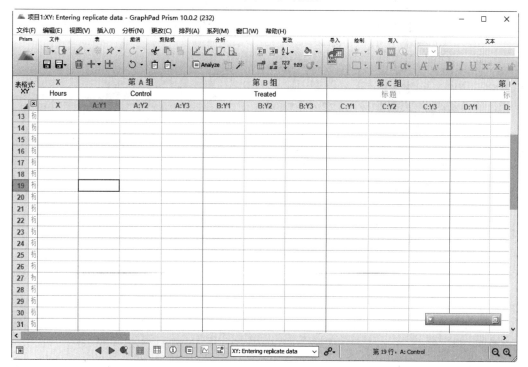

（b）隐藏导航器

图 1-7 导航器面板的显示/隐藏

1.3.4 工作区

工作区是用户编辑各种文件、输入和显示数据的主要工作区域，占据了 GraphPad Prism 窗口的绝大部分区域。

1.3.5 状态栏

状态栏位于应用程序窗口底部，用于显示与当前操作有关的状态信息。状态栏默认显示在工作界面底部。

1.4 "欢迎使用 GraphPad Prism"对话框

启动 GraphPad Prism 后，用户界面会弹出"欢迎使用 GraphPad Prism"对话框，如图1-8所示。Prism 提供了 8 种数据表，通过该对话框可创建包含指定格式的数据表和图表的项目文件。

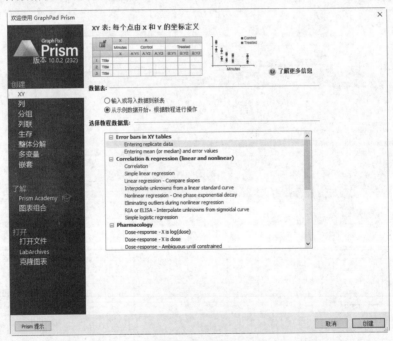

图 1-8 "欢迎使用 GraphPad Prism"对话框

1.4.1 XY 表

XY 表是一种每个点均由 X 和 Y 值定义的图表，此类数据通常适用于线性或非线性回归分析。

在"创建"选项组下默认选择 XY 选项，右侧的"XY 表"选项会显示该类型下的数据表和图表的预览图。

在"数据表"下显示了两种创建数据表的方法。

1. 输入或导入数据到新表

选择该选项，激活"选项"选项组，如图1-9所示，选择 XY 表中 X 和 Y 值的定义方法，该选项中定义的数据表为空白数据表。

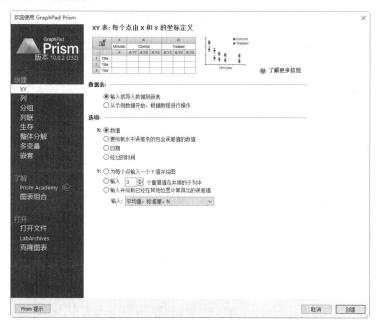

图 1-9　选择 X 和 Y 值的定义方法

1）X

在该选项下定义 XY 表中 X 值的定义方法（定义 XY 表时，必须选择 X、Y 的定义方法，默认 Y 值的定义方法选择为"为每个点输入一个 Y 值并绘图"）。

各选项说明如下。

（1）数值：选择该选项，直接创建包含 X 列、Y 列的数据表，如图 1-10 所示。数据表中包含一个 X 列、多个 Y 列，Y 列按照第 A 组、第 B 组进行定义，到结果 Z，结果 AA 结束。X 列、Y 列下不包含任何子列。

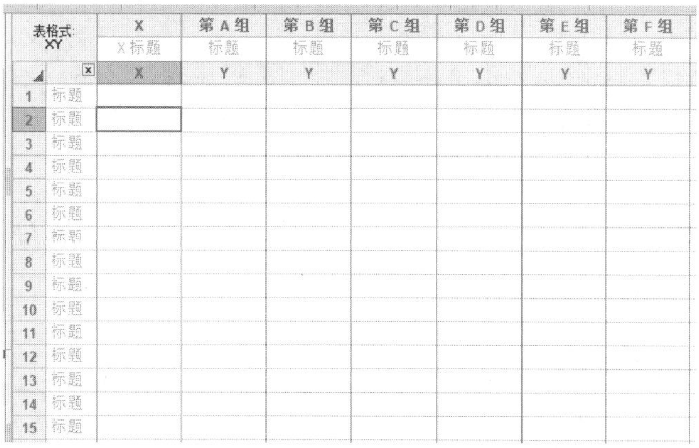

图 1-10　创建数值数据表

（2）要绘制水平误差条的包含误差值的数值：选择该选项，创建包含 X 列、Y 列的数据表。

其中，X 列中包含 X 子列和"误差条"子列，如图 1-11 所示。

图 1-11　创建误差值数据表

（3）日期：选择该选项，创建包含 X 列、Y 列的数据表，如图 1-12 所示。其中，X 列必须从当前日期计算日期数据。

图 1-12　创建日期数据表

（4）经过的时间：选择该选项，创建包含 X 列、Y 列的数据表，如图 1-13 所示。其中，X 列为经过的日期数据。

图 1-13　创建经过的日期数据表

2）Y

在该选项下定义 XY 表中 Y 值的定义方法（定义 XY 表时，默认 X 值的定义方法选择为"数值"）。

（1）为每个点输入一个 Y 值并绘图：选择该选项，直接创建包含 X 列、Y 列的数据表。

（2）输入 3 个重复值在并排的子列中：选择该选项，直接创建包含 X 列、Y 列的数据表。其中，Y 列中包含 3 个子列（A:Y1、A:Y2、A:Y3），如图 1-14 所示。Y 列下包含子列的个数可进行自定义设置。

图 1-14 创建 Y 子列数据表

（3）输入并绘制已经在其他位置计算得出的误差值：选择该选项，直接创建包含 X 列、Y 列的数据表。Y 列中包含 3 个子列（平均值、标准差、N），如图 1-15 所示。在图 1-9 中的"输入"下拉列表中选择 Y 子列中显示的误差值类型：

- 平均值，标准差，N。
- 平均值，标准误，N。
- 平均值，%变异系数，N。
- 平均值与标准差。
- 平均值与标准误。
- 平均值与%变异系数。
- 平均值（或中位数），+/-误差。
- 平均值（或中位数），上限/下限。

图 1-15 创建误差值 Y 子列数据表

2. 从示例数据开始，根据教程进行操作

在该选项下，通过"选择教程数据集"选项组中的数据集模板定义 XY 表，如图 1-16 所示。选择 Enzyme kinetics -Michaelis-Menten 选项，单击"创建"按钮，创建遵循米氏（Michaelis-Menten）动力学模型的酶动力学 XY 数据表，如图 1-17 所示。

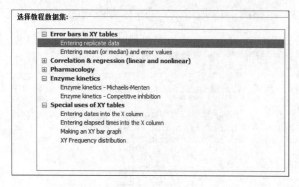

图 1-16 "选择教程数据集"选项组　　　　图 1-17 酶动力学 XY 数据表

1.4.2 列数据表

在列数据表中，每列均定义一个数据组，这些组表示一个分组变量中的分类组。

在"创建"选项组下，默认选择"列"选项，在右侧选项中显示该类型下的数据表和图表的预览图，如图 1-18 所示。

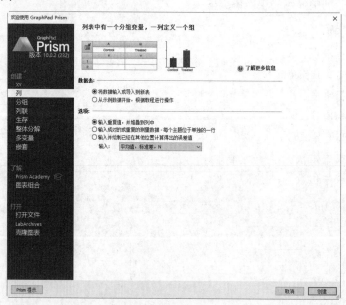

图 1-18 选择"列"选项

在"数据表"中有以下两种创建列数据表的方法。

1. 将数据输入或导入到新表

通过"选项"选项组中的选项定义数据表。下面介绍"选项"选项组中的选项。

1）输入重复值，并堆叠到列中

选择该选项，创建多个数据组列（第 A 组，第 B 组，……，第 Z 组，第 AA 组），每列表示一个类别，如图 1-19 所示。

图 1-19　创建多个数据组列

2）输入成对的或重复的测量数据-每个主题位于单独的一行

选择该选项，创建多个数据列（第 A 组、第 B 组），在最左侧添加"表格式：列"单元格，用于定义分组数据，如图 1-20 所示。例如重复数据的次数。

图 1-20　创建重复的数据组列

3）输入并绘制已经在其他位置计算得出的误差值

选择该选项，直接创建包含子列（平均值、标准差、N）的数据组，如图 1-21 所示。通过"输入"下拉列表定义子列显示的数据类型。

图 1-21　创建误差值数据组列

2. 从示例数据开始，根据教程进行操作

在该选项下，通过"选择教程数据集"选项组中的数据集模板定义列数据表，如图 1-22 所示。选择 ROC curve 选项，单击"创建"按钮，创建 ROC 曲线列数据表，如图 1-23 所示，显示医院中的医学记录数据：Controls（正常标准值）和 Patients（病人实际的检测值）。

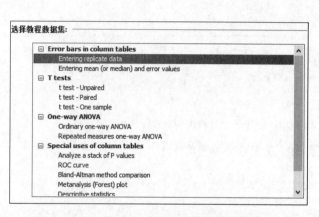

图 1-22　"选择教程数据集"选项组　　　　图 1-23　列数据表

1.4.3　分组数据表

分组数据表类似于列数据表，但设计用于两个分组变量。

在"创建"选项组下选择"分组"选项，在右侧选项中显示该类型下的数据表和图表的预览图，如图 1-24 所示。

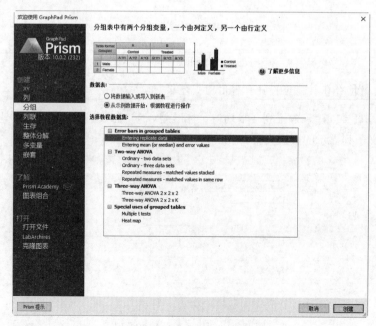

图 1-24　选择"分组"选项

在"数据表"中有以下两种创建分组数据表的方法。

1. 将数据输入或导入到新表

通过"选项"选项组中的选项定义数据表。下面介绍"选项"选项组中的选项。

1）为每个点输入一个 Y 值并绘图

选择该选项，创建多个数据组列（第 A 组，第 B 组，……，第 Z 组，第 AA 组），每列表示一个类别，如图 1-25 所示。

图 1-25　创建多个数据组列

2）输入 2 个重复值在并排的子列中

选择该选项，在数据列下创建两组子列（例如第 A 组下为 A:1 和 A:2），用于定义分组数据，如图 1-26 所示。

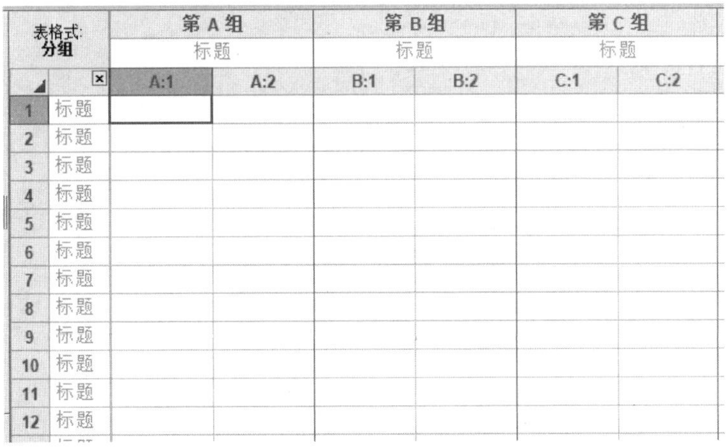

图 1-26　创建重复的子列

3）输入并绘制已经在其他位置计算得出的误差值

选择该选项，直接创建包含子列（平均值、标准差、N）的数据组，如图 1-27 所示。通过"输入"下拉列表定义子列显示的数据类型。

图 1-27 创建误差值数据组列

2. 从示例数据开始,根据教程进行操作

在该选项下,通过"选择教程数据集"选项组中的数据集模板定义分组数据表,如图 1-28 所示。选择 Ordinary - two data sets 选项,单击"创建"按钮,创建两组变量的数据表,如图 1-29 所示。一个分组变量的组(或级别)由行定义(Serum starved(血清缺乏)和 Normal culture(正常培养));另一个分组变量的组(级别)由列定义(Wild-type cells(野生型细胞)和 GPP5 cell line(GPP5 细胞系))。

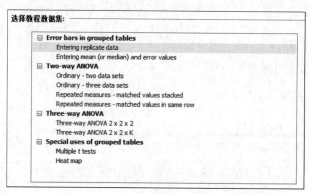

图 1-28 "选择教程数据集"选项组

表格式 分组		第 A 组 Wild-type cells					第 B 组 GPP5 cell line				
		A:1	A:2	A:3	A:4	A:5	B:1	B:2	B:3	B:4	B:5
1	Serum starved	34	36	41		43	98	87	95	99	88
2	Normal culture	23	19	26	29	25	32	29	26	33	30
	标题										

图 1-29 分组数据表

1.4.4 列联表

列联表类似于分组数据表,专为由两个分组变量描述的数据设计。它用于将属于由行和列定义的每个组的受试者(或观察结果)的实际数量以表格形式展示。

在"创建"选项组下,选择"列联"选项,在右侧的"列联表:每行定义一项治疗或暴露,每列定义一个结果,每个值指示对象或事件的精确计数"选项中显示该类型下的数据表和图表的预览图，如图1-30所示。

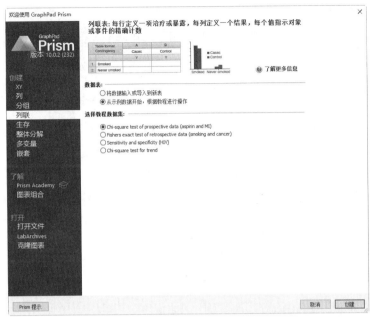

图1-30 选择"列联"选项

在"数据表"中有以下两种创建列联数据表的方法。

1. 将数据输入或导入到新表

选择该选项，直接从空数据表开始定义，列数据从结果A开始定义，接着是结果B，……，结果Z，结果AA，如图1-31所示。

图1-31 创建空数据表

2. 从示例数据开始，根据教程进行操作

在该选项下，通过"选择教程数据集"选项组中的数据集模板定义列联表，选择Chi-square test of prospective data (aspirin and MI)选项，单击"创建"按钮，创建两组变量的数据表，如图1-32所示。创建的数据表中提供两行两列数据，总共有4组：

- Placebo（安慰剂）和Myocardial Infarction（心肌梗死）。
- Aspirin（阿司匹林）和Myocardial Infarction（心肌梗死）。

- Placebo（安慰剂）和 No MI（没有心肌梗死）。
- Aspirin（阿司匹林）和 No MI（没有心肌梗死）。

表格式:列联	结果 A Myocardial Infarction	结果 B No MI
1 Placebo	189	10845
2 Aspirin	104	10933
3 标题		

图1-32 列联表

1.4.5 生存表

生存表用于使用Kaplan-Meier方法（简称KM法，也叫乘积极限法）进行生存分析。每行代表不同的受试者或个体。X列用于输入经过的生存时间，Y列用于输入单个分组变量的不同组的结局（事件或删失）。

在"创建"选项组下选择"生存"选项，在右侧的"生存表：每行列出对象的生存时间或删失时间"选项中显示该类型下的数据表和图表的预览图，如图1-33所示。

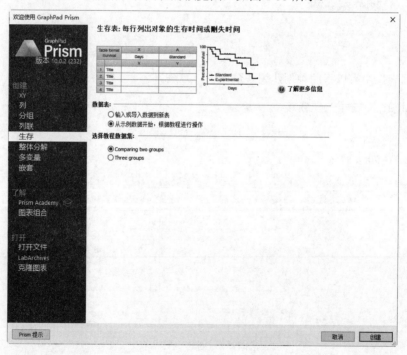

图1-33 选择"生存"选项

在"数据表"中有以下两种创建生存数据表的方法。

1. 输入或导入数据到新表

通过"选项"选项组中的选项定义数据表。下面介绍"选项"选项组中的选项。

（1）以天数（或月数）为单位输入经过的时间：选择该选项，创建多个数据组列（第A组，第 B 组，……，第 Z 组，第 AA 组），每列表示一个类别，如图 1-34 所示。

（2）输入开始日期和结束日期：选择该选项，创建一个 X 列和多个 Y 数据组列，X 列下包含两个子列（开始日期和结束日期），Y 列从第 A 组开始定义，到第 Z 组，再到第 AA 组，如图 1-35 所示。

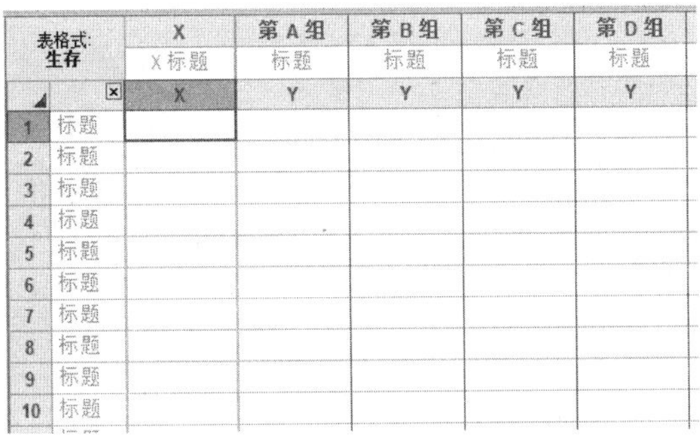

图 1-34　创建多个天数数据组列

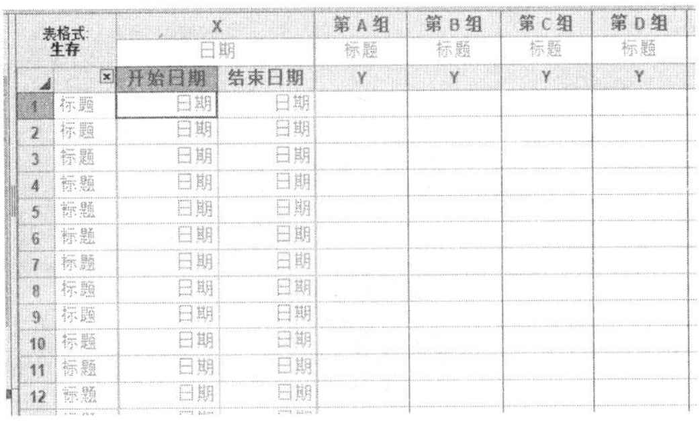

图 1-35　创建包含子列的数据组列

2. 从示例数据开始，根据教程进行操作

（1）在该选项下通过“选择教程数据集”选项组中的数据集模板定义生存表，如图 1-36 所示。

（2）选择 Comparing two groups 选项，单击“创建”按钮，创建不同的 Days elapsed（生存天数）下 Control（控制）和 Treated（治疗）两组比较的数据表，如图 1-37 所示。

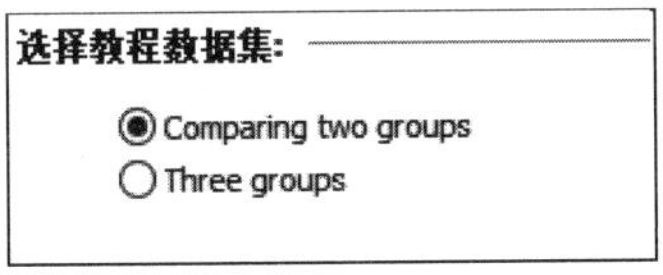

图 1-36　“选择教程数据集”选项组

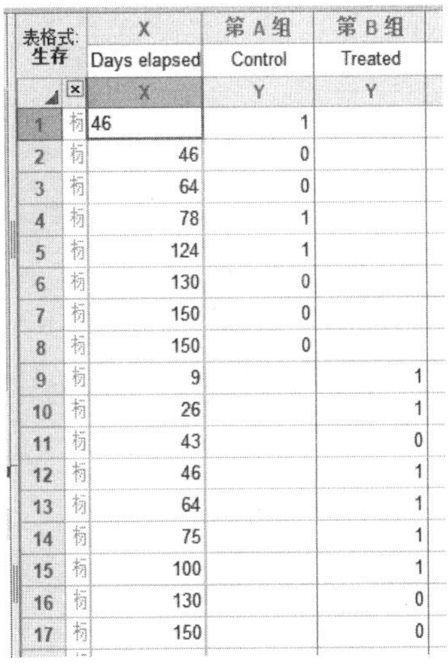

表格式: 生存	X Days elapsed	第 A 组 Control	第 B 组 Treated
	X	Y	Y
1	46	1	
2	46	0	
3	64	0	
4	78	1	
5	124	1	
6	130	0	
7	150	0	
8	150	0	
9	9		1
10	26		1
11	43		0
12	46		1
13	64		1
14	75		1
15	100		1
16	130		0
17	150		0

图 1-37　生存表

1.4.6　整体分解表

在实际生活中，经常遇到一个问题：每个数值占总数的比例为多少？为了解决这个问题，引入了整体分解表，这种表格经常用于制作饼形图来分析比例问题。

在“创建”选项组下选择“整体分解”选项，在右侧的“整体分解表：每行定义一个互斥的类别”选项中显示该类型下的数据表和图表的预览图，如图 1-38 所示。

在“数据表”中有以下两种创建整体分解数据表的方法。

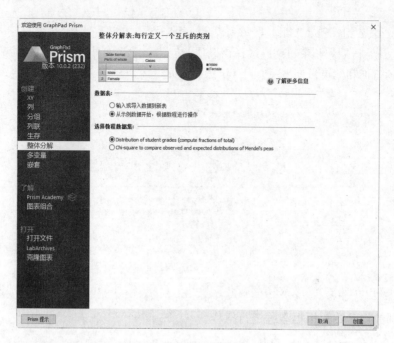

图 1-38 选择"整体分解"选项

1. 输入或导入数据到新表

选择该选项，直接从空数据表开始定义，列数据从 A 开始定义，依次到 B~Z，最终到 AA，如图 1-39 所示。

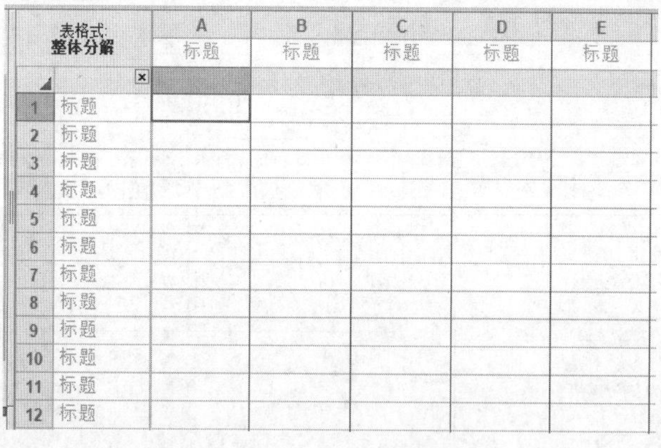

图 1-39 创建空数据表

2. 从示例数据开始，根据教程进行操作

（1）在该选项下，通过"选择教程数据集"选项组中的数据集模板定义列联表，如图 1-40 所示。

（2）选择 Distribution of student grades (compute fractions of total)选项，单击"创建"按钮，创建学生成绩分布的数据表，如图 1-41 所示。其中，学生成绩分为 A、B、C、D、E 五个等级，并且分别显示不同等级下的学生人数。

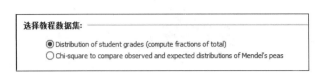

图 1-40 "选择教程数据集"选项组　　　　图 1-41 整体分解表

1.4.7 多变量表

多变量数据表的排列方式与大多数统计程序组织数据的格式一致。每一行代表一个不同的观察结果或"病例"（实验、动物等），每一列则代表一个不同的变量。

在"创建"选项组下选择"多变量"选项，相应地，在右侧窗体的"多个变量表：每列代表一个不同的变量。每行代表一个不同的个体或实验单位。"区域中显示该类型下的数据表和图表的预览图，如图 1-42 所示。

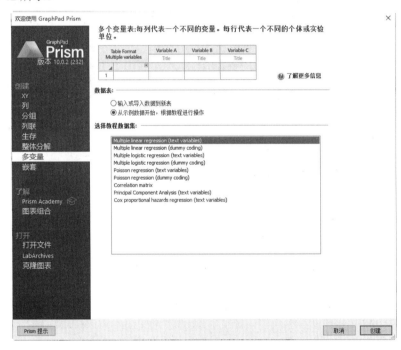

图 1-42 选择"多变量"选项

在上图右侧窗体的"数据表"区域中有以下两种创建多变量数据表的方法。

1. 输入或导入数据到新表

选择该选项，直接从空数据表开始定义，列数据从变量 A 开始定义，依次从变量 B 到变量 Z，最终到变量 AA，如图 1-43 所示。

2. 从示例数据开始，根据教程进行操作

（1）在该选项下，通过"选择教程数据集"选项组中的数据集模板定义列联表，如图 1-44 所示。

图 1-43　创建空数据表　　　　　　　　图 1-44　"选择教程数据集"选项组

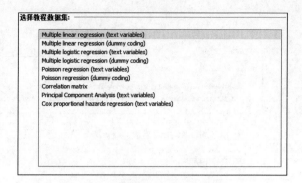

（2）选择 Multiple linear regression (text variables)选项，单击"创建"按钮，创建多元线性回归的数据表，如图 1-45 所示。创建的数据表中包含糖尿病临床试验数据，其中，每行代表一名被研究者，列数据包含变量 A~变量 J 的数据，这是被研究者的身体检测数据。

（3）变量表中的变量可识别连续变量、分类变量或标号变量，而分类变量和标号变量的值可作为文本输入。图 1-45 中的变量 F 表示 Sex（性别），数据包括 Female（女性）和 Male（男性），Prism 无须对分类数据进行编码，不再需要输入 0 和 1，可以直接对这些分类变量进行编码。

表格式 多变量	变量 A Glycosylated hemoglobin %	变量 B Total cholesterol	变量 C Glucose	变量 D HDL	变量 E Age in years	变量 F Sex
1　标题	4.309999943	203	82	56	46	Female
2　标题	4.440000057	165	97	24	29	Female
3　标题	4.639999866	228	92	37	58	Female
4　标题	4.630000114	78	93	12	67	Male
5　标题	7.719999790	249	90	28	64	Male
6　标题	4.809999943	248	94	69	34	Male
7　标题	4.840000153	195	92	41	30	Male
8　标题	3.940000057	227	75	44	37	Male
9　标题	4.840000153	177	87	49	45	Male
10　标题	5.780000210	263	89	40	55	Female
11　标题	4.769999981	242	82	54	60	Female
12　标题	4.969999790	215	128	34	38	Female
13　标题	4.469999790	238	75	36	27	Female
14　标题	4.590000153	183	79	46	40	Female
15　标题	4.670000076	191	76	30	36	Male
16　标题	3.410000086	213	83	47	33	Female

图 1-45　多变量表

1.4.8　嵌套表

嵌套表是某些行的集合，在主表中表现为一列。对于主表中的每条记录，嵌套表可以包含多行数据。当存在两级嵌套或层次关系时，使用嵌套表。

在本例中，比较两种教学方法。两种教学方法分别在 3 个独立教室中使用，每间教室中有 3~6 名学生。数据表中的值代表每间教室中个别学生的测量分数。每间教室仅使用一种教学方法，因此认为房间变量"嵌套"在教学方法变量中。

在"创建"选项组下选择"嵌套"选项，在右侧的"嵌套数据表：当每项治疗均在实验重复项中进行检验，并且每个实验重复项进行了多次评估（技术重复）时，分层或嵌套就是一种数据设计"选项中显示该类型下的数据表和图表的预览图，如图 1-46 所示。

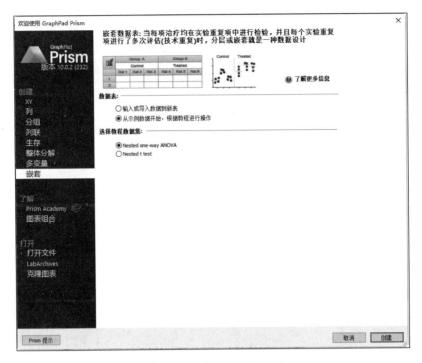

图 1-46　选择"嵌套"选项

在"数据表"中有以下两种创建嵌套表的方法。

1. 输入或导入数据到新表

选择该选项，直接从空数据表开始定义，列数据从 A 开始定义，到 B，…，Z，最终到 AA，如图 1-47 所示。

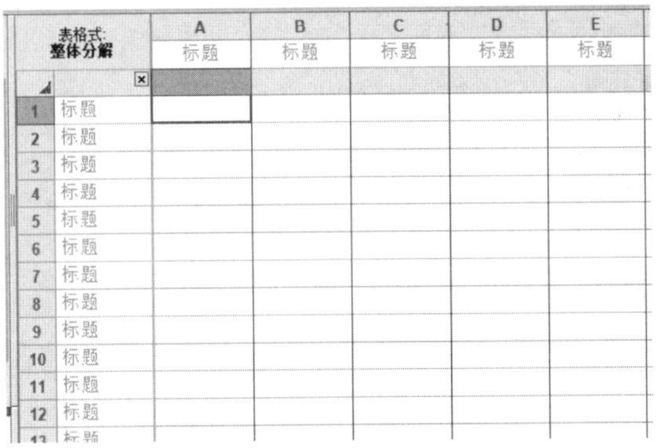

图 1-47　创建空数据表

2. 从示例数据开始，根据教程进行操作

（1）在该选项下，通过"选择教程数据集"选项组中的数据集模板定义嵌套表，如图 1-48 所示。

（2）选择 Nested one-way ANOVA 选项，单击"创建"按钮，创建嵌套单因素方差分析的数据表，如图 1-49 所示。

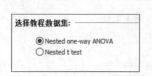

图 1-48 "选择教程数据集"选项组　　　　　　　图 1-49 嵌套表

1.5 项目的管理

项目是 GraphPad Prism 系统进行数据管理、存储的基本文件，掌握项目的基本操作是进行各种数据管理操作的基础。本节将对项目的创建和保存设置进行详细介绍。

1.5.1 新建项目

进行一个新的设计之前，必须新建一个项目。

选择菜单栏中的"文件"→"新建"→"新建项目文件"命令，或单击 Prism 功能区中的"新建项目文件"命令，或单击"文件"功能区中的"创建项目文件"按钮下的"新建项目文件"命令，或按 Ctrl+N 键，系统会弹出"欢迎使用 GraphPad Prism"对话框，如图 1-50 所示。

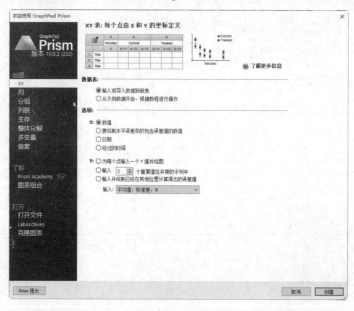

图 1-50 "欢迎使用 GraphPad Prism"对话框

在 GraphPad Prism 10 中新建项目主要有以下两种方式。

1. 输入或导入数据到新表

（1）选择这种方法，表示创建一个空白项目。

（2）选择指定数据表格式，单击"创建"按钮，创建项目文件，如图 1-51 所示。项目文件默认名称为"项目 N.prism"。按照创建项目的个数，项目名称中的编号 N 从 1 开始计数，依次为项目 1、项目 2，以此类推。

其中，创建的空白项目"项目 2"中，默认包含一个空白的数据表"数据 1"和一个空白的图表"数据 1"。

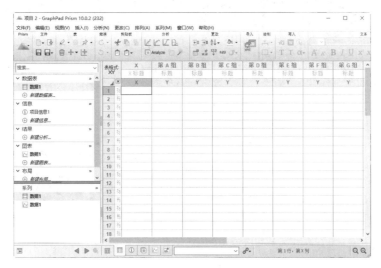

图 1-51　创建项目文件

2. 从示例数据开始，根据教程进行操作

（1）GraphPad Prism 10 为用户提供了一些系统数据集，如 Entering replicate data（输入复制数据）、Entering mean (or median) and error values（输入平均值（或中位数）和误差值）。

（2）在"数据表"选项组下选择"从示例数据开始，根据教程进行操作"选项，在"选择教程数据集"选项组下选择一个系统数据集，如图 1-52 所示。

图 1-52　选择一个系统数据集

（3）单击"创建"按钮，创建使用系统数据集的项目文件，如图 1-53 所示。这些系统数据集是已经设置好数据和格式的项目，打开这些系统数据集便可直接使用模板中设置的各种工作表。

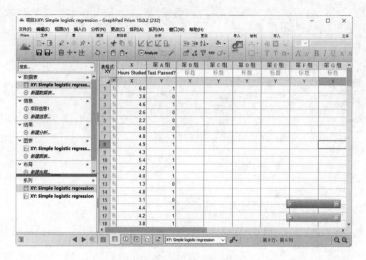

图 1-53 创建使用系统数据集的项目文件

1.5.2 保存项目

完成一个项目的数据输入、编辑之后，需要将项目进行保存，以保存工作结果。保存项目的另一个意义在于可以避免由于断电等意外事故造成的文档丢失。

1. 直接保存项目

选择菜单栏中的"文件"→"保存"命令，或单击"文件"功能区中的"保存"按钮 ，或单击"文件"功能区中的"保存命令"按钮 下的"保存"命令，或按 Ctrl+S 键，即可保存 .prism 格式的项目文件。

2. 另存项目

选择菜单栏中的"文件"→"另存为"命令，或单击"文件"功能区中的"保存命令"按钮 下的"另存为"命令，弹出如图 1-54 所示的"保存"对话框，用户可以指定项目的保存名称和路径。在"保存类型"下拉列表中选择项目类型，除常用的 Prism 文件（*.prism）外，还可以保存为 Prism 文件（旧版格式，*.pzfx）或 Prism 文件（旧版格式，*.pzf）。

图 1-54 "保存"对话框

3. 自动保存项目

GraphPad Prism 提供了"自动备份"功能，用户可以设置在指定的时间间隔后自动保存项目的内容。自动保存功能的设置步骤如下：

选择菜单栏中的"编辑"→"首选项"命令，弹出"首选项"对话框，打开"文件与打印机"选项卡，如图 1-55 所示。在"自动备份"选项组下显示以下选项。

- 每次查看不同表时：勾选该复选框，每次切换工作表只能在当前工作窗口中显示一个工作表。在打开下一个工作表的同时，保存上一个查看的工作表。
- 每隔 5 分钟：勾选该复选框，正常工作时，每隔 5 分钟保存项目文件，将当前文件中的数据信息自动覆盖在原始文件上。
- 允许从"欢迎"对话框中恢复未保存的文件：勾选该复选框，若出现意外关闭软件的情况，则在启动时自动打开的"欢迎使用 GraphPad Prism"对话框中显示未保存的文件并进行恢复。

图 1-55　"文件与打印机"选项卡

4. 选择性保存

如果项目文件非常大，则考虑细分成更小的项目，将工作表保存为指定的文件。

选择菜单栏中的"文件"→"选择性保存"命令，弹出子菜单，如图 1-56 所示；或单击"文件"功能区中的"保存命令"按钮右侧的下拉按钮，弹出子菜单，如图 1-57 所示。"选择性保存"的子菜单和"保存命令"的子菜单中包含多个选择性保存的命令，下面分别进行介绍。

图 1-56　"选择性保存"子菜单

图 1-57　"保存命令"子菜单

（1）保存模板：选择该命令，将项目文件以当前名称保存，自动为添加的新数据创建所有分析和图表。模板文件属于一项旧功能，建议使用示例文件或方法文件。

（2）保存示例：选择该命令，将项目文件以当前名称保存，以便日后进行克隆文件操作。

（3）保存方法：选择该命令，将项目文件以当前名称保存，以便日后应用于已输入的新数据。当应用方法时，将方法文件中的分析和图表应用到已输入的数据表中。

（4）保存副本：选择该命令，将项目副本以指定的名称保存，Prism 不会重命名正在处理的文件。建议备份为.PZFX 格式（而非.PZF），该格式提供更安全的备份。即使文件遭到损坏或截断，也可能在不使用 Prism 的情况下从这些文件中提取数据。

（5）系列另存为：选择该命令，从当前项目中的工作表以及所有链接工作表创建一个新文件。

（6）另存为示例：选择该命令，将项目文件以指定的名称保存到特殊位置，以便日后进行克隆文件操作。

（7）另存为模板：选择该命令，将项目文件以指定的名称保存到指定位置，自动为添加的新数据创建所有分析和图表。

（8）另存为方法：选择该命令，将项目文件保存到特殊位置，以便日后应用于已输入的新数据。

1.5.3 合并项目

合并项目是指将整个 GraphPad Prism 项目合并到另一个项目中。如果想要合并两份文件，步骤非常简单。

默认打开一个项目文件（项目 1），选择菜单栏中的"文件"→"合并"命令，弹出"合并"对话框，如图 1-58 所示，选择一个未打开的项目文件（项目 2），单击"打开"按钮，直接在当前项目（项目 1）中导入选中的项目文件（项目 2）中的所有工作表，结果如图 1-59 所示。

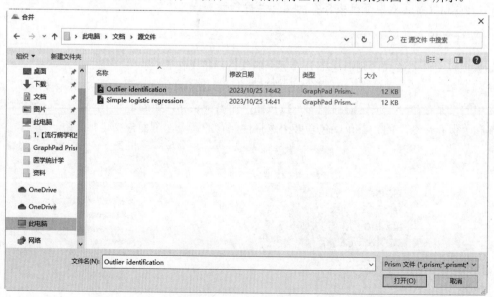

图 1-58 "合并"对话框

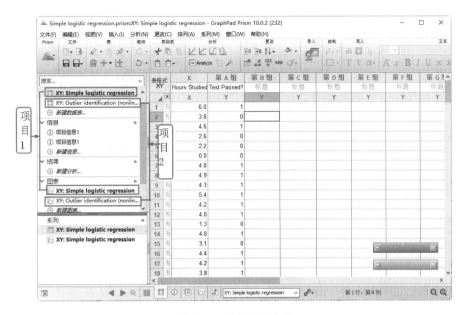

图 1-59 合并项目文件

1.5.4 打开项目

在本地硬盘或网络上打开项目的方法有多种，下面简述打开项目的常用方法。

（1）选择菜单栏中的"文件"→"打开"命令，或单击 Prism 功能区中的"打开项目文件"命令，或单击"文件"功能区中的"打开项目文件"按钮 ，或按 Ctrl+O 键，弹出"打开"对话框，如图 1-60 所示，选择需要打开的文件。定位到需要打开的文件之后，单击"打开"按钮即可。

> **注意** 如果要一次打开多个项目，可在"打开"对话框中先单击一个文件名，然后按住 Ctrl 键并依次单击其他需要打开的文件。如果这些文件是相邻的，可以先单击第一个文件，然后按住 Shift 键再单击最后一个文件。

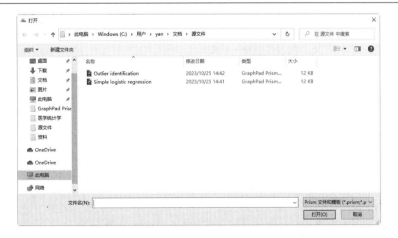

图 1-60 "打开"对话框

（2）在"文件"菜单栏最下方显示了最近使用的项目文件列表，如图 1-61 所示，单击对应的项目文件名称即可打开项目文件。

图 1-61　最近使用的项目列表

1.5.5　关闭项目

用户完成对一个项目文件的操作后，应将它关闭，以释放该项目文件所占用的内存空间。

1. 关闭当前项目

（1）选择菜单栏中的"文件"→"关闭"命令，或单击 Prism 功能区中的"关闭"命令，或按 Ctrl+W 键，弹出如图 1-62 所示的 GraphPad Prism 对话框，提示是否需要对要关闭的项目进行保存。

（2）单击"是"按钮，保存并关闭当前项目。弹出"保存"对话框，默认以当前的项目名称保存项目文件，也可以输入新的名称，将项目保存为另一个文件。

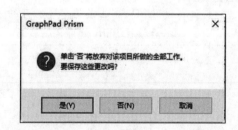

图 1-62　GraphPad Prism 对话框

（3）单击"否"按钮，取消保存并关闭当前项目。自动打开"欢迎使用 GraphPad Prism"对话框，用来创建新的项目。

（4）单击"取消"按钮，取消关闭当前项目的操作，返回 GraphPad Prism 用户界面。

2. 关闭所有项目

选择菜单栏中的"文件"→"全部关闭"命令，或单击 Prism 功能区中的"全部关闭"命令，可以同时关闭所有打开的项目。

1.6 工作表的管理

工作表的管理是对数据进行组织和分析。在某些情况下，不同类型的工作表可以具有相同的名称，需要通过每个名称前面的图标来区分它们，如图 1-63 所示。其中，▦ 表示数据表，▨ 表示图表。

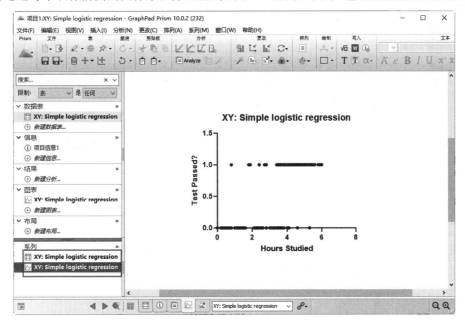

图 1-63　同名工作表

1.6.1 新建工作表

默认状态下，每个项目中只有一张数据表（数据 1）和与之对应的一张图表（数据 1），用户可以增加更多的工作表。下面简要介绍新建工作表的 3 种常用方法。

1. 利用导航器命令

（1）单击导航器中"数据表"选项组下的"新建数据表"按钮 ⊕，如图 1-64 所示，弹出"新建数据表和图表"对话框，选择要创建工作表的类型，如图 1-65 所示。该对话框与"欢迎使用 GraphPad Prism"对话框类似，这里不再赘述。

（2）完成选项设置，单击"创建"按钮，即可在导航器中"数据表"选项组下的工作表列表插入一个新的数据表。新工作表的表名根据项目中工作表的数量自动命名，如数据 2，如图 1-66 所示。同时，导航器中"图表"选项组下自动创建一个名为"数据 2"的图表。

图 1-64　"新建数据表"按钮

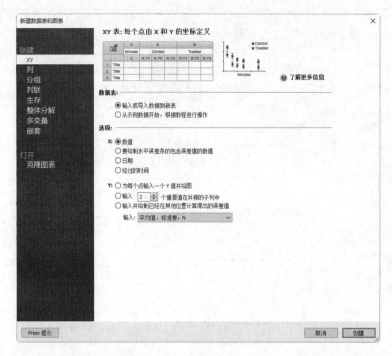

图 1-65 "新建数据表和图表"对话框

图 1-66 新建数据表和图表

2. 利用功能区命令

（1）单击"文件"功能区中的"创建新项目"按钮下的"新建数据表和图表"命令，如图 1-67 所示，弹出"新建数据表和图表"对话框，选择要创建的工作表的类型，单击"创建"按钮，即可在当前"数据表"下的工作表列表中插入一个新的数据表"数据 2"。同时，导航器中的"图表"选项组下自动创建一个名为"数据 2"的图表。

（2）单击"表"功能区中的"创建新表"按钮下的"新建数据表与图表"命令，如图 1-68 所示。弹出"新建数据表和图表"对话框，选择要创建的工作表的类型，单击"创建"按钮，即可在当前"数据表"下的工作表列表中插入一个新的数据表"数据 2"。同时，导航器中的"图表"选项组下自动创建一个名为"数据 2"的图表。

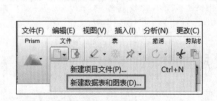

图 1-67 "文件"功能区下拉菜单

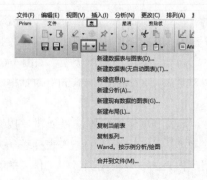

图 1-68 "创建新表"按钮下拉菜单

（3）选择"新建数据表（无自动图表）"命令，弹出"新建数据表和图表"对话框，选择要创建的工作表的类型，单击"创建"按钮，即可在当前"数据表"下的工作表列表中插入一个新的数据表"数据 3"。此时，导航器中的"图表"选项组下不创建图表，如图1-69 所示。

（4）选择"新建信息""新建分析""新建现有数据的图表""新建布局"命令，可以在当前项目中新建信息表、分析表、图表和布局页面表。

3. 利用菜单栏命令

（1）选择菜单栏中的"插入"命令，在弹出的子菜单中显示一系列新建工作表的命令，如图1-70所示。

- 新建数据表与图表：新建一个数据表，同时新建一个与数据表相关联的图表。
- 新建数据表（无自动图表）：单独新建一个数据表。
- 新建信息：新建一个信息表。
- 新建分析：新建一个分析结果表。
- 新建现有数据的图表：根据数据表新建一个相关联的图表。
- 新建布局：新建一个布局表。

图1-69　新建一个新的数据表　　图1-70　"插入"子菜单

（2）单击"文件"功能区中的创建新项目按钮下的"新建数据表和图表"命令，弹出"新建数据表和图表"对话框，选择要创建的工作表的类型，单击"创建"按钮，即可在当前"数据表"下的工作表列表中插入一个新的数据表"数据 2"。同时，导航器中"图表"选项组下自动创建一个名为"数据 2"的图表。

1.6.2　删除工作表

在处理项目的过程中，可能会产生一些不再需要的图表和分析结果。将这些多余的图表和分析保留在项目中，不仅会增加管理的混乱性，还会使查找所需的工作表变得更加困难。因此，建议删除这些不再需要的图表和分析。

若要删除某个不再使用的工作表，可以执行以下操作。

（1）在导航器中选中待删除的工作表的名称标签，然后右击，在弹出的快捷菜单中选择"删除表"命令，或单击"表"功能区中的"删除表"按钮，弹出"删除表"对话框，显示当前项目中所有的数据表，如图1-71所示。

（2）勾选数据表名称的复选框，可以选择一个或多个要删除的表。也可以勾选"同时删除所有关联的表"复选框，删除选中的工作表和与之关联的工作表。删除多个工作表的方法与之类似，不同的是在选定工作表时要按住 Ctrl 键或 Shift 键以选择多个工作表。

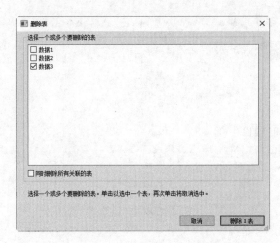

图 1-71 "删除表"对话框

1.6.3 工作表的显示

创建项目文件后，进入 GraphPad Prism 10 用户界面，在左侧的导航器和右侧的工作区中对当前项目中的文件进行管理。

1. 在导航器中显示工作表

（1）每个 Prism 项目都有 5 个部分：数据表、信息工作表、结果、图表以及布局。在导航器中包含 5 个选项组，每个选项组对应一个部分（一种工作表），每个选项组类似于一个文件夹，在该文件夹下包含一个或多个同类工作表。

（2）在导航器任意工作表上右击，在弹出的快捷菜单中选择"展开所有的文件夹"命令，展开每个选项组，显示选项组下的所有工作表，如图 1-72 所示。

（3）在导航器任意工作表上右击，在弹出的快捷菜单中选择"折叠所有的文件夹"命令，折叠每个选项组，如图 1-73 所示。

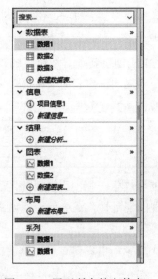 

在单个 Prism 项目中，每种类型最多可有 500 张工作表(包括数据表)。每张数据表可包含：

图 1-72 展开所有的文件夹　　图 1-73 折叠所有的文件夹

- 任意行数（受 RAM 和硬盘空间限制）。
- 最多 1024 个数据集列。
- 最多 512 个子列。

2. 在工作区显示工作表

（1）在 GraphPad Prism 的右侧工作区中，有两种显示工作表的方式：表和库。默认情况下，工作表以表的形式显示在工作区，方便数据的输入和查看。若工作表以库的形式显示，则在工作区中显示一个项目中所有工作表的缩略图（小图像）。

（2）选择菜单栏中的"视图"→"库"命令，或在状态栏中的"底部功能区"上单击"查看库"按钮，或单击"导航器"中的数据表、信息、结果、图表、布局、系列选项，即可显示该选项组下的所有工作表，并以缩略图的形式显示，如图 1-74 所示。

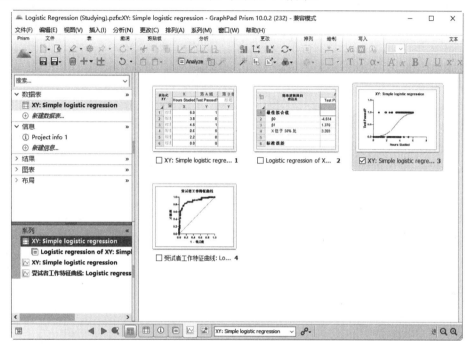

图 1-74　以缩略图的形式显示工作表

1.6.4　关联工作表

在 Prism 中记录工作表之间（数据表、信息工作表、分析、图表与布局之间）的链接，替换或编辑数据表，关联的分析表和图表将会更新。一般将当前工作表和与关联的所有工作表统称为工作表系列。

导航器"系列"选项组下显示了哪些工作表链接到当前工作表，其名称以粗体形式显示。图 1-75 中的"系列"选项组下包含关联的数据表和图表，图表是根据数据表中的数据进行绘制的，因此两者是关联的。

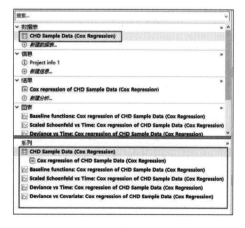

图 1-75　"系列"选项组

1.7 操作实例——设计国民经济和社会发展结构指标项目

国民经济和社会发展综合表集中反映中国国民经济和社会发展的总量、速度、结构、比例和效益状况及变化。现有 2022 年国民经济和社会发展结构指标（人口、国民经济核算、就业）数据，如表 1-1 所示。

表 1-1 国民经济和社会发展结构指标表

指标	1978	2000	2020	2021
人口				
性别				
男	51.5	51.6	51.2	51.2
女	48.5	48.4	48.8	48.8
年龄				
0~14 岁		22.9	17.9	17.5
15~64 岁		70.1	68.6	68.3
65 岁及以上		7.0	13.5	14.2
城乡				
城镇	17.9	36.2	63.9	64.7
乡村	82.1	63.8	36.1	35.3
国民经济核算				
国内生产总值（生产法）				
第一产业	27.7	14.7	7.7	7.3
第二产业	47.7	45.5	37.8	39.4
第三产业	24.6	39.8	54.5	53.3
国内生产总值（支出法）				
最终消费支出	61.9	63.9	54.7	54.5
资本形成总额	38.4	33.7	42.9	43.0
货物和服务净出口	-0.3	2.4	2.5	2.6
就业				
第一产业	70.5	50.0	23.6	22.9
第二产业	17.3	22.5	28.7	29.1
第三产业	12.2	27.5	47.7	48.0

本节根据表 1-1 中的数据设计一个 GraphPad Prism 项目，包含人口、国民经济核算、就业数据表。通过详细讲解创建和新建数据表的操作步骤，读者可进一步掌握创建项目和工作表的知识点以及相关的操作方法。

1.7.1 创建项目

设计 GraphPad Prism 绘图数据之前，首先需要创建 GraphPad Prism 项目，本例创建一个项目用来记录国民经济和社会发展结构指标数据。

步骤01 双击 GraphPad Prism 10 图标，启动 GraphPad Prism，自动弹出"欢迎使用 GraphPad Prism"对话框，设置创建的默认数据表格式。

步骤02 第一个数据表中显示人口指标数据。其中，按照性别、年龄和城乡进行分类，在该分类组别下进行分组统计。性别分为男、女，年龄分为 0~14 岁、15~64 岁、65 岁及以上，城乡按照城镇、乡村进行统计。

步骤03 在"欢迎使用 GraphPad Prism"对话框的"创建"选项组下选择 XY 选项，选择创建 XY 数据表，如图 1-76 所示。此时，在右侧的"XY 表：每个点由 X 和 Y 的坐标定义"下设置参数如下：

- 在"数据表"选项组下选择"输入或导入数据到新表"选项。
- 在"选项"选项组下的 X 选项下选择"数值"，Y 选项下选择"输入 2 个重复值在并排的子列中"。

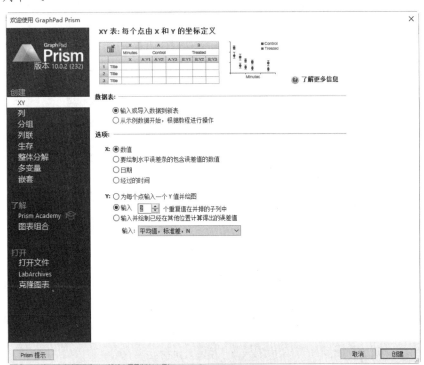

图 1-76　XY 表参数设置界面

步骤04 单击"创建"按钮，创建项目文件"项目 1"，该项目下将自动创建一个数据表"数据 1"及其关联的图表"数据 1"，如图 1-77 所示。

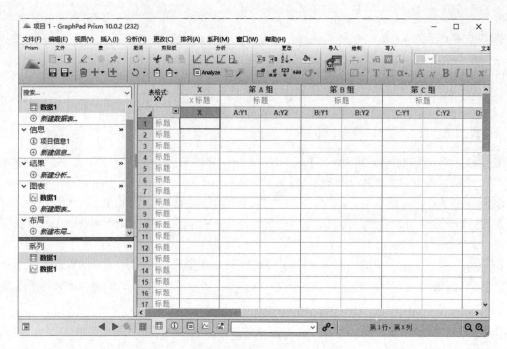

图 1-77 创建的项目文件

步骤 05 选择菜单栏中的"文件"→"另存为"命令,或单击"文件"功能区中的"保存命令"按钮 下的"另存为"命令,弹出"保存"对话框,指定项目的保存名称"国民经济和社会发展结构指标",在"保存类型"下拉列表中选择项目类型 Prism 文件(*.prism),如图 1-78 所示。

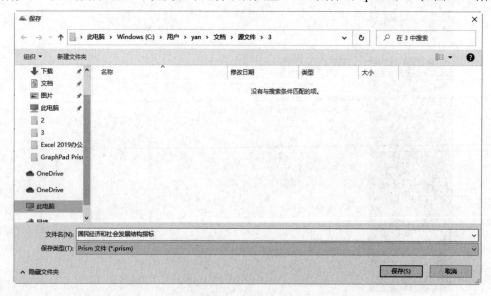

图 1-78 "保存"对话框

步骤 06 单击"确定"按钮,将在源文件目录下自动创建项目文件"国民经济和社会发展结构指标.prism",如图 1-79 所示。

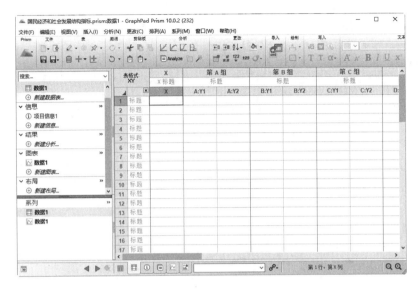

图 1-79 保存项目文件

1.7.2 新建数据表和图表

前面创建的项目中包含人口、就业、国民经济核算数据，这 3 个指标需要在 3 个数据表中分别显示。

接下来新建数据表和图表。步骤如下：

步骤 01 单击导航器中"数据表"选项组下的"新建数据表"按钮⊕，弹出"新建数据表和图表"对话框，在左侧"创建"选项组下选择 XY 选项，选择创建 XY 数据表，如图 1-80 所示。

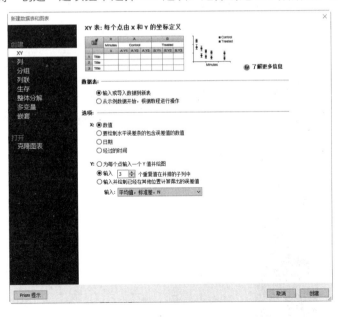

图 1-80 "新建数据表和图表"对话框

此时，在窗体右侧"XY 表：每个点由 X 和 Y 的坐标定义"区域下设置参数如下：

- 在"数据表"选项组下选择"输入或导入数据到新表"选项。
- 在"选项"选项组下的 X 选项下选择"数值",Y 选项下选择"输入 3 个重复值在并排的子列中"。

步骤02 单击"创建"按钮,在该项目下自动创建一个数据表"数据 2"和关联的图表"数据 2",如图 1-81 所示。

图 1-81 新建一个数据表和图表

1.7.3 新建数据表(不创建关联的图表)

下面创建的工作表用来表述就业指标,其中只包含数据表,不同时创建关联的图表。

步骤01 单击"表"功能区中"创建新表"按钮 下的"新建数据表(无自动图表)"命令,弹出"新建数据表(无自动图表)"对话框,在左侧的"新建表"选项组下选择"XY"菜单项以创建 XY 数据表,如图 1-82 所示。

图 1-82 XY 表参数设置界面

在右侧窗体的"XY 表：每个点由 X 和 Y 的坐标定义"区域下设置参数如下：

- 在"数据表"选项组下选择"输入或导入数据到新表"选项。
- 在"选项"选项组下的 X 选项下选择"数值"，Y 选项下选择"为每个点输入一个 Y 值并绘图"。

步骤 02 单击"创建"按钮，即可在当前"数据表"下的工作表列表插入一个新的数据表"数据 3"。该命令不自动创建关联的图表文件，如图 1-83 所示。

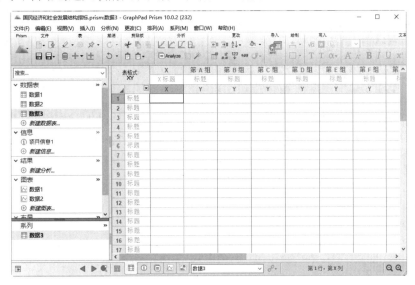

图 1-83 新建一个数据表"数据 3"

第 2 章

工作表和单元格

"工欲善其事,必先利其器"。本章在学习 GraphPad Prism 数据分析之前,读者有必要先熟悉 GraphPad Prism 工作表和单元格的基本操作,以及掌握在单元格或区域中添加数据的方法。

内容要点

- 工作表的基本操作
- 认识单元格
- 数据的基本操作
- 格式化工作表
- 操作实例——国民经济和社会发展结构指标数据设计

2.1 工作表的基本操作

GraphPad Prism 中包含 5 种工作表,每种工作表的基本操作类似,这里以数据表为例介绍工作表的基本操作。

2.1.1 选择工作表

默认情况下,GraphPad Prism 10 在新建一个项目时自动新建一个空白工作表"数据 1"。在实际应用中,一个项目通常包含多张工作表。

对工作表的选择包含下面几种方法。

1. 选择单个工作表

(1) 在导航器"数据表"中的下一级选项中单击工作表的名称,在右侧工作区中显示该工作表的编辑界面,如图 2-1 所示。其中,导航器中高亮显示的工作表为当前选择的工作表。在"系列"选项组下显示选择的工作表(数据表"数据 1")和与之关联的图表(图表"数据 1")。

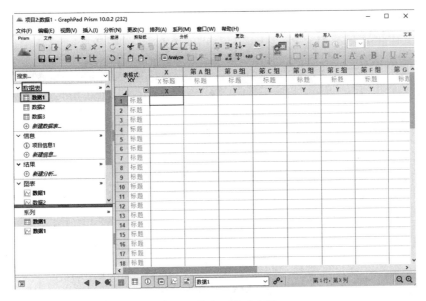

图 2-1　单击工作表名称

（2）在导航器"数据表"下单击工作表的名称时按住 Ctrl 键或 Shift 键，以选择多个工作表（"数据 1""数据 2"），此时工作区显示所有同类型工作表的缩略图，如图 2-2 所示。同时，缩略图中自动勾选"数据 1""数据 2"名称前的复选框，表示选择"数据 1""数据 2"这两个工作表。

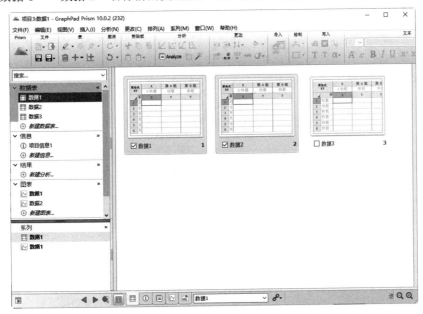

图 2-2　工作表的缩略图

2. 选择同类型的工作表

在状态栏的"底部工具栏"单击工作表下拉列表，选择一个工作表名称，即可选中该工作表，并进入对应的工作表编辑界面，如图 2-3 所示。使用这种方法，只能在相同类型的工作表之间选择和切换。

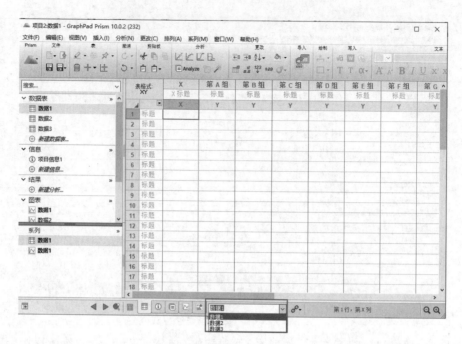

图 2-3 单击工作表下拉列表

2.1.2 切换工作表

在不同的工作表之间进行切换包含下面几种方法。

1. 选择所有工作表

（1）在导航器"数据表"下单击不同工作表的名称，即可自动在工作表之间进行切换，进入对应的工作表编辑界面。

（2）在状态栏的"底部工具栏"包含按照顺序对工作表切换的按钮，可快速在不同工作表之间进行切换，下面简单进行介绍。

- ◀：单击该按钮，转至项目中的上一个表，也可按快捷键 **Ctrl+PgUp**。
- ▶：单击该按钮，转至项目中的下一个表，也可按快捷键 **Ctrl+PgDn**。
- ：单击该按钮，可以在查看此表和以前查看的表之间来回切换，也可按快捷键 **Ctrl+Alt+Z**。

2. 选择同类型的工作表

选择菜单栏中的"视图"→"转至表"命令，弹出如图 2-4 所示的子菜单，显示当前项目中同类型的所有工作表名称。当前打开的工作表为数据表，名称为"数据 1"，因此，"数据 1"命令前显示黑色圆点。选择其余的数据表名称命令，即可切换到对应的数据表编辑窗口。若打开的是其余类型的工作表，当前命令同样适用。

3. 选择不同类型的工作表

（1）在状态栏的"底部工具栏"包含按照工作表类型对工作表切换的按钮，可快速在不同类型的工作表之间进行切换，如图 2-5 所示。

图 2-4 "转至表"子菜单

图 2-5 按照类型切换按钮

（2）选择菜单栏中的"视图"→"转至部分"命令，弹出如图 2-6 所示的子菜单，显示不同的工作表类型。当前打开的是数据表，因此"数据"命令前显示黑色圆点。选择不同的命令，即可切换到对应类型的工作表编辑窗口。

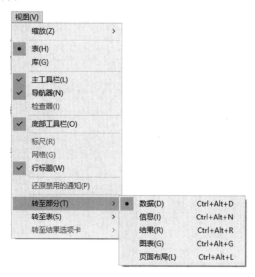

图 2-6 "转至部分"子菜单

2.1.3 重命名工作表

如果一个项目中包含多张工作表，都用"数据 1""数据 2""数据 3"来命名显然很不直观。为了方便用户的工作，给每个工作表指定一个具有代表意义的名称是很有必要的。这可以通过重命名工作表来实现。

在导航器中选中要重命名的工作表名称标签，选择菜单栏中的"编辑"→"重命名表"命令，或右击，在弹出的快捷菜单中选择"重命名表"命令，或在导航器中双击要重命名的工作表名称标签，或按快捷键 F2，工作表名称进入编辑框状态，输入新的名称后按 Enter 键，如图 2-7 所示。

（a）双击名称　　　　　　　　　　　　（b）编辑名称

图 2-7　重命名工作表

2.1.4　突出显示工作表

GraphPad Prism 10 中还有一项非常有用的功能，可以给工作表标签添加颜色突出显示，以方便用户组织工作。

（1）在导航器中选中要添加颜色的工作表名称标签，选择菜单栏中的"编辑"→"突出显示表"命令，或单击"文件"功能区中的 ✎ 按钮，或右击，在弹出的快捷菜单中选择"突出显示表"命令，然后选择工作表标签颜色选项，如图 2-8 所示。

（2）选择需要的颜色，即可改变工作表标签的颜色（默认选择黄色），效果如图 2-9 所示。

 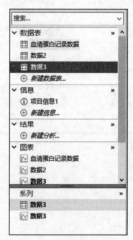

图 2-8　工作表标签颜色子菜单　　　　图 2-9　设置标签颜色效果图

2.1.5　移动工作表

为了更直观地对比数据，可以在同一个项目中移动工作表的位置。这种操作相当于对同一个项目中的工作表进行排序。下面介绍具体方法。

1. 指定方法排序

在导航器中选中要操作的工作表名称,选择菜单栏中的"编辑"→"表重新排序"命令,或右击,在弹出的快捷菜单中选择"表重新排序"命令,弹出"表重新排序"对话框,如图 2-10 所示。

在该对话框中,左侧列表中显示当前项目下所有同类型的工作表,右侧部分显示两种工作表排序的方法,下面分别进行介绍。

1) 手动排序

(1) 在"移动选定的表"选项下显示手动移动的 4 个按钮:

图 2-10 "表重新排序"对话框

- 到顶部:单击该按钮,将选择的工作表移动到顶部(第一行)。
- 向上:单击该按钮,将选择的工作表向上移动一行。
- 向下:单击该按钮,将选择的工作表向下移动一行。
- 到底部:单击该按钮,将选择的工作表移动到底部(最后一行)。

(2) 单击"确定"按钮,关闭该对话框,导航器中"数据表"的工作表排序发生了变化,按照"数据 2→数据 3→数据 1"的顺序进行排列,结果如图 2-11 所示。

图 2-11 工作表手动排序

2) 自动排序

在"重新排序所有表"选项下单击"按字母顺序"按钮,按照工作表名称中的字母顺序对所有工作表进行自动排序。将图 2-11 中"数据 2→数据 3→数据 1"的顺序进行重新排列,变为"数据 1

→数据2→数据3",结果如图2-12所示。

图2-12 工作表自动排序

2. 拖动移动

此外，用户还可以使用鼠标拖放的方式移动工作表。操作方法如下：

（1）在导航器中用鼠标选中要移动的工作表标签（"数据1"），并在该工作表标签上按住鼠标左键不放，则鼠标所在位置会出现⊞图标，如图2-13所示，且在该工作表标签的左上方出现一个黑色圆圈标志。

（2）按住鼠标左键不放，在工作表标签间移动鼠标，⊞和黑色圆圈会随鼠标移动。将鼠标移到工作表所要移动的目的位置，比如移动到"数据2"标签之前，如图2-14所示，释放鼠标左键，工作表即可移动到指定位置，如图2-15所示。

图2-13 按住鼠标左键选取工作表标签　　图2-14 用鼠标移动工作表标签　　图2-15 移动后的工作表标签

2.1.6 复制工作表

有时需要复制同一个项目中的工作表，还可以复制与工作表相关联的工作表。下面分别介绍这两种情况的操作方法。

1. 复制工作表

在导航器中选择要复制的工作表名称（"数据1"），选择菜单栏中的"插入"→"复制当前表"命令，或单击"表"功能区中"创建新表"按钮 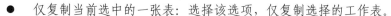 下的"复制当前表"命令，或右击，从弹出的快捷菜单中选择"复制当前表"命令，直接创建所选工作表的副本（"副本数据1"），如图2-16所示。

2. 复制关联的工作表

（1）在导航器中选择要复制的工作表名称（"数据2"），选择菜单栏中的"插入"→"复制系列"命令，或单击"表"功能区中"创建新表"按钮 下的"复制系列"命令，或右击，从弹出的快捷菜单中选择"复制系列"命令，弹出"复制系列表"对话框，如图2-17所示。

图2-16 复制工作表

- 仅复制当前选中的一张表：选择该选项，仅复制选择的工作表。
- 也复制关联的表（系列）：选择该选项，不仅复制选择的工作表，还复制与之关联的工作表。默认选择该选项，在导航器"系列"选项组下显示选中的工作表和与之关联的对象。
- 复制布局：勾选该复选框，复制布局页面。

（2）单击"确定"按钮，创建选择的工作表（"数据2"）和与之关联的工作表（数据表"数据2"、信息表"项目信息1"和图表"数据2"），如图2-18所示。

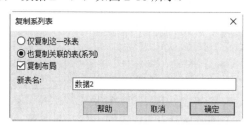

图2-17 "复制系列表"对话框

图2-18 复制关联的工作表

2.1.7 克隆工作表

在"新建数据表和图表"对话框中，选择"打开"选项组下的"克隆图表"选项，在右侧界面包含4个选项卡，打开的项目、最近的项目、保存的示例、共享的示例，如图2-19所示。

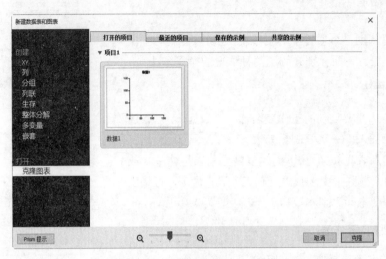

图 2-19 "克隆图表"选项卡

从上面的选项卡中选择要克隆的图表,从当前项目、最近项目或保存的示例文件中进行克隆。单击"克隆"按钮,弹出"克隆示例"对话框,如图 2-20 所示。

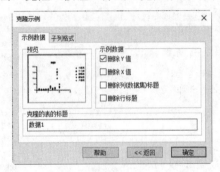 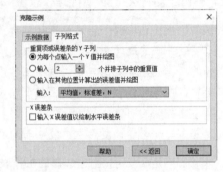

图 2-20 "克隆示例"对话框

1. 在"示例数据"选项卡中设置是否要删除新数据表中的数据(或部分数据)

(1)在"示例数据"选项卡中包括对部分工作表中数据的删除操作:删除 Y 值、删除 X 值、删除列(数据集)标题、删除行标题,如图 2-21 所示。

(a)原始工作表　　　　　　　　　　　(b)克隆工作表(删除 Y 值)

图 2-21 删除新数据表中的数据

（c）克隆工作表（删除 X 值）　　　　（d）克隆工作表（删除列（数据集）标题）

（e）克隆工作表（删除行标题）

图 2-21　删除新数据表中的数据（续）

（2）在"克隆的表的标题"文本框内输入克隆后的工作表的标题。

2. 在"子列格式"选项卡中设置工作表中的子列数据

（1）重复项或误差条的 Y 子列：定义子列数据的 3 种输入方式，与工作表中数据的输入方式相同。

- 为每个点输入一个 Y 值并绘图。
- 输入 2 个并排子列中的重复值。
- 输入在其他位置计算出的误差值并绘图输入：在"输入"下拉列表中选择"平均值，标准差，N"。

（2）X 误差条：勾选"输入 X 误差值以绘制水平误差条"复选框，根据误差值绘制误差条。

2.1.8　冻结工作表

为了保护工作表中的数据不受损坏，可以对工作表进行冻结。冻结后的工作表无法进行更改，并且更改关联数据后也不会更新。操作步骤如下：

在导航器中选择要复制的工作表名称（图表"数据 1"），选择菜单栏中的"编辑"→"冻结表"命令，或单击"表"功能区中的"冻结表"按钮，或右击，从弹出的快捷菜单中选择"冻结表"命令，将冻结选中的工作表（图表"数据 1"），如图 2-22 所示。此时，冻结的工作表名称显示为斜体。

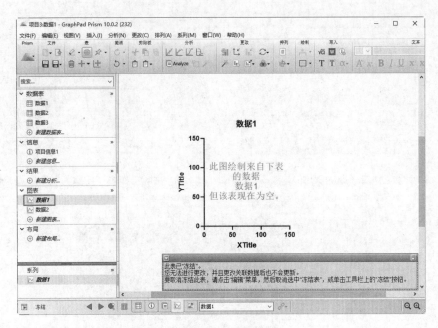

图 2-22　冻结工作表

从图 2-22 的注释中可以看出，用户可以非常详细地设置对工作表的哪些方面进行冻结，并且可以进行取消冻结设置。

如果要恢复被冻结的工作表，再次执行"冻结表"命令并取消该命令，即可取消冻结操作。

2.1.9　搜索工作表

在导航器顶端的"搜索"框内输入要搜索的文件关键词，自动在下面的列表框内显示符合条件的文件，同时，在右侧工作区中显示搜索结果对应的文件缩略图，如图 2-23 所示。

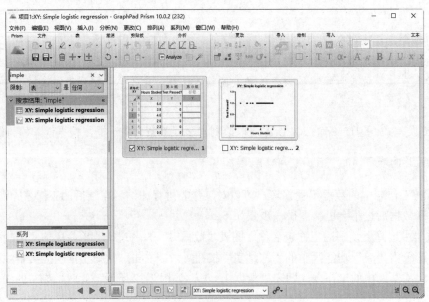

图 2-23　搜索工作表

在"限制"下拉列表中选择搜索对象的范围,如图2-24所示。

图 2-24 "限制"下拉选项

(1)选择"表",将在工作表中进行搜索,在"是"下拉列表中显示更精确的分类。选择"任何",表示搜索所有类型的工作表。除此之外,"是"下拉列表中还包括指定的工作表类型(数据表、信息表、结果、图表、布局),表示选择该类型的对象。

(2)选择"突出显示",将在突出显示的工作表中进行搜索。此时,在"是"下拉列表中显示突出显示的颜色。选择"任何颜色",表示搜索使用任意颜色突出显示的工作表,选择"无",表示搜索使用没有突出显示的工作表,作用与直接选择"表"相同。除此之外,"是"下拉列表中还包括具体突出显示的颜色(黄色、红色、蓝色、绿色、紫色、橙色、灰色)。

2.2 认识单元格

数据表是一个二维表格,由行和列构成,行和列相交形成的方格称为单元格,如图 2-25 所示。单元格中可以填写数据,是存储数据的基本单位,也是 GraphPad Prism 用来存储信息的最小单位。每一个单元格的名字由该单元格所处的工作表的行和列决定。

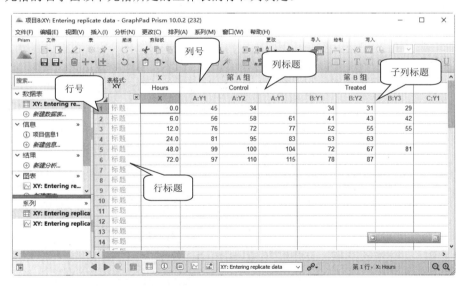

图 2-25 数据表

2.2.1 选定单元格区域

在输入和编辑单元格内容之前,必须使单元格处于活动状态。所谓活动单元格,是指可以进行数据输入的选定单元格,其特征是被蓝色粗边框围绕。

选择单元格区域时,在状态栏中可以查看选中单元格的行数和列数,如图2-26所示的"第1行,第 X 列"单元格。

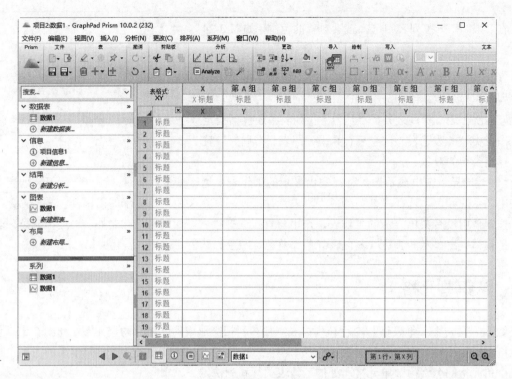

图 2-26 活动单元格

1. 选择单元格

（1）在单元格上单击，即可选中相应的单元格，选中单元格的边框会显示为蓝色粗实线，单元格内容进入编辑状态，数据变为左对齐，内容（数字12）自动靠近左侧边框，如图2-27所示。此时，选中的单元格所在的行号和列号自动高亮显示（蓝色底色）。未选中的单元格内的数据右对齐（内容自动靠近右侧边框）。

（2）单击工作表左上角的"全选"按钮 ，选中工作表中的所有单元格，如图2-28所示。

图 2-27 选中单元格　　　　　　　　图 2-28 选中所有单元格

（3）单击工作表中的行号（数字2），选中工作表中整行单元格，如图2-29所示。

（4）单击工作表中的列号（名称为"第A组"），选中工作表中整列单元格，如图2-30所示。

图 2-29　选中整行单元格　　　　　　　　图 2-30　选中整列单元格

2. 选择命令

选中单个单元格，通过下面两种方法可以直接选择指定区域的单元格：

（1）选择菜单栏中的"编辑"→"选择"命令，显示如图 2-31 所示的子菜单。

- 选择"全部"命令，直接选中工作表中所有单元格。
- 选择"行"命令，选中工作表中整行单元格。
- 选择"列"命令，选中工作表中整列单元格。

（2）在工作表中右击，在弹出的快捷菜单中选择"选择"命令，弹出子菜单，如图 2-32 所示，其中包含"全部""列""行"命令。

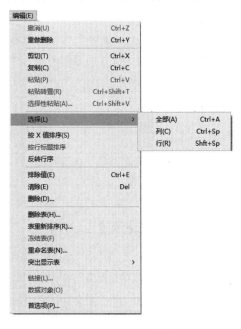

图 2-31　"选择"子菜单　　　　　　　　　图 2-32　"选择"子菜单

3. 其余操作

通过键盘和鼠标选定单元格区域的常用操作如表 2-1 所示。

表 2-1　选定单元格、区域、行或列

选定内容	操　作
移动单元格	方向键移动到相应的单元格
较大的单元格区域	先选定该区域的第一个单元格，然后按住 Shift 键单击区域中的最后一个单元格
整行	单击行号，或按 Shift+space 键
整列	单击列号
相邻的行或列	沿行号或列号拖动鼠标或按住 Shift 键选定其他的行或列
增加或减少活动区域中的单元格	按住 Shift 键并单击新选定区域中的最后一个单元格，在活动单元格和所单击的单元格之间的矩形区域将成为新的选定区域
取消单元格选定区域	单击工作表中其他任意一个单元格
选定单元格移动	按 Tab 键向右移动，按 Shift+Tab 键向左移动
Enter 键	向右移动至下一个子列（如有）；否则，向下移动一行（与向下箭头键相同）
Shift+Enter 键	向左移动至前一个子列（如有）；否则，向上移动至上一行（与向上箭头键相同）
Control+Enter 键	向下移动至最后一行

2.2.2　插入单元格区域

行、列、单元格是组成数据表的基本元素。插入单元格区域可以分为插入单个单元格、行单元格、列单元格或嵌入表，这样可以避免覆盖原有内容。

1. 插入单个单元格

（1）在需要插入单元格的位置选定相应的单元格区域，如图 2-33 所示。

（2）选择菜单栏中的"插入"→"行/列"命令，或右击，在弹出的快捷菜单中选择"插入"命令，或单击"更改"功能区中的"插入"按钮，弹出如图 2-34 所示的"插入行和数据集"对话框。

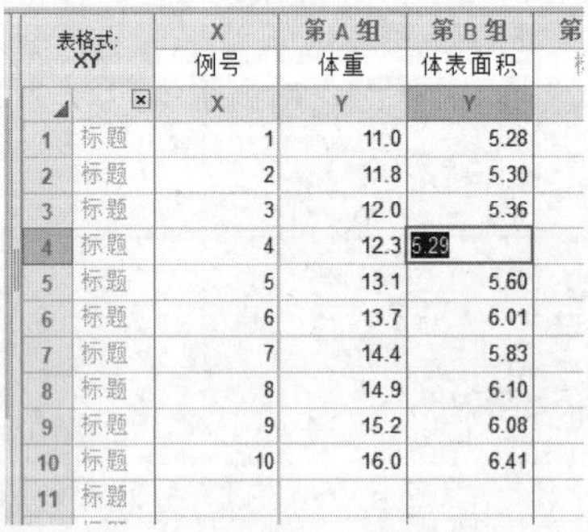

图 2-33　选定单元格 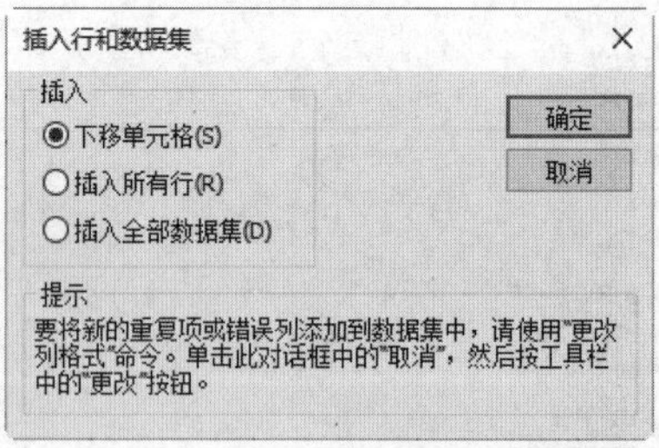　　　　　　图 2-34　"插入行和数据集"对话框

- 下移单元格：默认选择该选项，在该单元格上方插入一个空白单元格，该单元格及下方的单元格整体下移一行，效果如图 2-35 所示。
- 插入所有行：选择该选项，在该单元格上方插入一行空白单元格，效果如图 2-36 所示。
- 插入全部数据集：选择该选项，在该单元格左侧插入一列空白单元格，效果如图 2-37 所示。若选择的是 X 列，则在右侧插入一列空白单元格，如图 2-38 所示。

图 2-35 下移单元格

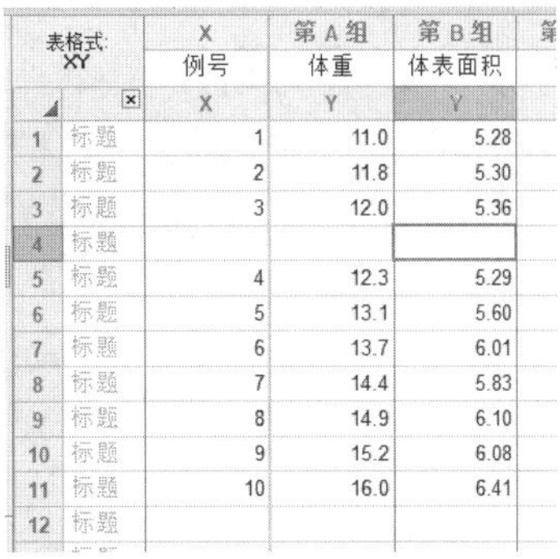

图 2-36 插入所有行

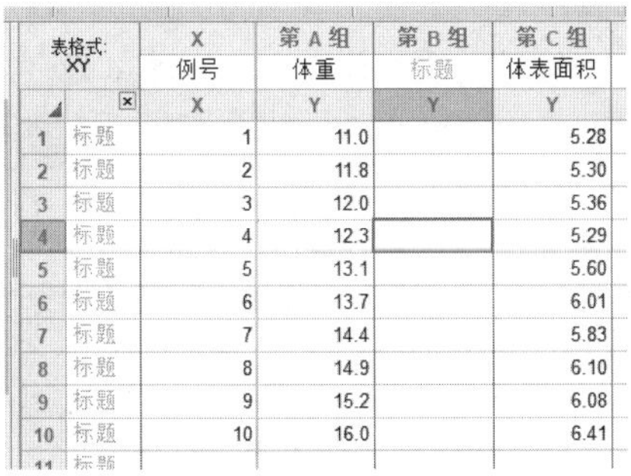

图 2-37 插入全部数据集

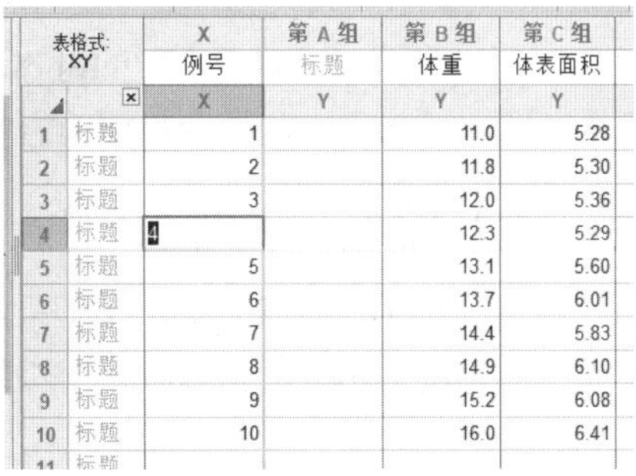

图 2-38 在 X 列右侧插入一列

2. 插入行单元格

（1）在需要插入单元格的位置选定相应的一行单元格区域，如图 2-39 所示。

（2）选择菜单栏中的"插入"→"行/列"命令，或右击，在弹出的快捷菜单中选择"插入"命令，或单击"更改"功能区中的"插入"按钮，直接在活动行单元格上方插入一个空行单元格，如图 2-40 所示。

图 2-39 选定一行单元格

图 2-40 插入一行单元格

3. 插入列单元格

（1）在需要插入单元格的位置选定相应的一列单元格区域，如图 2-41 所示。

（2）选择菜单栏中的"插入"→"行/列"命令，或右击，在弹出的快捷菜单中选择"插入"命令，或单击"更改"功能区中的"插入"按钮，直接在活动列单元格左侧插入一个空行单元格，如图 2-42 所示。

图 2-41　选定一列单元格 　　　　　　　　　图 2-42　插入一列单元格

2.2.3　清除或删除单元格

清除单元格只是删除单元格中的内容、格式，单元格仍然保留在工作表中；删除单元格则是从工作表中移除这些单元格，并调整周围的单元格，填补删除后的空缺。

1. 清除单元格内容

选中要清除的单元格区域（见图 2-43），选择菜单栏中的"编辑"→"清除"命令，或按 Delete 键，即可清除指定单元格区域的内容，如图 2-44 所示。

图 2-43　选中单元格区域 　　　　　　　　　图 2-44　清除单元格内容

2. 删除单元格

（1）选中要删除的单元格（行或列），如图 2-45 所示。

（2）选择菜单栏中的"编辑"→"删除"命令，或在功能区"更改"选项卡中单击"删除"按钮，或右击，在弹出的快捷菜单中选择"删除"命令，弹出如图 2-46 所示的"删除行和列（数据集）"对话框，可以选择删除活动单元格之后，其他单元格的排列方式。

图 2-45　选中单元格区域　　　　　　　　　图 2-46　"删除行和列（数据集）"对话框

（3）选择“上移单元格”选项，删除选中的单元格后，将该单元格下方的单元格上移，填补删除的单元格位置上的缺失，结果如图 2-47 所示。

（4）选择“删除所有行”选项，删除活动单元格所在行，下面的行自动上移，填补删除的单元格所在行位置上的缺失（10 行变为 9 行），结果如图 2-48 所示。

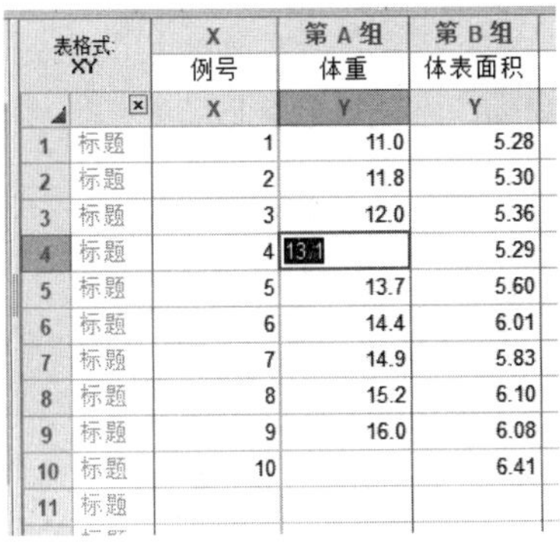

表格式: XY	X 例号	第 A 组 体重	第 B 组 体表面积
	X	Y	Y
1 标题	1	11.0	5.28
2 标题	2	11.8	5.30
3 标题	3	12.0	5.36
4 标题	4	13.1	5.29
5 标题	5	13.7	5.60
6 标题	6	14.4	6.01
7 标题	7	14.9	5.83
8 标题	8	15.2	6.10
9 标题	9	16.0	6.08
10 标题	10		6.41
11 标题			

图 2-47　上移单元格

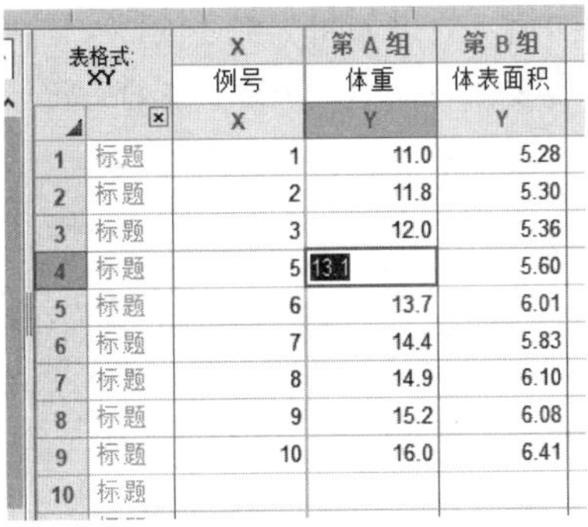

表格式: XY	X 例号	第 A 组 体重	第 B 组 体表面积
	X	Y	Y
1 标题	1	11.0	5.28
2 标题	2	11.8	5.30
3 标题	3	12.0	5.36
4 标题	5	13.1	5.60
5 标题	6	13.7	6.01
6 标题	7	14.4	5.83
7 标题	8	14.9	6.10
8 标题	9	15.2	6.08
9 标题	10	16.0	6.41
10 标题			

图 2-48　删除整行单元格

（5）选择“册除所有列（数据集）”选项，删除活动单元格所在列，右侧的列自动左移，填补删除的单元格所在列位置上的缺失，结果如图 2-49 所示。

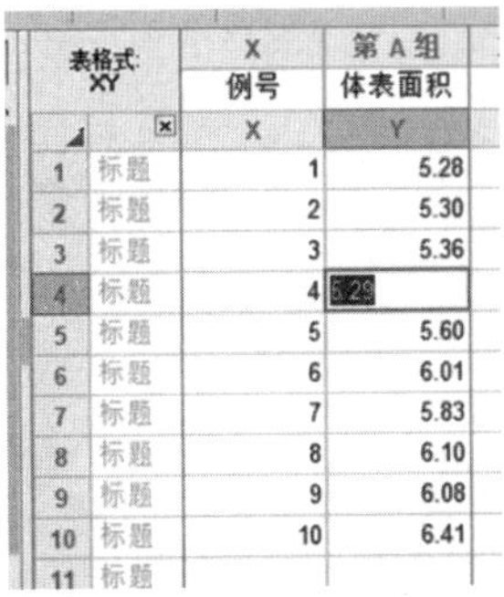

表格式: XY	X 例号	第 A 组 体表面积
	X	Y
1 标题	1	5.28
2 标题	2	5.30
3 标题	3	5.36
4 标题	4	5.29
5 标题	5	5.60
6 标题	6	6.01
7 标题	7	5.83
8 标题	8	6.10
9 标题	9	6.08
10 标题	10	6.41
11 标题		

图 2-49　删除整列单元格

2.2.4　调整单元格列宽

数据表中的所有单元格默认拥有相同的行高和列宽，如果要在单元格中容纳不同大小和类型的内容，就需要调整列宽。

1. 手动调整

如果对列宽的要求不高，可以利用鼠标拖动进行调整。

将鼠标指针移到列标的右边界上，指针显示为横向双向箭头✢时，按下左键拖动到合适的位置释放，即可改变指定列的宽度，图 2-50 左图为出现横向双向箭头，右图为改变了指定列的宽度。

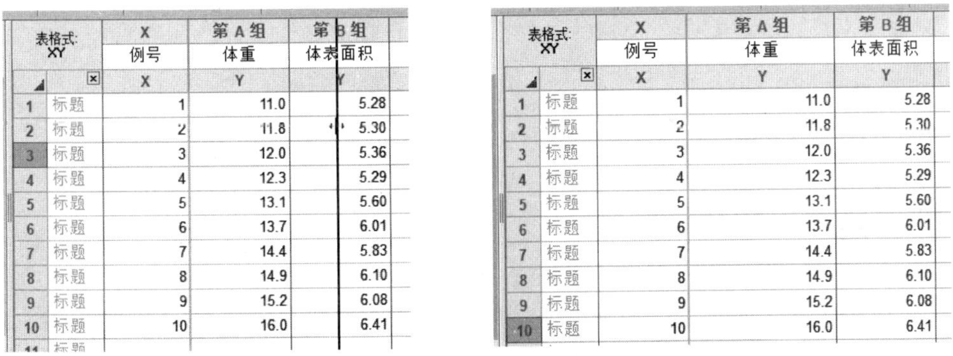

表格式: XY	X 例号	第 A 组 体重	第 B 组 体表面积
	X	Y	Y
1 标题	1	11.0	5.28
2 标题	2	11.8	5.30
3 标题	3	12.0	5.36
4 标题	4	12.3	5.29
5 标题	5	13.1	5.60
6 标题	6	13.7	6.01
7 标题	7	14.4	5.83
8 标题	8	14.9	6.10
9 标题	9	15.2	6.08
10 标题	10	16.0	6.41

表格式: XY	X 例号	第 A 组 体重	第 B 组 体表面积
	X	Y	Y
1 标题	1	11.0	5.28
2 标题	2	11.8	5.30
3 标题	3	12.0	5.36
4 标题	4	12.3	5.29
5 标题	5	13.1	5.60
6 标题	6	13.7	6.01
7 标题	7	14.4	5.83
8 标题	8	14.9	6.10
9 标题	9	15.2	6.08
10 标题	10	16.0	6.41

图 2-50　调整列宽

2. 自动调整

如果希望精确地指定列宽，可以使用指定命令进行设置。

单击工作区左上角的"表格式：XY"单元格，弹出"格式化数据表"对话框，在"表格式"选项卡下勾选"自动列宽"复选框，如图2-51所示。单击"确定"按钮，自动根据内容将列宽显示为适当的值，效果如图2-52所示。

需要注意的是，Prism自动确定子列（重复值）的宽度，无法单独更改。

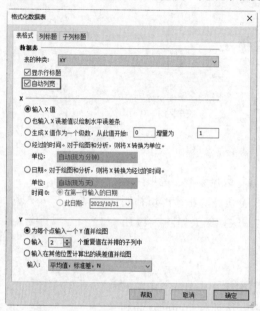

图 2-51 勾选"自动列宽"复选框

图 2-52 自动调整列宽

2.3 数据的基本操作

数据是 GraphPad Prism 统计分析的根本，单元格是承载数据的最小载体。本节将介绍如何在单元格中正确地输入数字、文本及其他特殊数据；如何设置输入数据的有效性，并在输入错误或输入超出范围的数据时显示错误提示。

2.3.1 数据输入

在数据表中，数据单元格（X、Y 列）中只能输入数字，在行标题、列标题单元格中可以输入文本、数字、时间等数据内容。

默认情况下，未输入任何数据的空白数据表中的行标题显示灰色的"标题"字样，列标题显示"X 标题"和"标题"，如图 2-53 所示。

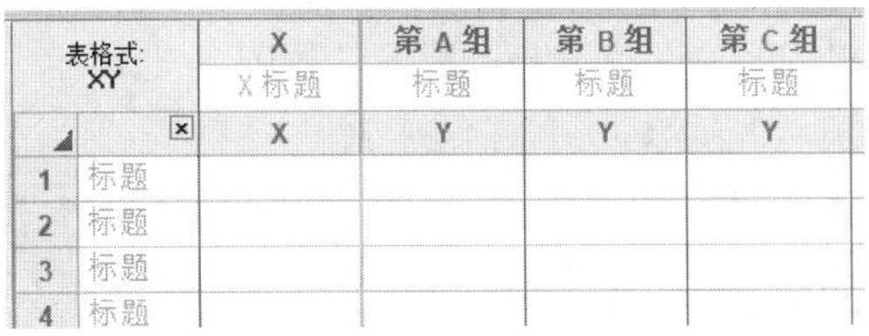

图 2-53 空白数据表

1. 输入文本

行标题、列标题单元格中通常会包含文本，例如汉字、英文字母、数字、空格以及其他键盘能输入的合法符号。

1）直接输入文本

（1）单击要输入文本的单元格（行标题或列标题），然后在单元格编辑状态下输入文本，如图 2-54 所示。

（2）单击"换行"按钮，或按 Shift+Enter 键，自动进入下一行，如图 2-55 所示。

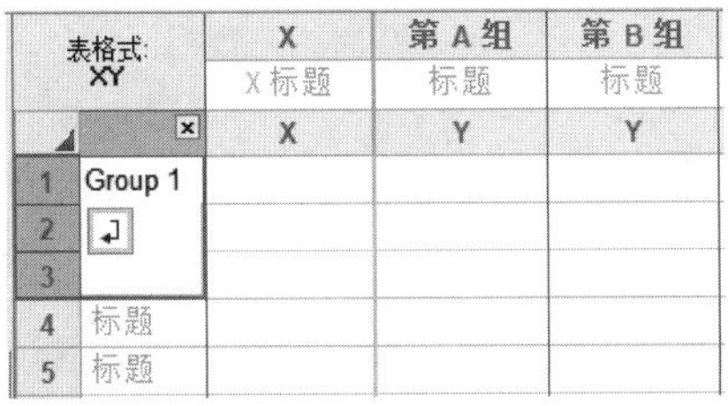

图 2-54 输入文本　　　　图 2-55 换行

（3）文本输入完成后，按 Enter 键或单击空白处结束输入，文本在单元格中默认左对齐，如图 2-56 所示。

（4）在"文本"功能区中包含一系列按钮，用于设置单元格字体格式，包括字体、字号、加粗、倾斜、下画线、颜色、居中等，如图 2-57 所示。

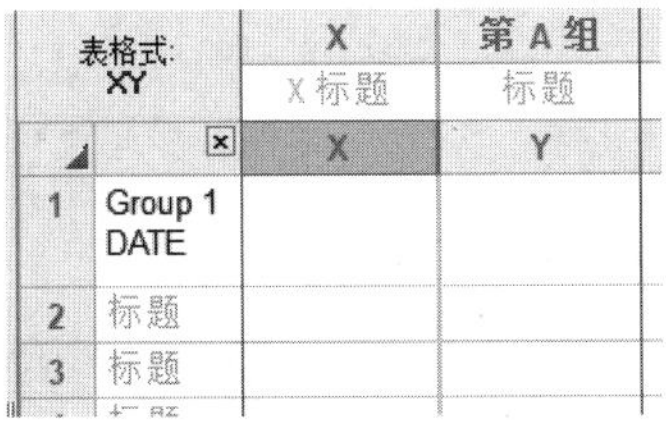

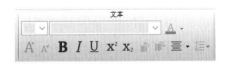

图 2-56 输入多行文本　　　　图 2-57 设置单元格字体格式

2)修改输入的文本

如果要修改单元格中的文本,单击单元格,在单元格编辑框中选中要修改的文本后,按 Backspace 键或 Delete 键删除,然后重新输入。

3)处理超长文本

如果输入的文本超过了列的宽度,将自动进入右侧的单元格显示,如图 2-58 所示。如果右侧相邻的单元格中有内容,则超出列宽的字符会自动隐藏,如图 2-59 所示。调整列宽到合适的宽度,即可显示全部内容。

图 2-58 文本超宽时自动进入右侧单元格显示

图 2-59 超出列宽的字符自动隐藏

2. 输入特殊符号

选中单元格,选择菜单栏中的"插入"→"字符"命令,弹出如图 2-60 所示的子菜单,选择插入不同类型的特殊符号。

(1)插入希腊字符:选择该命令,打开"插入字符"对话框中的"希腊"选项卡,如图 2-61 所示,选择对应的符号,单击"选择"按钮,在单元格内插入对应的符号。

图 2-60 "字符"子菜单

图 2-61 "希腊"选项卡

(2)插入数学公式:选择该命令,打开"插入字符"对话框中的"数学"选项卡,如图 2-62 所示,选择对应的符号,单击"选择"按钮,在单元格内插入对应的符号。

(3)插入欧洲字符:选择该命令,打开"插入字符"对话框中的"欧洲"选项卡,如图 2-63

所示，选择对应的符号，单击"选择"按钮，在单元格内插入对应的符号。

（4）插入 WingDing：选择该命令，打开"插入字符"对话框中的 WingDing 选项卡，如图 2-64 所示，选择对应的符号，单击"选择"按钮，在单元格内插入对应的符号。

图 2-62　"数学"选项卡

图 2-63　"欧洲"选项卡

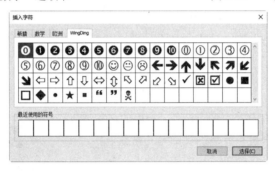

图 2-64　WingDing 选项卡

（5）插入 Unicode 符号：选择该命令，打开"字符映射表"对话框，如图 2-65 所示，显示扩展的符号表，在该表中可设置多种符号类型的格式。选择对应的符号，单击"选择"按钮，在单元格内插入对应的符号。

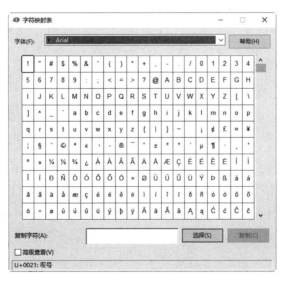

图 2-65　"字符映射表"对话框

3. 输入数字

在单元格中输入数字的方法与输入文本相同，不同的是数字默认在单元格中右对齐。GraphPad Prism 把范围介于 0~9 的数字，以及小数点，视为数字类型。数字自动沿单元格右对齐，如图 2-66 所示。此时，输入数字的数据单元格中的列标题显示为"数据集-A""数据集-B"等。

图 2-66 数字自动右对齐

4. 缺失值处理

输入数字时，Prism 不会将空的单元格视为已经输入 0，它始终认为空的单元格是一个缺失值。同样地，它不会将 0 视为缺失值。Prism 只需为任何缺失值留一个空白处。排除值与缺失值的处理方式完全相同。

2.3.2 设置数据格式

设置数据格式可以增强数据表的可读性，应用的格式并不会影响 GraphPad Prism 用来进行计算的实际单元格数值。

选中要编辑的单元格，选择菜单栏中的"插入"→"小数格式"命令，或在功能区"更改"选项卡中单击"更改小数格式（小数点后的位数）"按钮，或右击，在弹出的快捷菜单中选择"小数格式"命令，弹出如图 2-67 所示的"小数格式"对话框，显示选中的单元格中数据的小数格式。

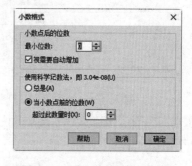

图 2-67 "小数格式"对话框

1. 小数位数

Prism 将自动根据输入的数值选择数据表中显示的小数位数。也可以根据下面的选项进行设置：

- 小数点后的位数：在该选项后输入指定的位数。
- 视需要自动增加：勾选该复选框，若修改单元格中的数据（小数点后的位数变化），则忽视上面指定的位数，根据数值自动增加小数点后的位数。若未勾选该复选框，修改后的数据依旧按照指定的位数定义。

2. 数字四舍五入

在"使用科学记数法，即 3.04e-08"选项组下选择数字计数规则：

- 总是：勾选该复选框，按照"3.04e-08"格式进行计数。
- 当小数点前的位数：如果想真正将数值舍入到小数点后的某个位数，需要将数字四舍五入到指定的位数。在"超过此数量时"指定数字四舍五入的位数，默认值为 7，即输入数字的位数超过 7 时使用科学记数法显示。

2.3.3 数据显示处理

对于大量杂乱数据，为了方便数据后期的分析与处理，有时需要暂时排除不需要使用的数据，有时需要将重点数据突出显示。

1. 数据排除

（1）如果有些数值过高或过低且不可信，则可以排除。排除值虽然仍然在数据表上以蓝色斜体显示，但不再参与数据分析，也不在图表上显示。从分析和图表的角度来看，这等同于删除了该值，但该数值仍保留在数据表中，用于记录其原始值。

（2）选中要排除的数据所在的单元格，在功能区"更改"选项卡中单击"排除所选值"按钮，或右击，在弹出的快捷菜单中选择"排除值"命令，或按 Ctrl+E 键，将单元格中的数据排除，排除的值以蓝色斜体显示，数值右上角显示 "*"，如图 2-68 所示。

2. 数据突出显示

选中要突出显示的单元格，选择菜单栏中的"更改"→"单元格背景色"命令，或在功能区"更改"选项卡单击"突出显示选定的单元格"按钮，或右击，在弹出的快捷菜单中选择"单元格背景色"命令，或按 Ctrl+E 键，弹出如图 2-69 所示的"颜色"子菜单，将选中的单元格背景色设置为指定的颜色，如图 2-70 所示。

图 2-68　显示排除的值　　　图 2-69　"颜色"子菜单　　　图 2-70　数据突出显示

2.3.4 对数据进行排序

使用 GraphPad Prism 的数据排序功能，可以使数据按照用户的需求来排列。在进行排序之前，读者有必要了解 GraphPad Prism 的默认排列顺序。

1. 排序规则

GraphPad Prism 默认根据单元格中的数据进行排序，在按升序排序时，遵循以下规则：

- 数字从最小的负数到最大的正数进行排序。
- 文本以及包含数字的文本按 0~9、a~z、A~Z 的顺序排序。

 如果两个文本字符串除连字符不同外，其余都相同，则带连字符的文本排在后面。

- 在按字母先后顺序对文本进行排序时，从左到右逐个字符进行排序。例如，如果一个单元格中含有文本 A100，则这个单元格将排在含有 A1 的单元格的后面，含有 A11 的单元格的前面。
- 在逻辑值中，False 排在 True 前面。
- 所有错误值的优先级相同。
- 空格始终排在最后。
- 排序时不区分大小写。
- 在对汉字排序时，既可以根据汉语拼音的字母顺序进行排序，也可以根据汉字的笔画排序进行排序。

2. 排序方法

在排序时可以使用 3 种方法：按 X 值排序、按行标题排序和反转行序，如图 2-71 所示。

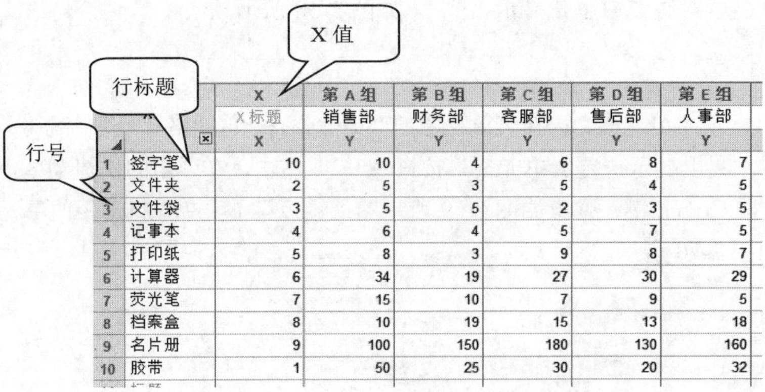

图 2-71 数据排序分类

选择菜单栏中的"编辑"命令，在功能区"更改"选项卡单击"更改行序"按钮，即可显示这 3 种排序方法。

- 按 X 值排序：按数据区域中 X 列的数值进行排序，如图 2-72 所示。该方法是排序中最常用也是最简单的一种排序方法。

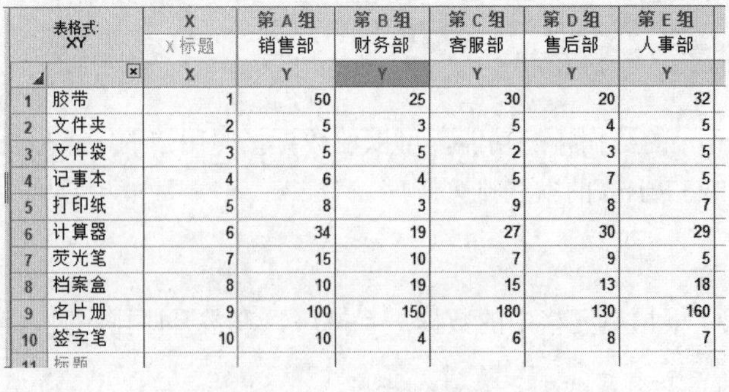

图 2-72 按 X 值排序

- 按行标题排序：按数据区域中行标题列的数值进行排序，如图 2-73 所示。
- 反转行序：按照反转的行号排序，除空白单元格总是在最后外，其他的排列次序反转，如

图 2-74 所示。

表格式: XY	X	第 A 组	第 B 组	第 C 组	第 D 组	第 E 组
	X 标题	销售部	财务部	客服部	售后部	人事部
	X	Y	Y	Y	Y	Y
1 名片册	9	100	150	180	130	160
2 打印纸	5	8	3	9	8	7
3 文件夹	2	5	3	5	4	5
4 文件袋	3	5	5	2	3	5
5 档案盒	8	10	19	15	13	18
6 签字笔	10	10	4	6	8	7
7 胶带	1	50	25	30	20	32
8 荧光笔	7	15	10	7	9	5
9 计算器	6	34	19	27	30	29
10 记事本	4	6	4	5	7	5

图 2-73　按行标题排序

表格式: XY	X	第 A 组	第 B 组	第 C 组	第 D 组	第 E 组
	X 标题	销售部	财务部	客服部	售后部	人事部
	X	Y	Y	Y	Y	Y
1 胶带	1	50	25	30	20	32
2 名片册	9	100	150	180	130	160
3 档案盒	8	10	19	15	13	18
4 荧光笔	7	15	10	7	9	5
5 计算器	6	34	19	27	30	29
6 打印纸	5	8	3	9	8	7
7 记事本	4	6	4	5	7	5
8 文件袋	3	5	5	2	3	5
9 文件夹	2	5	3	5	4	5
10 签字笔	10	10	4	6	8	7

图 2-74　反转行序

2.4　格式化数据表

格式化数据表是数据表工作中不可或缺的步骤，GraphPad Prism 10 提供了强大的格式化功能。

选择菜单栏中的“编辑”→“格式化数据表”命令，或在功能区“更改”选项卡中单击“更改数据表格式（种类、重复项、误差值）”按钮，或单击工作区左上角的“表格式：XY”单元格（见图 2-75），弹出如图 2-76 所示的“格式化数据表”对话框，包含 3 个选项卡：表格式、列标题和子列标题，可以对工作表、列标题和子列标题的格式进行设置。

表格式: XY	X	第 A 组	第 B 组
	例号	体重	体表面积
	X	Y	Y
1 标题	1	11.0	5.20
2 标题	2	11.8	5.30
3 标题	3	12.0	5.36
4 标题	4	12.3	5.29
5 标题	5	13.1	5.60
6 标题	6	13.7	6.01
7 标题	7	14.4	5.83
8 标题	8	14.9	6.10
9 标题	9	15.2	6.08
10 标题	10	16.0	6.41
11 标题			

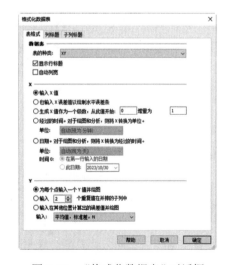

图 2-75　“表格式：XY”单元格

图 2-76　“格式化数据表”对话框

2.4.1　“表格式”选项卡

在“表格式”选项卡下可以设置数据表格式，包括数据表的类型、X 列数据和 Y 列数据的格式。

1. “数据表”选项组

- 表的种类：在该下拉列表中有 7 种数据表类型：XY、列、分组、列联表、生存、整体分解、嵌套。其中不包含多变量表。
- 显示行标题：勾选该复选框，数据表中默认显示行标题列；取消勾选该复选框，隐藏行标题列，如图 2-77 所示。
- 自动列宽：勾选该复选框，单元格自动根据内容设置适当的列宽，以显示所有内容。

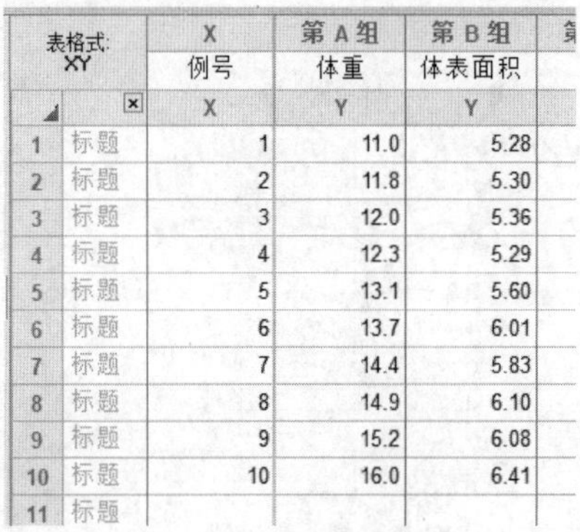

表格式: XY	X 例号	第 A 组 体重	第 B 组 体表面积
	X	Y	Y
1 标题	1	11.0	5.28
2 标题	2	11.8	5.30
3 标题	3	12.0	5.36
4 标题	4	12.3	5.29
5 标题	5	13.1	5.60
6 标题	6	13.7	6.01
7 标题	7	14.4	5.83
8 标题	8	14.9	6.10
9 标题	9	15.2	6.08
10 标题	10	16.0	6.41
11 标题			

（a）显示行标题

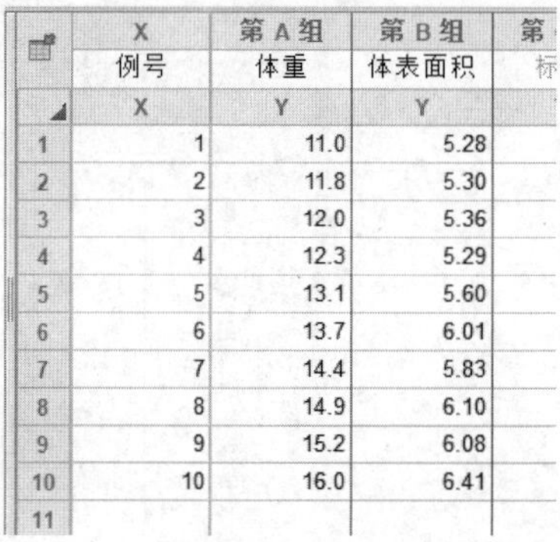

	X 例号	第 A 组 体重	第 B 组 体表面积
	X	Y	Y
1	1	11.0	5.28
2	2	11.8	5.30
3	3	12.0	5.36
4	4	12.3	5.29
5	5	13.1	5.60
6	6	13.7	6.01
7	7	14.4	5.83
8	8	14.9	6.10
9	9	15.2	6.08
10	10	16.0	6.41
11			

（b）隐藏行标题

图 2-77　显示行标题

2. X 选项组

设置数据表中 X 列中 X 的取值方法，包括下面几种。

（1）输入 X 值：选择该选项，通过在 X 列单元格中输入数值来定义 X 值。

（2）也输入 X 误差值以绘制水平误差条：选择该选项，在 X 列下添加子数据列，除原始的 X 子列外，还增加了“误差条”子列，如图 2-78 所示。

（3）生成 X 值作为一个级数：选择该选项，定义“从此值开始”和“增量为”，创建一组等差数列。

（4）经过的时间。对于绘图和分析，则将 X 转换为单位：选择该选项，将 X 列定义为经过的时间。单元格中默认显示“经过的时间”，如图 2-79 所示。通过“单位”下拉列表定义时间数据的单位，包括自动（现为分钟）、毫秒、秒、分钟、小时、天、周、年。

（5）日期。对于绘图和分析，则将 X 转换为经过的时间：选择该选项，将 X 列定义为自某天以来的第一行中的日期、经过的时间，如图 2-80 所示。通过“单位”下拉列表定义时间数据的单位，包括自动（现为天）、天、周、年。定义“时间 0”包含以下两种设置方法。

- 在第一行输入的日期：根据输入定义开始的时间“时间 0”。
- 此日期：通过在该选项下选择的日期定义开始的时间“时间 0”。

表格式: XY		X		第A组	第B组
		例号		体重	体表面积
		X	误差条	Y	Y
1	标题	1		11.0	5.28
2	标题	2		11.8	5.30
3	标题	3		12.0	5.36
4	标题	4		12.3	5.29
5	标题	5		13.1	5.60
6	标题	6		13.7	6.01
7	标题	7		14.4	5.83
8	标题	8		14.9	6.10
9	标题	9		15.2	6.08
10	标题	10		16.0	6.41

图 2-78　添加子数据列（X、误差条）

表格式: XY		X	第A组	第B组
		记录时间	体重	体表面积
		时间 hh:mm:ss	Y	Y
1	标题	经过的时间	11.0	5.28
2	标题	经过的时间	11.8	5.30
3	标题	经过的时间	12.0	5.36
4	标题	经过的时间	12.3	5.29
5	标题	经过的时间	13.1	5.60
6	标题	经过的时间	13.7	6.01
7	标题	经过的时间	14.4	5.83
8	标题	经过的时间	14.9	6.10
9	标题	经过的时间	15.2	6.08
10	标题	经过的时间	16.0	6.41

图 2-79　定义经过的时间

3. Y 选项组

（1）为每个点输入一个 Y 值并绘图：选择该选项，通过在 X 列之外的单元格中输入数值来定义 Y 值。

（2）输入两个重复值在并排的子列中：选择该选项，在每个 Y 列下添加子列的个数，默认包含两列。

（3）输入在其他位置计算出的误差值并绘图：选择该选项，定义 Y 列下添加子列的类型。例如在“输入”下拉列表中选择“平均值，标准差，N”，则添加 3 个子列：平均值、标准差和 N，如图 2-81 所示。

表格式: XY		X	第A组	第B组
		记录时间	体重	体表面积
		日期	Y	Y
1	标题	日期	11.0	5.28
2	标题	日期	11.8	5.30
3	标题	日期	12.0	5.36
4	标题	日期	12.3	5.29
5	标题	日期	13.1	5.60
6	标题	日期	13.7	6.01
7	标题	日期	14.4	5.83
8	标题	日期	14.9	6.10
9	标题	日期	15.2	6.08
10	标题	日期	16.0	6.41
11	标题	日期		

图 2-80　定义经过的时间（日期）

表格式: XY		X	第A组			第B组		
		记录时间	体重			体表面积		
		日期	平均值	标准差	N	平均值	标准差	N
1	标题	日期	11.0			5.28		
2	标题	日期	11.8			5.30		
3	标题	日期	12.0			5.36		
4	标题	日期	12.3			5.29		
5	标题	日期	13.1			5.60		
6	标题	日期	13.7			6.01		
7	标题	日期	14.4			5.83		
8	标题	日期	14.9			6.10		
9	标题	日期	15.2			6.08		
10	标题	日期	16.0			6.41		
11	标题	日期						

图 2-81　添加指定子列

2.4.2　“列标题”选项卡

列标题在数据表中发挥着多重关键作用。它们不仅用于识别数据集，还在分析选择、结果查看以及数据可视化过程中提供了重要的标识。列标题能够帮助用户快速理解数据表中的内容，作为选择分析和查看结果时的明确标识。同时，在列图和分组图中，列标题用于标注 X 轴；在 XY 图和分组图中，它们还用于创建图例。

在“列标题”选项卡，可在列表中一次性查看和编辑多个列标题，如图 2-82 所示。

（1）在列表中每一组（A，B，…）文本框中单击，进入编辑状态，输入一行文本后，单击“换行”按钮↵，或按 Shift+Enter 键，自动进入下一行，如图 2-83 所示。可以为每个列标题输入两行或多行文本，结果如图 2-84 所示。

图 2-82 "列标题"选项卡　　　　图 2-83 自动进入下一行

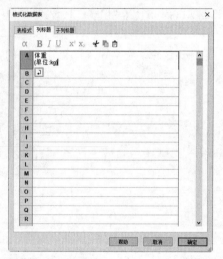

图 2-84 输入多行文本

（2）在输入文本作为标题名称后，还可以通过列表上一系列工具按钮设置列标题中文本的格式，下面分别进行介绍。

① α：单击该按钮，弹出"插入字符"对话框，如图 2-85 所示，选择希腊字母，插入标题名称中。

② B：单击该按钮，选中的标题文本加粗，效果如图 2-86 所示。

③ I：单击该按钮，选中的标题文本变为斜体，效果如图 2-87 所示。

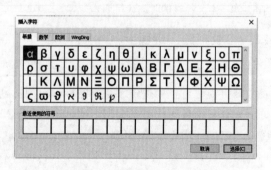

图 2-85 "插入字符"对话框

图 2-86　文本加粗　　　　　　　图 2-87　文本变为斜体

④ U：单击该按钮，选中的标题文本加下画线，效果如图 2-88 所示。
⑤ X²：单击该按钮，选中的标题文本变为上角标，效果如图 2-89 所示。
⑥ X₂：单击该按钮，选中的标题文本变为下角标，效果如图 2-90 所示。

图 2-88　添加下画线　　　图 2-89　文本变为上角标　　　图 2-90　文本变为下角标

⑦ ✂：单击该按钮，剪切选中的标题文本。
⑧ 📋：单击该按钮，复制选中的标题文本。
⑨ 📋：单击该按钮，粘贴选中的标题文本。

2.4.3　"子列标题"选项卡

如果表格具有许多子列，则在"子列标题"选项卡中编辑子列标题，可以选择为每个数据集列的每个子列输入一个标题，或者只输入一组适用于所有数据集的子列标题，如图 2-91 所示。默认情况下，并排子列标记为 Y1、Y2 等。

（1）使用这些名称标记数据表，不使用"Y1"、"Y2"等标记：勾选该复选框，使用下面列表中输入的文本定义列标题；反之，使用默认的"Y1"、"Y2"作为子列标题。例如，列标题"第 A 组"下的子标题为"A:Y1""A:Y2"，如图 2-92 所示，其余列标题下的子标题名称以此类推。

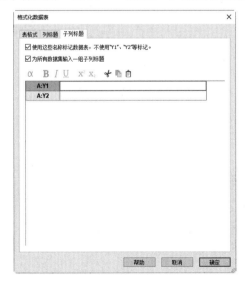

表格式: XY	X	第 A 组		第 B 组	
	例号	体重 (单位:kg)		体表面积S₁ (单位:m²)	
	✗	X	A:Y1	A:Y2	B:Y1	B:Y2
1	标题	1	11.0		5.28	
2	标题	2	11.8		5.30	
3	标题	3	12.0		5.36	
4	标题	4	12.3		5.29	
5	标题	5	13.1		5.60	
6	标题	6	13.7		6.01	
7	标题	7	14.4		5.83	
8	标题	8	14.9		6.10	
9	标题	9	15.2		6.08	
10	标题	10	16.0		6.41	

图 2-91　"子列标题"选项卡　　　　　　　图 2-92　默认子列标题名

(2)为所有数据集输入一组子列标题:勾选该复选框,只需要输入一组子列标题(A:Y1、A:Y2),其余所有列组的子列标题使用相同的子列标题名称,如图 2-93 所示。取消勾选该复选框,显示所有组列标题下的子列标题选项,需要一一进行定义,如图 2-94 所示。

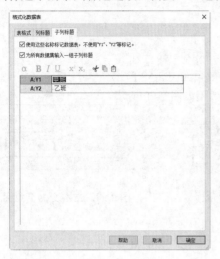

图 2-93 输入一组子列标题

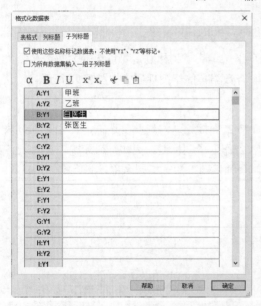

图 2-94 输入多组子列标题

2.5 操作实例——国民经济和社会发展结构指标数据设计

现有 2022 年国民经济和社会发展结构指标(人口、国民经济核算、就业)数据,如表 1-1 所示。本节根据表中的数据填充人口、国民经济核算、就业数据表。

操作步骤

1. 设置工作环境

步骤01 双击 GraphPad Prism 10 图标，启动 GraphPad Prism。

步骤02 选择菜单栏中的"文件"→"打开"命令，或单击 Prism 功能区中的"打开项目文件"命令，或单击"文件"功能区中的"打开项目文件"按钮，或按 Ctrl+O 键，弹出"打开"对话框，选择需要打开的文件"国民经济和社会发展结构指标"，如图 2-95 所示。单击"打开"按钮，即可打开项目文件。

图 2-95 "打开"对话框

步骤03 选择菜单栏中的"文件"→"另存为"命令，或单击"文件"功能区中的"保存命令"按钮下的"另存为"命令，弹出"保存"对话框，输入项目名称"国民经济和社会发展结构指标数据表"，在"保存类型"下拉列表中选择项目类型 Prism 文件。

步骤04 单击"保存"按钮，在源文件目录下自动创建项目文件"国民经济和社会发展结构指标数据表.prism"，如图 2-96 所示。

图 2-96 保存项目文件

2. 工作表重命名

步骤01 在导航器"数据表"选项组下双击"数据1"名称标签，或按快捷键F2，工作表名称进入编辑框状态，输入新的名称"人口指标"，按Enter键，完成数据表"数据1"的重命名，结果如图2-97所示。同时，与数据表"数据1"关联的图表"数据1"也自动更名为"人口指标"。

步骤02 同样的方法，在导航器"数据表"选项组下双击"数据2"名称标签，修改为"国民经济核算指标"，双击"数据3"名称标签，修改为"就业指标"，结果如图2-98所示。

图 2-97　数据1重命名

图 2-98　数据表重命名

3. 输入数据表"人口指标"数据

步骤01 在导航器中单击选择"人口指标"，右侧工作区直接进入该数据表的编辑界面，如图2-99所示。该数据表中包含X列、第A组（A:Y1、A:Y2）、第B组（B:Y1、B:Y2）、第C组（C:Y1、C:Y2）等。

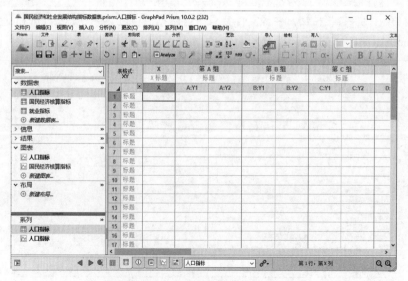
图 2-99　"人口指标"编辑界面

步骤 02　激活 X 列标题单元格，输入"时间/年"，如图 2-100 所示。在单元格外单击，结束数据编辑操作。

步骤 03　在 X 列数据区从第一行开始输入 1978、2000、2020、2021，结果如图 2-101 所示。

图 2-100　输入 X 列标题　　　　　　　　图 2-101　输入 X 列行数据

步骤 04　选择菜单栏中的"编辑"→"格式化数据表"命令，或在功能区"更改"选项卡单击"更改数据表格式（种类、重复项、误差值）"按钮，或单击工作区左上角的"表格式：XY"单元格，弹出"格式化数据表"对话框。打开"表格式"选项卡，取消勾选"显示行标题"复选框，勾选"自动列宽"复选框，如图 2-102 所示。

步骤 05　打开"列标题"选项卡，在 A 行输入列标题"性别"、B 行输入列标题"年龄"、C 行输入列标题"城乡"，如图 2-103 所示。

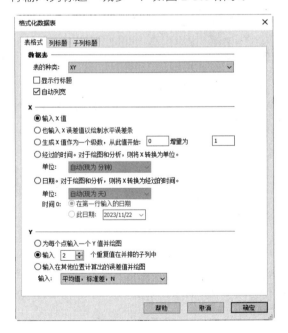

图 2-102　"表格式"选项卡　　　　　　　图 2-103　"列标题"选项卡

步骤 06　打开"子列标题"选项卡，取消勾选"为所有数据集输入一组子列标题"复选框，显示所有列组的子列标题，在 A:Y1、A:Y2、B:Y1、B:Y2、C:Y1、C:Y2 行输入子列标题，如图 2-104 所示。单击"确定"按钮，关闭该对话框，在数据表中显示表格格式设置结果，如图 2-105 所示。

步骤 07　按照表 1-1 中国民经济和社会发展结构指标表的数据，输入 Y 列数据（第 A 组、第 B 组、第 C 组……），结果如图 2-106 所示。

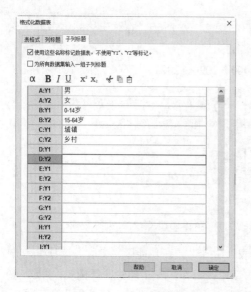

图 2-104　“子列标题”选项卡

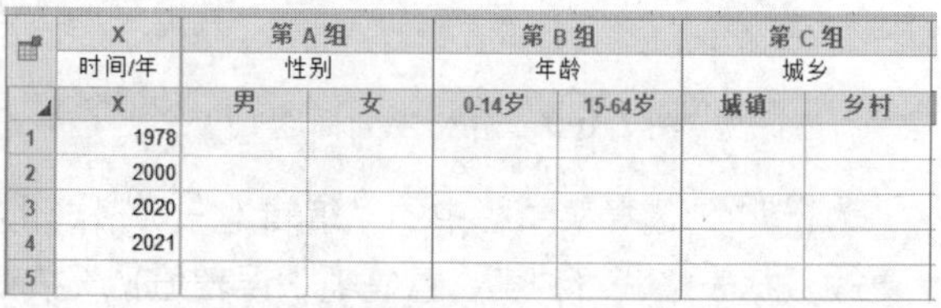

	X	第 A 组		第 B 组		第 C 组	
	时间/年	性别		年龄		城乡	
	X	男	女	0-14岁	15-64岁	城镇	乡村
1	1978						
2	2000						
3	2020						
4	2021						
5							

图 2-105　设置子列标题名

	X	第 A 组		第 B 组		第 C 组	
	时间/年	性别		年龄		城乡	
	X	男	女	0-14岁	15-64岁	城镇	乡村
1	1978	51.5	48.5			17.9	82.1
2	2000	51.6	48.4	22.9	70.1	36.2	63.8
3	2020	51.2	48.8	17.9	69.6	63.9	36.1
4	2021	51.2	48.2	17.5	68.3	64.7	35.3

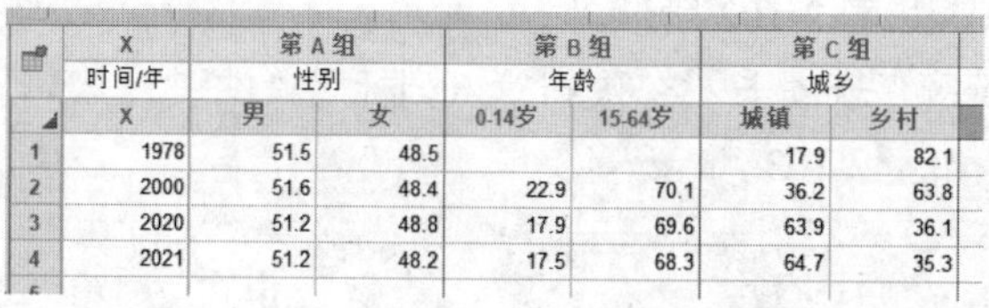

图 2-106　输入 Y 列数据

4. 设置数据表“人口指标”格式

步骤 01　按 Shift 键，选择多个列标题单元格，单击菜单栏中的“更改”→“单元格背景色”→“蓝色”命令，将选中的多个列标题单元格背景色设置为蓝色，如图 2-107 所示。

	X	第 A 组		第 B 组		第 C 组	
	时间/年	性别		年龄		城乡	
	X	男	女	0-14岁	15-64岁	城镇	乡村
1	1978	51.5	48.5			17.9	82.1
2	2000	51.6	48.4	22.9	70.1	36.2	63.8
3	2020	51.2	48.8	17.9	69.6	63.9	36.1
4	2021	51.2	48.2	17.5	68.3	64.7	35.3

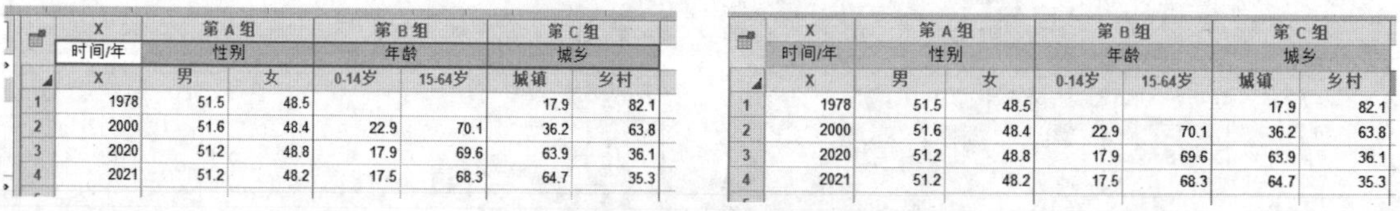

图 2-107　设置列标题颜色

步骤 02　按 Shift 键，选择第 1~4 行数据单元格，在功能区“更改”选项卡中单击“突出显示选定的单元格”按钮下的“棕黄”命令，将选中的行数据单元格背景色设置为棕黄色，如图 2-108 所示。

	X	第 A 组		第 B 组		第 C 组	
	时间/年	性别		年龄		城乡	
	X	男	女	0-14岁	15-64岁	城镇	乡村
1	1978	51.5	48.5			17.9	82.1
2	2000	51.6	48.4	22.9	70.1	36.2	63.8
3	2020	51.2	48.8	17.9	69.6	63.9	36.1
4	2021	51.2	48.2	17.5	68.3	64.7	35.3
5							

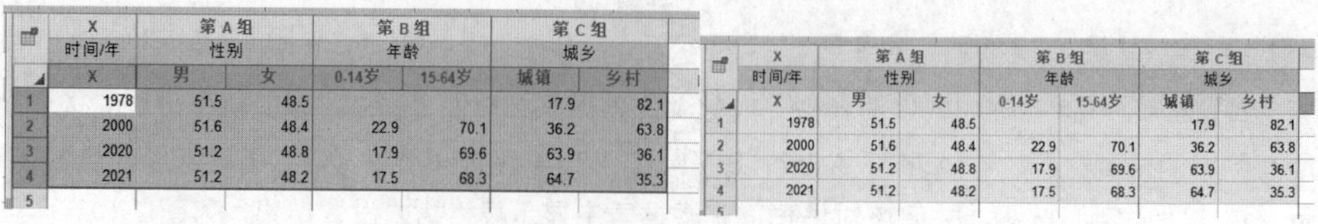

图 2-108　设置行数据颜色

步骤03 由于输入的 Y 列数据中“第 B 组”第一行 1978 年的数据缺失，需要突出显示。按 Shift 键，选择“第 B 组”下第一行的数据单元格（两个），右击，在弹出的快捷菜单中选择“单元格背景色”→“黄色”命令，将选中的单元格背景色设置为黄色，如图 2-109 所示。

	X	第 A 组		第 B 组		第 C 组	
	时间/年	性别		年龄		城乡	
	X	男	女	0-14岁	15-64岁	城镇	乡村
1	1978	51.5	48.5			17.9	82.1
2	2000	51.6	48.4	22.9	70.1	36.2	63.8
3	2020	51.2	48.8	17.9	69.6	63.9	36.1
4	2021	51.2	48.2	17.5	68.3	64.7	35.3
5							

图 2-109　突出显示缺失数据

5. 输入数据表“国民经济核算指标”数据

步骤01 在导航器中单击“国民经济核算指标”，右侧工作区直接进入该数据表的编辑界面。该数据表中包含 X 列、第 A 组（A:Y1、A:Y2）、第 B 组（B:Y1、B:Y2）等。

步骤02 打开“人口指标”数据表，单击列号 X，选中该列数据，按 Ctrl+C 键，复制 X 列数据，如图 2-110 所示。

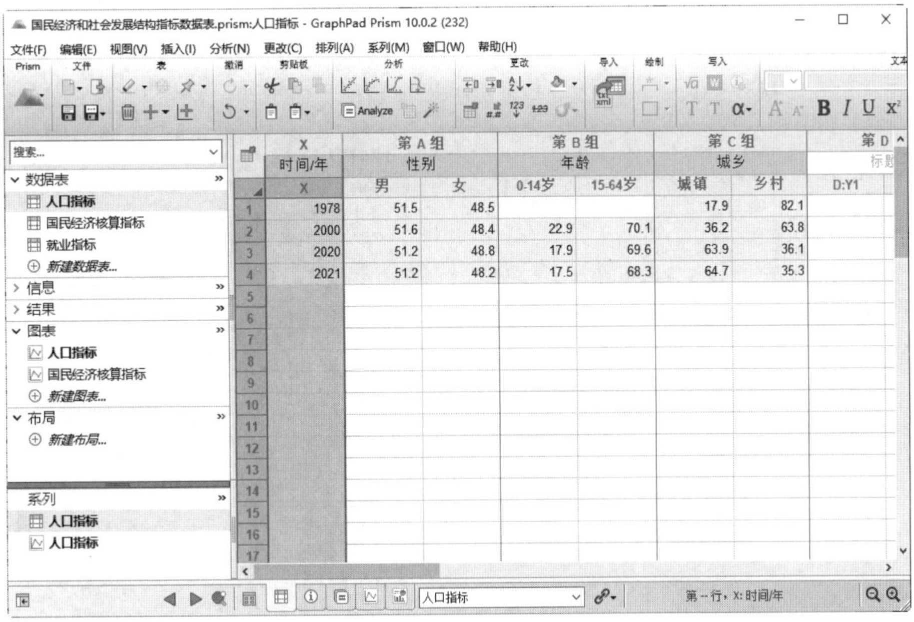

图 2-110　复制 X 列数据

步骤03 打开“国民经济核算指标”数据表，单击列号 X，选中该列数据，按 Ctrl+V 键，粘贴 X 列数据，如图 2-111 所示。

步骤04 选择菜单栏中的“编辑”→“格式化数据表”命令，或在功能区“更改”选项卡中单击“更改数据表格式（种类、重复项、误差值）”按钮，或单击工作区左上角的“表格式：XY”单元格，弹出“格式化数据表”对话框。打开“表格式”选项卡，取消勾选“显示行标题”复选框。打开“列标题”选项卡，在 A 行输入列标题“国内生产总值（生产法）”、B 行输入列标题“国内生产总值（支出法）”，如图 2-112 所示。

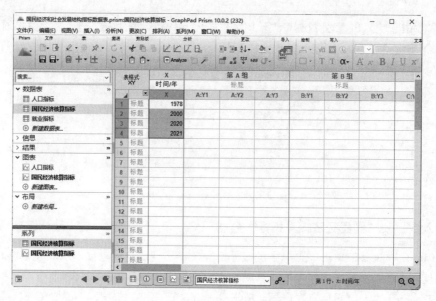

图 2-111　粘贴 X 列数据

步骤 05 打开"子列标题"选项卡，取消勾选"为所有数据集输入一组子列标题"复选框，显示所有列组的子列标题，在 A:Y1、A:Y2、A:Y3、B:Y1、B:Y2、B:Y3 行输入子列标题，如图 2-113 所示。单击"确定"按钮，关闭该对话框，在数据表中显示表格格式设置结果，如图 2-114 所示。

图 2-112　"列标题"选项卡

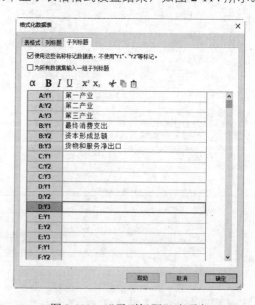

图 2-113　"子列标题"选项卡

图 2-114　设置子列标题名

步骤 06　可以发现第 B 组的子列标题名称出现压字现象，单击鼠标拖动单元格边界线，根据列标题名手动调整列宽，结果如图 2-115 所示。本书后面的实例中，如出现压字现象，均使用鼠标手动调整列宽。

	X 时间/年 X	第 A 组 国内生产总值（生产法）			第 B 组 国内生产总值（支出法）		
		第一产业	第二产业	第三产业	最终消费支出	资本形成总额	货物和服务净出口
1	1978						
2	2000						
3	2020						
4	2021						
5							

图 2-115　手动调整列宽

步骤 07　按照表 1-1 中国民经济和社会发展结构指标表的数据，输入 Y 列数据（第 A 组、第 B 组），结果如图 2-116 所示。

	X 时间/年 X	第 A 组 国内生产总值（生产法）			第 B 组 国内生产总值（支出法）		
		第一产业	第二产业	第三产业	最终消费支出	资本形成总额	货物和服务净出口
1	1978	27.7	47.7	24.6	61.9	38.4	-0.3
2	2000	14.7	45.5	39.8	63.9	33.7	2.4
3	2020	7.7	37.8	54.5	54.7	42.9	2.5
4	2021	7.3	39.4	53.3	54.5	43.0	2.6

图 2-116　输入 Y 列数据

6. 设置数据表"国民经济核算指标"格式

步骤 01　按 Shift 键，选择多个列标题单元格，在功能区"更改"选项卡中单击"突出显示选定的单元格"按钮下的"蓝色"命令，将选中的多个列标题单元格背景色设置为蓝色。

步骤 02　按 Shift 键，选择第 1~4 行数据单元格，在功能区"更改"选项卡中单击"突出显示选定的单元格"按钮下的"棕黄"命令，将选中行数据单元格背景色设置为棕黄色，如图 2-117 所示（参看本书的配图文件）。

	X 时间/年 X	第 A 组 国内生产总值（生产法）			第 B 组 国内生产总值（支出法）		
		第一产业	第二产业	第三产业	最终消费支出	资本形成总额	货物和服务净出口
1	1978	27.7	47.7	24.6	61.9	38.4	-0.3
2	2000	14.7	45.5	39.8	63.9	33.7	2.4
3	2020	7.7	37.8	54.5	54.7	42.9	2.5
4	2021	7.3	39.4	53.3	54.5	43.0	2.6

图 2-117　设置数据表"国民经济核算指标"数据颜色

7. 输入数据表"就业指标"数据

步骤 01　在导航器中单击"就业指标"，右侧工作区直接进入该数据表的编辑界面。该数据表中包含 X 列、第 A 组、第 B 组、第 C 组等。

步骤 02　打开"人口指标"数据表，单击列号 X，选中该列数据，按 Ctrl+C 键，复制 X 列数据。打开"就业指标"数据表，单击列号 X，选中该列数据，按 Ctrl+V 键，粘贴 X 列数据，如图 2-118 所示。

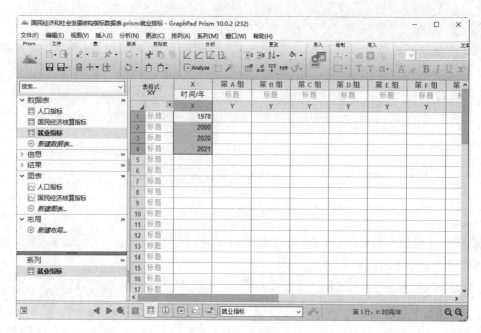

图 2-118　粘贴 X 列数据

步骤 03　选择菜单栏中的"编辑"→"格式化工作表"命令，或在功能区"更改"选项卡单击"更改数据表格式（种类、重复项、误差值）"按钮，或单击工作区左上角的"表格式：XY"单元格，弹出"格式化数据表"对话框。打开"表格式"选项卡，取消勾选"显示行标题"复选框。打开"列标题"选项卡，在 A 行输入列标题"第一产业"、B 行输入列标题"第二产业"、C 行输入列标题"第三产业"。单击"确定"按钮，关闭该对话框，在数据表中显示表格格式设置结果，如图 2-119 所示。

步骤 04　按照表 1-1 中国民经济和社会发展结构指标表数据，输入 Y 列（第 A 组）、Y 列（第 B 组）、Y 列（第 C 组）数据，结果如图 2-120 所示。

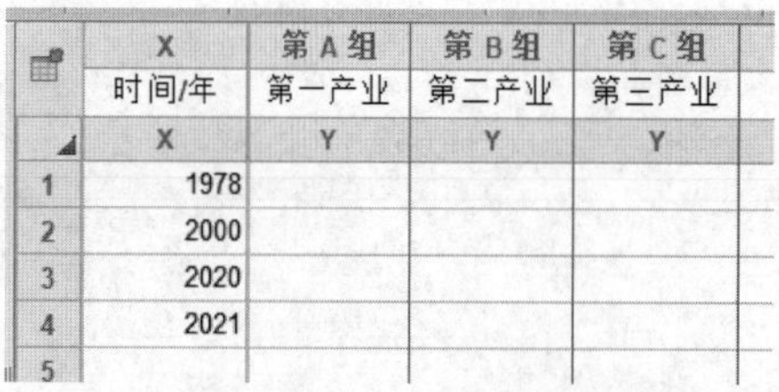

图 2-119　设置列标题名　　　　图 2-120　输入 Y 列数据

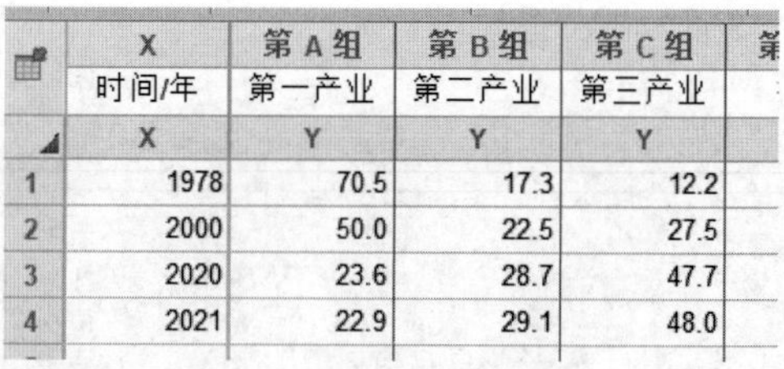

8. 设置数据表"就业指标"格式

步骤 01　按 Shift 键，选择多个列标题单元格，在功能区"更改"选项卡单击"突出显示选定的单元格"按钮下的"蓝色"命令，将选中的多个列标题单元格背景色设置为蓝色。

步骤 02　按 Shift 键，选择第 1~4 行数据单元格，在功能区"更改"选项卡单击"突出显示选定的单元格"按钮下的"棕黄"命令，将选中行数据单元格背景色设置为棕黄色，如图 2-121 所示。

X	第 A 组	第 B 组	第 C 组
时间/年	第一产业	第二产业	第三产业
X	Y	Y	Y
1978	70.5	17.3	12.2
2000	50.0	22.5	27.5
2020	23.6	28.7	47.7
2021	22.9	29.1	48.0

图 2-121　设置数据表"就业指标"数据颜色

9. 保存项目

单击"文件"功能区中的"保存"按钮 🖫，或按 Ctrl+S 键，直接保存项目文件。

至此，完成国民经济和社会发展结构指标项目中的人口、国民经济核算、就业数据表的设计。

第 3 章 数据输入和模拟

GraphPad Prism 具有强大的数据编辑、管理功能，可以对数据进行多种方式的查看、排序、筛选、提取、分类汇总，以及合并、追加查询等操作。本章主要介绍利用 GraphPad Prism 对数据进行导入、导出、编辑、管理、规范化的操作，为后续的数据可视化奠定基础。

内容要点

- 统计数据的类型
- 获取数据
- 模拟数据

3.1 统计数据的类型

统计数据是对现象进行测量的结果。例如，对经济活动总量的测量可以得到国内生产总值（GDP）数据，对股票价格变动水平的测量可以得到股票价格指数的数据，对人口性别的测量可以得到男或女这样的数据，等等。由于使用的测量尺度不同，统计数据可以分为不同的类型。下面从不同角度来说明统计数据的分类。

1. 分类数据、顺序数据、数值型数据

按照所采用的计量尺度不同，可以将统计数据分为分类数据、顺序数据和数值型数据。

（1）分类数据：只能归于某一类别的非数字型数据。例如，用 1 表示"男性"，0 表示"女性"。

（2）顺序数据：只能归于某一有序类别的非数字型数据。例如，用 1 表示"非常同意"，2 表示"同意"，3 表示"保持中立"，4 表示"不同意"，5 表示"非常不同意"。

（3）数值型数据：按数字尺度测量的观察值。

2. 观测数据和实验数据

按照统计数据的收集方法，可以将其分为观测数据和实验数据。

（1）观测数据：通过调查或观测而收集到的数据。观测数据是在没有对事物人为控制的条件下而得到的，有关社会经济现象的统计数据几乎都是观测数据。

（2）实验数据：在实验中控制实验对象而收集到的数据。例如，对一种新药疗效的实验数据，对一种新的农作物品种的实验数据。自然科学领域的大多数数据都是实验数据。

3. 截面数据和时间序列数据

按照被描述的对象与时间的关系，可以将统计数据分为截面数据和时间序列数据。

（1）截面数据：在相同或近似相同的时间点上收集的数据。例如，2022 年，我国各地区的降雨量数据。

（2）时间序列数据：在不同时间收集到的数据。例如，1996—2022 年，我国的国内降雨量数据。

3.2 获取数据

要进行数据分析，首先要有数据。GraphPad Prism 获取数据的方法多种多样，除支持直接输入数据，从外部复制数据外，还可以导入不同类型的数据文件，从而获取数据进行统计分析。

3.2.1 填充序列数据

有时需要填充的数据是具有相关信息的集合，称为一个系列，如行号系列、数字系列等。使用 GraphPad Prism 的序列填充功能，可以很便捷地填充有规律的数据。

选择菜单栏中的"插入"→"创建级数"命令，或在功能区"更改"选项卡单击"插入数字序列"按钮，弹出"创建级数"对话框，如图 3-1 所示。

- 创建级数，其中 10 个值垂直排列：输入序列的数据个数。
- 第一个值：输入序列初始值。
- 计算每个值：选择每个序列的运算符号，包括加、减、乘、除。

单击"确定"按钮，关闭该对话框，在选择的单元格内插入包含 10 个等差数列的序列，如图 3-2 所示。

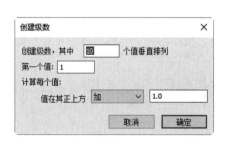

图 3-1 "创建级数"对话框   图 3-2 插入等差序列

3.2.2 复制数据到工作表

GraphPad Prism 可以从表格（Excel）或文本数据文件中复制数据到工作表中。下面介绍具体的绘制方法。

1. 复制数据

选定要复制的单元格，如图 3-3 所示。选择菜单栏中的"编辑"→"复制"命令，或右击，在弹出的快捷菜单中选择"复制"命令。或按 Ctrl+C 键，即可将选中的数据复制到系统粘贴板中。

2. 粘贴数据

复制（剪切）和粘贴是一组同时出现的命令，指的是在保持当前内容不变的情况下，在另一个位置生成一个副本。副本的内容会根据粘贴的方式不同而有所差异。

1）粘贴数据

粘贴数据表示选择仅粘贴数据表中的值。

选择菜单栏中的"编辑"→"粘贴"→"粘贴数据"命令，或在功能区"剪贴板"选项卡单击"从剪贴板粘贴"按钮，或在功能区"剪贴板"选项卡单击"选择性粘贴"按钮下的"粘贴数据"命令，或按 Ctrl+V 键，在要粘贴单元格区域的位置粘贴复制的数据，如图 3-4 所示。

图 3-3　选中区域　　　　　　　　图 3-4　粘贴数据

2）嵌入粘贴

当从 Excel 文件或文本文件处复制和粘贴到 Prism 数据表时，不但粘贴数据表中的值，还可以保留原始文件的有效链接，以便在更改和保存原始文件时，Prism 图表和分析会更新。

（1）选择菜单栏中的"编辑"→"粘贴"→"嵌入粘贴"命令，或在功能区"剪贴板"选项卡单击"选择性粘贴"按钮下的"嵌入粘贴"命令，在要粘贴单元格区域的位置粘贴复制的数据（包含链接关系），如图 3-5 所示。

（2）粘贴的数据区域称为"数据对象"，数据对象链接到文本文件或嵌入式电子表格，其外围显示黑色边框。

（3）将鼠标放置在黑色边框内的数据上，显示"嵌入式数据对象"的字样，如图 3-6 所示。单击该字样，在 Prism 中打开链接到文本文件或嵌入式电子表格中的数据文件"工作表 在 范围 Sheet1！R1C1 R11C6"（打开的不是原本的数据文件），如图 3-7 所示。通过编辑文件中的数据，可以更新 Prism 中的分析和图表。

表格式:XY	X 销售部 X	第 A 组 财务部 Y	第 B 组 客服部 Y	第 C 组 售后部 Y	第 D 组 人事部 Y
1 签字笔	10	4	6	8	7
2 文件夹	5	3	5	4	5
3 文件袋	5	5	2	3	5
4 记事本	6	4	5	7	5
5 打印纸	8	3	9	8	7
6 计算器	34	19	27	30	29
7 荧光笔	15	10	7	9	5
8 档案盒	10	19	15	13	18
9 名片册	100	150	180	130	160
10 胶带	50	25	30	20	32
11 标题					

图 3-5　嵌入粘贴数据

表格式:XY	X 销售部 X	第 A 组 财务部 Y	第 B 组 客服部 Y	第 C 组 售后部 Y	第 D 组 人事部 Y
1 签字笔	10	4	6	8	7
2 文件夹	5	3	5	4	5
3 文件袋	5	5	2	3	5
4 记事本	6	4	5	7	5
5 打印纸	8	3	9	8	7
6 计算器	34	19	27	30	29
7 荧光笔	15	10	7	9	5
8 档案盒			15	13	18
9 名片册			180	130	160
10 胶带	50	25	30	20	32
11 标题					

嵌入式数据对象\ r 开始于: 第 1 行, 第 -1 列
结束于: 第 10 行, 第 4 列

图 3-6　显示"嵌入式数据对象"

图 3-7　打开链接的文件

3）粘贴链接

粘贴链接是指将复制的数据粘贴到数据表中,但同样创建一个返回 Excel 文件的链接。链接有两个功能:跟踪(并记录)数据源,从而保持有序;如果在 Excel 中编辑或替换数据,Prism 将更新分析和图表。

（1）选择菜单栏中的"编辑"→"粘贴"→"粘贴链接"命令，或在功能区"剪贴板"选项卡单击"选择性粘贴"按钮 下的"粘贴链接"命令，在要粘贴单元格区域的位置粘贴复制的数据（包含链接关系），如图3-8所示。此时，导航器中的数据表名称由原来的"数据3"变为Excel文件名称。

（2）粘贴的数据区域外围显示黑色边框，将鼠标放置在黑色边框内的数据上，显示"数据对象关联至："的字样。单击该字样下的链接路径，在Prism中打开链接到文本文件或嵌入式电子表格中的数据（打开的是原本的数据文件），如图3-9所示。通过编辑文件中的数据，可以更新Prism中的分析和图表。

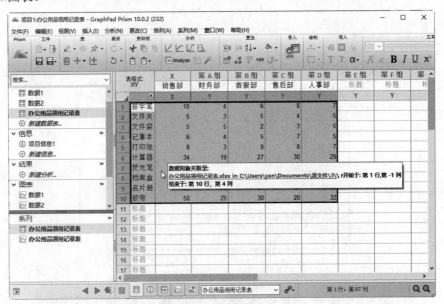

图 3-8　粘贴链接数据

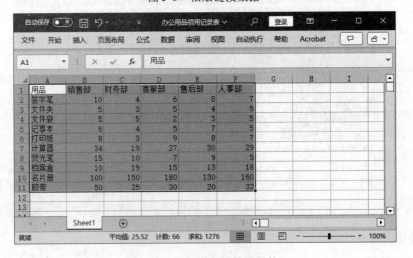

图 3-9　打开原本的数据文件

4）粘贴转置数据

粘贴转置是选择性粘贴中的一种，是指在粘贴数据的过程中，将列切换为行、将行切换为列的输入方法。

- 粘贴数据转置：将 Excel 行中的数据变换为 Prism 中的列，反之亦然，如图 3-10 所示。
- 粘贴嵌入转置：将 Excel 行中的数据变换为 Prism 中的列，反之亦然。该操作可选仅粘贴数据，并在 Prism 中嵌入 Excel 表的副本，如图 3-11 所示。
- 粘贴链接转置：将 Excel 行中的数据变换为 Prism 中的列，反之亦然。该操作保留原始 Excel 表的链接，如图 3-12 所示。

图 3-10 粘贴数据转置

图 3-11 粘贴嵌入转置

图 3-12 粘贴链接转置

3.2.3 实例——绘制儿童体重和体表面积表

接下来通过从图 3-13 所示的 Excel 文件中复制数据，练习设计儿童体重和体表面积表，统计某地 3 岁儿童 10 人的体重（kg）与体表面积（$10^3 m^2$）数据。

图 3-13 儿童体重和体表面积表

操作步骤

1）设置工作环境

步骤01 双击 GraphPad Prism 10 图标，启动 GraphPad Prism，自动弹出"欢迎使用 GraphPad Prism"对话框，设置创建的默认数据表格式。

步骤02 在"创建"选项组下选择 XY 选项，选择创建 XY 数据表。此时，在右侧 XY 表参数界面设置如下：

- 在"数据表"选项组下选择"输入或导入数据到新表"选项。
- 在"选项"选项组下的 X 选项下选择"数值"，Y 选项下选择"为每个点输入一个 Y 值并绘图"。

步骤03 单击"创建"按钮，创建项目文件，同时该项目下自动创建一个数据表"数据 1"和关联的图表"数据 1"。

步骤04 选择菜单栏中的"文件"→"另存为"命令，或单击"文件"功能区中的"保存命令"按钮下的"另存为"命令，弹出"保存"对话框，输入项目名称"儿童体重和体表面积表"。单击"保存"按钮，在源文件目录下自动创建项目文件"儿童体重和体表面积表.prism"，如图 3-14 所示。

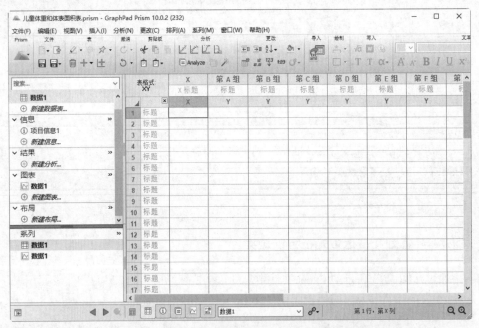

图 3-14　保存项目文件

2）复制数据

步骤01 打开 Excel 文件"儿童体重和体表面积表.xlsx"，如图 3-15 所示。选中 A2:K3 单元格中的数据，按 Ctrl+C 键，复制两行表格数据，如图 3-16 所示。

第 3 章 数据输入和模拟   89

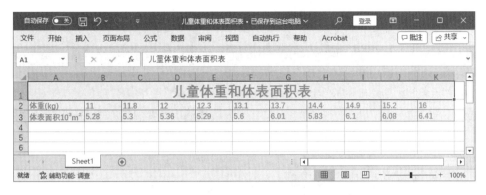

图 3-15　Excel 文件

图 3-16　复制两行表格数据

步骤 02　打开 Prism 中的"数据表 1"，单击"第 A 组"的列标题所在单元格，选择菜单栏中的"编辑"→"粘贴转置"命令，将 Excel 表格中复制的数据进行转置并粘贴，结果如图 3-17 所示。

3）设置数据表格式

步骤 01　单击工作区左上角的"表格式：XY"单元格，弹出"格式化数据表"对话框，打开"表格式"选项卡，取消勾选"显示行标题"复选框，勾选"自动列宽"复选框，如图 3-18 所示。

图 3-17　转置并粘贴数据　　　　　　图 3-18　"格式化数据表"对话框

步骤 02　单击"确定"按钮，关闭该对话框，在数据表中显示表格格式设置结果，如图 3-19 所示。

4）填充序列数据

步骤 01 选择菜单栏中的“插入”→“创建级数”命令，或在功能区“更改”选项卡单击“插入数字序列”按钮，弹出“创建级数”对话框，默认设置 10 个值垂直排列，“第一个值”为 1，计算每个值时，值在其正上方“加”1.0，如图 3-20 所示。

步骤 02 单击“确定”按钮，关闭该对话框，在选择的单元格内插入包含 10 个等差数列的序列，如图 3-21 所示。

步骤 03 在数据表中 X 列的标题单元格中输入“例号”，结果如图 3-22 所示。

	X	第 A 组	第 B 组
	X 标题	体重(kg)	体表面积 10^3m^2
	X	Y	Y
1		11.0	5.28
2		11.8	5.30
3		12.0	5.36
4		12.3	5.29
5		13.1	5.60
6		13.7	6.01
7		14.4	5.83
8		14.9	6.10
9		15.2	6.08
10		16.0	6.41

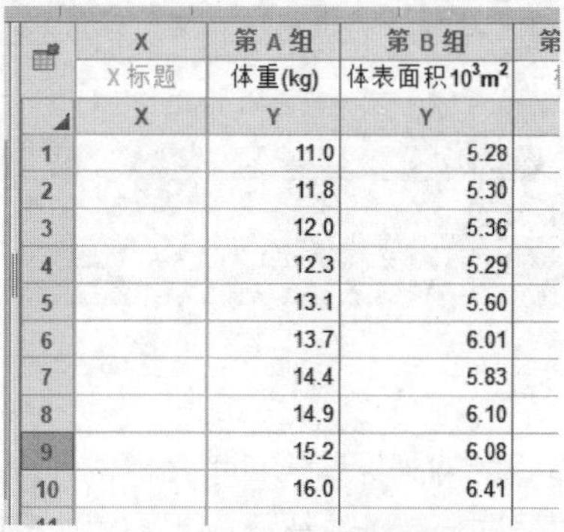

图 3-19　设置工作表格式

图 3-20　“创建级数”对话框

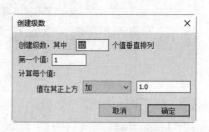

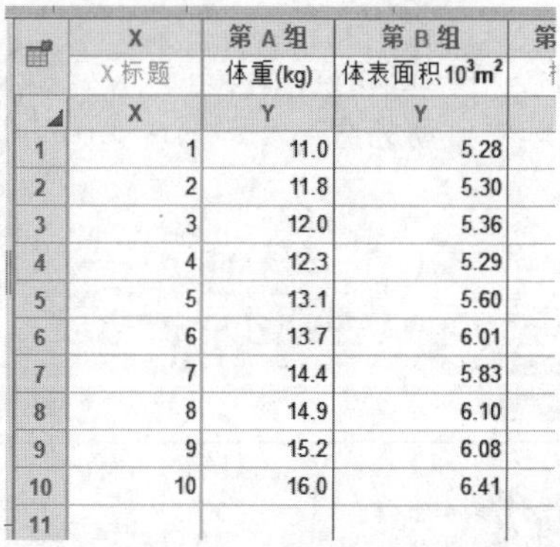

	X	第 A 组	第 B 组
	X 标题	体重(kg)	体表面积 10^3m^2
	X	Y	Y
1	1	11.0	5.28
2	2	11.8	5.30
3	3	12.0	5.36
4	4	12.3	5.29
5	5	13.1	5.60
6	6	13.7	6.01
7	7	14.4	5.83
8	8	14.9	6.10
9	9	15.2	6.08
10	10	16.0	6.41
11			

图 3-21　插入等差序列

	X	第 A 组	第 B 组
	例号	体重(kg)	体表面积 10^3m^2
	X	Y	Y
1	1	11.0	5.28
2	2	11.8	5.30
3	3	12.0	5.36
4	4	12.3	5.29
5	5	13.1	5.60
6	6	13.7	6.01
7	7	14.4	5.83
8	8	14.9	6.10
9	9	15.2	6.08
10	10	16.0	6.41
11			

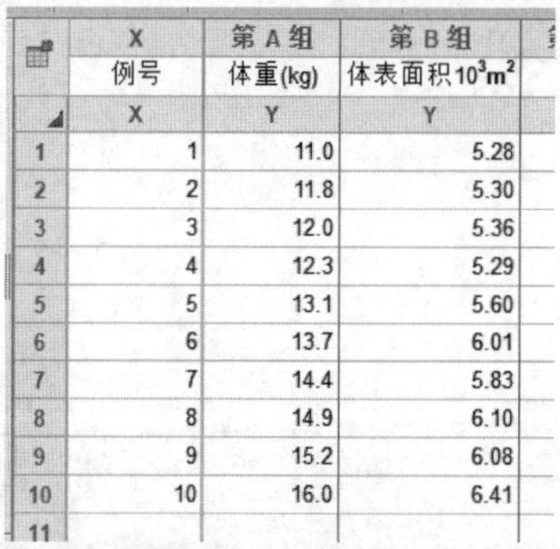

图 3-22　输入数据

5）保存项目

单击“文件”功能区中的“保存”按钮，或按 Ctrl+S 键，直接保存项目文件。

3.2.4　文件导入工作表

很多情况下，需要将文本文件（*txt、*.dat、*.csv）、Excel 文件（*.xls、*.xlsx、*.wk、*.wb）以及具有丰富公式和数据处理功能的数据文件嵌入企业管理系统中，比如财务数据模型、风险分析、保险计算、工程应用等。因此，需要把 TXT/Excel/CSV 等文件数据导入 GraphPad Prism 项目中，或者从系统导出到各种格式的数据文件中。

选择菜单栏中的“文件”→“导入”命令，或在功能区“导入”选项卡单击“导入文件”按钮，或右击，在弹出的快捷菜单中选择“导入数据”命令，弹出“导入”对话框，在指定目录下选择要导入的文件，在"文件名"右侧下拉列表中显示可以导入的文件类型，如图 3-23 所示。

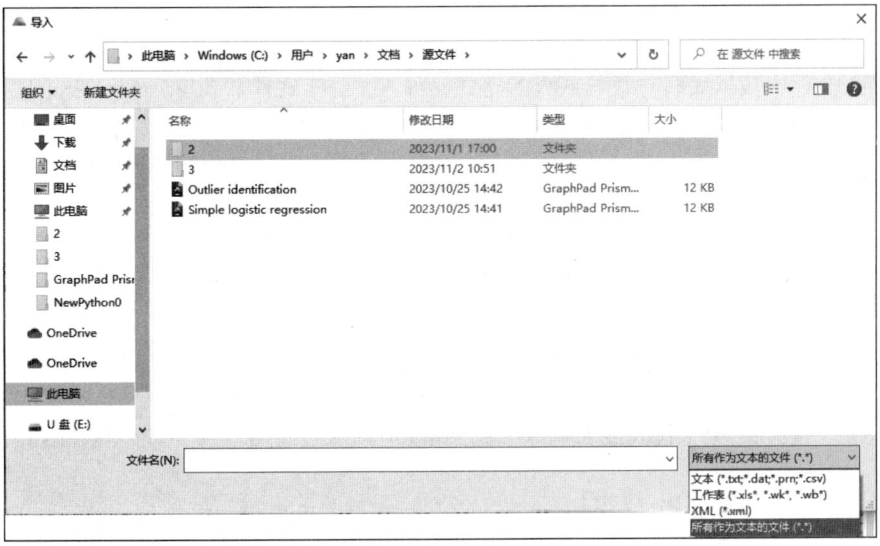

图 3-23 "导入"对话框

单击"打开"按钮，弹出"导入和粘贴选择的特定内容"对话框，用来设置导入文件中数据粘贴过程中格式的定义，如图 3-24 所示。该对话框中包含 5 个选项卡，下面分别进行介绍。

图 3-24 "导入和粘贴选择的特定内容"对话框

1．"源"选项卡

在仅导入或粘贴值、链接到文件或嵌入数据对象之间进行选择。

1）文件

在该选项中显示要导入的文件（路径和名称），单击"浏览"按钮，打开"导入"对话框，重新选择要导入的文件。

2）关联与嵌入

设置导入文件中数据关联与数据嵌入的格式。导入 Excel 文件需要 Prism 和 Excel 之间的 OLE（Object Linking and Embedding，对象链接与嵌入）连接，该过程需要协调 Excel、Prism 和各种 Windows 组件。

（1）仅插入数据：选择该选项，Prism 只粘贴文件中的数据值，不保留返回原始文件（Excel 电子表格或文本文件）的链接。这种方法是最简单的数据导入方法。

（2）插入并保持关联：选择该选项，将文件中的数据值"粘贴"或"导入"Prism 数据表中，但同样创建一个返回原始文件（Excel 电子表格或文本文件）的链接。勾选"更改数据文件时自动更新 Prism。"复选框，如果编辑或替换原始数据文件中的数据，Prism 将更新分析和图表。每当查看 Prism 数据表、图表、结果工作表或布局时，如果链接的 Excel 文件已被更改，则 Prism 将更新该表格。

（3）作为 OLE 对象嵌入。保存 Prism 项目中完整电子表格的副本：选择该选项，将所选数据值"粘贴"或"导入"Prism 数据表中，并将整个原始电子表格或文本文件的副本粘贴到 Prism 项目中，这样操作后可在 Prism 中打开 Excel 编辑数据，而不需要单独保存电子表格文件（除作为备份外）。

3）Excel

Excel Windows 2003 和 Excel Mac 2008 能够以两种格式将数据复制到剪贴板：纯文本和 HTML。

（1）粘贴旧的基于文本的剪贴板格式。不推荐。

（2）粘贴尽可能多位数字。如果 Excel 舍入到 1.23，则粘贴 1.23456。

4）逗号

导入 CSV/DAT 文件时，激活该选项，设置逗号分隔的文本文件的格式与数据的排列。

- 分隔相邻列（"100,000"表示一列一百个，下一列为零）。
- 划定千位数（"100,000"表示十万）。
- 分隔小数（"100,000"表示一百点零零零）。

5）空间

导入 TXT/DAT 文件时，激活该选项，设置制表符分隔的文本文件的格式与数据的排列。

- 仅分隔列标题和行标题中的单词。
- 分隔相邻列。

2. "视图"选项卡

（1）在该选项卡下查看所导入或粘贴的文件内容，在列表框内显示导入文件的预览数据，显示将其分成几列，快速查看可了解列的格式是否正确，如图 3-25 所示。

（2）单击"打开文件"按钮，可直接打开并编辑数据文件。如果是一个 Excel 文件，将打开

Excel。如果是一个文本文件，将打开一个文本编辑器。

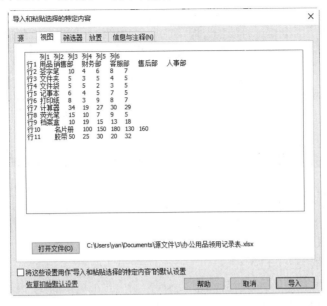

图 3-25 "视图"选项卡

3. "筛选器"选项卡

在该选项卡下选择导入数据文件的哪些部分，如图 3-26 所示。

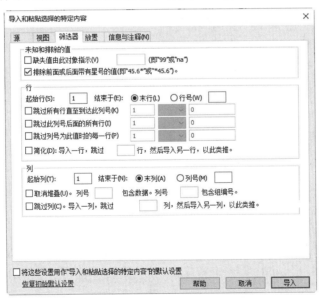

图 3-26 "筛选器"选项卡

1）未知和排除的值

输入数据时，数据表中可能出现留空现象，Prism 会自动计算如何处理缺失值。Prism 导入文本文件时，其会自动处理缺失值。

（1）缺失值由此对象指示（即"99"或"na"）：勾选该复选框，使用代码（例如 99）来表示缺失值。如果从这一程序中导入数据，则需要输入该代码值。

（2）排除前面或后面带有星号的值（即"45.6*"或"*45.6"）：勾选该复选框，在文本文件（或在 Excel 中）中表示排除的值，请在该值后面紧跟一个星号。

2）行

一般情况下，很少将整个 Excel 电子表格导入 Prism，因此可以在该选项组下定义导入的行和列，但在大多数情况下，仅复制和粘贴适当范围的数据更容易。

（1）起始行：选择行数据的起始范围，默认输入行号。其中行 1 是带有数据的第一行，而非文件中的第一行。

（2）结束于：选择行数据的结束范围，可选择末行或指定的行号。

（3）跳过所有行直至到达此列号：勾选该复选框，跳过所有行，直至符合标准。通过检查列中每行的值是否小于或等于（<=）、小于（<）、等于（=）、大于（>）、大于或等于（>=）或不等于（<>），与输入的值进行比较。

（4）跳过此列号后面的所有行：勾选该复选框，符合标准后，跳过所有行。

（5）跳过列号为此值时的每一行：勾选该复选框，跳过符合标准的每一行。

（6）简化：导入一行，跳过 n 行，然后导入另一行，以此类推。勾选该复选框，以特殊格式导入，导入一行，跳过指定的行数，再进行循环导入。

3）列

（1）起始列、结束于：选择列数据的范围。

（2）取消堆叠：有时程序以索引格式（堆叠格式）保存数据，如图 3-27 所示。勾选该复选框，可取消堆叠索引数据，指定哪一列包含数据以及哪一列包含组标识符，如图 3-28 所示。组标识符必须是整数（而非文本），但不必从 1 开始，也不必是连续的。

（3）跳过列：选择要跳过的列数据的范围。

小组	产品种类	产品
1	产品A	35
2	产品A	24
3	产品A	30
4	产品A	33
5	产品A	23
1	产品B	32
2	产品B	36
3	产品B	28
4	产品B	32
5	产品B	29
1	产品C	40
2	产品C	35
3	产品C	38
4	产品C	39
5	产品C	37

图 3-27　堆叠格式数据

小组	产品A	产品B	产品C	评定
1	35	32	40	TRUE
2	24	36	35	FALSE
3	30	28	38	FALSE
4	33	32	39	TRUE
5	23	29	37	FALSE

图 3-28　取消堆叠

4. “放置”选项卡

在该选项卡下将数据导入/粘贴到 Prism 时重新排列数据，如图 3-29 所示。

图 3-29 "放置"选项卡

1) 名称

（1）重命名数据表，使用：选择数据表的名称：

- 导入的文件名：选择该选项，选择使用导入文件的名称作为数据表的名称。
- 行中文本：选择该选项，使用从该文件的指定行导入的文本数据表的名称。

（2）列标题：选择 Prism 列标题，包括自动选择、不导入列标题、使用行中的值、使用导入的文件名（仅第一列）。

2) Prism 中所插入数据的左上位置

（1）插入点的当前位置：选择该选项，指定插入点的位置为 Prism 中数据对象的左上角。

（2）行、列：选择该选项，根据指定的行列数来定义插入点的位置。

3) 行列排列方式

（1）保持数据源的行列排列方式：选择该选项，根据数据源的顺序排列。

（2）转置。每行成为一列：选择该选项，数据源中的第一行将成为 Prism 中的第一列，数据源中的第二行将成为 Prism 中的第二列，以此类推。

（3）按行。放置 n 个值到每一行：选择该选项，Prism 可在其导入时重新按行排列数据。指定在 n 行后，开始新的一列。

（4）按列。堆叠 n 个值在每一列中：选择该选项，Prism 可在其导入时重新按行排列数据。指定堆叠个数。

 如果选择"按行"或"按列"排列数据，则 Prism 会从数据源文件中逐行读取值，但会忽略所有换行符，其将数据视为来自一列或一行。

4)空行

设置如果一行中的所有值均为空，Prism 的处理方法：在 Prism 中保留一个空行或跳过该行。

5. "信息与注释"选项卡

在该选项卡下提供将文本文件部分直接导入 Prism 信息工作表，如图 3-30 所示。

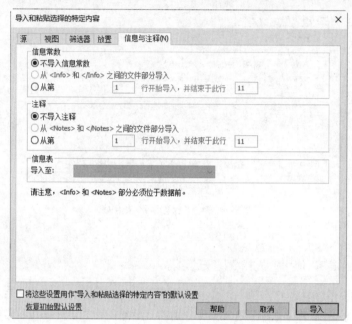

图 3-30　"信息与注释"选项卡

文本文件开头的结构化部分包含信息常量和注释，规则如下：

- 将任何想要导入信息工作表中用作常量的值标记为：<Info>。
- 将想要转入信息工作表的自由格式注释区域的部分标记为：<Notes>。
- 将用作信息工作表标题的部分标记为：<Title>。

如果可以控制文本文件格式，则可在文本文件开头的结构化部分包含信息常量和注释。使用<>变量名称标记文本文件中的部分。

3.2.5　剪贴板导出文件

获取 Prism 数据或结果，并将其放入 Excel、Word 或 PowerPoint 的最佳方式是通过复制和粘贴功能实现。

1. 复制和粘贴数据

（1）打开 GraphPad Prism 文件，选中需要复制的数据，按 Ctrl+C 键，如图 3-31（a）所示。

（2）切换到 Word，单击要输入数据的单元格，按 Ctrl+V 键，即可在文档中粘贴数据，如图 3-31（b）所示。可以发现，Word（或 PowerPoint）中粘贴的数据不会将其格式设置为表格。

第 3 章 数据输入和模拟 97

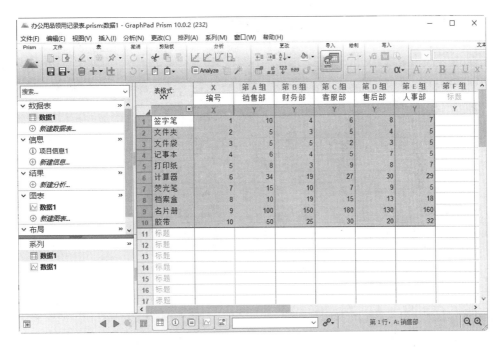

（a）

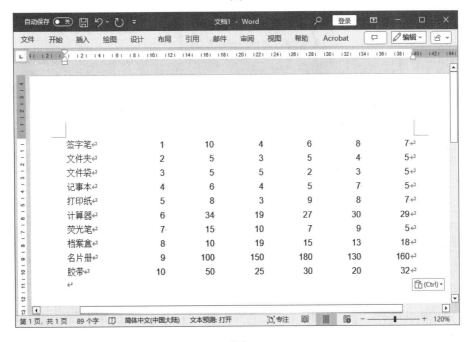

（b）

图 3-31 复制和粘贴数据到 Word

（3）切换到 Excel，粘贴后的 Prism 表格数据为表格格式，如图 3-32 所示。

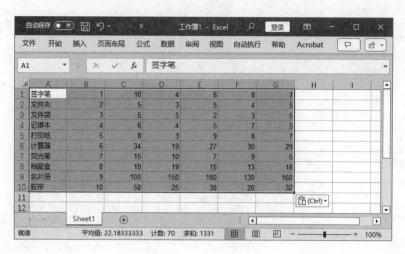

图 3-32　复制和粘贴数据到 Excel 表中

2．数据复制和粘贴设置

复制到剪贴板的数据，也可以设置格式。

选择菜单栏中的"编辑"→"首选项"命令，弹出"首选项"对话框，打开"文件与打印机"选项卡，如图 3-33 所示。在底部的"复制到剪贴板"选项组中设置是否想要复制排除的数值，以及想要小数点分隔符是句点还是逗号。

（1）图表和布局复制为：选择图表和布局复制后的文件格式。

（2）背景色：选择是否复制工作表中的背景色，默认忽略背景色。

（3）复制排除的值：选择作为排除值的标准，包括以下 3 种：

- 数值：类似于其他所有数值的显示方式。
- 数字后面跟随*：以数值后面添加一个星号的方式显示。
- 空白（缺失值）：空白作为缺失值。

（4）小数点分隔符：选择复制数据时识别为小数点分隔符的对象。

图 3-33　"文件与打印机"选项卡

（5）小数位数：设置复制过程中，小数点后的位数，默认复制小数点后尽可能多的位数。

3.2.6　导出文件

在 GraphPad Prism 中，还可以将工作表中的数据导出到 TXT、CSV、XML 等数据文件中。

选择菜单栏中的"文件"→"导出"命令，或在功能区"导出"选项卡单击"导出到文件"按钮，弹出"导出"对话框，在指定目录下选择要导出的文件并设置文件格式，如图 3-34 所示。

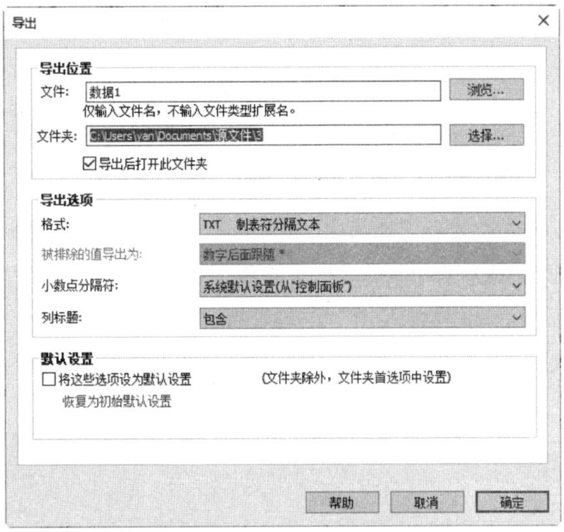

图 3-34 "导出"对话框

"导出"对话框设置如下。

1）导出位置

（1）文件：显示 Prism 中导出的数据表名称。
（2）文件夹：选择导出文件所在的文件夹。
（3）导出后打开此文件夹：勾选该复选框，完成文件导出后，打开导出文件所在的文件夹。

2）导出选项

（1）格式：选择导出文件的格式，包括：

- TXT 制表符分隔文本：该格式与 CSV 非常相似，唯一不同之处在于使用制表符分隔相邻的列。
- CSV 逗号分隔文本：是一种非常标准的格式，适用于将数据块移至电子数据表（如 Excel）和 Word 等文字处理程序中。Prism 导出到 CSV 文件时，不会区分行标题、X 列、Y 列和子列，只是简单地导出所有数值。在列和行标题中丢失特殊字符（希腊文、下标等）。
- XML 此数据表和关联的信息：以 XML 格式导出时，导出的文件包括所有特殊格式设置，包括希腊文字符、下标、上标、子列格式等。
- XML 所有数据表和信息表：如果从一台计算机上的 Prism 中导出数据表，然后将该数据表导入另一台计算机上的 Prism，则应选择 XML 格式。

（2）被排除的值导出为：排除数值为 Prism 所独有，在导出数据时，需要指定排除值的处理方法。
（3）小数点分隔符：包括以下 3 个选项。

- 句点：如 1.23。
- 逗号：如 1,23。

- 系统默认设置（从"控制面板"）：通过 Windows 或 Mac 控制面板中定义的分隔符来控制。

（4）列标题：选择是否导出列标题。

3）默认设置

将这些选项设为默认设置：勾选该复选框，恢复为初始默认设置。

3.2.7 实例——新药研发现状分析表

随着对人体病理生理、药物靶点及作用机制的深入理解，全球在研药物数量增速逐渐加快。根据 Pharmaprojects 数据，现收集近两年排名前 25 的药企在研产品，具体数据如表 3-1 所示。本实例导入表 3-1 中的在研药物数量，并对导入的数据进行整理。

表 3-1 员工医疗费用表

全球药企在研产品数前 25（单位：个）

公司名称	第 1 年在研产品数	第 2 年在研产品数
Novartis	240	251
GlaxoSmithKline	242	250
Pfizer	217	232
Merck&Co.	223	229
Johnson&Johnson	227	214
AstraZeneca	231	213
Roche	211	206
Sanofi	199	193
Bristol-Myers Squibb	136	144
Takeda	137	141
Eli Lilly	124	126
Allergan	119	122
Bayer	111	112
Daiichi Sankyo	102	105
Astellas Pharma	95	104
AbbVie	90	102
Amgen	91	94
Shire	57	93
Boehringer Ingelhein	88	88
Eisai	86	87
Otsuka	94	86
Teva	92	82
Celgene	67	76
Valeant Pharmaceutical	59	72
Ligand	38	66

操作步骤

1）设置工作环境

步骤01 双击 GraphPad Prism 10 图标，启动 GraphPad Prism，自动弹出"欢迎使用 GraphPad Prism"对话框，设置创建的默认数据表格式。

步骤02 在"欢迎使用 GraphPad Prism"对话框的"创建"选项组下选择 XY 选项，选择创建 XY 数据表。此时，在右侧 XY 表参数界面设置如下：

- 在"数据表"选项组下选择"输入或导入数据到新表"选项。
- 在"选项"选项组下的 X 选项下选择"数值"，Y 选项下选择"为每个点输入一个 Y 值并绘图"。

步骤03 单击"创建"按钮，创建项目文件"项目 1"，同时该项目下自动创建一个数据表"数据 1"和关联的图表"数据 1"。

步骤04 选择菜单栏中的"文件"→"另存为"命令，或单击"文件"功能区中的"保存命令"按钮 下的"另存为"命令，弹出"保存"对话框，输入项目名称"新药研发现状分析表"。单击"保存"按钮，在源文件目录下自动创建项目文件"新药研发现状分析表.prism"。

2）导入 XLS 文件 1

步骤01 选择菜单栏中的"文件"→"导入"命令，或在功能区"导入"选项卡单击"导入文件"按钮 ，或右击，在弹出的快捷菜单中选择"导入数据"命令，弹出"导入"对话框，在"文件名"右侧下拉列表中选择"工作表（*.xls*，*.wk*，*.wb*）"，在指定目录下选择要导入的文件"新药研发现状分析表.xls"，如图 3-35 所示。

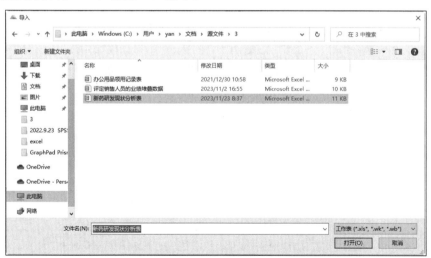

图 3-35 "导入"对话框

步骤02 单击"打开"按钮，弹出"导入和粘贴选择的特定内容"对话框。打开"源"选项卡，在"关联与嵌入"选项组下选择"仅插入数据"选项，如图 3-36 所示。Prism 只粘贴文件中的数据值,不保留返回 Excel 电子表格的链接。

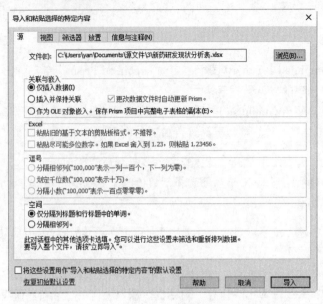

图 3-36 "导入和粘贴选择的特定内容"对话框

步骤 03 打开"视图"选项卡,在列表框内显示导入文件的预览数据,发现导入的行数据的格式不正确,如图 3-37 所示。Excel 表格第一行为表格名称"全球药企在研产品数前 25(单位:个)",导入数据过程中自动识别为"行 1",需要跳过该行(第 1 行)。

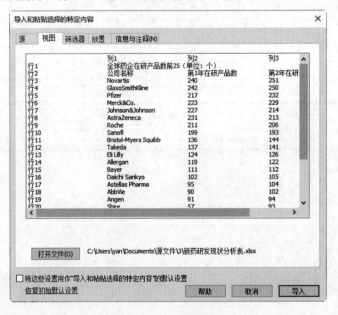

图 3-37 "视图"选项卡

步骤 04 打开"筛选器"选项卡,选择导入数据文件的哪些部分。在"行"选项组下的"起始行"选择行数据的起始范围,输入行号 2,表示从数据的第 2 行开始导入,如图 3-38 所示。

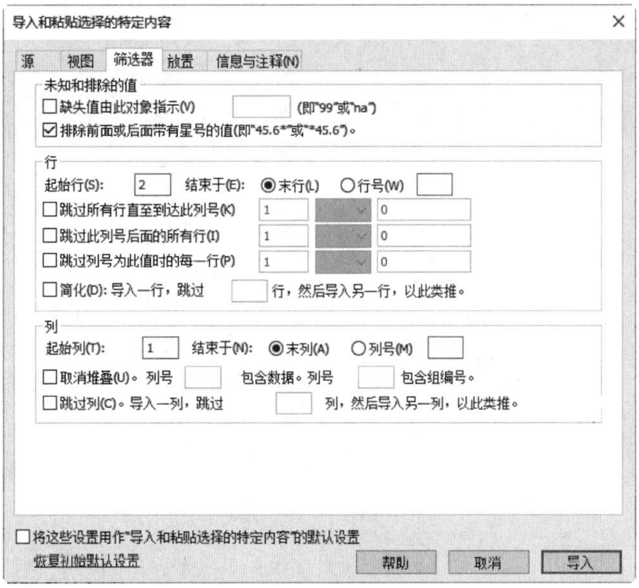

图 3-38 "筛选器"选项卡

步骤 05 打开"放置"选项卡,在"名称"选项组下勾选"重命名数据表,使用"复选框,选择"导入的文件名"选项,选择使用导入文件的名称"新药研发现状分析表"作为数据表的名称;"列标题"下拉列表中选择"自动选择",将导入的第 2 行数据"第 1 年在研产品数""第 2 年在研产品数"自动识别为列标题。其余选项选择默认值,如图 3-39 所示。

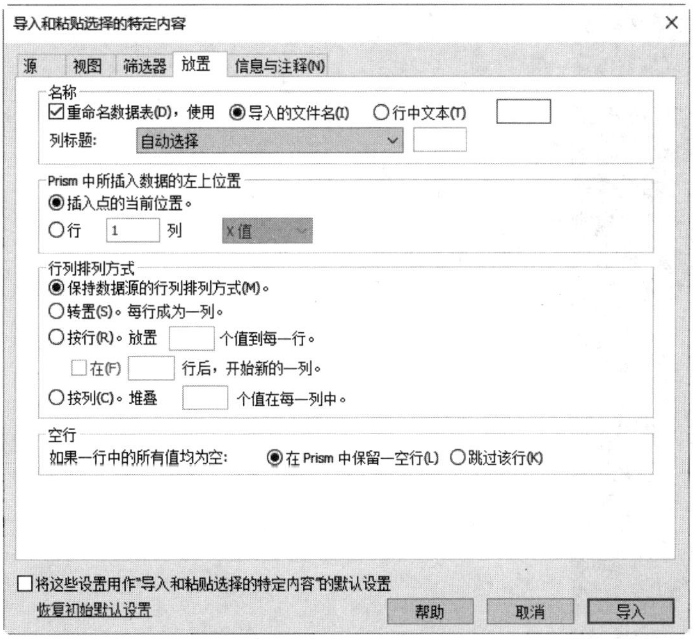

图 3-39 "放置"选项卡

步骤 06 单击"导入"按钮,在数据表"新药研发现状分析表"中导入 Excel 中的数据,结果如图 3-40 所示。

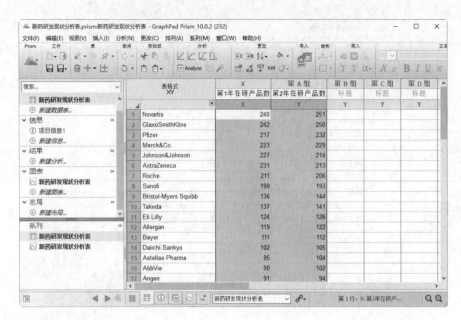

图 3-40　导入 Excel 中的数据

3）新建"列"工作表和图表

步骤 01 单击导航器中"数据表"选项组下的"新建数据表"按钮⊕，弹出"新建数据表和图表"对话框，在左侧"创建"选项组下选择"列"选项，创建列数据表，如图 3-41 所示。

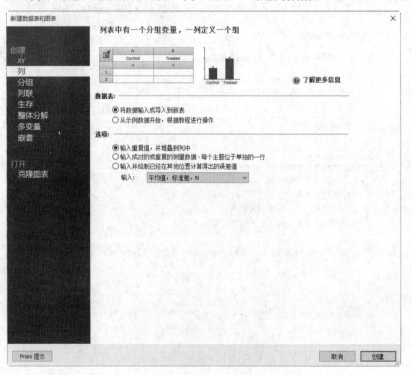

图 3-41　"新建数据表和图表"对话框

此时，在右侧列表参数界面设置如下：

- 在"数据表"选项组下默认选择"将数据输入或导入到新表"选项。
- 在"选项"选项组下默认选择"输入重复值，并堆叠到列中"选项。

步骤02 单击"创建"按钮，在该项目下自动创建一个数据表"数据 2"和关联的图表"数据 2"，如图 3-42 所示。

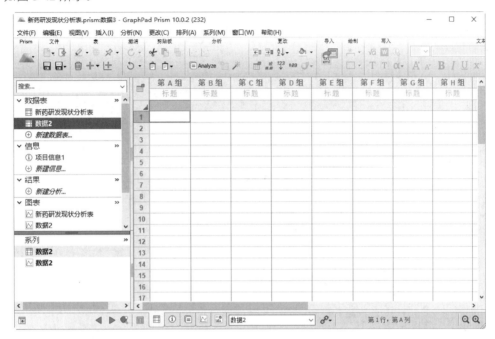

图 3-42 新建一个数据表和图表

4）导入 XLS 文件 2

步骤01 选择菜单栏中的"文件"→"导入"命令，或在功能区"导入"选项卡单击"导入文件"按钮，或右击，在弹出的快捷菜单中选择"导入数据"命令，弹出"导入"对话框，在"文件名"右侧下拉列表中选择"工作表（*.xls*，*.wk*，*.wb*）"，在指定目录下选择要导入的文件"新药研发现状分析表.xls"。

步骤02 单击"打开"按钮，弹出"导入和粘贴选择的特定内容"对话框。打开"源"选项卡，在"关联与嵌入"选项组下选择"仅插入数据"选项。

步骤03 打开"筛选器"选项卡，在"行"选项组下，"起始行"输入 2，从数据的第 2 行开始导入；在"列"选项组下，"起始列"输入列号 2，从数据的第 2 列开始导入，如图 3-43 所示。

步骤04 打开"放置"选项卡，在"名称"选项组下勾选"重命名数据表，使用"复选框，选择"行中文本"选项，使用导入文件中行 1 的名称"金球药企在研产品数前 25（单位：个）"作为数据表的名称；在"列标题"下拉列表中选择"自动选择"，将导入的第 2 行数据"第 1 年在研产品数""第 2 年在研产品数"自动识别为列标题。其余选项选择默认值，如图 3-44 所示。

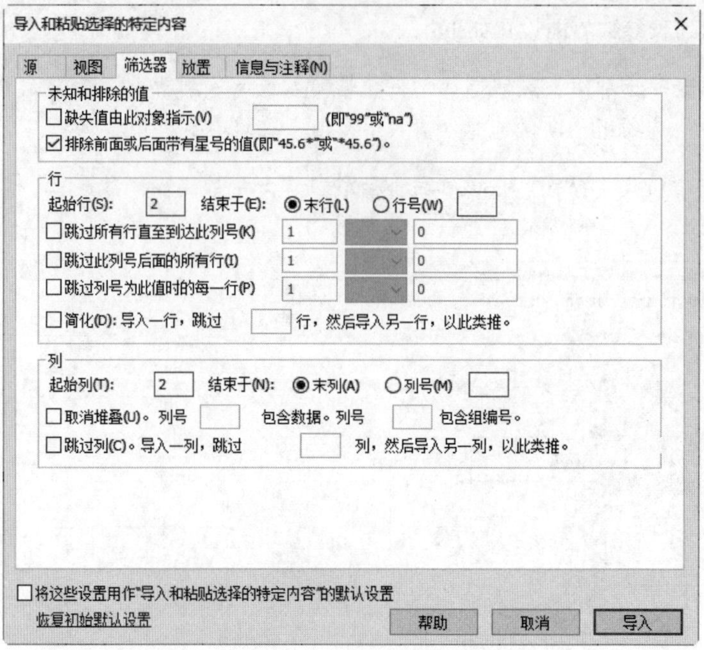

图 3-43 "筛选器"选项卡

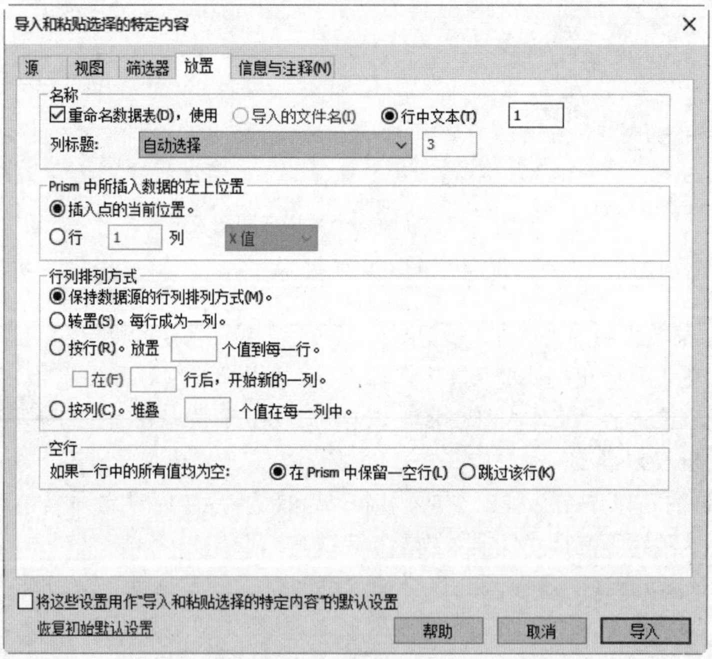

图 3-44 "放置"选项卡

步骤 05 单击"导入"按钮,在数据表"金球药企在研产品数前 25(单位:个)"中导入 Excel 中的数据,结果如图 3-45 所示。

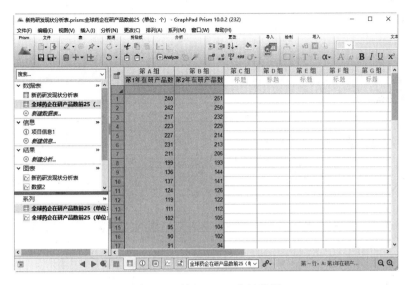

图 3-45　导入 Excel 中的数据

5）文件导出

步骤 01　将数据表"金球药企在研产品数前 25（单位：个）"置为当前。选择菜单栏中的"文件"→"导出"命令，或在功能区"导出"选项卡单击"导出到文件"按钮，弹出"导出"对话框，自动在"导出位置"选项组下显示 Prism 中导出的数据表名称和文件所在文件夹；默认勾选"导出后打开此文件夹"复选框，在"格式"下拉列表中默认选择"TXT　制表符分隔文本"选项，如图 3-46 所示。

步骤 02　单击"确定"按钮，自动打开导出文件所在文件夹，在记事本中打开导出文件"全球药企在研产品数前 25（单位：个）.txt"，如图 3-47 所示。

图 3-46　"导出"对话框

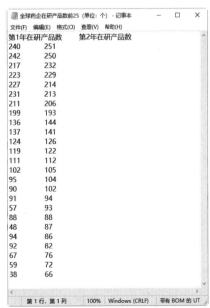

图 3-47　"全球药企在研产品数前 25（单位：个）.txt"文件

6）保存项目

单击"标准"功能区的"保存项目"按钮■，或按 Ctrl+S 键，直接保存项目文件。

3.3 模拟数据

Prism 可以通过计算机使用替代实验设计进行"实验"，模拟出一系列数据集进行分析，这样不仅节省了相当大的工作量，并且避免了因数据输入或复制、粘贴数据可能引起的错误。

3.3.1 模拟 XY 数据

模拟 XY 数据命令用来输出包含随机误差的 XY 数据集的数据表，并绘制由模拟数据表示的模拟图表，如图 3-48 所示。

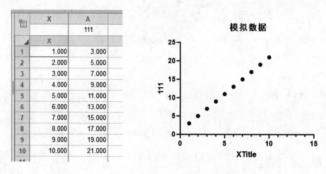

图 3-48 模拟数据和模拟图表

选择菜单栏中的"分析"→"模拟"→"模拟 XY 数据"命令，弹出"分析数据"对话框，在左侧列表中选择指定的分析方法：模拟 XY 数据，在右侧显示需要模拟数据的数据集和数据列，如图 3-49 所示。

图 3-49 "分析数据"对话框

单击"确定"按钮，关闭该对话框，弹出"参数：模拟 XY 数据"对话框，包含 4 个选项卡，如图 3-50 所示。

（a）"X 值"选项卡

（b）"方程式"选项卡

（c）"参数值与列标题"选项卡

（d）"随机误差"选项卡

图 3-50 "参数：模拟 XY 数据"对话框

1. "X 值"选项卡

（1）使用数据表中的 X 值：使用正在分析的数据表中的 X 值。

（2）生成一连串 X 值：生成指定序列的 X 值。首先指定开始值，按照"加、乘"进行递增值计算，序列值的个数可以在"生成 个值"文本框内直接指定，也可以在"X 等于或大于此值时停止"文本框内指定截止值。

2. "方程式"选项卡

（1）使用数据表中的 Y 值：选择使用正在分析的数据表中的 Y 值，然后添加随机分散。

（2）从方程式列表生成 Y 值：在该选项卡中选择一个模型，根据列表中的模型方程计算数据和绘制曲线，包含下面几大类：

- Standard curves to interpolate：插值的标准曲线模型。
- Dose-response-Stimulation：剂量反应曲线模型，可用于绘制多种实验的结果，仅适用于动物或人体实验（实验中施用不同剂量的药物）。X 轴绘制了药物或激素的浓度，Y 轴描绘了反应，是任何生物功能的衡量指标。
- Dose-response-Inhibition：剂量反应曲线模型，具体取决于使用标准斜率，还是拟合斜率因子，以及是否对数据进行标准化，以便曲线从 0 运行至 100。
- Dose-response - Special, X is concentration：剂量–反应–抑制模型，X 是浓度。
- Dose-response - Special, X is log(concentration)：剂量–反应–抑制模型，模型方程中的 X 表示 Log（浓度）。
- Binding-Saturation：受体结合–饱和结合模型。在饱和结合实验中，改变放射性配体浓度，并在平衡状态下测量结合度，目的是确定 Kd（解离平衡常数）和 Bmax（最大结合位点数）。
- Binding-Competitive：受体结合–竞争性结合模型。在竞争性结合实验中，使用单一浓度的标记（热）配体，改变未标记（冷）药物的浓度，并在平衡状态下测量结合度。
- Binding-Kinetics：受体结合–动力学模型。动力学指随时间推移发生的变化。动力学结合实验用于确定结合和解离速率常数。
- Enzyme kinetics – Inhibition：酶动力学–抑制模型。最常用的酶动力学实验用于测量不同基质浓度下的酶促反应速度。
- Enzyme kinetics - Velocity as a function of substrate：酶动力学模型。许多药物通过抑制酶活性（通过阻止底物与酶结合，或通过稳定酶–底物复合物来减缓产物的形成）发挥作用。为区分酶抑制模型并确定抑制剂的 Ki，在存在几种浓度抑制剂的情况下测量底物–速率曲线（包括一条没有抑制剂的曲线）。
- Exponential：指数模型。某事发生的速率取决于存在的数量时，过程遵循指数函数方程。
- Lines：线性模型。非线性回归可将数据拟合至任何模型，甚至是线性模型。因此，线性回归只是非线性回归的特例。
- Polynomial：多项式模型。多项式模型用途广泛，可拟合多种类型的数据，采用如下形式：$Y=B_0 + B_1X+B_2X^2 + B_3*X^3 \cdots$。
- Gaussian：高斯模型，拟合高斯钟形曲线以及累积高斯 S 形曲线。
- Sine waves：正弦波模型，描述了许多振荡现象。
- Growth curves：生长方程模型，应用于细菌培养物生长、有机体生长、技术或思想在群体中的适应、经济的增长等。
- Linear quadratic curves：线性二次曲线模型，描述辐射诱导的细胞死亡时间变化。
- Classic equations from prior versions of Prism：以前版本的棱镜的经典方程模型，提供经典方程的列表。

3. "参数值与列标题"选项卡

（1）在选项卡顶部选择模拟多少个数据集，以及每个数据集将有多少个重复数。

（2）选项卡的主要部分是上下两个列表。选择上面列表中的数据集，并在下面列表中输入该数据集（或数据集组）的参数值。

（3）如果选择模拟多个数据集，则可选择只为一个数据集输入一个参数值，或输入适用于多条曲线或所有曲线的参数。

4. "随机误差"选项卡

在该选项卡中添加随机分散值、随机种子和异常值。

3.3.2 模拟列数据

模拟列数据命令用来模拟一组带有随机误差的列数据集，该数据集包含两个选项卡，"模拟数据"选项卡和"参数"选项卡，如图 3-51 所示。顾名思义，"模拟数据"选项卡显示输出的数据，"参数"选项卡显示模拟数据时定义的参数（N、平均值、随机分布和离群值等）。通过模拟数据自动绘制模拟数据图表，如图 3-52 所示。

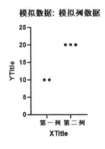

（a）"模拟数据"选项卡　　　（b）"参数"选项卡

图 3-51　"模拟列数据"数据表　　　图 3-52　"模拟数据：模拟列数据"图表

选择菜单栏中的"分析"→"模拟"→"模拟列数据"命令，弹出"分析数据"对话框，在左侧列表中选择指定的分析方法：模拟列数据，在右侧显示需要模拟数据的数据集和数据列，如图 3-53 所示。

单击"确定"按钮，关闭该对话框，弹出"参数：模拟列数据"对话框，包含两个选项卡，如图 3-54 所示。

图 3-53　"分析数据"对话框

图 3-54 "参数:模拟列数据"对话框

1. "实验设计"选项卡

1)数据集的数量

定义要生成的数据集的数量。

2)总体列平均值

定义要生成的数据集的平均值。

(1)从高斯分布中随机选择:生成服从相同平均值和标准差的高斯分布的数据集。
(2)分别输入列平均值:生成服从不同平均值和标准差的高斯分布的数据集。

2. "随机变异"选项卡

在该选项卡中添加随机分散值和离群值。

3.3.3 模拟2×2列联表

列联表也称交叉表,是由两个分类变量交叉分类后得到的频数分布表,如图 3-55 所示。Prism 中的 2×2 列联表可用于分析疾病和一些疾病相关因素(如年龄、性别、身体指标等)之间的关系,如研究吸烟与肺癌之间的关系。

图 3-55 2×2列联表

选择菜单栏中的"分析"→"模拟"→"模拟 2×2 列联表"命令,弹出"分析数据"对话框,在左侧列表中选择指定的分析方法:模拟 2×2 列联表,在右侧显示需要模拟数据的数据集和数据列,如图 3-56 所示。

单击"确定"按钮,关闭该对话框,弹出"参数:模拟列联表"对话框,如图 3-57 所示。

图 3-56 "分析数据"对话框

图 3-57 "参数：模拟列联表"对话框

1. 实验设计

（1）样本大小：选择总样本量，即列联表中所有 4 个单元格的总数。

（2）方法：选择样本采样方法。

- 横断面：在横断面研究中，在不考虑对象暴露或疾病的情况下对其采样。
- 前瞻性：在前瞻性研究中，根据行定义的风险因素选择对象。
- 实验：在实验研究中，将对象分配给定义这些行的治疗。
- 病例对照（回顾性）：在病例对照研究中，选择病例（患有疾病）和对照，然后回顾以确定风险因素暴露情况。

2. 行（风险因素）

定义第 1 行标题、第 2 行标题和对应风险因素的可能性。

3. 列（结果）

定义第 A 列标题、第 B 行标题和对应结果的可能性。

3.3.4 实例——创建螨虫增长速度分析表

在 20℃、相对湿度 65%～75%时，屋尘螨的种群增长速率为每周 30%～35%，而粉尘螨的种群增长速率为每周 16%～19%。屋尘螨的增长速度随相对湿度的增加而持续增长，且其倍增时间恒定；粉尘螨的增长速度与相对湿度无关。本实例利用模拟数据命令生成数据集，表示屋尘螨、粉尘螨的种群增长速率。

1. 设置工作环境

步骤 01 双击 GraphPad Prism 10 图标，启动 GraphPad Prism，自动弹出"欢迎使用 GraphPad

Prism"对话框，设置创建的默认数据表格式。

步骤02 在"欢迎使用 GraphPad Prism"对话框的"创建"选项组下选择 XY 选项，选择创建 XY 数据表。此时，在右侧 XY 表参数界面设置如下：

- 在"数据表"选项组下选择"输入或导入数据到新表"选项。
- 在"选项"选项组下的 X 选项下选择"数值"，Y 选项下选择"为每个点输入一个 Y 值并绘图"。

步骤03 单击"创建"按钮，创建项目文件，同时该项目下自动创建一个数据表"数据 1"和关联的图表"数据 1"。

步骤04 选择菜单栏中的"文件"→"另存为"命令，或单击"文件"功能区中的"保存命令"按钮 下的"另存为"命令，弹出"保存"对话框，输入项目名称"螨虫增长速度分析表"。单击"保存"按钮，在源文件目录下自动创建项目文件"螨虫增长速度分析表.prism"。

2. 模拟 XY 数据

屋尘螨的种群增长速率符合指数模型，下面利用生长曲线中的指数模型模拟屋尘螨的种群增长速率数据和图表。

步骤01 选择菜单栏中的"分析"→"模拟"→"模拟 XY 数据"命令，弹出"分析数据"对话框，在左侧列表中选择指定的分析方法：模拟 XY 数据，如图 3-58 所示。

步骤02 单击"确定"按钮，关闭该对话框，弹出"参数：模拟 XY 数据"对话框，打开"X 值"选项卡，选择"生成一连串 X 值"选项，从 X 等于此值时开始（0.6），每个值等于先前的值加 0.005，X 等于或大于此值时停止（0.75），如图 3-59 所示。

图 3-58 "分析数据"对话框

图 3-59 "参数：模拟 XY 数据"对话框

步骤03 打开"方程式"选项卡，选择"从方程式列表生成 Y 值"选项，在列表中选择 Growth curves（生长曲线模型）→Exponential (Malthusian) growth（指数增长曲线模型），如图 3-60 所示。

步骤 04 打开"参数值与列标题"选项卡,在"数据集 A"的"列标题"下输入 Y 列的标题名称"屋尘螨的种群增长速率"。在"参数名称"选项组下输入参数值 Y0 为 100、k 为 20,如图 3-61 所示。

图 3-60 "方程式"选项卡

图 3-61 "参数值与列标题"选项卡

步骤 05 打开"随机误差"选项卡,在"添加随机分布"选项组下选择"不添加随机误差"选项,其余参数保持默认设置。

步骤 06 单击"确定"按钮,关闭该对话框,自动生成结果表"模拟数据"和图表"模拟数据",如图 3-62 和图 3-63 所示。同时,通过在左侧导航器"系列"选项组下单击两个"模拟数据"标签,切换显示包含关联关系的结果表"模拟数据"和图表"模拟数据"。

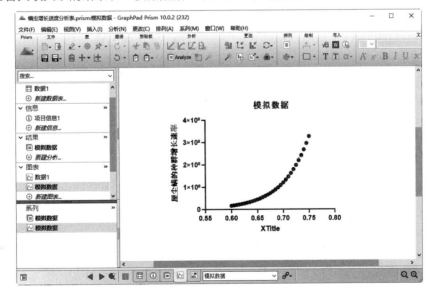

图 3-62 结果表"模拟数据"

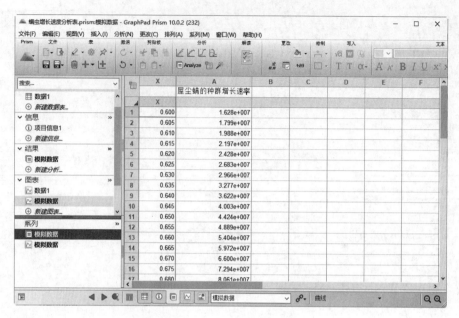

图 3-63　图表"模拟数据"

3. 模拟列数据

相对湿度发生变化时，粉尘螨的种群增长速率恒定不变，下面利用高斯随机分布模型模拟粉尘螨的种群增长速率列数据和图表。

步骤 01　选择菜单栏中的"分析"→"模拟"→"模拟列数据"命令，弹出"分析数据"对话框，在左侧列表中选择指定的分析方法：模拟列数据，如图 3-64 所示。

步骤 02　单击"确定"按钮，关闭该对话框，弹出"参数：模拟列数据"对话框，"数据集的数量"设置为 1，在"总体列平均值"选项组下选择"从高斯分布中随机选择。"，平均值为 100000，标准差为 100，索引 A 的行数为 20，列标题为"粉尘螨的种群增长速率"，如图 3-65 所示。

图 3-64　"分析数据"对话框

图 3-65　"参数：模拟列数据"对话框

步骤03 单击"确定"按钮,关闭该对话框,自动生成"模拟列数据"结果表和"模拟数据:模拟列数据"图表,如图 3-66 和图 3-67 所示。

步骤04 结果表"模拟列数据"中包含两个选项卡,在"模拟数据"选项卡中显示生成的数据集,在"参数"选项卡中显示数据集的参数(N、平均值、随机分布和离群值等)。通过在左侧导航器"系列"选项组下单击选项标签,切换显示包含关联关系的结果表"模拟列数据"和图表"模拟数据:模拟列数据"。

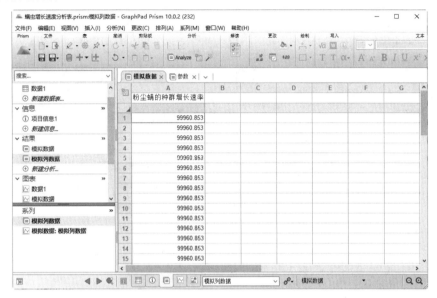

(a)"模拟数据"选项卡

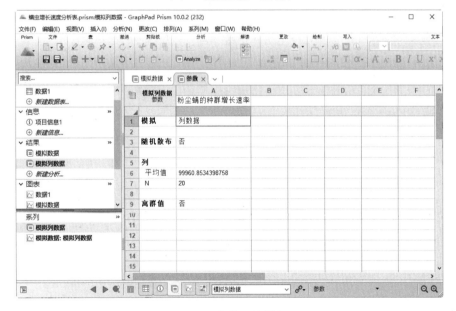

(b)"参数"选项卡

图 3-66 "模拟列数据"结果表

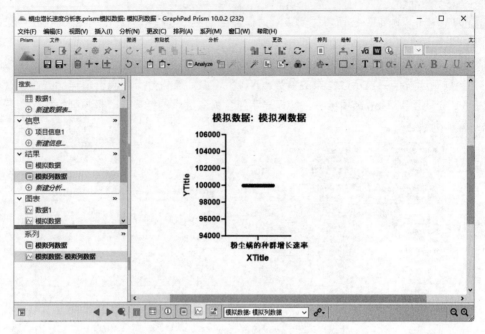

图 3-67 "模拟数据：模拟列数据"图表

4. 保存项目

单击"标准"功能区的"保存项目"按钮■，或按 Ctrl+S 键，直接保存项目文件。

第 4 章

数据处理

一般情况下,导入的数据可能存在很多无用且重复的数据,如果直接对这些数据进行分析,可能会影响分析结果。本章主要介绍为了得到一个简洁、规范、清晰的样本数据,需要对数据进行的处理操作。

内容要点

- 变换数据
- 变换浓度
- 归一化数据
- 删除行
- 移除基线和列数学计算
- 转置 X 和 Y
- 占总数的比例
- 识别离群值
- 提取与重新排列
- 选择与变换
- 实例——计算膝痛患病率

4.1 变换数据

在绘制或分析数据之前,首先可能需要通过计算将数据变换成适当的形式。当使用 Prism 变换数据时,数据表不会更改,而是使用变换后的值创建一张新的结果表。

选择菜单栏中的"分析"→"数据处理"→"变换"命令,弹出"分析数据"对话框,在左侧列表中选择指定的分析方法:变换,在右侧显示需要分析的数据集和数据列,如图 4-1 所示。

单击"确定"按钮,关闭该对话框,弹出"参数:变换"对话框,将数据集根据指定的数学变换函数对 Y 值进行变换,如图 4-2 所示。

 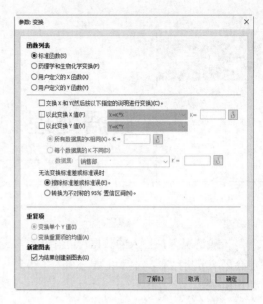

图 4-1 "分析数据"对话框　　　　图 4-2 "参数：变换"对话框

1. 函数列表

1）标准函数

选择该选项，通过使用表 4-1 所示的标准函数进行计算。

表 4-1　数学变换函数

函　　数	说　　明
Y=Y*K	在所提供的方框中输入 K
Y=Y+K	在所提供的方框中输入 K
Y=Y−K	在所提供的方框中输入 K
Y=Y/K	在所提供的方框中输入 K
Y=Y^2	Y 的平方
Y=Y^K	在所提供的方框中输入 K
Y=log (Y)	Y 的对数（以 10 为底）
Y=−1*log (Y)	对 Y 的对数（以 10 为底）求负值
Y= ln (Y)	Y 的自然对数（以 e 为底）
Y= 10^Y	10 的 Y 次方（以 10 为底的对数的倒数）
Y=exp (Y)	e^Y（自然对数的倒数）
Y=1/Y	Y 的倒数
Y= sqrt (Y)	Y 的平方根
Y=logit (y)	ln（Y/1−Y）
Y=probit (Y)	Y 必须介于 0.0 和 1.0 之间
Y=rank (Y)	列秩。指定等级为 1 的最小 Y 值
Y=zscore (Y)	列平均值中的 SD 数
Y=sin (Y)	Y 以弧度表示
Y= cos (Y)	Y 以弧度表示

(续表)

函　数	说　　明
Y= tan (Y)	Y 以弧度表示
Y=arcsin (Y)	Y 以弧度表示
Y=ABS (Y)	Y 的绝对值
Y=Y+ Random	从平均值为零且 SD=K 的高斯（正态）分布中选择的随机值（输入所提供的方框中）
Y=X/Y	计算 X 除以 Y
Y=Y/X	计算 Y 除以 X
Y=Y-X	计算 Y 减去 X
Y=Y+X	计算 Y 加 X
Y=Y*X	计算 Y 乘以 X
Y=X-Y	计算 X 减去 Y
Y=K-Y	在所提供的方框中输入 K
Y=K/Y	在所提供的方框中输入 K
Y=log2 (Y)	Y 的对数（以 2 为底）
Y=2^Y	2.0 的 Y 次方（以 2 为底的对数的倒数）
Y=Y	四舍五入到小数，在所提供的方框中输入 K 点后的 K 位

（1）交换 X 和 Y（然后按以下指定的说明进行变换）：勾选该复选框，X 变换会应用到原来在 Y 列中的数据，而 Y 变换会应用到原来在 X 列中的数据。

（2）以此变换 X 值：勾选该复选框，使用函数计算 X 值，得到 X 变换值。

（3）以此变换 Y 值：勾选该复选框，使用函数计算 Y 值，得到 Y 变换值。

（4）所有数据集的 K 相同：许多函数包含变量 K，输入一个 K 值。

（5）每个数据集的 K 不同：为每个数据集输入一个单独的 K 值。在"数据集"下拉列表中选择 Y 列。

（6）无法变换标准差或标准误时：如果输入的数据是平均值、SD（或 SEM）和 N，则 Prism 可以变换误差条与平均值。当变换值在本质上不对等（即对数）时，从数学上来说无法变换 SD 并以 SD 结束。有以下两种处理方法。

- 擦除标准差或标准误：只变换平均值，也可以删除误差条。
- 转换为不对称的 95%置信区间：将误差条变换为 95%置信区间，然后变换置信区间的两端。由此产生的 95%置信区间将是不对等区间。

2）药理学和生物化学变换

选择该选项，显示药理学和生物化学变换函数（见表 4-2），界面如图 4-3 所示。

表 4-2　药理学和生物化学变换函数

函　数	X 变换	Y 变换
Eadie-Hofstee	Y/X	无变化
Hanes-Woolf	无变化	X/Y

（续表）

函　数	X 变换	Y 变换
Hill	如果将数据作为对数（集合）输入，则不会有任何变化	$\log 10(Y/(Y_{max}-Y))$
Lineweaver-Burk	1/X	1/Y
Log-log	Log10 (X)	Log10 (Y)
Scatchard	Y	Y/X

图 4-3　选择"药理学和生物化学变换"

3）用户定义的 X 函数

除前面的标准函数外，Prism 还可以通过编写程序代码自定义一个 X 函数，如图 4-4 所示。

单击"添加"按钮，弹出"方程式"对话框，在"名称"选项中输入函数名称（见图 4-5），在"方程式"列表中输入函数表达式（见表 4-3）。

表 4-3　用户定义的 X 函数

函　数	说　明
abs (k)	绝对值
arccos (k)	余弦，结果以弧度表示
arccosh (k)	双曲线反余弦
arcsin (k)	Arcsine，结果以弧度表示
arcsinh (k)	双曲线反正弦，结果以弧度表示
arctan (k)	反正切，结果以弧度表示
arctanh (k)	双曲线正切，k 以弧度表示
arctan2 (x, y)	y/x 的反正切，结果以弧度表示
besselj (n, x)	第一类贝塞尔函数，n 表示阶数，x 表示自变量

(续表)

函　　数	说　　明
bessely (n, x)	第二类贝塞尔函数，n 表示阶数，x 表示自变量
besseli (n, x)	修正第一类贝塞尔函数，n 表示阶数，x 表示自变量
besselk (n, x)	修正第一类贝塞尔函数，n 表示阶数，x 表示自变量
beta (j, k)	β 函数
binomial (k, n, p)	在 Binomial.n 次试验中，获得 k 次或更多次"成功"的概率，每次试验均有"成功"的概率 p
chidist (x2, v)	卡方分布的概率密度函数，计算大于给定值 x2 的右尾概率，v 表示自由度
chiinv (p, v)	具有 v 自由度的指定 p 值的卡方值
ceil (k)	不小于 k 的最近整数。Ceil(2.5)=3.0，Ceil(-2.5)=-2.0
cos (k)	余弦。k 以弧度表示
cosh (k)	双曲余弦。k 以弧度表示
deg (k)	将 k 弧度转换为角度
erf (k)	误差函数
erfc (k)	误差函数，补数
exp (k)	e 的 k 次幂
floor (k)	k 以下一个整数。Floor(2.5)=2.0，Floor(-2.5)=-3.0
fdist (f, v1, v2)	分子为 v1 自由度，分母为 v2 的 F 分布的 p 值
finv (p, v1, v2)	F 比率对应具有 v1 和 v2 自由度的 P 值 p
gamma (k)	伽玛函数
gammaln (k)	伽玛函数的自然对数
hypgeometricm(a, b, x)	超几何 M
hypgeometricu(a, b, x)	超几何 U
hypgeometricf(a, b, c, x)	超几何 F
ibeta (j, k, m)	不完整 β
if (condition, j, k)	如果条件为真，则结果为 j。否则结果为 k
igamma (j, k)	不完整 γ
igammac (j, k)	不完整 y，补数
int (k)	截断分数。INT(3.5)=3，INT(-2.3)=-2
ln (k)	自然对数
log (k)	以 10 为底的对数
max (j, k)	最多两个值
min (j, k)	至少两个值
j mod k	j 除以 k 后的余数（模数）
normdist (x, m, sd)	计算正态分布的概率密度值或累积分布函数值。x 表示要计算概率的值，m 表示均值，sd 表示标准差
norminv (p, m, sd)	计算正态分布的分位数。p 表示概率值（0 < p < 1）、m 表示均值，sd 表示标准差
psi (k)	伽马函数的对数导数
rad (k)	将 k 度转换为弧度

（续表）

函　数	说　明
round (k, j)	将数字 k 四舍五入，在小数点后显示 j 位数字
sgn (k)	k 符号。如果 k>0，则 sgn(k)=1。如果 k<0，则 sgn(k)=-1。如果 k=0，则 sgn(k)=0
sin (k)	正弦。k 以弧度表示
sinh (k)	双曲正弦。k 以弧度表示
sqr (k)	平方
sqrt (k)	平方根
tan (k)	正切，k 以弧度表示
tanh (k)	双曲线正切，k 表示弧度
tdist (t, v)	计算学生 t 分布的右尾概率，t 表示 t 统计量的值，v 表示自由度
tinv (p, v)	计算学生 t 分布的反函数，p 表示概率值（0<p<1），v 表示自由度
zdist (z)	计算标准正态分布的右尾概率，z 表示标准化的 Z 值
zinv (p)	计算标准正态分布的分位数，p 表示概率值（0＜p<1）

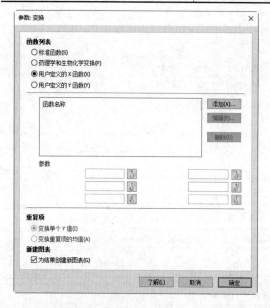

图 4-4　选择"用户定义的 X 函数"选项

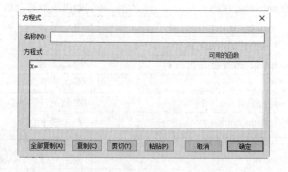

图 4-5　"方程式"对话框

下面介绍输入用户定义方程时使用的语法：

- 变量和参数名称不得超过 13 个字符。
- 如需用两个词来命名一个变量，需要用下画线分隔，例如 Half_Life。不能使用空格、连字符或句号。
- 不区分变量、参数或函数名称中的大小写字母。
- 用星号（*）表示乘法。例如，需将 A 乘以 B，请输入 A*B，而非 AB。
- 使用 caret(A) 表示幂。例如，A^B 是 A 的 B 次幂。必要时使用圆括号来显示运算顺序。为增加可读性，可使用方括号（[]）或花括号（{}）。

- 使用一个等号给变量赋值。
- 无须在语句的结尾使用任何特殊的标点符号。
- 如需输入长行,请在第一行末尾输入反斜杠(\),然后按 Return 键并继续。Prism 会将两行视为一行。
- 如需输入注释,输入分号(;),然后是文本,注释可从一行的任何地方开始。
- 可以使用许多函数,其中大部分与 Excel 中的内置函数相似。需要注意的是,不要将内置函数的名称用作参数名称。例如,由于 β 是函数名称,因此无法给参数 β 命名。

4)用户定义的 Y 函数

Prism 还可以通过编写程序代码自定义一个 Y 函数,具体方法与定义 X 函数类似,此处不再赘述。

2. 重复项

(1)变换单个 Y 值:选择该选项,如果输入重复的 Y 值,则 Prism 可以变换每个重复值。

(2)变换重复项的均值:选择该选项,如果输入重复的 Y 值,则 Prism 可以变换每个重复值的平均值。

3. 新建图表

为结果创建新图表:勾选该复选框,为变换的数据创建新的数据表的同时,创建关联的图表。

4.2 变换浓度

对于使用浓度数据作为 X 值的统计问题,需要对 X 值进行特殊处理,方便后期进行统计分析。

(1)选择菜单栏中的"分析"→"数据处理"→"变换浓度"命令,弹出"分析数据"对话框,在左侧列表中选择指定的分析方法:变换浓度,在右侧显示需要分析的数据集和数据列,如图 4-6 所示。

(2)单击"确定"按钮,关闭该对话框,弹出"参数:变换浓度"对话框,对数据集中的 X 值进行特殊处理,如图 4-7 所示。

图 4-6 "分析数据"对话框

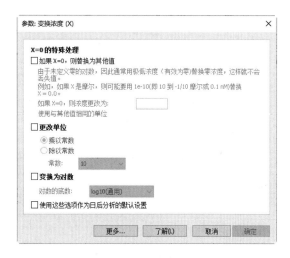

图 4-7 "参数:变换浓度"对话框

1. X=0 的特殊处理

由于将 X 值变换成其对数是一种很常见的做法，因此在将一些模型拟合到数据之前，必须在 X=0 时进行特殊处理。

（1）如果 X=0，则替换为其他值：勾选该复选框，通常用极低浓度（有效为零）替换零浓度，这样就不会丢失值。

（2）如果 X=0，则浓度更改为：如果输入 X=0，则该值在变换后将为空（缺失）。因此需要在取对数之前用其他值（极小的浓度数据）来代替零。例如，如果数据的取值范围为 $10^{-9} \sim 10^{-3}$ mol/L，且计划取其对数，则考虑将其值由 0 更改为 10^{-11}。

2. 更改单位

通过将所有 X 值乘以或除以选择的常数来更改单位。

3. 变换为对数

选择使用自然对数或以 10 为底的常见对数对数据进行变换。

4. 使用这些选项作为日后分析的默认设置

勾选该复选框，将修改的参数设置应用到其他数据表中。

4.3 实例——血小板凝集试验浓度转换

血小板凝集试验是临床诊断、实验室研究和细菌学鉴定的重要手段之一。为试验某种新型抗血小板聚集药物，选 3 家医院作为试验中心，为考核各医院血小板凝集试验测定方法的准确性和稳定性，取出 9 个标准血清试样，测试数据如表 4-4 所示，试通过变换浓度对测试结果进行数据处理。

表 4-4　3 家医院血小板凝集试验的测试结果（Ω）

编　号	标准含量	甲医院	乙医院	丙医院
1	4	4.1	3.8	4.3
2	5	4.8	5.3	5.6
3	6	6.5	6.2	6.5
4	7	7.2	6.8	8.1
5	8	7.8	8.1	8.8
6	9	9.3	8.8	9.4
7	10	10.6	10.6	11.2
8	11	11.2	11.7	12.6
9	12	12.1	11.9	12.8

操作步骤

1. 设置工作环境

步骤 01 双击 GraphPad Prism 10 图标，启动 GraphPad Prism，自动弹出"欢迎使用 GraphPad

Prism"对话框,设置创建的默认数据表格式。

- 在"创建"选项组下选择 XY 选项。
- 在"数据表"选项组下选择"输入或导入数据到新表"选项。
- 在"选项"选项组下的 X 选项下选择"数值",Y 选项下选择"为每个点输入一个 Y 值并绘图"。

步骤02 单击"创建"按钮,创建项目文件,同时该项目下自动创建一个数据表"数据1"和关联的图表"数据1",重命名数据表为"试验测试结果"。

步骤03 选择菜单栏中的"文件"→"另存为"命令,或单击"文件"功能区中的"保存命令"按钮下的"另存为"命令,弹出"保存"对话框,指定项目的保存名称。单击"确定"按钮,在源文件目录下自动创建项目文件"血小板凝集试验浓度转换.prism"。

2. 输入数据表数据

步骤01 在导航器中单击数据表"试验测试结果",右侧工作区直接进入该数据表的编辑界面。

步骤02 打开"3 家医院血小板凝集试验的测试结果.xlsx"文件,选中数据,如图 4-8 所示。按 Ctrl+C 键,复制表格数据。打开 GraphPad Prism 中的"试验测试结果"数据表,单击标题列下的第一行,选中该单元格,按 Ctrl+V 键,粘贴数据,如图 4-9 所示。

图 4-8 复制文件数据   图 4-9 粘贴数据

3. 变换"标准含量"浓度值

步骤01 选择菜单栏中的"分析"→"数据处理"→"变换浓度"命令,弹出"分析数据"对话框。单击"确定"按钮,关闭该对话框,弹出"参数:变换浓度"对话框,勾选"变换为对数"复选框,如图 4-10 所示。

步骤02 单击"确定"按钮,关闭该对话框,生成结果表"变换X/试验测试结果",结果如图 4-11 所示。将数据集中的X值使用以 10 为底的常用对数对数据进行变换,其余数据保持不变。

4. 保存项目

单击"文件"功能区中的"保存"按钮,或按 Ctrl+S 键,直接保存项目文件。

图 4-10 "参数：变换浓度"对话框   图 4-11 结果表"变换 X/试验测试结果"

4.4 归一化数据

归一化就是把需要处理的数据经过处理后（通过某种算法）限制在一定范围内，目的是方便后面的数据处理。简单来说，就是让数值差异过大的几组数据缩小到同一数量级。

选择菜单栏中的"分析"→"数据处理"→"归一化"命令，弹出"分析数据"对话框，在左侧列表中选择指定的分析方法：归一化，在右侧显示需要分析的数据集和数据列，如图 4-12 所示。

单击"确定"按钮，关闭该对话框，弹出"参数：归一化"对话框，将数据集中值进行归一化处理，如图 4-13 所示。

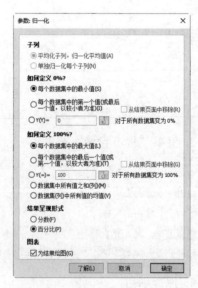

图 4-12 "分析数据"对话框   图 4-13 "参数：归一化"对话框

1. 子列

对于包含子列的数据（0%~100%，不包括 0% 和 100%），包含下面两种归一化方法：

(1) 平均化子列，归一化平均值：选择该选项，对子列中的数据平均值进行归一化处理。

(2) 单独归一化每个子列：选择该选项，分别对每一个子列中的数据进行归一化处理。

2. 如何定义 0%

对于数据集中的 0%，需要用其他值来代替，下面介绍几种处理方法。

(1) 每个数据集中的最小值：选择该选项，将数据集中 0% 的值修改为最小值。

(2) 每个数据集中的第一个值（或最后一个值，以较小者为准）：选择该选项，选择较小值（最后一个值和第一个值比较）。勾选"从结果页面中移除"复选框，移除数据集中的 0%。

(3) Y（Y）=：选择该选项，将数据集中所有的 Y 值变为 0% 或指定值。

3. 如何定义 100%

对于数据集中的 100%，需要用其他值来代替，下面介绍几种处理方法。

(1) 每个数据集中的最大值：选择该选项，使用每个数据集中的最大值代替 100%。

(2) 每个数据集中的最后一个值（或第一个值，以较大者为准）：选择该选项，使用每个数据集中的较大值（最后一个值和第一个值比较）代替 100%。勾选"从结果页面中移除"复选框，移除数据集中的 100%。

(3) Y（=）=：选择该选项，将数据集中所有的 Y 值变为 100% 或指定值。

(4) 数据集中所有值之和（列）：选择该选项，使用数据集中所有列值之和代替 100%。

(5) 数据集（列）中所有值的均值：选择该选项，使用数据集中所有列值的均值代替 100%。

4. 结果呈现形式

归一化后的数据包含两种显示形式：分数和百分比。

5. 图表

勾选"为结果绘图"复选框，为归一化的数据创建新的数据表的同时，创建关联的图表。

4.5 实例——转换新生儿的测试数据

现有 12 种药敏纸片药物平均抑菌数据（见图 4-14），用来检查生长激素释放激素 GHRH 在一个健康的个体中持续 5 年的安全性和有效性。本实例演示如何在项目文件中导入 XLSX 文件中的数据（平均抑菌圈直径 D 和耐菌 R），并对数据格式进行编辑。

	A	B	C	D	E	F
1	新生儿的测试数据					
2	出生时间（天数）	性别	皮肤颜色	肌肉弹性	反应的敏感性	心脏的搏动
3	30	女	5	10	12,000	240000.00%
4	20	女	5	8	24,000	480000.00%
5	25	男	5	8	17,000	340000.00%
6	18	男	5	9	15,000	300000.00%
7	29	男	3	6	16,100	536666.67%
8	35	男	3	6	32,000	1066666.67%
9	25	男	4	9	13,000	325000.00%
10	34	女	4	7	12,000	300000.00%
11	30	女	3	7	4,000	133333.33%
12	30	女	4	10	9,000	225000.00%

图 4-14 药物平均抑菌数据表

操作步骤

1. 设置工作环境

步骤01 双击 GraphPad Prism 10 图标，启动 GraphPad Prism。

步骤02 选择菜单栏中的"文件"→"新建"→"新建项目文件"命令，或单击 Prism 功能区中的"新建项目文件"命令，或单击"文件"功能区中的"创建项目文件"按钮下的"新建项目文件"命令，或按 Ctrl+N 键，系统会弹出"欢迎使用 GraphPad Prism"对话框，在"创建"选项组下选择"列"。

选择创建列数据表。此时，在右侧参数设置界面设置如下：

- 在"数据表"选项组下选择"输入或导入数据到新表"选项。
- 在"选项"选项组下选择"输入重复值，并堆叠到列中"。

完成参数设置后，单击"创建"按钮，创建项目文件。其中自动创建列表"数据1"和图表"数据1"。

选择菜单栏中的"文件"→"另存为"命令，或单击"文件"功能区中的"保存命令"按钮下的"另存为"命令，弹出"保存"对话框，输入项目名称"转换新生儿的测试数据.prism"。单击"确定"按钮，在源文件目录下保存新的项目文件。

2. 导入 XLSX 文件

选中列表"数据1"左上角的单元格。选择菜单栏中的"文件"→"导入"命令，或在功能区"导入"选项卡单击"导入文件"按钮，或右击，在弹出的快捷菜单中选择"导入数据"命令，弹出"导入"对话框，在"文件名"右侧下拉列表中选择"工作表（*.xls*, *.wk*, *.wb*）"，在指定目录下选择要导入的文件"新生儿的测试数据.xlsx"。

单击"打开"按钮，弹出"导入和粘贴选择的特定内容"对话框。打开"源"选项卡，在"关联与嵌入"选项组下选择"仅插入数据"选项。

打开"筛选器"选项卡，选择导入数据文件的哪些部分，如图4-15所示。

- 在"行"选项组下选择行数据的范围，"起始行"输入行号2，"结束于"选择"末行"，表示从数据的第2行开始导入直到最后一行。
- 在"列"选项组下选择列数据的范围，"起始列"输入3，"结束于"选择"末列"，表示导入数据文件的第3列到最后一列。

单击"导入"按钮，在数据表"新生儿的测试数据"中导入 Excel 中的数据，结果如图4-16所示。

3. 数据归一化转换

导入的皮肤颜色、肌肉弹性、反应的敏感性、心脏的搏动等数据分别为不同的数量级，无法进行比较，可以进行归一化转换，限制在一定范围内。

选择菜单栏中的"分析"→"数据处理"→"归一化"命令，弹出"分析数据"对话框，在左侧列表中选择指定的分析方法：归一化，在右侧显示需要分析的 4 个数据集（数据列），如图 4-17 所示。

单击"确定"按钮，关闭该对话框，弹出"参数：归一化"对话框，在"如何定义 0%？"选项组选择"每个数据集中的最小值"选项，将数据集中 0% 的值修改为最小值。在"如何定义 100%？"选项组中选择"每个数据集中的最大值"，使用每个数据集中的最大值代替 100%。在"结果呈现形式"选项组中选择"百分比"选项，如图 4-18 所示。

图 4-15　"筛选器"选项卡　　　　　　　　　图 4-16　导入数据

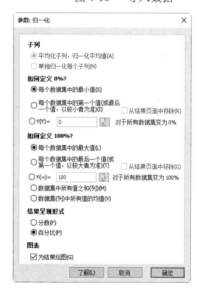

图 4-17　"分析数据"对话框　　　　　　　　图 4-18　"参数：归一化"对话框

单击"确定"按钮，关闭该对话框，在结果表"归一化/新生儿的测试数据"中创建归一化的数据，如图 4-19 所示。

4. 数据公式转换

导入的不同数量级的数据，还可以进行公式转换，将其限制在一定范围内。

打开数据表"新生儿的测试数据",选择菜单栏中的"分析"→"数据处理"→"变换"命令,弹出"分析数据"对话框,在左侧列表中选择指定的分析方法:变换,在右侧显示需要分析的 4 个数据集(数据列),如图 4-20 所示。

图 4-19 结果表"归一化/新生儿的测试数据"　　　图 4-20 "分析数据"对话框

单击"确定"按钮,关闭该对话框,弹出"参数:变换"对话框,在"函数列表"下选择"标准函数",如图 4-21 所示。

- 勾选"以此变换 Y 值"复选框,在下拉列表中选择 Y=Y/K。
- 选择"每个数据集的 K 不同"选项。其中,数据集"皮肤颜色"的 K 值为 10,数据集"肌肉弹性"的 K 值为 20,数据集"反应的敏感性"的 K 值为 30000,数据集"心脏的搏动"的 K 值为 10000。

单击"确定"按钮,关闭该对话框,在结果表"变换/新生儿的测试数据"中创建标准函数计算的数据,如图 4-22 所示。

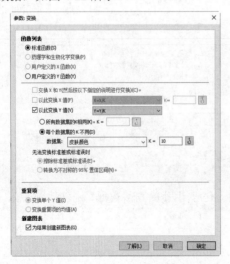

图 4-21 "参数:变换"对话框　　　图 4-22 结果表"变换/新生儿的测试数据"

5. 保存项目

单击"文件"功能区中的"保存"按钮，或按 Ctrl+S 键，直接保存项目文件。

4.6 删除行

删除行是指在一个大数据表中，根据需要删除指定的行数据，创建一个更小的数据表输出，这样更容易进行分析。执行该操作后，原始的大数据表并未删除。

选择菜单栏中的"分析"→"数据处理"→"删除行"命令，弹出"分析数据"对话框，在左侧列表中选择指定的分析方法：删除行，在右侧显示需要分析的数据集和数据列，如图 4-23 所示。

单击"确定"按钮，关闭该对话框，弹出"参数：删除行"对话框，定义数据集中要删除的数据条件，如图 4-24 所示。

图 4-23 "分析数据"对话框

图 4-24 "参数：删除行"对话框

1. 选项

（1）排除 X 值太低或太高的所有行：选择该选项，设置要保留的 X 范围。

（2）首先按 X 值对行排序。然后每 K 行求均值以生成一个输出行：选择该选项，通过不同的方法定义 K 值。

2. 新建图表

为结果创建新图表：勾选该复选框，在新的数据表中输出删除行后的数据的同时，创建与输出数据表关联的图表。

4.7 移除基线和列数学计算

许多类型的数据将测量（信号）数据和无关的基线或背景（噪声）数据组合到一起，可以使用两种方法来分析这些数据。一种方法是对总信号进行分析，另一种方法是减去或除以基线值或非特异性值，然后对结果进行分析和绘图。这里引入了移除基线和列数学计算命令，用来分离相关数据和无关数据。

选择菜单栏中的"分析"→"数据处理"→"移除基线和列数学计算"命令，弹出"分析数据"对话框，在左侧列表中选择指定的分析方法：移除基线和列数学计算，在右侧显示需要分析的数据集和数据列，如图4-25所示。

单击"确定"按钮，关闭该对话框，弹出"参数：移除基线与列数学计算"对话框，定义分离数据的基线，如图4-26所示。

图4-25 "分析数据"对话框

图4-26 "参数：移除基线与列数学计算"对话框

1. 基准定义

（1）选定的列：通过选定的列数据来定义特异性值的基线值。勾选"假定基准与 X 呈线性关系，请使用从回归线预测的值。"复选框，在每个 X 值处计算一个预测的 Y 值。

（2）选定的行：通过选定的行数据来定义特异性值的基线值，包括第一行、最后一行、前面3行与最后3行的平均数。勾选"从结果中移除基准"复选框，在结果数据表中不显示基线 Y 值。

2. 计算

选择数据分离的计算方法：

- 差：值-基准，比较两组数据的绝对差异。
- 百分比：100*值/基准，便于不同量级数据的比较。
- 和：值+基准，计算总量或累积效应。
- 分数差：（值-基准）/基准，计算相对变化量。
- 乘积：值*基准，计算复合效应。
- 百分比差：100*（值-基准）/基准，表达相对变化的百分比。
- 比率：值/基准，计算相对倍数。

3. 子列

选择对重复值和子列的处理方法：

（1）重复测量。在计算 Y2 子列的结果时，仅考虑 Y2 子列中的基准值。

（2）重复项。无匹配。对基准重复项求均值，并用均值进行计算。

（3）忽略子列。对所有重复项求均值，并且仅使用平均值进行计算。

4. 如何标定结果列

在下拉列表中选择结果数据的列标题。

5. 新建图表

为结果创建新图表：勾选该复选框，在新的数据表中输出数据的同时，创建与输出数据表关联的图表。

4.8 转置 X 和 Y

转置 X 和 Y 是指转置数据表中的行和列。每行 Y 值在结果表中变成一列（数据集）。第一行变成第一个数据集，第二行变成第二个数据集等。Prism 无法转置超过 256 行的数据表，因为无法创建超过 256 列的表格。

注意 转置数据表（使每一行变成一列）和交换 X 值和 Y 值列（所以 X 值变成 Y 值，Y 值变成 X 值）不同。

选择菜单栏中的"分析"→"数据处理"→"转置 X 和 Y"命令，弹出"分析数据"对话框，在左侧列表中选择指定的分析方法：转置 X 和 Y，在右侧显示需要分析的数据集和数据列，如图 4-27 所示。

单击"确定"按钮，关闭该对话框，弹出"参数：转置 X 和 Y"对话框，如图 4-28 所示。

图 4-27 "分析数据"对话框　　　　图 4-28 "参数：转置 X 和 Y"对话框

1. 转置为何种表

选择要转置的数据表类型：XY 表或分组数据表。

2. 新表的行标题

定义新数据表的行标题，包括初始表的列标题、A,B,C…或无。

3. 新表的 X 值

定义新数据表的 X 值，包括初始表的列标题、1,2,3…。

4. 新表的数据集（列）标题

（1）初始表的行标题：选择该选项，将初始表的行标题作为新表的数据集（列）标题。
（2）初始表的 X 值：选择该选项，将初始表的 X 值作为新表的数据集（列）标题。
（3）初始表的行数：选择该选项，将初始表的行数作为新表的数据集（列）标题。

4.9 占总数的比例

比例分析是将每个值除以该值所在列或行的总和，或者除以整体的汇总总数。这种分析最常用于表示整体与部分关系的数据表或列联表，但也可以用于列数据以及 XY 数据表或分组数据表，前提是这些表没有子列。

选择菜单栏中的"分析"→"数据处理"→"占总数的比例"命令，弹出"分析数据"对话框，在左侧列表中选择指定的分析方法：总计分数，在右侧显示需要分析的数据集和数据列，如图 4-29 所示。

单击"确定"按钮，关闭该对话框，弹出"参数：总计分数"对话框，将数据集根据指定的数学变换函数对 Y 值进行变换，如图 4-30 所示。

图 4-29 "分析数据"对话框

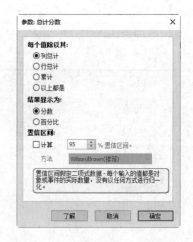

图 4-30 "参数：总计分数"对话框

1. 每个值除以其

（1）列总计：选择该选项，通过数据表中的每个值除以列的总和计算。

(2) 行总计：选择该选项，通过数据表中的每个值除以行的总和计算。
(3) 累计：选择该选项，通过数据表中的每个值除以汇总的总和计算。
(4) 以上都是：选择该选项，通过三组方法（列总计、行总计、累计）分别进行结果计算。

2. 结果显示为

结果数据表中的数据包含两种显示形式：分数和百分比。

3. 置信区间

在输入表中的每个值均为整数（代表计数的对象或事件的实际数量）时，置信区间的计算才有意义。

(1) 勾选"计算"复选框，指定置信区间大小。
(2) 在"方法"下拉列表中选择用于计算比例的置信区间的算法，默认为 Wilson/Brown（推荐）。

4.10　实例——计算两种疗法治疗脑血管梗塞的有效率

某医师用两种疗法治疗脑血管梗塞，结果如表 4-5 所示。试计算治疗脑血管梗塞的有效率。通过表 4-5 比较两种疗法的疗效是否不同。

表 4-5　两种疗法治疗脑血管梗塞数据（例数）

疗　法	有　效	无　效
甲	25	6
乙	29	3

操作步骤

1. 设置工作环境

步骤 01　双击开始菜单的 GraphPad Prism 10 图标，启动 GraphPad Prism 10，自动弹出"欢迎使用 GraphPad Prism"对话框。

步骤 02　在"创建"选项组下选择"列联"，在右侧界面"数据表"选项组下选择"将数据输入或导入到新表"选项。单击"创建"按钮，创建项目文件，同时该项目下自动创建一个数据表"数据 1"和关联的图表"数据 1"，重命名数据表为"有效率数据"。

步骤 03　选择菜单栏中的"文件"→"另存为"命令，或单击"文件"功能区中的"保存命令"按钮 下的"另存为"命令，弹出"保存"对话框，输入项目名称"计算两种疗法治疗脑血管梗塞有效率.prism"。单击"确定"按钮，保存项目。

2. 输入数据

在导航器中单击选择"有效率数据"，根据表 4-5 在数据区输入数据，如图 4-31 所示。

3. 总分计数计算

单击"分析"功能区的"总分计数"按钮，弹出"参数：总计分数"对话框，在"每个值除以其："选项组下选择"以上都是"选项，在"结果显示为："选项组下选择"百分比"选项，如图 4-32 所示。

单击"确定"按钮，关闭该对话框，输出结果表"总计分数/有效率数据"，如图 4-33 所示。

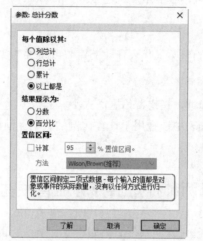

图 4-31 输入数据　　图 4-32 "参数：总计分数"对话框　　图 4-33 总计分数结果

4. 绘制图表

打开导航器"图表"下的"有效率数据"，自动弹出"更改图表类型"对话框，在"图表系列"下拉列表中选择"列联"下的"交错条形"，如图 4-34 所示。单击"确定"按钮，关闭该对话框，显示交错条形图，如图 4-35 所示。

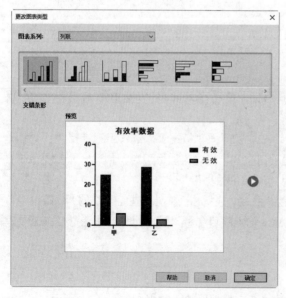

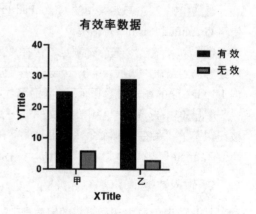

图 4-34 "更改图表类型"对话框　　图 4-35 交错条形图

5. 编辑图表

双击任意坐标轴，或单击"更改"功能区中的"设置坐标轴格式"按钮，弹出"设置坐标轴格式"对话框，打开"坐标框与原点"选项卡。在"坐标框与网格线"选项组的"坐标框样式"下拉列表中选择"普通坐标框"，设置"主网格"为 Y 轴，颜色为浅灰色（1D），粗细为 1/2 磅。单击"确定"按钮，关闭该对话框，更新图表坐标轴，结果如图 4-36 所示。

双击绘图区空白处，或单击"更改"功能区中的"设置图表格式（符号、条形图、误差条等）"按钮，弹出"格式化图表"对话框。打开"注解"选项卡，再打开"在条形与误差条上方"选项卡，在"显示"选项下选择"绘图的值（平均值、中位数…）"选项，在"方向"选项下选择"水平"。单击"确定"按钮，关闭该对话框，添加图表数值标签，结果如图 4-37 所示。

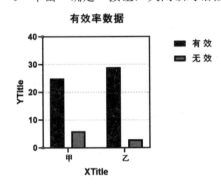

图 4-36　更新图表坐标轴

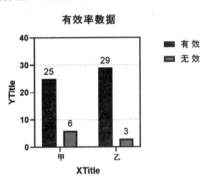

图 4-37　添加图表数值标签

单击"更改"功能区中的"更改颜色"按钮下的"Prism 深色"命令，即可自动更新图表颜色。

修改 X 轴标题为"治疗方法"，Y 轴标题为"例数"，设置字体颜色为红色（3E）。选择图表标题，设置字体为"华文楷体"，大小为 18，颜色为红色（3E），结果如图 4-38 所示。

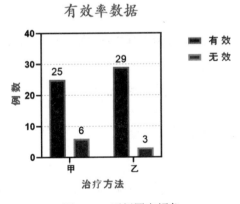

图 4-38　更新图表颜色

6. 保存项目

单击"文件"功能区中的"保存"按钮，或按 Ctrl+S 键，直接保存项目文件。

4.11 识别离群值

离群值是指在数据中有一个或几个数值与其他数值相比差异较大。在进行数据分析之前,需要识别离群值并对其进行处理,否则会对数据分析造成极大影响。

选择菜单栏中的"分析"→"数据处理"→"识别离群值"命令,弹出"分析数据"对话框,在左侧列表中选择指定的分析方法:识别离群值,在右侧显示需要分析的数据集和数据列,如图4-39所示。

单击"确定"按钮,关闭该对话框,弹出"参数:识别离群值"对话框,将数据集根据指定的数学变换函数对Y值进行变换,如图4-40所示。

图4-39 "分析数据"对话框

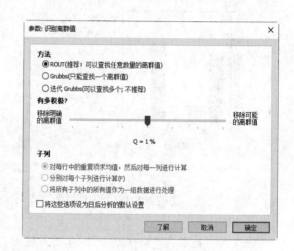

图4-40 "参数:识别离群值"对话框

1. 方法

当出现离群值时,要慎重处理,首先应认真检查原始数据。Prism提供下面3种查找离群值的方法:

- ROUT(推荐。可以查找任意数量的离群值)。
- Grubbs(只能查找一个离群值)。
- 迭代Grubbs(可以查找多个。不推荐)。

2. 有多积极

(1)如果数据存在逻辑错误而原始记录又确实如此,无法再找到该观察对象进行核实,则只能将该离群值删除。

(2)Prism将移除离群值的积极性定义为Q。移动滑块,可调整对离群值的移除程度。Q=0%表示移除明确的离群值,Q=10%表示移除可能的离群值。默认设置为Q=1%。

3. 子列

对于包含子列的数据表中的离群值,包含下面3种处理方法:

- 对每行中的重复项求均值,然后对每一列进行计算。
- 分别对每个子列进行计算。
- 将所有子列中的所有值作为一组数据进行处理。

4.12 提取与重新排列

"提取与重新排列"命令用来从一张多变量表中提取数据子集,创建另一张不同类型的表(XY 表、柱形表、分组表或列联表)。一般不推荐使用该命令创建另一张多变量表。

选择菜单栏中的"分析"→"数据处理"→"提取与重新排列"命令,弹出"分析数据"对话框,在左侧列表中选择指定的分析方法:提取与重新排列,在右侧显示需要分析的数据集和数据列,如图 4-41 所示。

单击"确定"按钮,关闭该对话框,弹出"参数:提取与重新排列"对话框,其包含两个选项卡,如图 4-42 所示。

图 4-41 "分析数据"对话框

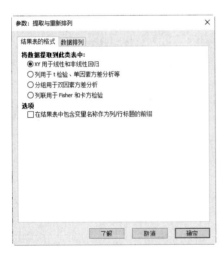

(a)"结果表的格式"选项卡

(b)"数据排列"选项卡

图 4-42 "参数:提取与重新排列"对话框

1. "结果表的格式"选项卡

(1)将数据提取到此类表中,确定创建哪种类型的表。

- XY 用于线性和非线性回归:选择该选项,创建 XY 表。

- 列用于 t 检验、单因素方差分析等：选择该选项，创建列表格（柱形表）。
- 分组用于双因素方差分析：选择该选项，创建分组表。
- 列联用于 Fisher 和卡方检验：选择该选项，创建列联表。

（2）选项。

在结果表中包含变量名称作为列/行标题的前缀：勾选该复选框，在表类型的转换过程中，将多变量表的变量名称转换为其余数据表的列/行标题的前缀。

2. "数据排列"选项卡

多变量表中只包含变量列，转换为其余数据表后，需要定义数据表中的列。

（1）（X）自变量：若创建 XY 表，则需要选择将哪一列作为填写 Y 值的 X 列。

（2）（Y）响应变量：若创建列表格，则需要选择将哪一列填入新列的所有值，以及哪一列（仅限整数）用于定义数据集。

（3）分组变量：若创建分组表，则需要选择哪一列填入新列的所有值，哪一列（仅限整数）用于确定每个值属于哪个数据集，以及哪一列用于确定每个值属于哪一行。

（4）对象/重复项变量：若创建列联表，则需要选择哪一列用于确定结果（列），哪一个数据集用于定义暴露或治疗（行）。输入表中的任何值均不会列入新表格。相反，新表格是交叉列表表格。通常输入表中的每一行均会在创建的表中确定一个特定单元格（由行和列定义）的增量。或者，可在输入表上定义另一列，用于定义增量的尺寸。

4.13 选择与变换

选择与变换命令用来在现有的多变量表创建一份新的多变量表，可以只选择表的一部分，并且可以通过变换来生成新变量。这样，可以对新创建的表进行多元回归分析（或者显示相关矩阵）。

选择菜单栏中的"分析"→"数据处理"→"选择与变换"命令，弹出"分析数据"对话框，在左侧列表中选择指定的分析方法：选择与变换，在右侧显示需要分析的数据集和数据列，如图 4-43 所示。

图 4-43 "分析数据"对话框

单击"确定"按钮，关闭该对话框，弹出"参数：选择与变换"对话框，包含 3 个选项卡，如图 4-44 所示。

（a）"变换"选项卡

（b）"选择行"选项卡

（a）"选择列"选项卡

图 4-44 "参数：选择与变换"对话框

1．"变换"选项卡

（1）标准变换：对指定的变量（列）进行数据变换（如对数变换、倒数变换或单位转换等），其中可以定义变换参数 K 和新生成列的标题名称。

（2）自定义变换：通过在"变换"列输入新列的方程，组合两列或多列。

2. "选择行"选项卡

根据下面的条件进行设置,新表中只会出现符合指定的所有条件的行。

(1)所有行:选择该选项,选择所有的数据行。

(2)行:选择该选项,指定行号范围。

(3)变量 vs 值:选择该选项,输出特定列(变量列)中的值大于(或小于或等于)指定值的行。

(4)变量 vs 变量:选择该选项,输出某列(变量列)中的值大于(小于)另一列(变量列)中的值的行。

3. "选择列"选项卡

在列表中选择需包含在新表中的变量(列)。

4.14 实例——计算膝痛患病率

现有某社区各年龄段居民的膝痛患病数据(见表4-6),包括调查人数和患病人数数据。

表4-6 某社区各年龄段居民的膝痛患病数据

年 龄	男性患病人数	男性调查人数	女性患病人数	女性调查人数
40~	16	65	11	77
50~	155	320	66	253
60~	114	189	76	197
70~	141	216	93	182

本例通过公式计算男性和女性的患病率:患病率=患病人数/调查人数×100%。

操作步骤

1. 设置工作环境

步骤 01 双击 GraphPad Prism 10 图标,启动 GraphPad Prism,自动弹出"欢迎使用 GraphPad Prism"对话框,设置创建的默认数据表格式。

步骤 02 在"欢迎使用 GraphPad Prism"对话框的"创建"选项组下选择"分组"选项,创建分组数据表。此时,在右侧分组表参数设置界面设置如下:

- 在"数据表"选项组下选择"输入或导入数据到新表"选项。
- 在"选项"选项组下选择"输入2个重复值在并排的子列中"。

步骤 03 单击"创建"按钮,创建项目文件,同时该项目下自动创建一个数据表"数据1"和关联的图表"数据1"。

步骤 04 选择菜单栏中的"文件"→"另存为"命令,或单击"文件"功能区中的"保存命令"

按钮 🖬 下的"另存为"命令,弹出"保存"对话框,输入项目名称"膝痛患病数据表"。单击"确定"按钮,在源文件目录下自动创建项目文件"膝痛患病数据表.prism"。

步骤 05 在左侧导航器中选择数据表"数据 1",修改名称为"计算膝痛患病率",则关联的图表"数据 1"自动更名为"计算膝痛患病率",结果如图 4-45 所示。

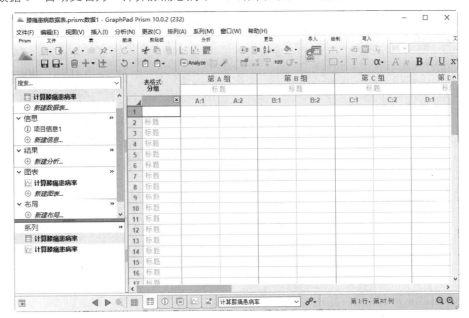

图 4-45 修改工作表名称

2. 导入 TXT 文件

步骤 01 选择分组表"计算膝痛患病率"左上角的单元格,选择菜单栏中的"文件"→"导入"命令,或在功能区"导入"选项卡单击"导入文件"按钮 🗎,或右击,在弹出的快捷菜单中选择"导入数据"命令,弹出"导入"对话框,在"文件名"右侧下拉列表中选择"文本(*.txt;*.dat;*.prn;*.csv)",在指定目录下选择要导入的文件"膝痛患病数据.txt"。

步骤 02 单击"打开"按钮,弹出"导入和粘贴选择的特定内容"对话框。打开"源"选项卡,在"关联与嵌入"选项组下选择"仅插入数据"选项,如图 4-46 所示。其余参数设置为默认选项。

步骤 03 单击"导入"按钮,在数据表"计算膝痛患病率"中导入 TXT 文件中的数据,结果如图 4-47 所示。

图 4-46 "导入和粘贴选择的特定内容"对话框

步骤04 在工作区右击，选择快捷菜单中的"多一个子列"命令，在每列下添加一个子列，即将原来的两个子列变更为 3 个子列，如图 4-48 所示。

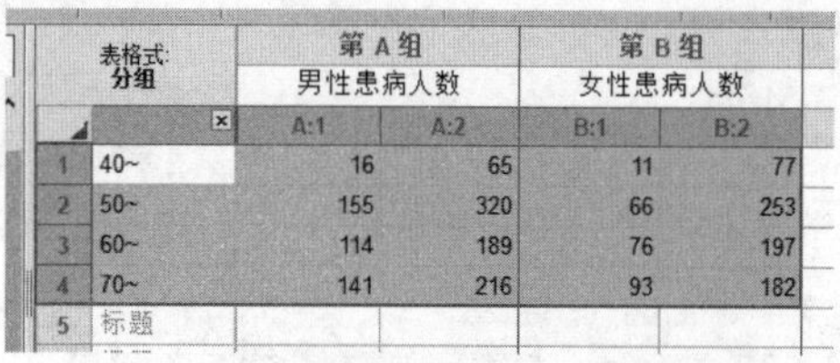

图 4-47 导入 TXT 文件中的数据

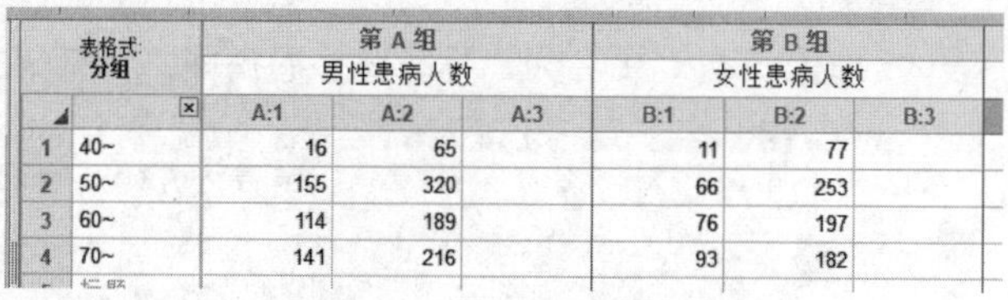

图 4-48 添加子列

3. 设置表列名称

步骤01 选择菜单栏中的"更改"→"格式化数据表"命令，或在功能区"更改"选项卡单击"更改数据表格式（种类、重复项、误差值）"按钮，或单击工作区左上角的"表格式：分组"单元格，弹出"格式化数据表"对话框。打开"子列标题"选项卡，勾选"为所有数据集输入一组子列标题"复选框，显示输入相同的子列标题（A:1、A:2、A:3），如图 4-49 所示。

步骤02 单击"确定"按钮，关闭该对话框，在数据表中显示表格格式设置结果，如图 4-50 所示。

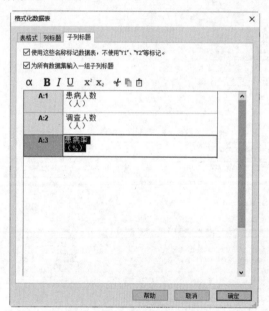

图 4-49 "子列标题"选项卡

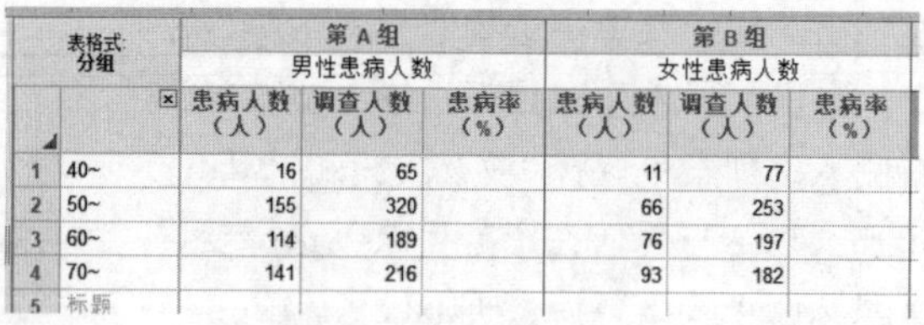

图 4-50 设置子列标题名

4. 新建"列"工作表和图表

步骤01 单击导航器中"数据表"选项组下的"新建数据表"按钮⊕，弹出"新建数据表和图表"对话框，在左侧"创建"选项组下选择"列"选项，选择创建列数据表。此时，在右侧列表参数设置界面设置如下：

- 在"数据表"选项组下选择"输入或导入数据到新表"选项。

- 在"选项"选项组下选择"输入重复值,并堆叠到列中"选项。

步骤02 单击"创建"按钮,在该项目下自动创建一个数据表"数据2"和关联的图表"数据2"。在左侧导航器中选择数据表"数据2",修改名称为"膝痛患病数据",则关联的图表"数据2"自动更名为"膝痛患病数据",结果如图4-51所示。

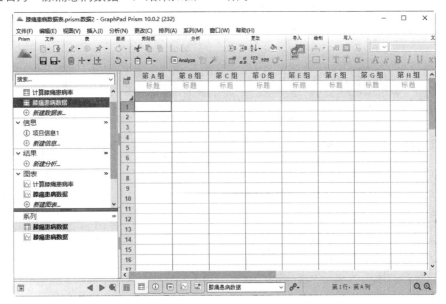

图4-51 新建一个数据表和图表

步骤03 选择菜单栏中的"更改"→"格式化工作表"命令,或在功能区"更改"选项卡单击"更改数据表格式(种类、重复项、误差值)"按钮,或单击工作区左上角的"表格式:列"单元格,弹出"格式化数据表"对话框。打开"表格式"选项卡,勾选"显示行标题"复选框。单击"确定"按钮,关闭该对话框,在变量列左侧添加行标题列,如图4-52所示。

表格式:列	第A组	第B组	第C组	第D组	第E组
	数据集-A	数据集-B	数据集-C	数据集-D	标题
1 标题					
2 标题					
3 标题					
4 标题					
5 标题					
6 标题					
7 标题					
8 标题					

图4-52 添加行标题列

5. 导入TXT文件

步骤01 选择列联表"膝痛患病数据"左上角的单元格,选择菜单栏中的"文件"→"导入"命令,或在功能区"导入"选项卡单击"导入文件"按钮,或右击,在弹出的快捷菜单中选择"导入数据"命令,弹出"导入"对话框,在"文件名"右侧下拉列表中选择"文本(*.txt;*.dat;*.prn;*.csv)",在指定目录下选择要导入的文件"膝痛患病数据.txt"。

步骤02 单击"打开"按钮,弹出"导入和粘贴选择的特定内容"对话框,参数设置为默认选项。单击"导入"按钮,在数据表"计算膝痛患病率"中导入 TXT 文件中的数据,结果如图 4-53 所示。

表格式:列	第 A 组	第 B 组	第 C 组	第 D 组
	男性患病人数	男性调查人数	女性患病人数	女性调查人数
1 40~	16	65	11	77
2 50~	155	320	66	253
3 60~	114	189	76	197
4 70~	141	216	93	182

图 4-53　导入 TXT 文件中的数据

6. 使用百分比公式计算患病率

步骤01 选择菜单栏中的"分析"→"数据处理"→"移除基线和列数学计算"命令,弹出"分析数据"对话框,在左侧列表中选择指定的分析方法:移除基线和列数学计算,在右侧显示需要分析的数据集和数据列,如图 4-54 所示。

步骤02 单击"确定"按钮,关闭该对话框。弹出"参数:移除基线与列数学运算"对话框,在"选定的列"下拉列表中选择"每隔一个数据集(列):第 2 个,第 4 个,第 6 个:",定义基线值。在"计算"选项组下选择"百分比:100*值/基准"选项,在"如何标定结果列"下拉列表中选择"组合值于基准列标题"选项,其余选项设置为默认值,如图 4-55 所示。

图 4-54　"分析数据"对话框

图 4-55　"参数:移除基线与列数学运算"对话框

步骤03 单击"确定"按钮,关闭该对话框。此时,在导航器"结果"选项组下创建结果表"基线校正/膝痛患病数据",如图 4-56 所示。

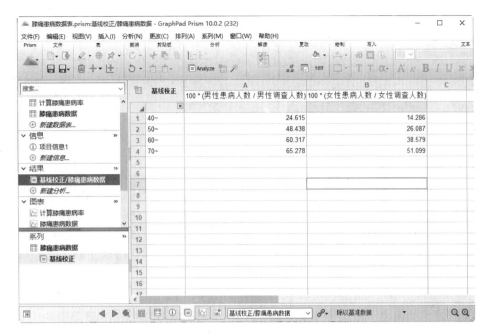

图 4-56　创建结果表"基线校正/膝痛患病数据"

7. 复制患病率

步骤01　在结果表"基线校正/膝痛患病数据"中选择 A 列的数据，按 Ctrl+C 键，复制男性患病率数据。

步骤02　切换到数据表"计算膝痛患病率"，选择"第 A 组"下的"患病率（%）"子列第一行，按 Ctrl+V 键，粘贴男性患病率数据，如图 4-57 所示。

步骤03　以同样的方法复制结果表"基线校正/膝痛患病数据"中的 B 列数据，将其粘贴到数据表"计算膝痛患病率"，选择"第 B 组"下的"患病率（%）"子列第一行，粘贴女性患病率数据，结果如图 4-58 所示。

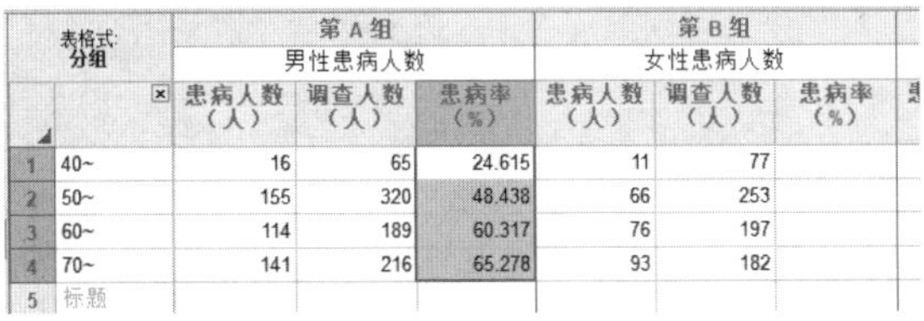

图 4-57　粘贴男性患病率数据 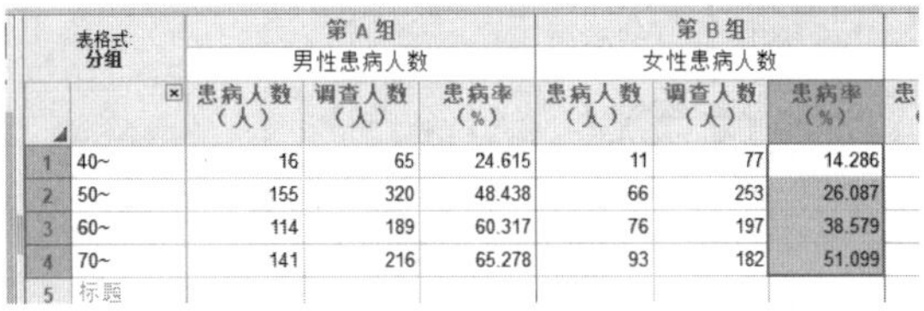　　　　图 4-58　粘贴女性患病率数据

8. 选择自定义公式计算患病率

步骤01　打开数据表"膝痛患病数据"，选择菜单栏中的"分析"→"数据处理"→"选择与变换"命令，弹出"分析数据"对话框，在左侧列表中选择指定的分析方法：选择与变换，在右侧显示需要分析的数据集和数据列，如图 4-59 所示。

步骤02　单击"确定"按钮，关闭该对话框，弹出"参数：选择与变换"对话框，打开"变换列"选项卡，在"自定义变换"选项组中输入新列的方程和列名称，如图 4-60 所示。

图4-59 "分析数据"对话框

图4-60 "参数：选择与变换"对话框

步骤03 单击"确定"按钮，关闭该对话框。此时，在导航器"结果"选项组下创建结果表"选择与变换/膝痛患病数据"，如图4-61所示。

图4-61 创建结果表"选择与变换/膝痛患病数据"

9. 转置 X 和 Y

步骤01 打开结果表"选择与变换/膝痛患病数据"，选择菜单栏中的"分析"→"数据处理"→"转置 X 和 Y"命令，弹出"分析数据"对话框，在左侧列表中选择指定的分析方法：转置 X 和 Y，在右侧显示需要分析的数据集和数据列，如图4-62所示。

步骤02 单击"确定"按钮，关闭该对话框，弹出"参数：转置 X 和 Y"对话框，默认在"转置为何种表"选项组下选择创建"分组数据表"，在"新表的行标题"选项组下选择"初始表的列标题",在"新表的数据集（列）标题"选项组下选择"初始表的行标题",如图 4-63 所示。

图 4-62　"分析数据"对话框

图 4-63　"参数：转置 X 和 Y"对话框

步骤03 单击"确定"按钮，关闭该对话框，此时，在导航器"结果"选项组下创建结果表"转置/选择与变换/膝痛患病数据"，如图 4-64 所示。该结果表转置上面结果据表中的行列，将"选择与变换/膝痛患病数据"的行标题作为新表的（列）标题。

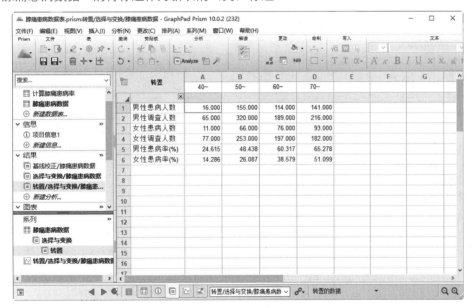

图 4-64　转置数据表

10. 保存项目

单击"文件"功能区中的"保存"按钮，或按 Ctrl+S 键，直接保存项目文件。

第 5 章

图表数据可视化

由于数据分析的重要性日益凸显,将可视化技术与数据分析相结合,催生了可视分析学这一新兴学科。随着大数据时代的到来,我们面临着规模日益庞大的数据集。数据可视化为大数据分析结果提供了一种更为直观、更为丰富的展示方式,使得大数据能够以一种更易于理解、更富有意义的形式呈现给广大用户。

本章将简要介绍在 GraphPad Prism 软件中进行数据可视化的常用方法。

内容要点

- 数据可视化
- 图表模板
- 布局表

5.1 数据可视化

数据可视化是对数据的一种形象直观的解释,以实现从不同的角度来观察数据,从而得到更有价值的信息。数据可视化可以将抽象的、复杂的、不易理解的数据转换为人眼可以识别的图形、图像、符号等,这些转换后的数据通常能够更有效地传达数据本身所包含的有用信息。

5.1.1 数据可视化的作用

数据映射着现实世界,但人们更渴望从这些数据中发现规律,以解决现实问题并预测未来的发展趋势。在现实生活中,如果仅向某人提供原始数据,他们可能会感到枯燥无味,且难以从中提取所需的信息。此时,提供具有生动性和表现力的图形或图像就显得尤为重要。事实上,有些信息如果仅用数字和文字来表达,可能需要数百甚至数千文字,有时甚至无法完全传达;而通过图形,这些信息可以被简洁地传达给他人,这正是"一图胜千言"的道理所在。现代科学已经证实,人脑分为左脑和右脑两个部分。左脑主要负责语言、数学和逻辑思考等功能,通常被称为"学术脑";而右脑则主要负责观察、空间感知、想象和图像处理等功能,通常被称为"艺术脑"。

由于人类对图形、图像等可视化符号的阅读会激活右脑,因此对图形的处理效率要比对数字、文本的处理效率高得多。

数据可视化旨在通过可视化手段更清晰、更高效地传递信息。它运用计算机图形学和图像处理技术,将数据转换为图形或图像,并在屏幕上展示,同时允许用户进行交互操作。这一过程极大地提升了人们对数据背后所隐含现象或规律的理解和认识。

一般来讲,数据可视化是为了从数据中寻找以下 3 个方面的信息:模式、关系和异常。

(1)模式是指数据中的规律。例如,每月乘坐某段铁路的旅客人数都不一样,通过几年的数据对比,可以查看哪些月份的旅客数量偏低,哪些月份的旅客数量居高不下,寻找旅客人数的周期性变化。

(2)关系是指数据之间的相关性,通常代表关联性和因果关系。无论数据的总量和复杂程度如何,数据间的关系大多可分为 3 类:数据间的比较、数据的构成以及数据的分布或联系。例如,根据某商品的销售数据,寻找某商品在价格调整范围内的价格与销售量之间的关系。

(3)异常是指有问题的数据。异常数据不是专门指错误的数据,有些异常数据可能是设备出错或者人为错误输入造成的,有些可能就是正确的数据。通过异常分析,用户可以及时发现各种异常情况。

5.1.2 图表类型

Prism 提供了丰富的图表类型,每种图表类型还包含一种或多种子类型。数据分析图表要根据数据的特性找到合适的可视化方式,将数据直观地展现出来,以帮助人们理解数据。数据分析图表分为条形图、柱状图、折线图、饼图、散点图、面积图、环形图、雷达图等。

1. 散点图

散点图是由一些散乱的点组成的图,每个点所在的位置是由其 X 值和 Y 值确定的,所以也叫作 XY 散点图。散点图一般用于显示两组数据之间的相关性,没有相关性的数据一般不建议使用散点图。另外,必须有足够多的数据才能使用散点图,如果数据量过少,则很难描述其相关性。一般来讲,数据越多,数据越集中,散点图的效果就越好,如图 5-1 所示。

如果离散点过多,说明数据的相关性差,就不建议使用散点图来表达。如果需要对散点进行分类,可以通过颜色或不同的线条或图案进行区分。图 5-2 显示了医学检测的多个检测时间抽样数据的散点图。

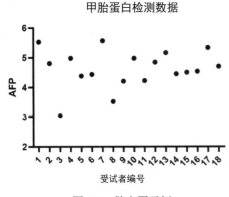

图 5-1 散点图示例

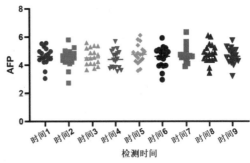

图 5-2 分组散点图示例

对多变量数据进行可视化,一个常用的方法是使用散点图。对于两个以上维度的数据,可以使用散点图矩阵。这些散点图根据各自代表的属性,沿横轴和纵轴按一定的顺序排列,组成一个矩阵。

2. 折线图

折线图是用直线段将各数据点连接起来而组成的图形，以折线的方式来显示数据的变化趋势。在折线图中，沿水平轴分布的是时间，沿垂直轴分布的是需要表达的数据。由于线条可以使数据的变化趋势更加明显，因此折线图更适合用于表现趋势。

折线图不适合显示 4 条以上的折线，否则交织在一起的折线让人无法看出数据之间的对比和差异，凌乱的折线反而干扰了可读性。折线图必须包含零点，即 X 轴和 Y 轴都必须包含零值，否则容易造成理解的偏差。另外，在使用折线图时，要注意横轴长度会影响展现的曲线趋势，如果图中的横轴过短，会使整个曲线比较夸张；如果横轴过长，则用户又有可能看不清楚数据的变化。图 5-3 展示了不同的横轴长度对视觉效果的影响。

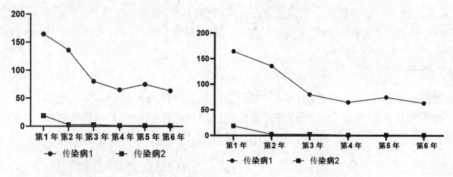

图 5-3　不同的横轴长度对视觉效果的影响

3. 条形图

条形图使用长度作为视觉暗示，有利于直接进行比较。每个矩形代表一个分类，矩形越长，数值就越大。条形图的局限性在于每个矩形都要从零坐标开始，而且只能横向或向上径直延伸。条形图在视觉上等同于一个列表，每一个条形都代表一个数值，设计者可以用不同的矩形和图表来区分，如图 5-4 所示。在使用条形图时，为了让用户更容易抓住重点，要尽可能去掉可有可无的元素，删除 X 轴和网格线，使图表更简洁。条形图的条目数一般要求不超过 30 条，否则容易带来视觉和记忆上的负担。

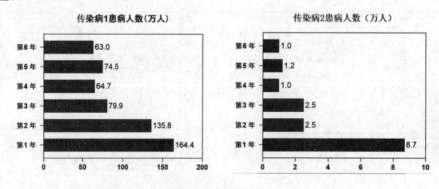

图 5-4　条形图示例

4. 饼图

在饼图中，完整的圆表示整体，每个扇形都是其中的一部分，所有扇形的总和等于 100%，如

图 5-5 所示。在使用饼图时，分类不宜过多，不然饼图就会乱成一团，由于一个圆的空间有限，因此小数值往往就成了细细的一条线。由于人眼对面积的大小不敏感，因此饼图不适合数据的精确比较，当饼图各个分量的比例相差不大时，应考虑用柱状图来代替饼图。

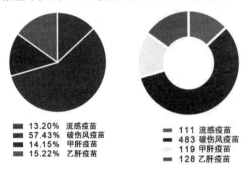

图 5-5 饼图示例

5. 箱线图

箱线图，也被称作盒须图、盒式图或箱形图，是一种用于展示一组数据分布情况的统计图表。它主要用于揭示原始数据的分布特征，并且能够比较不同组数据的分布特征。此外，箱线图还能帮助识别数据中的异常值、直观评估数据的对称性以及判断数据的偏态性。

1）箱线图

箱线图主要包含 6 个数据节点，将一组数据从大到小排列，分别计算出它的上极值、上四分位数 Q_{75}（Q_3）、中位数、下四分位数 Q_{55}（Q_1）、下极值以及一个异常值，如图 5-6 所示。

中位数反映一组数据的集中趋势。中位数高，表示平均水平较高；中位数低，表示平均水平较低。中位数在箱子里的位置：若在箱子的正中间，则数据呈正态分布；若靠近箱子的上边，则数据呈左偏分布；若靠近箱子的下边，则数据呈右偏分布。

四分位数的差可以反映一组数据的离散情况。箱子短，表示数据集中；箱子长，表示数据分散。

2）分组箱线图

分组箱线图用于展示包含多个子组的数据集，它便于对同一类别中不同批次数据的分布情况进行比较和分析评价，如图 5-7 所示。

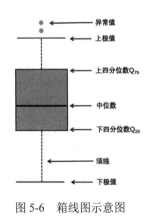

图 5-6 箱线图示意图

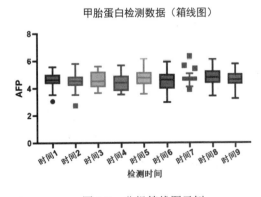

图 5-7 分组箱线图示例

6. 小提琴图

通过箱线图，可以查看有关数据的基本分布信息，例如中位数、平均值、四分位数以及最大值和最小值，但不会显示数据在整个范围内的分布。

小提琴图本质上是由核密度图和箱线图两种基本图形结合而来的，是常见的描述数据的统计图，如图 5-8 所示，可以很好地展示数据结果，看起来非常美观。中间的黑色粗条表示四分位数的范围，中间的白点表示中位数，延伸的细黑线代表 95%的置信区间。

如果数据的分布有多个峰值（也就是数据分布极其不均匀），那么箱线图就无法展现这一信息，这时就需要用到小提琴图，如图 5-9 所示。

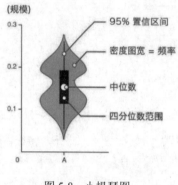

图 5-8 小提琴图

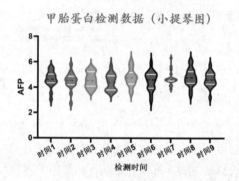

图 5-9 小提琴图示例

为了在小提琴图中体现数据变化趋势，在条形图中添加散点图和正态曲线，可以通过数据点的分布位置和曲线的变化趋势，充分体现出数据的分布，如图 5-10 所示。

7. 误差条图

误差条图用于比较不同组数据的均值及其可信区间。图中线条的高度代表均值，而"工"字形结构表示可信区间，其中上端的横线代表可信区间的上限，下端的横线代表下限，中间 I 的长度则表示可信区间的宽度（详见第 6 章）。另一种表示方法是使用 T 字形结构来表示均值的标准误差（$SE=\sqrt{n}$）。误差条图有多种表现形式，本例采用的是一种在学术论文中常见的方法，即根据计算得出的均值和标准误差来绘制误差条图（参见图 5-11）。通过该图可以观察到，后期检测时间的平均值高于前期组。

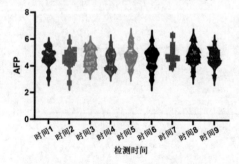

图 5-10 在小提琴图中添加散点图

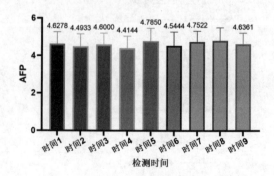

图 5-11 误差条图示例

5.2 图表模板

GraphPad Prism 支持多种绘图类型，可应用于不同的技术领域。创建新数据表时，Prism 会自动创建链接图表，在 GraphPad Prism 中根据现有数据创建图表也很方便。

选择菜单栏中的"插入"→"新建现有数据的图表"命令，或在左侧导航器"图表"选项卡下单击"新建图表"命令，弹出"创建新图表"对话框，如图 5-12 所示。

1. 要绘图的数据集

（1）表：在该下拉列表中选择要绘制图表的数据文件名称，默认在图表上绘制数据文件中所有数据。

（2）仅绘制选定的数据集：如果不想在图表上绘制所有数据，勾选该复选框，单击"选择"按钮，弹出"选择数据集"对话框，选择需要绘制的数据集，如图 5-13 所示。需要注意的是，只能选择数据集列，不能选择行。

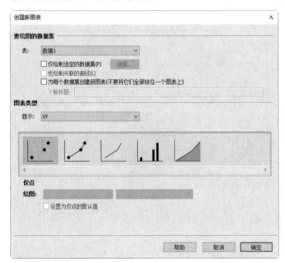

图 5-12 "创建新图表"对话框

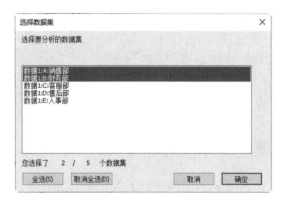

图 5-13 "选择数据集"对话框

（3）也绘制关联的曲线：如果已知数据为一张 XY 表格，并且已经拟合一条直线或曲线，勾选该复选框，则在新图表上绘制已知数据的曲线或直线。

（4）为每个数据集创建新图表（不要将它们全部放在一个图表上）：默认情况下，Prism 会根据整个数据集创建一个图表。勾选该复选框，将为每个数据集绘制一个图表。如果选择为每个数据集创建一个新图表，还需指定 Y 轴标题。

2. 图表类型

在"显示"下拉列表中选择图表类型，可以在"XY""列""分组"等图表选项之间进行选择，得到与数据表匹配的图表类型。

3. 绘图

在下拉列表中选择要绘制的数据集的参数值，如平均值、中位数等。

5.2.1 XY 系列图表

打开"创建新图表"对话框,在"图表类型"选项组中选择使用 XY 数据表绘制的图表。

在"显示"下拉列表中选择 XY 选项,显示 5 种图表模板,如图 5-14 所示。其中图表类型包含:仅点(散点图)、点与连接线(点线图)、仅连接线(折线图)、峰(条形图)、区域填充(面积图)。

单击"确定"按钮,即可在图表文件中显示创建的图形。

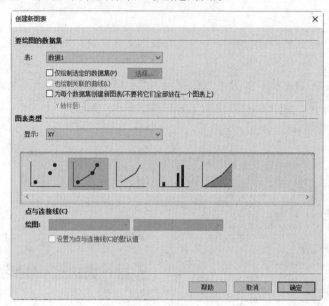

图 5-14 XY 系列图表

5.2.2 实例——绘制儿童体重和体表面积 XY 图表

接下来使用图表直观地展示某地 10 个 3 岁儿童的体重(kg)与体表面积($10^3 m^2$)的变化情况。

操作步骤

1. 设置工作环境

步骤 01 双击 GraphPad Prism 10 图标,启动 GraphPad Prism。

步骤 02 选择菜单栏中的"文件"→"打开"命令,或单击 Prism 功能区中的"打开项目文件"命令,或单击"文件"功能区中的"打开项目文件"按钮,或按 Ctrl+O 键,弹出"打开"对话框,选择需要打开的文件"儿童体重和体表面积表.prism",单击"打开"按钮,即可打开项目文件。

步骤 03 选择菜单栏中的"文件"→"另存为"命令,或单击"文件"功能区中的"保存命令"按钮下的"另存为"命令,弹出"保存"对话框,输入项目的保存名称"儿童体重和体表面积 XY 图表",在"保存类型"下拉列表中选择项目类型为 Prism 文件。

步骤 04 单击"确定"按钮,在源文件目录下自动创建项目文件"儿童体重和体表面积 XY 图表.prism",如图 5-15 所示。

第 5 章　图表数据可视化

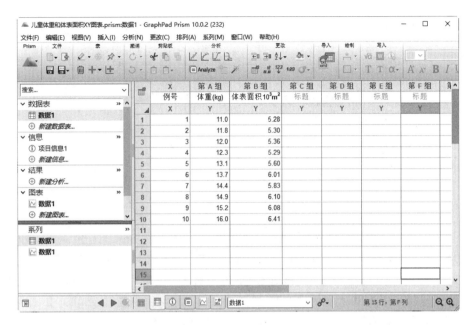

图 5-15　保存项目文件

2. 绘制散点图

步骤 01　在左侧导航器"图表"选项卡下单击"新建图表"命令，弹出"创建新图表"对话框，如图 5-16 所示。

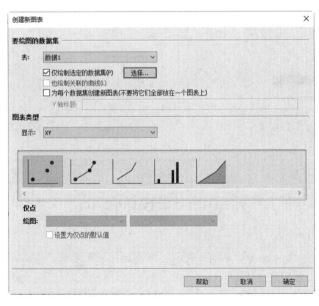

图 5-16　"创建新图表"对话框

进行如下设置：

- 在"表"下拉列表中选择"数据 1"。
- 勾选"仅绘制选定的数据集"复选框，单击"选择"按钮，弹出"选择数据集"对话框，如图 5-17 所示，在该对话框中选择需要绘制的"数据 1：A：体重（kg）"。

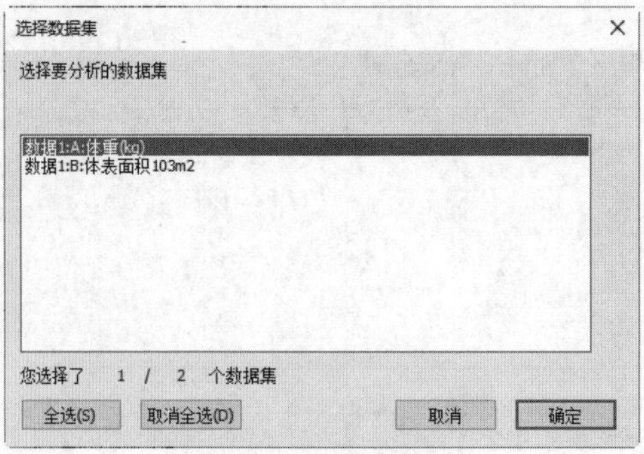

图 5-17 "选择数据集"对话框

步骤 02 在"图表类型"下拉列表中选择 XY，在下面的列表中选择"仅点"选项。

步骤 03 单击"确定"按钮，关闭该对话框，在导航器"图表"选项下新建一个"数据 1[体重（kg）]"图表，显示表示体重数据的散点图，新建的图表标题为"体重（kg）"，如图 5-18 所示。

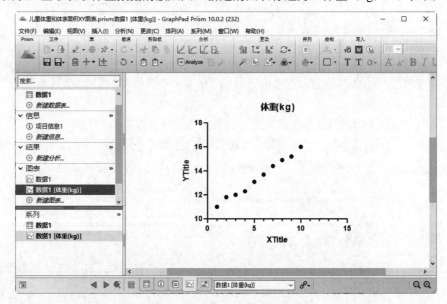

图 5-18 绘制体重数据的散点图

3. 绘制点线图

步骤 01 在左侧导航器"图表"选项卡下单击"新建图表"命令，弹出"创建新图表"对话框，如图 5-19 所示。

进行下面的设置：

- 在"表"下拉列表中选择"数据 1"，勾选"为每个数据集创建新图表（不要将它们全部放在一个图表上）"复选框。
- 在"图表类型"下的"显示"下拉列表中选择 XY，在下面的列表中选择"点与连接线"选项。

图 5-19 "创建新图表"对话框

步骤02 单击"确定"按钮,关闭该对话框,在导航器"图表"选项下新建两个图表"数据 1[体重(kg)]"和"数据 1[体表面积 10^3m^2]",分别显示表示体重和体表面积数据的点线图,新建的图表标题为"体重(kg)"和"体表面积 10^3m^2",如图 5-20 所示。

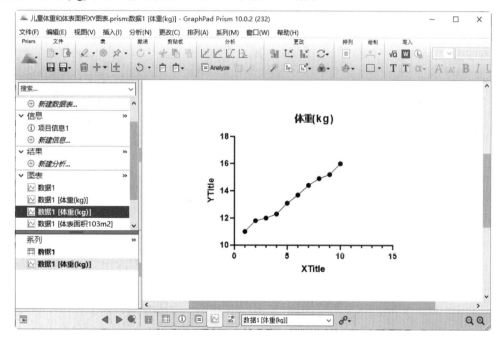

(a)图表"数据 1[体重(kg)]"

图 5-20 绘制数据的点线图

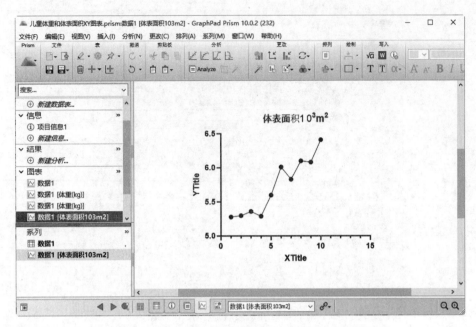

（b）图表"数据 1[体表面积 10^3m^2]"

图 5-20 绘制数据的点线图（续）

4. 绘制折线图

步骤01 在左侧导航器"图表"选项卡下单击"新建图表"命令，弹出"创建新图表"对话框，如图 5-21 所示。

进行下面的设置：

- 在"表"下拉列表中选择"数据 1"。
- 在"图表类型"下的"显示"下拉列表中选择 XY，在下面的列表中选择"仅连接线"选项。

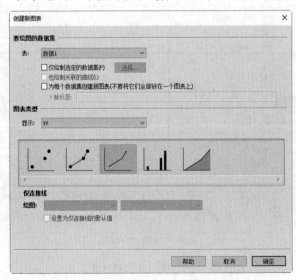

图 5-21 "创建新图表"对话框

步骤02 单击"确定"按钮,关闭该对话框,在导航器"图表"选项下新建图表"数据1",在同一个图表中同时显示表示体重和体表面积数据的折线图,新建的图表标题为"数据 1",如图 5-22 所示。

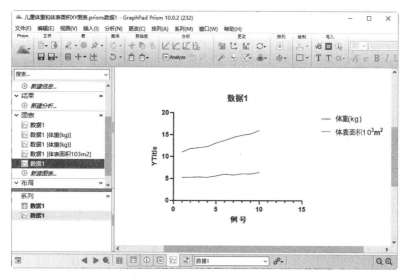

图 5-22 绘制数据的折线图

5. 保存项目

单击"文件"功能区中的"保存"按钮，或按 Ctrl+S 键,直接保存项目文件。

5.2.3 "列"系列图表

打开"创建新图表"对话框,在"图表类型"选项组中选择使用列数据绘制的图表类型。

在"显示"下拉列表中选择"列"选项,显示 3 类图表模板,如图 5-23 所示。相同类型的图表根据列数据显示在 X 轴和 Y 轴上,分为水平图和垂直图。

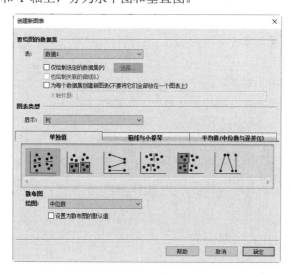

图 5-23 "列"选项图表

1. "单独值"选项卡

打开该选项卡,选择要绘制的几种散布图:散布图(水平)、带条形的散布图(水平)、之前-之后(水平)、散布图(垂直)、带条形的散布图(垂直)、之前-之后(垂直),如图5-24所示。

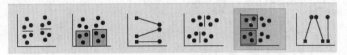

图5-24 散布图种类

散布图,亦称为相关图,是一种通过在坐标图上绘制散点来展示两个可能相关变量之间关系的图表。它用于评估成对数据点(X, Y)之间是否存在相关性。在绘制散布图时,数据必须是成对的。一般而言,垂直轴(Y轴)用于表示被测量的现象值,而水平轴(X轴)则用于表示可能影响该现象的潜在因素。

2. "箱线与小提琴"选项卡

打开该选项卡,选择要绘制的箱线与小提琴图,包括浮动条(最小到最大)(水平)、箱线图(水平)、小提琴图(水平)、浮动条(最小到最大)(垂直)、箱线图(垂直)、小提琴图(垂直),如图5-25所示。

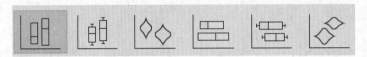

图5-25 箱线图与小提琴图

3. "平均值/中位数与误差"选项卡

打开该选项卡,选择要绘制的统计图,包括以下类型:

- 列条形图(水平)。
- 列平均值,误差条(水平)。
- 列平均值,连接误差条与平均值(M)(水平)。
- 列条形图(垂直)。
- 列平均值,误差条(垂直)。
- 列平均值,连接误差条与平均值(M)(垂直)。

如图5-26所示。

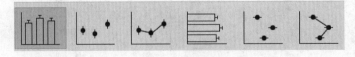

图5-26 统计图

5.2.4 "分组"系列图表

(1)打开"创建新图表"对话框,在"图表类型"选项组中选择使用分组数据绘制的图表类型。

（2）在"显示"下拉列表中选择"分组"选项，显示 5 个选项卡，每个选项卡下包含不同类型的图表模板，如图 5-27 所示。

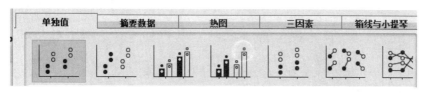

（a）"单独值"选项卡

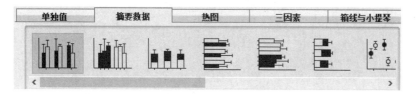

（b）"摘要数据"选项卡

（c）"热图"选项卡

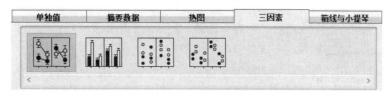

（d）"三因素"选项卡

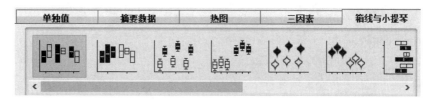

（e）"箱线与小提琴"选项卡

图 5-27 "分组"系列图表

5.2.5 "列联"系列图表

（1）打开"创建新图表"对话框，在"图表类型"选项组中选择使用列联表数据绘制的图表类型-条形图。

（2）在"显示"下拉列表中选择"列联"选项，显示条形图图表模板，包括交错条形图（水平）、分隔条形图（水平）、堆叠条形图（水平）、交错条形图（垂直）、分隔条形图（垂直）、堆叠条形图（垂直），如图5-28所示。

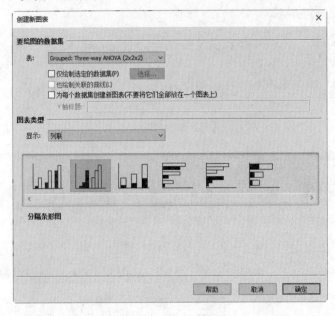

图5-28 "列联"系列图表

5.2.6 "生存"系列图表

（1）打开"创建新图表"对话框，在"图表类型"选项组中选择生存系列图表类型。

（2）在"显示"下拉列表选择"生存"选项，显示阶梯图图表模板，如图5-29所示。

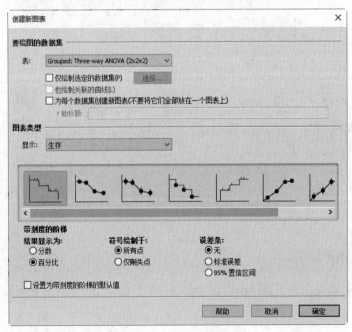

图5-29 "生存"系列图表

阶梯图像阶梯一样，体现出数据步步变化的过程，在体现数据趋势的同时，又通过阶梯的高低体现出每个阶段数据变化的具体量。阶梯图其实是散点图的一种变形。

（3）在"结果显示为"选项组下选择图表中数据的显示形式为"分数"或"百分比"。

（4）在"符号绘制于"选项组下选择在所有点或仅删失点显示符号。

（5）在"误差条"选项组下选择是否绘制误差线。

- 无：选择该选项，绘制的阶梯图不包含误差数据。
- 标准误差：选择该选项，在阶梯图的每个符号点处添加竖直线，表示误差数据（标准误差）。
- 95%置信区间：选择该选项，在阶梯图的每个符号点处添加竖直线，表示误差数据（95%置信区间的标准误差）。

（6）勾选"设置为带刻度的阶梯的默认值"复选框，默认绘制该类型的阶梯图。

5.2.7 "整体分解"系列图表

（1）打开"创建新图表"对话框，在"图表类型"选项组中选择使用整体分解数据绘制的图表类型。

（2）在"显示"下拉列表中选择"整体分解"选项，显示图表模板，包括饼（饼图）、甜甜圈（环形图）、水平切片、垂直切片、10×10 点图，如图 5-30 所示。

图 5-30 "整体分解"系列图表

5.2.8 "多变量"系列图表

（1）打开"创建新图表"对话框，在"图表类型"选项组中选择使用多变量表数据绘制的图表类型。

（2）在"显示"下拉列表中选择"多变量"选项，显示图表模板"气泡图"，如图 5-31 所示。

图 5-31 "多变量"系列图表

5.2.9 "嵌套"系列图表

（1）打开"创建新图表"对话框，在"图表类型"选项组中选择使用嵌套表数据绘制的图表类型。

（2）在"显示"下拉列表中选择"嵌套"选项，显示图表模板，包括散布图、条形散布图（条形和点）、条形、低-高、箱线图和小提琴图，如图 5-32 所示。

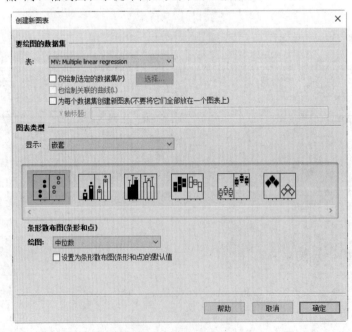

图 5-32 "嵌套"系列图表

5.2.10 实例——绘制膝痛患病数据图表图形

本例根据某社区各年龄段居民的膝痛患病数据，包括调查人数、患病人数和患病率，绘制男性和女性居民的膝痛患病数据图形。通过对操作步骤的讲解，读者可掌握在列表和分组表系列中各种图表命令的操作方法。

操作步骤

1. 设置工作环境

步骤01 双击 GraphPad Prism 10 图标，启动 GraphPad Prism。

步骤02 选择菜单栏中的"文件"→"打开"命令，或单击 Prism 功能区中的"打开项目文件"命令，或单击"文件"功能区中的"打开项目文件"按钮，或按 Ctrl+O 键，弹出"打开"对话框，选择需要打开的文件"膝痛患病数据表.prism"，单击"打开"按钮，即可打开项目文件。

步骤03 选择菜单栏中的"文件"→"另存为"命令，或单击"文件"功能区中的"保存命令"按钮下的"另存为"命令，弹出"保存"对话框，输入项目的保存名称"膝痛患病数据表图表分析"，在"保存类型"下拉列表中选择项目类型为 Prism 文件。

步骤04 单击"确定"按钮，在源文件目录下自动创建项目文件"膝痛患病数据表图表分析.prism"。

2. 绘制列表图

步骤01 在左侧导航器"结果"选项卡下选中"基线校正/膝痛患病数据"，将结果表置为当前，根据该表中的数据绘制图形，如图 5-33 所示。

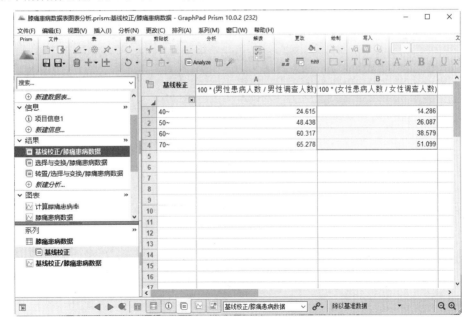

图 5-33　结果表"基线校正/膝痛患病数据"

步骤02 在左侧导航器"图表"选项卡下单击"新建图表"命令,弹出"创建新图表"对话框,在"图表类型"下的"显示"下拉列表中选中"列",在"单独值"选项卡下选择"散布图"选项,在"绘图"下拉列表中选中"无线条或误差条",如图5-34所示。

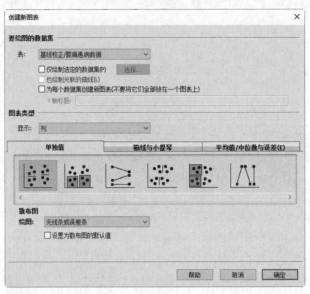

图 5-34 "创建新图表"对话框

步骤03 单击"确定"按钮,关闭该对话框,在导航器"图表"选项中的"基线校正/膝痛患病数据"中显示添加了男性和女性患病率的数据,如图5-35所示。

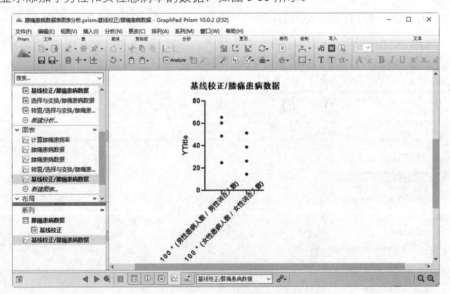

图 5-35 绘制散布图

步骤04 在左侧导航器"结果"选项卡下选中"基线校正/膝痛患病数据",将结果表置为当前。在左侧导航器"图表"选项卡下单击"新建图表"命令,弹出"创建新图表"对话框,在"图表类型"下的"显示"下拉列表中选中"列",在"箱线与小提琴"选项卡下选择"箱线图"选项,在

"绘图"下拉列表中选中"最小值到最大值",如图 5-36 所示。

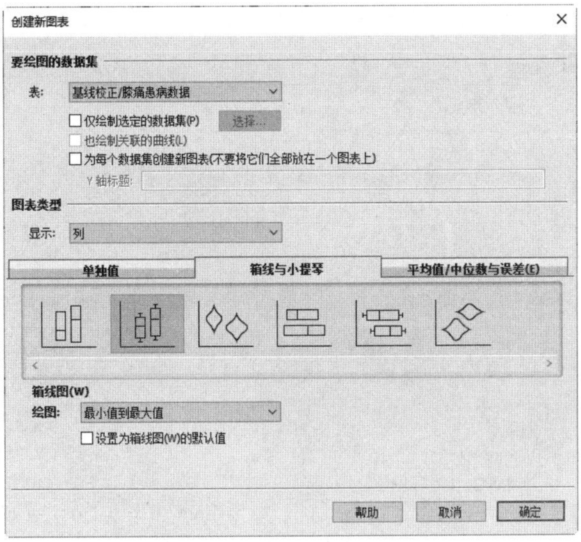

图 5-36 "创建新图表"对话框

步骤 05 单击"确定"按钮,关闭该对话框,在导航器"图表"选项中的"基线校正/膝痛患病数据"中显示箱线图,如图 5-37 所示。

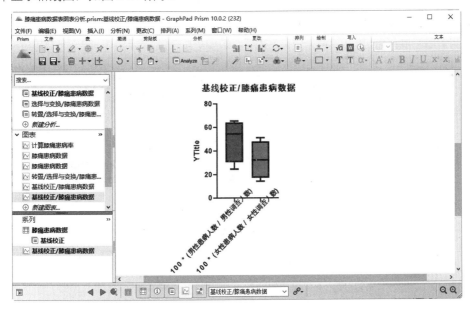

图 5-37 绘制箱线图

3. 绘制分组图

步骤 01 在左侧导航器"数据表"选项卡下选中"计算膝痛患病率",将该表置为当前。

步骤 02 在左侧导航器"图表"选项卡下单击"新建图表"命令,弹出"创建新图表"对话框,在"图表类型"下的"显示"下拉列表中选择"分组",在"单独值"选项卡下选择"条形交错散布图"选项,在"绘图"下拉列表中选择"包含标准差的平均值",如图 5-38 所示。

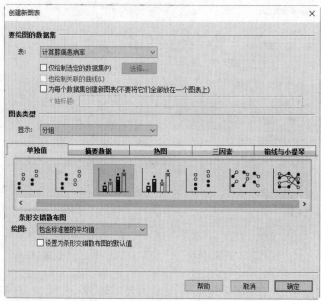

图 5-38 "创建新图表"对话框

步骤 03 单击"确定"按钮,关闭该对话框,在导航器"图表"选项中的"计算膝痛患病率"中显示条形交错散布图,如图 5-39 所示。

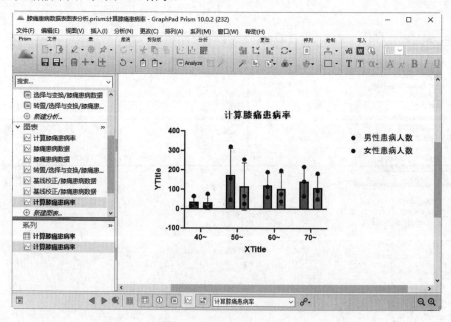

图 5-39 绘制条形交错散布图

步骤 04 在左侧导航器"图表"选项卡下单击"新建图表"命令,弹出"创建新图表"对话框,在"图表类型"下的"显示"下拉列表中选择"分组",在"摘要数据"选项卡下选择"分隔条形图"选项,在"绘图"下拉列表中选择"平均值",如图 5-40 所示。

第 5 章 图表数据可视化 173

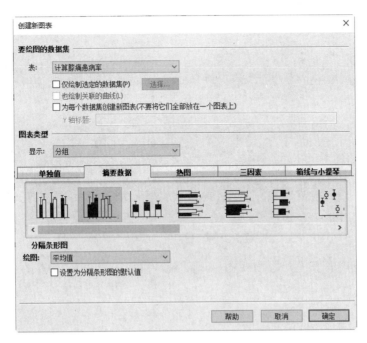

图 5-40 "创建新图表"对话框

步骤 05 单击"确定"按钮，关闭该对话框，在导航器"图表"选项下新建一个"计算膝痛患病率"图表，显示分隔条形图，如图 5-41 所示。

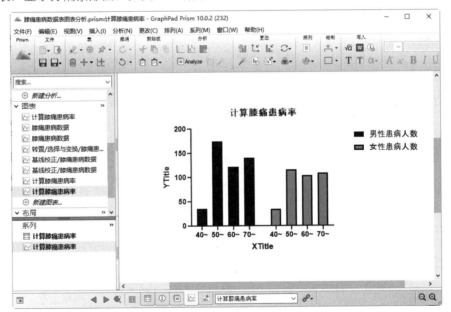

图 5-41 绘制分隔条形图

步骤 06 在左侧导航器"图表"选项卡下单击"新建图表"命令，弹出"创建新图表"对话框，在"图表类型"下的"显示"下拉列表中选择"分组"，在"摘要数据"选项卡下选择"堆叠条形"选项，在"绘图"下拉列表中选择"平均值"，如图 5-42 所示。

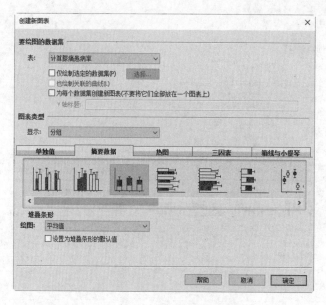

图 5-42 "创建新图表"对话框

步骤 07 单击"确定"按钮,关闭该对话框,在导航器"图表"选项下新建一个"计算膝痛患病率"图表,显示堆叠条形图,如图 5-43 所示。

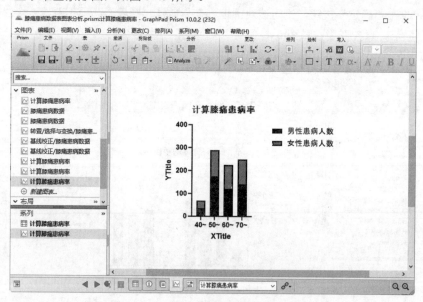

图 5-43 绘制堆叠条形图

4. 图表重命名

步骤 01 通过同一个数据表文件绘制的关联数据表保持与数据表相同的名称,因此在左侧导航器"图表"选项卡下显示多个相同名称的图表文件。

步骤 02 选择前面新建的两个"基线校正/膝痛患病数据"图表和 3 个"计算膝痛患病率"图表,右击,选择"重命名"命令,将图表依次修改为"基线校正/膝痛患病数据(散布图)""基线校正

/膝痛患病数据（箱线图）""计算膝痛患病率（交错条形图）""计算膝痛患病率（分隔条形图）""计算膝痛患病率（堆叠条形图）"，结果如图 5-44 所示。

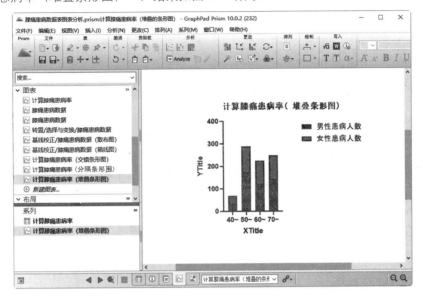

图 5-44　图表文件重命名

5. 绘制嵌套图

步骤 01　在左侧导航器"数据表"选项卡下选中"计算膝痛患病率"，将该表置为当前。

步骤 02　在左侧导航器"图表"选项卡下单击"新建图表"命令，弹出"创建新图表"对话框，在"要绘图的数据集"选项组下勾选"为每个数据集创建新图表（不要将它们全部放在一个图表上）"复选框。在"图表类型"下的"显示"下拉列表中选择"嵌套"，在"单独值"选项卡下选择"小提琴"选项，在"绘图"下拉列表中选择"仅小提琴图"，如图 5-45 所示。

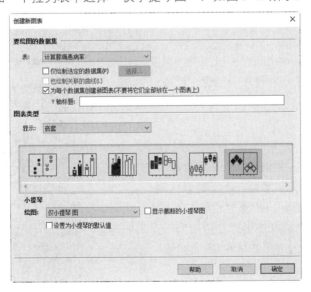

图 5-45　"创建新图表"对话框

步骤 03 单击"确定"按钮,关闭该对话框,在导航器"图表"选项中新建两个图表"计算膝痛患病率[男性患病人数]"和"计算膝痛患病率[女性患病人数]",分别显示表示男性和女性的调查数据的小提琴图,如图 5-46 所示。

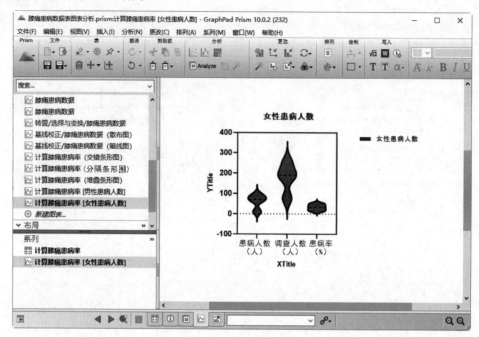

图 5-46 绘制小提琴图

6. 保存项目

单击"文件"功能区中的"保存"按钮，或按 Ctrl+S 键,直接保存项目文件。

5.3 布局表

布局表可以在一个页面上组合多张图表,以及数据或结果表、文本、绘图和导入的图像,再进行页面布局。

5.3.1 创建布局表

在 Prism 中,有一类特定的版面布局设计窗口-布局窗口,可以将多个图形或表格在上面随意排列。

选择菜单栏中的"插入"→"新建布局"命令,或单击导航器"布局"选项卡下的"新建布局"命令，或单击"表"功能区中的"新建布局"按钮，弹出"创建新布局"对话框,如图 5-47 所示。

图 5-47 "创建新布局"对话框

1. "页面选项"选项组

（1）方向：设置页面是横向显示还是纵向显示。
（2）背景色：单击按钮，弹出颜色列表，选择布局表的页面颜色。
（3）页面顶部包含主标题：勾选该复选框，在新建的布局页面上显示标题。

2. "图表排列"选项组

（1）向页面中添加图表（或者使用拖放）：选择该选项，向页面中添加一个图表。
（2）用于图纸和图像布局的空白布局：选择该选项，创建一个空白布局表。
（3）图表数组：输入布局表中包含的行、列数。
（4）标准排列：在列表中选择指定格式的排列模板（8个）。

3. "图表或占位符"选项组

（1）仅占位符。以后一次添加一个图表：首次创建布局页面时，需要选择占位符排列，以后一次添加一个图表。
（2）填充包含图表的布局，从下面开始：在列表中选择包含布局的模板。

5.3.2　添加布局对象

因为页面布局是基于图形的，整个布局窗口可以当成是一张白纸，布局的第一步是添加指定的对象，除图表外，还可以插入图片和文本等。

选择菜单栏中的"插入"→"插入 Prism 图表"命令，或在图表占位符上右击，选择"格式化图表"命令，或双击图表占位符，弹出"在布局中放置图表"对话框，如图 5-48 所示。

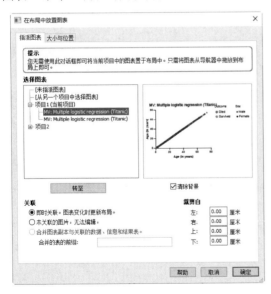
（a）"指派图表"选项卡

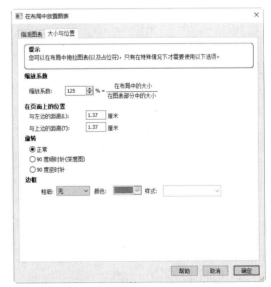
（b）"大小与位置"选项卡

图 5-48　"在布局中放置图表"对话框

1. "指派图表"选项卡

（1）选择图表：可从任何项目中选择一张图表。

（2）关联：

- 即时关联。图表变化时更新布局：选择该选项，布局图中导入的图表与图表文件关联，图表变化时更新布局。
- 未关联的图片。无法编辑：选择该选项，布局图中导入的图片与图片文件不关联，图片无法编辑。
- 合并图表副本与关联的数据、信息和结果表：选择该选项，在布局图中导入图表时，合并图表副本与关联的数据、信息和结果表。另外，还可以为合并的表添加前缀。

（3）裁剪自：设置页边距，包括调整上、下、左、右边距。

2. "大小与位置"选项卡

（1）缩放系数：输入布局图与图表大小的比值。
（2）在页面上的位置：输入放置的图表与布局图页面左边的距离以及与上边的距离。
（3）旋转：在布局图中放置图表后，可进行 90 度顺时针（深度图）、90 度逆时针旋转。
（4）边框包含以下 3 个选项。

- 粗细：在下拉列表中选择边框粗细。
- 颜色：在下拉列表中选择边框颜色。
- 样式：在下拉列表中选择边框线型。

5.3.3 设置布局格式

布局格式用于设置页面中对象排列的方向、行数、列数等内容。

1. 图表排列

选择菜单栏中的"更改"→"图表排列"命令，或单击"更改"功能区中的"更改图表或占位符的数量或排列"按钮，弹出"设置布局格式"对话框，如图 5-49 所示。该对话框与"在布局中放置图表"对话框类似，这里不再赘述。

2. 对齐坐标轴

为了使图形看起来更加整齐，可以对齐 X、Y 轴，重新调整布局图中的图表位置。

（1）按住 Ctrl 或 Shift 键，选中要对齐的多个图表对象。
（2）选择菜单栏中的"排列"→"对齐 X 轴""对齐 Y 轴"命令，直接根据坐标轴对齐图表。

3. 均衡缩放系数

（1）缩放系数定义为图表在布局上的尺寸与布局在图表上的尺寸之比，通过将图表和布局经过不同比例的缩放，得到适当的尺寸。

（2）选择菜单栏中的"排列"→"均衡缩放系数"命令，或单击"更改"功能区中的"均衡缩放系数"按钮，弹出"均衡缩放系数"对话框，如图 5-50 所示。

第 5 章　图表数据可视化　179

图 5-49　"设置布局格式"对话框

图 5-50　"均衡缩放系数"对话框

1）"均衡以下对象的缩放系数"选项组（图 5-50 中间）

（1）布局中的所有图表（A）：选择该选项，对布局中的所有图表应用设置的缩放系数。

（2）仅选定的图表（S）：选择该选项，只对当前选中的图表应用设置的缩放系数。

2）"缩放系数更改为"选项组（图 5-50 下方）

（1）减小缩放系数以匹配最小尺寸（100%）（R）：选择该选项，减少比其他图表大的图表的比例因子。

（2）增大缩放系数以匹配最大尺寸（100%）（I）：选择该选项，增加过小图表的比例因子。

（3）所有缩放系数设置为（F）：选择该选项，使所有元素使用相同的字体大小，保持一致的显示尺寸。

5.3.4　实例——膝痛患病数据表图表布局分析

本实例根据某社区各年龄段居民的膝痛患病数据，在布局中显示多个图表，分析膝痛患病数据的分布情况。

操作步骤

1. 设置工作环境

步骤 01　双击 GraphPad Prism 10 图标，启动 GraphPad Prism。

步骤 02　选择菜单栏中的"文件"→"打开"命令，或单击 Prism 功能区中的"打开项目文件"命令，或单击"文件"功能区中的"打开项目文件"按钮，或按 Ctrl+O 键，弹出"打开"对话框，选择需要打开的文件"膝痛患病数据表图表分析.prism"，单击"打开"按钮，即可打开项目文件。

步骤03　选择菜单栏中的"文件"→"另存为"命令，或单击"文件"功能区中的"保存命令"按钮 下的"另存为"命令，弹出"保存"对话框，输入项目名称"膝痛患病数据表图表布局分析.prism"。单击"确定"按钮，保存项目。

2. 创建布局表

步骤01　单击导航器"布局"下的"新建布局"按钮，弹出"创建新布局"对话框，在"页面选项"选项组下选择"横向"，在"图表排列"选项组下选择 1 行 3 列的图表排列，如图 5-51 所示。

步骤02　单击"确定"按钮，关闭该对话框，创建 1 行 3 列的图表占位符的布局图，如图 5-52 所示。

图 5-51　"创建新布局"对话框

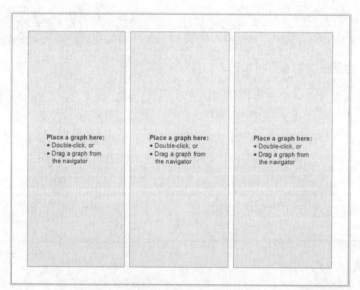

图 5-52　创建布局图

3. 添加图表

步骤01　单击导航器"图表"下的"计算膝痛患病率（交错条形图）"按钮，将其拖动到布局表左侧第一个图表占位符上。松开鼠标左键后，自动将选中的图表放置到布局表中，结果如图 5-53 所示。

步骤02　用同样的方法将图表"计算膝痛患病率（分隔条形图）""计算膝痛患病率（堆叠条形图）"拖动到布局表其余占位符，完成图表的导入，结果如图 5-54 所示。

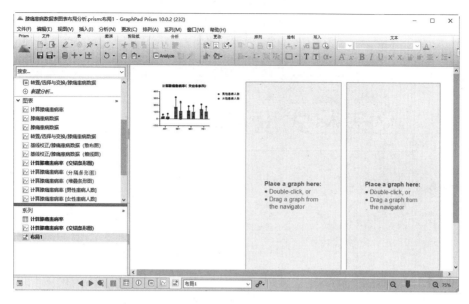

图 5-53 放置图表

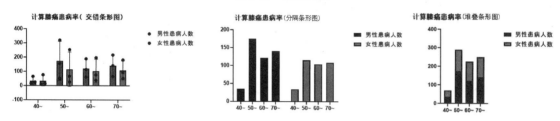

图 5-54 导入其余两个图表

4. 布局图对齐

选中最上方的图表,选择菜单栏中的"排列"→"对齐 X 轴"选项,对齐水平排列的图表 X 轴,结果如图 5-55 所示。

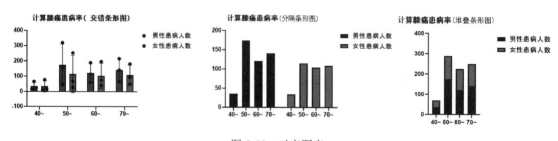

图 5-55 对齐图表

5. 保存项目

单击"文件"功能区中的"保存"按钮,或按 Ctrl+S 键,直接保存项目文件。

第 6 章 图表格式设置与优化

图表是数据可视化的重要工具,通过合理的格式设置与视觉优化,可以使数据表达更加直观、清晰和富有吸引力。本章将从基础设置、颜色美化到高级格式优化,全面介绍如何根据实际需求对图表进行自定义调整。

内容要点

- 图表基础格式设置
- 图表颜色与视觉美化
- 图表高级格式设置

6.1 图表基础格式设置

本节介绍图表的基础设置,包括更改图表类型、调整尺寸、设置显示效果及添加误差条等。通过这些设置,可以快速实现图表的初步调整,确保数据表达符合基本要求,同时为进一步优化奠定基础。

6.1.1 更改图表类型

图表类型的选择很重要,选择一个能最佳表现数据的图表类型,有助于更清晰地反映数据的差异和变化。

(1)选择菜单栏中的"更改"→"图表类型"命令,或在导航器"图表"选项组下单击图表名称,或单击"更改"功能区中的"选择其他类型的图表"按钮,打开"更改图表类型"对话框,如图 6-1 所示。

(2)选择需要的图表类型。在"图表系列"下拉列表中显示了数据表的 8 个图表系列,对应数据表的 8 种类型(XY、列、分组、列连、生存、整体分解、多变量、嵌套)。每个系列下包含与数据表匹配的图表类型。

(3)选择一个图表类型后,在对话框底部显示图表的预览图,检查预览图以确保得到想要的图表。

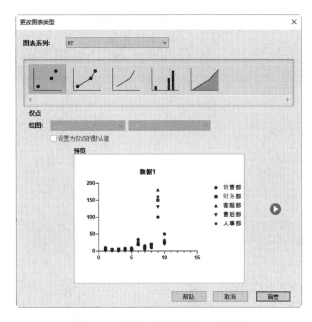

图 6-1 "更改图表类型"对话框

(4) 单击"确定"按钮完成修改,如图 6-2 所示。该对话框用于更改图表类型。例如,将带误差条的条形图更改为散点图。

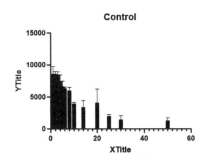   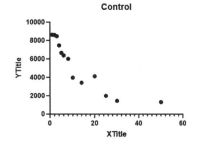

(a) 带误差条的峰(带误差条的条形图)   (b) 仅点(散点图)

图 6-2 图表类型修改

此外,也可以通过对话框将图表更改为不同系列中的图表,但这样做一般没有意义。如果需要将图表更改为不同系列中的图表,则很可能也需要更改数据表的格式。

6.1.2 调整图表尺寸

图表实际上是坐标系(坐标轴、刻度、标签和标题)和坐标系内图形的统称,调整图表尺寸实际上是调整坐标系的大小,坐标系的图形随着坐标系一起进行放大和缩小。

选择菜单栏中的"更改"→"调整图表大小"命令,或在图表区右击,在弹出的快捷菜单中选择"调整图表大小"命令,或单击"更改"功能区中的"调整图表大小"按钮，弹出下拉菜单,显示 4 个命令,如图 6-3 所示,该命令有 4 个选项,介绍如下。

(1) 较小:选择该选项,将图表以绘图区中心为基准点,整体缩小一定的大小。

（2）较大：选择该选项，将图表以绘图区中心为基准点，整体放大一定的大小。

（3）填充页面：选择该选项，将图表以绘图区中心为基准点，将坐标系图形填充整个图表页面。

（4）更多选择：选择该选项，打开"调整图表大小"对话框，按照选项设置坐标系中图形的大小，如图6-4所示。

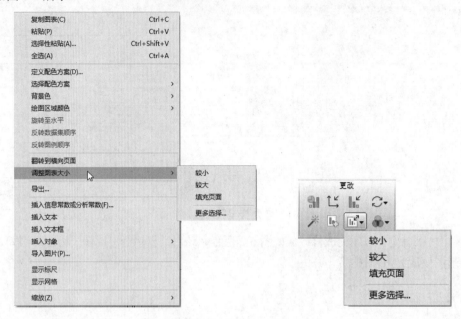

图6-3　选择"调整图表大小"命令

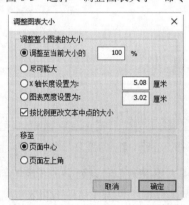

图6-4　"调整图表大小"对话框

1）调整整个图表的大小

在"调整图表大小"对话框选择图表大小的调整方法，各个选项介绍如下，效果如图6-5所示。

- 调整至当前大小的100%：选择该选项，设置图表中图形的缩放比例。
- 尽可能大：选择该选项，将图表填充至整个图表页面。
- X轴长度设置为：选择该选项，自定义X轴大小，单位为厘米。更改X轴大小，整个图表随之变化。

- 图表宽度设置为：选择该选项，自定义图表宽度大小，单位为厘米。
- 按比例更改文本中点的大小：勾选该复选框，图表尺寸发生变化后，图表文本中点的大小随之变化。

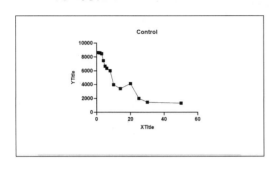

（a）选择"调整至当前大小的100%"

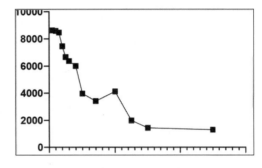

（b）选择"尽可能大"

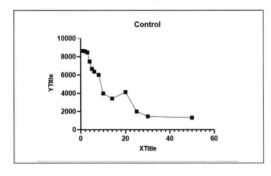

（c）选择"X 轴长度设置为 10"

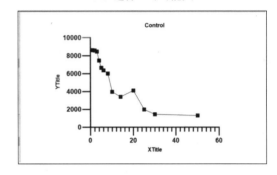

（d）选择"图表宽度设置为 10"

图 6-5　调整整个图表的大小

2）移至

在该选项组下选择图表位置的基准点，包括页面中心和页面左上角。默认选择页面中心。

6.1.3　设置图表的显示

图表的显示设置包括图表的缩放、网格的显示、标尺的显示等。

1. 图表的缩放

在图表编辑器中，提供了图表的缩放功能，以便于用户进行观察。

在图表区右击，在弹出的快捷菜单中选择"缩放"命令，弹出其子菜单，用于观察并调整整张图表的布局，如图 6-6 所示。

（1）适合页面：单击该命令后，在图表编辑窗口中将显示整张图表的内容，包括图表边框、绘

图 6-6　"缩放"子菜单

图区（图表）等，如图6-7所示。

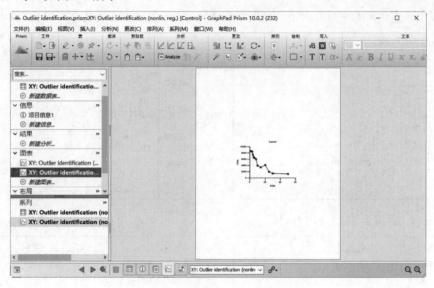

图6-7　显示整张图表的内容

（2）适合图表：单击该命令之后，在编辑窗口中将以最大比例显示整张图表绘图区上的所有元素，用于观察绘图区的组成概况，如图6-8所示。

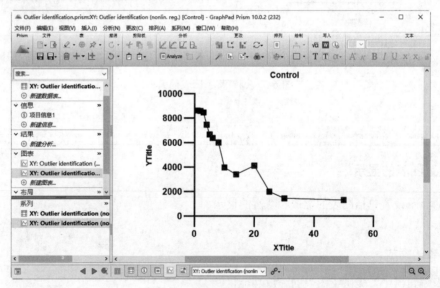

图6-8　显示整张图表绘图区

（3）10%、50%（5）、75%（7）、100%（实际大小）、150%（1）、200%（2）、400%（4）、600%（6）、800%（8）、1000%（0）：这类操作包括确定图表在页面中的显示比例。

2. 显示网格线

网格线是指添加到图表中以易于查看和计算数据的线条，是坐标轴上刻度线的延伸，并穿过绘图区。主要网格线标出了轴上的主要间距，用户还可在图表上显示次要网格线，用以标出主要间距之间的间隔。

选择菜单栏中的"视图"→"网格"命令，或在图表区右击，在弹出的快捷菜单中选择"显示网格"命令，自动在图表页面中添加网格线，包括主要网格线和次要网格线，如图6-9所示。

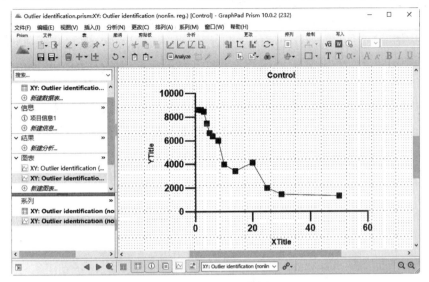

图6-9　显示网格线

3. 标尺

标尺是一种用于测量图表大小的图形元素，通常包括一个水平刻度线和一个垂直刻度线，位于图表上方和左侧，可以显示图表的宽和高。使用标尺可以使表格更加美观和易于阅读，同时也可以更好地控制图表的大小。

选择菜单栏中的"视图"→"标尺"命令，或在图表区右击，在弹出的快捷菜单中选择"显示标尺"命令，自动在图表页面中添加标尺，如图6-10所示。

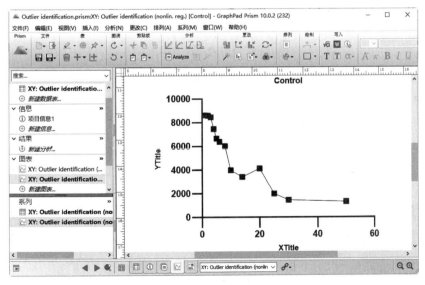

图6-10　显示标尺

6.1.4 添加误差条

在统计、分析一些特殊的数据时，会用到误差条。误差条是代表数据系列中的数据与实际值偏差的图形线条，通常用于统计科学数据。

选择菜单栏中的"更改"→"图表类型"命令，或在导航器"图表"选项组下单击图表名称，或单击"更改"功能区中的"选择其他类型的图表"按钮，打开"更改图表类型"对话框。

不同类型的图表中添加误差线的步骤不同，接下来介绍在 XY 系列的点线图中添加误差线的步骤。

在图表系列的列表框中选择 XY→"带误差条的点与连接线"，激活"带误差条的点与连接线"选项组，选择要计算的误差，如图 6-11 所示。只有计算出误差数据，才可以绘制误差条。

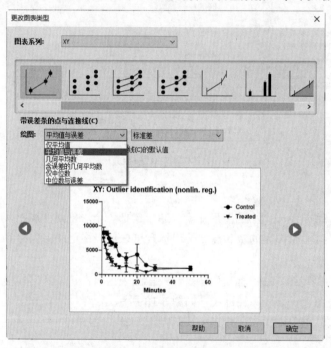

图 6-11 选择绘制的数据类型

在"绘图"下拉列表中选择在图表中绘制的数据类型。选择"平均值与误差""含误差的几何平均数""中位数与误差"选项，才可激活右侧的列表框，在右侧的列表框内选择要添加误差条的数据。若选择其余选项，则右侧的列表框不可用。

（1）平均值与误差：选择该选项，在右侧的下拉列表中可选择的误差包含标准差、标准误、95%置信区间和范围。

（2）含误差的几何平均数：选择该选项，在右侧的下拉列表中可选择的误差包含标准差、标准误、95%置信区间和几何标准差。

（3）中位数与误差：选择该选项，在右侧的下拉列表中可选择的误差包含 95%置信区间和范围。

完成设置后，单击"确定"按钮，即可添加误差条，效果如图 6-12 所示。

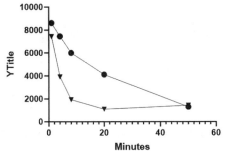

(a) 绘制平均值

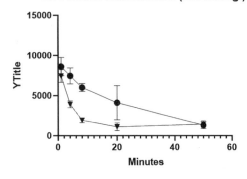

(b) 平均值与误差（标准差）

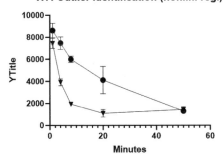

(c) 平均值与误差（标准误）

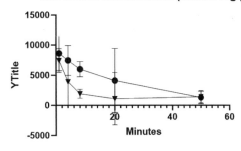

(d) 平均值与误差（95%置信区间）

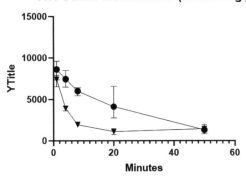

(e) 平均值与误差（范围）

图 6-12　添加误差条

6.1.5　实例——新降压药血压对比图表分析

为了实验一种新降压药的临床效果，现随机抽取 40 组患者，随机分为试验组和对照组。表 6-1 显示了试验组和对照组 6 周后血压（mmHg）的变化情况。通过点线图和分组散点图比较服用新、旧降压药的血压变化值。

表 6-1　显示试验组和对照组 6 周后的血压（mmHg）

患者编号	试验组		对照组	
	舒张压	收缩压	舒张压	收缩压
1	12	17	10	10
2	12	8	−4	−7
3	10	19	8	21
4	0	24	12	13
5	16	9	10	−11
6	10	20	10	6
7	14	19	16	25
8	14	19	12	12
9	11	14	10	7
10	2	8	2	12
11	8	20	7	10
12	−7	1	6	10
13	9	26	8	8
14	14	4	−4	6
15	6	11	8	15
16	14	15	8	16
17	16	26	11	10
18	20	27	−4	3
19	9	10	11	25
20	2	9	9	5

操作步骤

1. 设置工作环境

步骤 01 双击 GraphPad Prism 10 图标，启动 GraphPad Prism，自动弹出"欢迎使用 GraphPad Prism"对话框，设置创建的数据表格式。

- 在"创建"选项组下选择 XY 选项。
- 在"数据表"选项组下选择"输入或导入数据到新表"选项。
- 在"选项"选项组下的 X 选项下选择"数值"，Y 选项下选择"为每个点输入一个 Y 值并绘图"。

步骤 02 单击"创建"按钮，创建项目文件，同时该项目下自动创建一个数据表"数据 1"和关联的图表"数据 1"，重命名为"血压数据"。

步骤 03 选择菜单栏中的"文件"→"另存为"命令，或单击"文件"功能区中的"保存命令"按钮 下的"另存为"命令，弹出"保存"对话框，输入项目的保存名称。单击"确定"按钮，在源文件目录下自动创建项目文件"新降压药血压对比图表分析表.prism"。

2. 数据录入

打开"新降压药血压数据.xlsx"文件,复制数据并粘贴到"血压数据"数据表中,结果如图6-13所示。

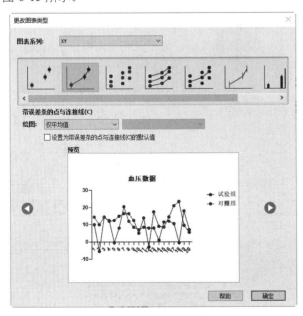

图6-13 复制并粘贴数据

3. 绘制图表

步骤01 打开导航器"图表"下的"血压数据",自动弹出"更改图表类型"对话框,在"图表系列"选项组下选择XY下的"带误差条的点与连接线",如图6-14所示。

步骤02 单击"确定"按钮,关闭该对话框,显示包含两条点线图的图表"血压数据",如图6-15所示。

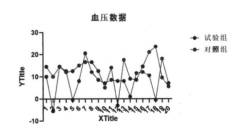

图6-14 "更改图表类型"对话框　　　　图6-15 绘制点线图

4. 更改图表类型 1

步骤 01 单击"更改"功能区中的"选择其他类型的图表"按钮，打开"更改图表类型"对话框。在"图表系列"下拉列表中选中 XY，在"单独值"选项卡下选择"带误差条的点与连接线"选项，在"绘图"下拉列表中选择"平均值与误差"，如图 6-16 所示。

步骤 02 单击"确定"按钮，关闭该对话框，更新图表类型，点线图中包含平均值与误差，如图 6-17 所示。

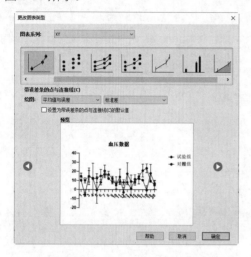

图 6-16 "更改图表类型"对话框

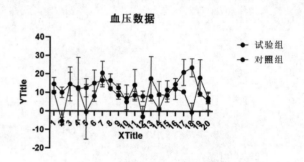

图 6-17 绘制带误差的点线图

5. 更改图表类型 2

步骤 01 单击"更改"功能区中的"选择其他类型的图表"按钮，打开"更改图表类型"对话框。在"图表系列"下拉列表中选中 XY，在"单独值"选项卡下选择"带误差条的点与连接线"选项，在"绘图"下拉列表中选择"几何平均数"，如图 6-18 所示。

步骤 02 单击"确定"按钮，关闭该对话框，更新图表类型，显示几何平均数的点线图，如图 6-19 所示。

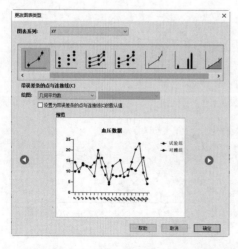

图 6-18 "更改图表类型"对话框

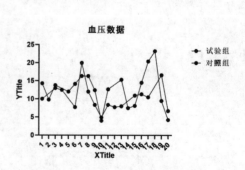

图 6-19 绘制几何平均数的点线图

6. 更改图表类型 3

步骤 01 单击"更改"功能区中的"选择其他类型的图表"按钮，打开"更改图表类型"对话框。在"图表系列"下拉列表中选中"列"，在"单独值"选项卡下选择"散布图"选项，在"绘图"下拉列表中选择"包含标准差的平均值"，如图 6-20 所示。

步骤 02 单击"确定"按钮，关闭该对话框，更新图表类型，点线图中包含标准差的平均值，如图 6-21 所示。

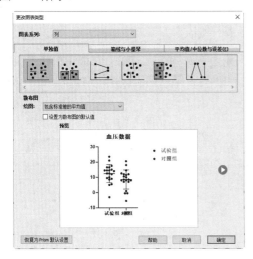

图 6-20　"更改图表类型"对话框

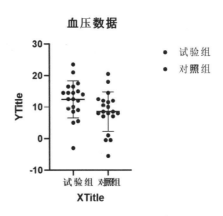

图 6-21　绘制带标准差的散布图

7. 更改图表类型 4

步骤 01 单击"更改"功能区中的"选择其他类型的图表"按钮，打开"更改图表类型"对话框。在"图表系列"下拉列表中选中"列"，在"单独值"选项卡下选择"带条形的散布图"选项，在"绘图"下拉列表中选择"95%置信区间的平均值"，如图 6-22 所示。

步骤 02 单击"确定"按钮，关闭该对话框，更新图表类型，散布图中包含 95%置信区间的平均值，如图 6-23 所示。

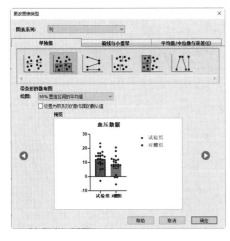

图 6-22　"更改图表类型"对话框

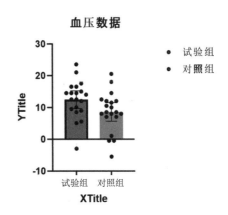

图 6-23　绘制 95%置信区间的散布图

6.2 图表颜色与视觉美化

为了让所绘制的图形让人看起来舒服，可以对图表颜色进行设计。图表的配色不仅影响视觉效果，也直接关系到数据传达的准确性和易读性。根据图表的组成部分，图表的颜色设计包括配色方案、背景色、绘图区域颜色。

6.2.1 选择配色方案

Prism 内置了众多的配色方案，基本可以满足学术图表的需求。

（1）选择菜单栏中的"更改"→"配色方案"命令，或在图表区右击，在弹出的快捷菜单中选择"选择配色方案"命令，或单击"更改"功能区中的"更改颜色"按钮，在弹出的子菜单中选择配色方案名称，如图 6-24 所示。

（2）选择"更多配色方案"命令，弹出"配色方案"对话框，如图 6-25 所示。在"配色方案"下拉列表中选择指定的配色方案，即可在图表中应用所选的颜色，根据指定方案更改图表的背景色、绘图区颜色、曲线颜色、坐标轴颜色、标题颜色等。图 6-26 显示了几种常见的曲线配色方案。

图 6-24 选择配色方案

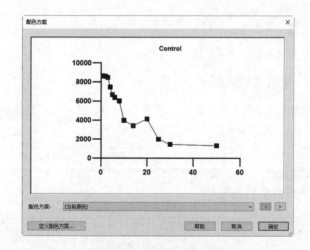

图 6-25 "配色方案"对话框

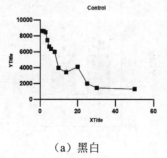

（a）黑白

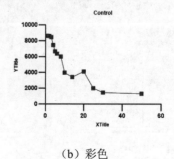

（b）彩色

图 6-26 应用配色方案的图表

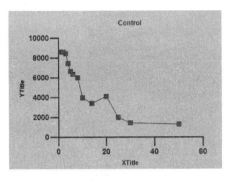 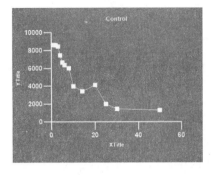

（c）大地色　　　　　　　　　　　　（d）蓝图

图 6-26　应用配色方案的图表（续）

6.2.2　定义配色方案

优质的图表应以自然、柔和的色彩为主，避免刺眼，以营造舒适观感。过于鲜艳或闪亮的颜色可能会令人感到眩目。特别是在为上级准备图表时，这一点尤为重要，因此需要精心选择并定义恰当的配色方案。

选择菜单栏中的"更改"→"定义配色方案"命令，或在图表区右击，在弹出的快捷菜单中选择"定义配色方案"命令，或单击"更改"功能区中的"更改颜色"按钮下的"定义配色方案"命令，弹出"定义配色方案"对话框，如图 6-27 所示。

下面介绍该对话框中的选项。

1. 选择配色方案

（1）在"选择配色方案"下拉列表中选择系统中自带的配色方案，默认为"*黑白"。

（2）在"预览"列表中选中配色方案对应的图标显示结果（曲线点、曲线、曲线文本标注、坐标轴线、坐标轴刻度标签、图表标题、图表图例）。

（3）在"视图"选项组下选择预览图的类型，包括 XY 图和条形图，如图 6-28 所示。

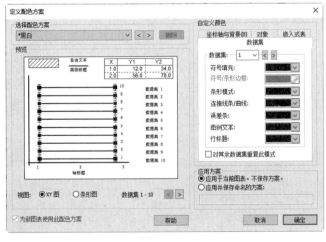 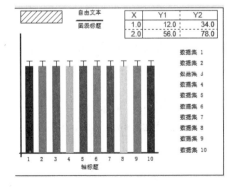

图 6-27　"定义配色方案"对话框　　　　　图 6-28　条形图预览

2. 自定义颜色

在"自定义颜色"选项组下选择配色方案的颜色定义参数,包含 4 个选项卡。

1)"数据集"选项卡

(1)在"数据集"下拉列表中选择图表使用的数据集名称,单击 <、> 按钮,切换数据集的选择。

(2)单击"符号填充"选项右侧的颜色块下拉列表,选择图表中符号的填充颜色,如图 6-29 所示。用同样的方法,还可以选择符号/条形边框颜色、条形模式颜色、连接线条/曲线颜色、误差条颜色、图例文本颜色、行标题颜色。

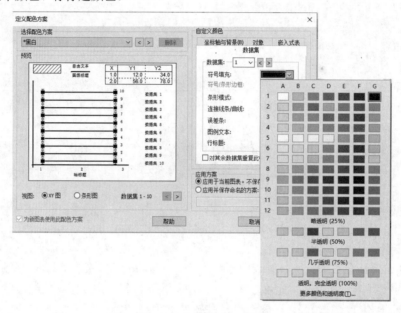

图 6-29 颜色块下拉列表

(3)勾选"对其余数据集重复此模式"复选框,保存上面参数定义的配色方案,并在其余数据集应用该配色方案。

2)"坐标轴与背景"选项卡

在该选项卡中定义配色方案中的背景颜色和坐标轴颜色,如图 6-30 所示。其中,背景颜色设置包括页面、绘图区域,坐标轴颜色设置包括坐标轴与坐标框、编号/标签、坐标轴标题、图表标题。

3)"对象"选项卡

在该选项卡中定义配色方案中对象的颜色,包括文本、线条/弧形、方框/椭圆边框、方框/椭圆图案、方框/椭圆填充,如图 6-31 所示。

4)"嵌入式表"选项卡

在该选项卡中定义配色方案中嵌入式表的颜色,包括文本、边框、行标题旁的线条、标题下的线条、网格、填充,如图 6-32 所示。

图 6-30 "坐标轴与背景"选项卡

图 6-31 "对象"选项卡

图 6-32 "嵌入式表"选项卡

5)"应用方案"选项组

在该选项组中选择是否应用并保存定义的配色方案。

6.2.3 设置图表页面背景色

图表页面区域是指整张图表及其包含的元素,具体是指窗口中的整个白色区域。Prism 可以根据需要更改图表的背景色,将白色页面区域设置为其他颜色。

(1)选择菜单栏中的"更改"→"背景色"命令,或在图表区右击,在弹出的快捷菜单中选择"背景色"命令,或单击"更改"功能区中的"更改颜色"按钮下的"背景色"命令,弹出颜色列表,如图 6-33 所示。选择一种颜色,即可自动更新图表页面背景色,如图 6-34 所示。

(2)颜色列表中包含 12×7 个颜色块,任意选择一个颜色块,即可将背景色切换为选中的颜色。

(3)选择"略透明(25%)""半透明(50%)""几乎透明(75%)"选项下的颜色块,即可将背景设置为不同透明度的颜色。默认激活"透明,完全透明(100%)"命令,设置前面的 84 (12×7) 个颜色块列表的透明度为 100%,即完全透明。

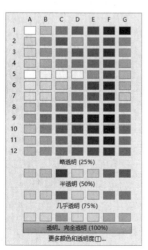

图 6-33 颜色列表

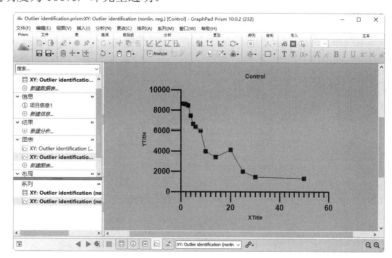

图 6-34 修改图表页面背景色

（4）选择"更多颜色和透明度"命令，弹出"选择颜色"对话框，在该对话框中可以选择 48（6×8）种基础颜色。

（5）除此之外，还可以在右侧颜色图中任意单击一点拾取，然后单击"添加至自定义颜色"按钮，将拾取的颜色添加到"自定义颜色"选项组下，默认可添加 16（2×8）种自定义颜色，如图 6-35 所示。

（6）可通过右下角的"透明度"滑块调节线条颜色的透明度，默认值为 0%，表示不透明。

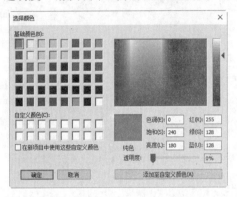

图 6-35　"选择颜色"对话框

6.2.4　设置图表绘图区域的颜色

图表绘图区域是以坐标轴为界并包含全部数据系列的矩形框区域。默认的图表背景为白色底。

选择菜单栏中的"更改"→"绘图区域颜色"命令，或在图表区右击，在弹出的快捷菜单中选择"绘图区域颜色"命令，或单击"更改"功能区中的"更改颜色"按钮 下的"绘图区域"命令，弹出颜色列表，如图 6-36 所示。选择列表中的颜色，即可自动更新图表绘图区域的背景色，如图 6-37 所示。

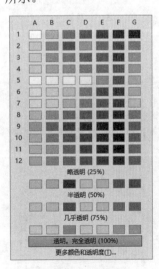

图 6-36　颜色列表

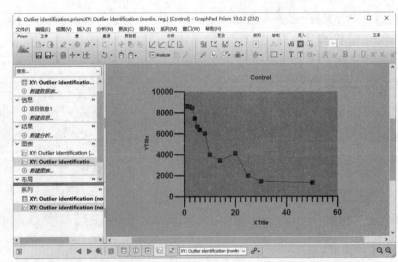

图 6-37　修改图表绘图区域颜色

6.2.5 实例——新药研发现状分析表图表分析

本实例通过全球药企在研药物数量绘制散点图、箱线图和小提琴图，设置图表曲线颜色、绘图区颜色和背景色。

操作步骤

1. 设置工作环境

步骤01 双击 GraphPad Prism 10 图标，启动 GraphPad Prism。

步骤02 选择菜单栏中的"文件"→"打开"命令，或单击 Prism 功能区中的"打开项目文件"命令，或单击"文件"功能区中的"打开项目文件"按钮，或按 Ctrl+O 键，弹出"打开"对话框，选择需要打开的文件"新药研发现状分析表.prism"，单击"打开"按钮，即可打开项目文件。

步骤03 选择菜单栏中的"文件"→"另存为"命令，或单击"文件"功能区中的"保存命令"按钮下的"另存为"命令，弹出"保存"对话框，输入项目名称"新药研发现状分析表图表颜色分析"。单击"确定"按钮，在源文件目录下自动创建项目文件"新药研发现状分析表图表颜色分析.prism"。

2. 设置图表样式

步骤01 在左侧导航器"图表"选项卡下单击"全球药企在研产品数前25（单位：个）"选项，打开图表窗口。同时，自动打开"更改图表类型"对话框，根据系统数据自动选择"列"系列下的"散布图"。在"图表系列"下拉列表中选择 XY 系列下的"仅连接线"，如图 6-38 所示。

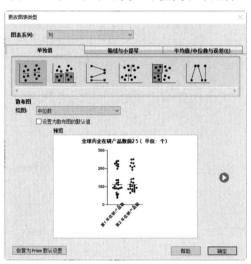 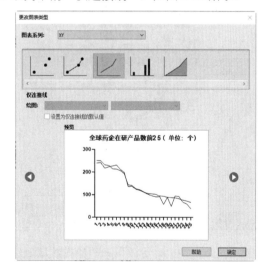

图 6-38 "更改图表类型"对话框

步骤02 单击"确定"按钮，关闭该对话框，将图表更改成折线图图表，结果如图 6-39 所示。

3. 设置图表颜色

单击"更改"功能区中的"更改颜色"按钮 下的"色彩"命令，即可自动更新图表散点颜色，如图6-40所示。

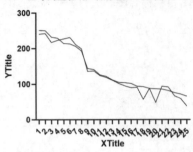

图6-39　更改图表类型　　　　　图6-40　设置配色

4. 设置页面背景色

选择菜单栏中的"更改"→"背景色"命令，或在图表区右击，在弹出的快捷菜单中选择"背景色"命令，或单击"更改"功能区中的"更改颜色"按钮 下的"背景色"命令，弹出颜色列表，选择如图6-41所示的颜色。选择颜色后，即可自动更新图表页面背景色，如图6-42所示。

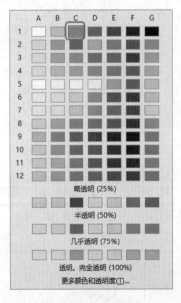

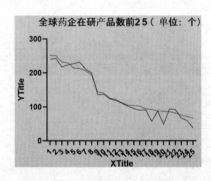

图6-41　颜色列表　　　　　　　图6-42　修改图表页面背景色

5. 设置绘图区域颜色

选择菜单栏中的"更改"→"绘图区域颜色"命令，或在图表区右击，在弹出的快捷菜单中选择"绘图区域颜色"命令，或单击"更改"功能区中的"更改颜色"按钮 下的"绘图区域"命令，弹出颜色列表，如图6-43所示。选择列表中的颜色，即可自动更新图表绘图区域背景色，如图6-44所示。

6. 保存项目

单击"标准"功能区上的"保存项目"按钮 ，或按Ctrl+S键，直接保存项目文件。

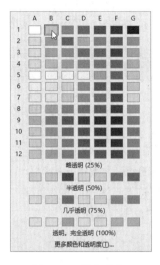

图 6-43 颜色列表

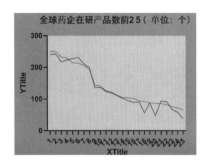

图 6-44 修改图表绘图区域背景色

6.3 图表高级格式设置

为了达到满意的效果,通常还需要进行图表的高级格式调整,使其更加完善。为了让所绘制的图形让人看起来舒服并且易懂,GraphPad Prism 提供了许多高级格式设置命令,包括图表外观、间距、数据标签、图例的设置,以及数据样式的自定义。

6.3.1 设置图表外观

双击绘图区中的图形,或选择菜单栏中的"更改"→"符号与线条"命令,或在绘图区中的图形上右击,在弹出的快捷菜单中选择"格式化图表"命令,或单击"更改"功能区中的"设置图表格式(符号、条形图、误差条等)"按钮 ,弹出"格式化图表"对话框,打开"外观"选项卡,设置图表曲线符号、条形图、误差条等格式,如图 6-45 所示。

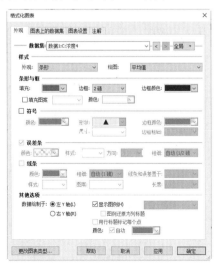

图 6-45 "格式化图表"对话框

注意 该对话框包含4个选项卡。需要注意的是，不同类型的图形，显示的参数选项不同，这里以条形图为例，对其中的选项进行介绍。

1. "数据集"选项组

（1）直接在"数据集"下拉列表中选择曲线对应的数据集，图表中的图形是根据数据表中的数据集绘制的，数据集和图形具有一一对应关系。

（2）单击"全局"按钮下的"更改所有数据集"命令，或在下拉列表中选择"更改所有数据集"命令，更改数据集中所有列的外观，将所有曲线设置为相同的修改参数。

（3）单击"全局"按钮下的"选择数据集"命令，弹出"选择要格式化的数据集"对话框，选择要编辑的数据集，为该数据集选择符号、线条以及误差条，如图6-46所示。

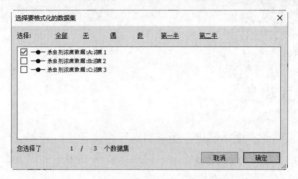

图6-46 "选择要格式化的数据集"对话框

2. "样式"选项组

（1）外观：选择在图表上显示数据集的方式，包括散点图、对齐点图、条形、符号（每行一个符号）。

（2）绘图：选择图表中绘制误差条的方式，默认为平均值。

3. "条形与框"选项组

在该选项组下设置点线图中的条形图的条形框参数，条形图的条形和边框颜色设置效果如图6-47所示。

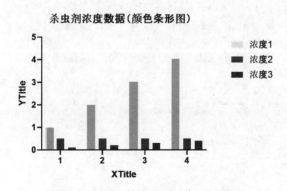

图6-47 设置条形图的条形和边框颜色

（1）填充：在下拉列表中选择条形图条形中的填充颜色。
（2）边框：在下拉列表中选择条形图条形边框的线宽（1/4~6）磅。
（3）边框颜色：在下拉列表中选择条形图条形边框线的颜色。
（4）填充图案：在下拉列表中选择条形图条形中的填充图案。
（5）颜色：在下拉列表中选择条形图条形中填充图案的颜色。

4. "符号"选项组

勾选该复选框，设置条形图中添加的符号样式。

（1）颜色：在下拉列表中选择符号的颜色。
（2）形状：在下拉列表中选择符号的样式，如图 6-48 所示，单击"更多"按钮，弹出"选择符号"对话框，可使用任何字体中的任何字符作为一个符号，如图 6-49 所示。

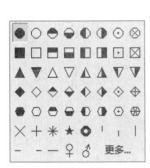
图 6-48　"形状"下拉列表

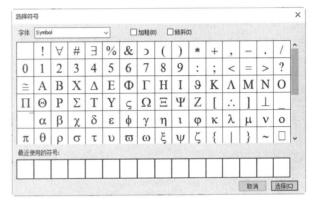
图 6-49　"选择符号"对话框

（3）尺寸：在下拉列表中选择符号的大小（0~10）。
（4）边框颜色：在下拉列表中选择带边框符号（不实心的符号）的边框线的颜色。
（5）边框粗细：在下拉列表中选择带边框符号（不实心的符号）的边框线的线宽。

5. "误差条"选项组

勾选该复选框，设置带误差条的条形图中的误差条的样式。

- 颜色：在下拉列表中选择误差条的颜色。
- 方向：在下拉列表中选择条形图中误差条的位置，包括上方、下方或两者都有。
- 样式：在下拉列表中选择误差条的样式。
- 粗细：在下拉列表中选择误差条的线宽。

6. "线条"选项组

勾选该复选框，设置带误差条的条形图中的误差线的样式，包括颜色、粗细、位置（线条和误差置于）、样式、图案和长度。

7. "其他选项"选项组

数据绘制于：选择 Y 坐标轴的位置，可以选择左 Y 轴或右 Y 轴，如图 6-50 所示。

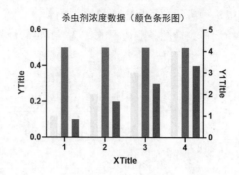

图 6-50　数据绘制于右 Y 轴

> **注意**　该选项卡中关于"图例"的选项在后面章节进行介绍,这里不再赘述。

6.3.2　设置图表间距

双击绘图区中的图形,弹出"格式化图表"对话框,在"图表设置"选项卡中更改图表中的条带方向、图表列的基线以及列之间的间距,如图 6-51 所示。

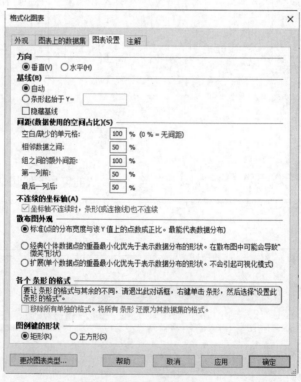

图 6-51　"图表设置"选项卡

(1)方向:图表(条形图)上的条带方向,包括垂直和水平,如图 6-52 所示。也可以直接单击"更改"功能区中的"反转数据集顺序、翻转方向或旋转条形"按钮 下的"旋转至水平"命令,将列从垂直旋转至水平。

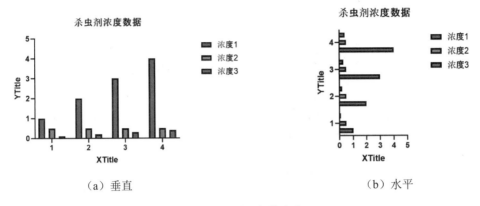

(a)垂直　　　　　　　　　　　　(b)水平

图 6-52　不同条带方向

（2）基线：更改图表上的条带基线位置，如图 6-53 所示。默认情况下，这些条带从 X 轴（Y=0）开始。

- 自动：默认设置条形起始于 Y=0。
- 条形起始于 Y=：指定条带起始 Y 值。
- 隐藏基线：勾选该复选框，条形图浮动显示。

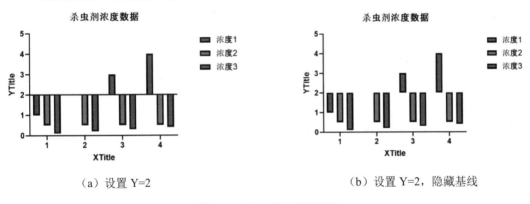

(a)设置 Y=2　　　　　　　　　　(b)设置 Y=2，隐藏基线

图 6-53　更改条带基线位置

（3）间距（数据使用的空间占比）。

设置调整图表上各列之间、各列组之间以及第一列前和最后一列后的间距。设置的间距越小，列宽越大，设置效果如图 6-54 所示。

- 空白/缺少的单元格：选择未输入值的条带（单元格为空）的留存空间，默认值为 100%，0%表示无间距。
- 相邻数据之间：各列之间的间距，默认值为 50%。
- 组之间的额外间距：各列组之间的间距，默认值为 100%。
- 第一列前：第一列之前的间距，默认值为 50%。
- 最后一列后：第一列之后的间距，默认值为 50%。

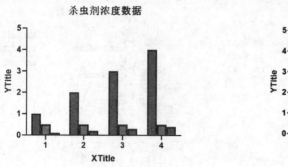
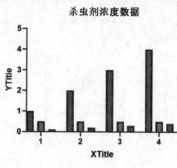

（a）相邻数据间距为 0%　　　　　　（b）第一列前为 0%

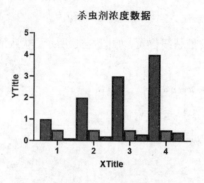

（c）相邻数据间距为 0%，组之间的额外间距为 0%

图 6-54　调整图表上的间距

（4）不连续的坐标轴。

坐标轴不连续时，条形（或连接线）也显示不连续。Y 轴出现空白时，选择在跨越该间距的任何列中设置间距。

（5）散布图外观。

选择散布图外观的样式。

- 标准：点的分布宽度与该 Y 值上的点数成正比，该样式最能代表数据分布。
- 经典：个体数据点的重叠最小化优先于表示数据分布的形状。在散布图中可能会导致"微笑"形状。
- 扩展：单个数据点的重叠最小化优先于表示数据分布的形状，该样式不会引起可视化模式。

（6）各个条形的格式。

勾选"移除所有单独的格式。将所有条形还原为其数据集的格式"复选框，让条形的格式与其余的不同。

> **注意**　该选项卡中关于"图例"的选项在后面章节进行介绍，这里不再赘述。

6.3.3　设置数据标签

默认情况下，图表不显示数据标签。在有些实际应用中，显示数据标签可以增强图表数据的可读性，并且更直观。

双击绘图区中的图形，弹出"格式化图表"对话框，在"注解"选项卡中显示或隐藏数据标签，还可以设置数据标签的格式，如图 6-55 所示。在该选项卡中包含 3 个子选项卡：在条形与误差条上方、在条形中-顶部以及在条形中-底部。

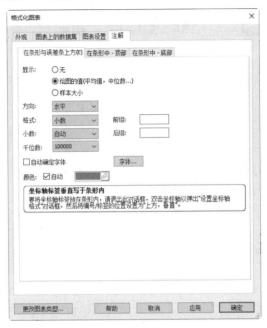

图 6-55 "注解"选项卡

选择 3 个子选项卡中的一个，下面介绍子选项卡中的选项。

（1）显示：设置数据标签是否显示，如图 6-56 所示。

- 无：选择该选项，不显示数字标签值。
- 绘图的值（平均值，中位数…）：选择该选项，使用平均值、中位数等显示数字标签值。
- 样本大小：选择该选项，使用频数（样本个数）显示数字标签值。

（2）方向：设置数据标签的显示方向，包含垂直和水平两个选项。

（3）格式：设置数据标签的数值显示格式，包含小数、科学记数。

（4）前缀：添加数据标签数值前的符号。

（5）小数：设置数据标签中小数的位数。

（6）后缀：添加数据标签数值后的符号。

（7）千位数：显示千位数（超过三位数）数值的表示方法。

（8）自动确定字体：勾选该复选框，自动设置数据标签中文本的字体。不勾选该复选框，单击"字体"按钮，弹出"字体"对话框，设置文本的字体、字形、大小、颜色和下画线等。

（9）颜色：勾选该复选框，自动设置数据标签中文本的颜色。不勾选该复选框，在下拉列表中显示颜色列表，设置文本的颜色。该操作与"字体"对话框中颜色的设置相同，二者选择其一。

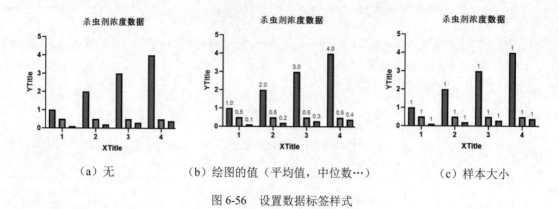

(a) 无　　　　　　(b) 绘图的值（平均值，中位数…）　　　　(c) 样本大小

图 6-56　设置数据标签样式

6.3.4　设置图例

图例用于标识图表中的数据系列或者分类所指定的图案或颜色。双击图表中的图例，即可打开"格式化图表"对话框，设置图例的外观和形状。

1．图例的外观设置

打开"外观"选项卡，如图 6-57 所示。下面介绍在"其他选项"选项组中关于图例设置的选项。

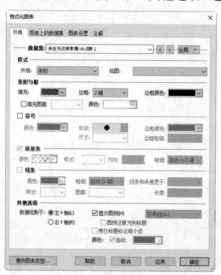

图 6-57　"外观"选项卡

（1）显示图例：勾选该复选框，在图表中显示图例，在右侧下拉列表中显示图例的样式，包括符号、符号线、线条、长线条、符号与长线条，如图 6-58 所示。默认为符号线。

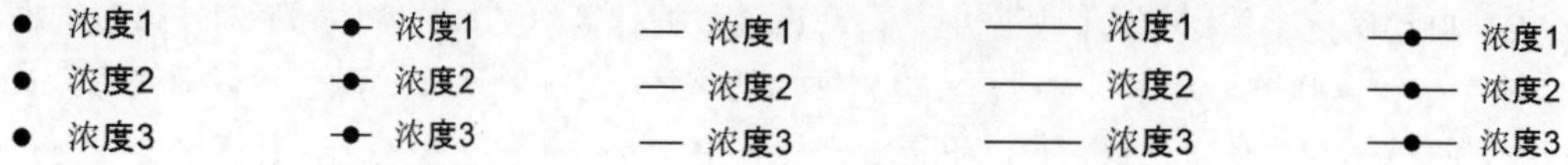

(a) 符号　　　(b) 符号线　　　(c) 线条　　　(d) 长线条　　　(e) 符号与长线条

图 6-58　图例的样式

（2）图例还原为列标题：勾选该复选框，图例名称为数据表中的数据集列标题。
（3）用行标题标记每个点：勾选该复选框，在图表中每个数据点上显示行标题文本。
（4）颜色：设置图例的颜色。

2. 图例形状设置

打开"图表设置"选项卡，下面介绍在"图例键的形状"选项组中关于图例中图例块的形状设置。

图例块的形状包括两种：矩形和正方形，如图6-59所示。

（a）矩形　　　　　　（b）正方形

图6-59　图例的形状

6.3.5　设置图表数据样式

图表数据样式包括符号的形状、大小、颜色、填充颜色以及数据点之间线条/曲线的样式、粗细、图案、颜色等。根据选择的对象（数据点、数据集）不同，设置图表样式的命令也不同。需要注意的是，绘制的图表不同，设置命令也不同。

1. 数据点样式设置

选择单个数据对应的图形（符号或条形），右击，在弹出的快捷菜单中选择"格式化此点"命令，弹出如图6-60所示的子菜单。下面介绍快捷菜单中的相关命令。

（a）选择符号（点）　　　　　　（b）选择条形

图6-60　"格式化此点"子菜单

- 符号颜色：选择该命令，在弹出的颜色列表中选择符号的颜色。
- 符号形状：选择该命令，在弹出的子菜单列表中选择符号的样式。
- 符号大小：选择该命令，在弹出的子菜单列表中选择符号的大小（0~10）。

- 填充颜色：选择该命令，在弹出的颜色列表中选择条形中的填充颜色。
- 填充图案：选择该命令，在弹出的子菜单中选择条形中的填充图案样式，如图6-61所示。
- 图案颜色：在"填充图案"子菜单中选择带线条的图案后，才可激活该命令。选择该命令，在弹出的颜色列表中选择条形中填充图案中图案的颜色。
- 边框颜色：选择该命令，在弹出的子菜单中选择边框线的颜色。
- 边框粗细：选择该命令，在弹出的子菜单中选择边框线的线宽（0~10）。
- 误差条颜色：选择该命令，在弹出的颜色列表中选择误差条的颜色。
- 误差条样式：选择该命令，在弹出的子菜单列表中选择误差条的样式，如图6-62所示。

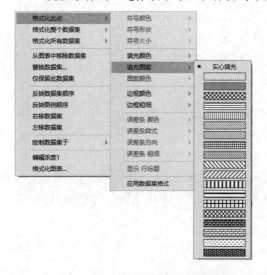

图6-61 "填充图案"子菜单　　　　　图6-62 "误差条样式"子菜单

- 误差条方向：选择该命令，在弹出的子菜单列表中选择误差条的位置，包括无、向上、向下或两者都有。
- 误差条粗细：选择该命令，在弹出的子菜单列表中选择误差条的线宽。
- 显示行标题：选择该命令，在选中的数据点符号上添加数据标签，名称为数据表中的行标题，如图6-63所示。图中，设置符号点"B组"的大小和样式。若行标题为空，则不显示任何值。

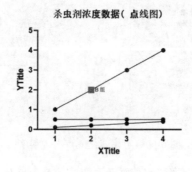

图6-63 设置单个符号效果

- 应用数据集格式：选择该命令，在该符号中应用整个数据集使用的格式。

2. 数据集样式设置

选择图表中的图形（点线图或条形图），右击，弹出快捷菜单，选择"格式化整个数据集"命令，弹出如图 6-64 所示的子菜单，下面介绍快捷菜单中的相关命令。前面介绍的命令这里不再赘述。

（a）选择符号或线条（点线图）

（b）选择条形（条形图）

图 6-64　"格式化整个数据集"子菜单

- 线条/曲线颜色：选择该命令，在弹出的颜色列表中选择线条/曲线的颜色。
- 线条/曲线粗细：选择该命令，在弹出的子菜单列表中选择线条/曲线的线宽（磅数）。
- 线条/曲线图案：选择该命令，在弹出的子菜单列表中选择线条/曲线的线型，如图 6-65 所示。
- 线条/曲线样式：选择该命令，在弹出的子菜单列表中选择线条/曲线的样式，如图 6-66 所示。

图 6-65　"线条/曲线图案"子菜单

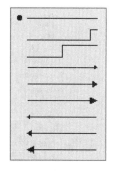

图 6-66　"线条/曲线样式"子菜单

3. 所有数据集样式设置

"格式化所有数据集"命令与"格式化整个数据集"命令类似，这里不再赘述。不同的是，"格式化所有数据集"命令设置的是当前选中图形对应的数据集（工作表中的列），"格式化整个数据集"命令设置的是当前选中图形对应的数据表文件（整个工作表），效果如图 6-67 所示。

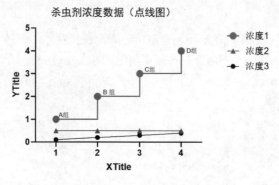

图 6-67　图表设置效果

4. 工作表数据点设置

图表中的曲线数据点与关联的数据表中的数据是一一对应的，对于过高或过低的特殊点，可以通过设置点的格式来突出显示图形。

打开工作表编辑窗口，选中单元格，选择菜单栏中的"更改"→"设置点的格式"命令，或在功能区"更改"选项卡单击 按钮，或右击，在弹出的快捷菜单中选择"设置点的格式"命令，弹出如图 6-68 所示的子菜单，设置选中单元格中数据关联图表中的图形格式。

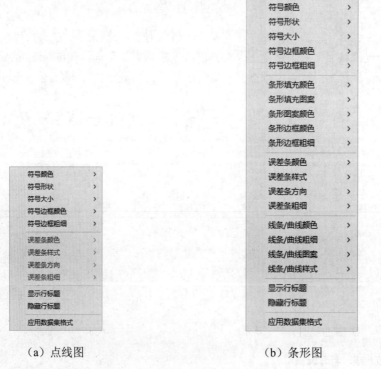

图 6-68　"设置点的格式"子菜单

6.3.6　设置图表魔法棒

GraphPad Prism 提供了一种"魔法"功能，使用该功能可以保持图表格式一致，效果如图 6-69

所示。其中，初始图表图例为垂直排列，根据模板图表的格式（水平排列），将初始图表图例更改为水平排列。另外，图表标题的格式、间距、误差条等格式也会发生改变。

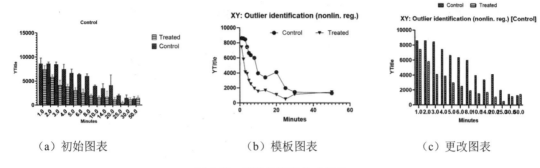

（a）初始图表　　　　　　（b）模板图表　　　　　　（c）更改图表

图 6-69　魔法棒图表格式效果

（1）打开要修改格式的图表窗口，单击"更改"功能区中的"魔法"按钮，弹出"'魔法'步骤 1-选择图表作为示例"对话框，选择模板图表，如图 6-70 所示。

图 6-70　"'魔法'步骤 1-选择图表作为示例"对话框

（2）单击"下一步"按钮，弹出"'魔法'步骤 2-选择要应用的示例图表的属性"对话框，设置模板图表的属性，如图 6-71 所示。

在左侧"要应用的属性"中显示要更改的属性选项，下面分别进行介绍。

（1）图表原点与外观：勾选该复选框，保持要更改的图表与模板图表的原点与外观格式一致，如图 6-72 所示。

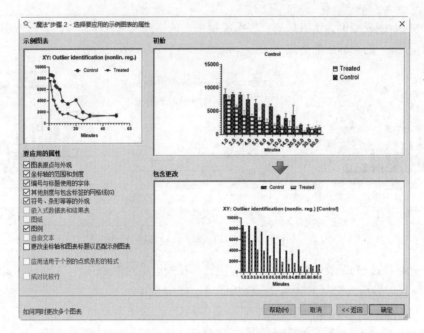

图 6-71 "'魔法'步骤 2-选择要应用的示例图表的属性"对话框

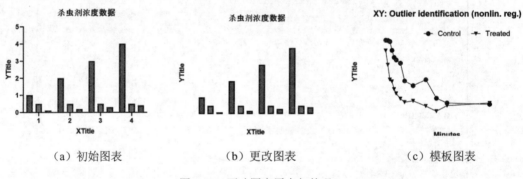

（a）初始图表　　　　　　（b）更改图表　　　　　　（c）模板图表

图 6-72 更改图表原点与外观

（2）坐标轴的范围和刻度：勾选该复选框，保持要更改的图表与模板图表的坐标轴的范围和刻度格式一致。

（3）编号与标题使用的字体：勾选该复选框，保持要更改的图表与模板图表的编号与标题使用的字体格式一致。

（4）其他刻度与包含标签的网格线：勾选该复选框，保持要更改的图表与模板图表的其他刻度与包含标签的网格线格式一致。

（5）符号、条形等等的外观：勾选该复选框，保持要更改的图表与模板图表的符号、条形等的外观格式一致。

（6）嵌入式数据表和结果表：勾选该复选框，保持要更改的图表与模板图表的嵌入式数据表和结果表格式一致。

（7）图纸：勾选该复选框，保持要更改的图表与模板图表的图纸格式一致。

（8）图例：勾选该复选框，保持要更改的图表与模板图表的图例格式一致。

（9）自由文本：勾选该复选框，保持要更改的图表与模板图表的文本格式一致。

（10）更改坐标轴和图表标题以匹配示例图表：勾选该复选框，保持要更改的图表与模板图表的坐标轴和图表标题格式一致。

（11）应用适用于个别的点或条形的格式：勾选该复选框，保持要更改的图表与模板图表的点或条形格式一致。

（12）成对比较行：勾选该复选框，保持要更改的图表与模板图表中成对行数据对应图形的格式一致。

6.3.7 实例——临床试验数量图表分析

现按新药临床试验和生物等效性试验（BE 试验）来统计近三年的数据，2021 年新药临床试验登记 2033 项，BE 试验登记 1325 项；2020 年新药临床试验登记 1902 项，BE 试验登记 1456 项；2019 年新药临床试验登记 1770 项，BE 试验登记 1586 项。

本小节创建 XY 表，根据上面的数据制作临床试验类型分组图，通过对操作步骤的讲解，读者可掌握更改图表格式、添加误差条的操作方法。

操作步骤

1. 设置工作环境

步骤 01　双击 GraphPad Prism 10 图标，启动 GraphPad Prism，自动弹出"欢迎使用 GraphPad Prism"对话框，设置创建的默认数据表格式。

步骤 02　在"欢迎使用 GraphPad Prism"对话框的"创建"选项组下选择 XY 选项，选择创建 XY 数据表，如图 6-73 所示。

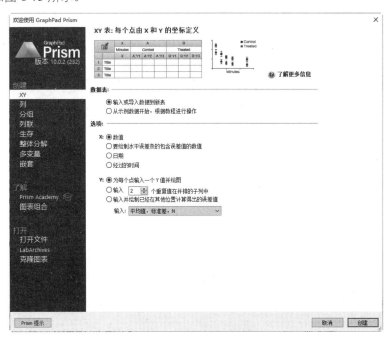

图 6-73　XY 表参数设置界面

此时，在右侧 XY 表参数设置界面设置如下：

- 在"数据表"选项组下选择"输入或导入数据到新表"选项。
- 在"选项"选项组下的 X 选项下选择"数值"，Y 选项下选择"为每个点输入一个 Y 值并绘图"。

步骤 03 单击"创建"按钮，创建项目文件，同时该项目下自动创建一个数据表"数据 1"和关联的图表"数据 1"。

步骤 04 选择菜单栏中的"文件"→"另存为"命令，或单击"文件"功能区中的"保存命令"按钮下的"另存为"命令，弹出"保存"对话框，输入项目的保存名称"新药临床试验数量图表分析"，在"保存类型"下拉列表中选择项目类型 Prism 文件。

步骤 05 单击"确定"按钮，在源文件目录下自动创建项目文件"新药临床试验数量表.prism"，如图 6-74 所示。

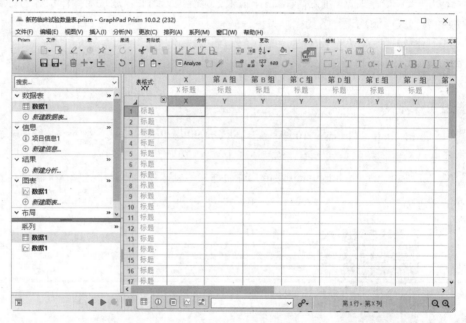

图 6-74　保存项目文件

2. 输入数据

步骤 01 激活 X 标题栏单元格，输入"时间/年"，如图 6-75 所示。在单元格外单击，结束数据编辑操作，数据如图 6-76 所示。

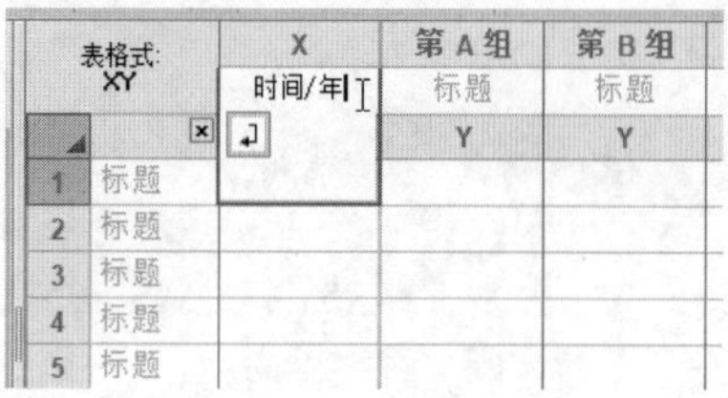

图 6-75　输入 X 列标题 　　　　　　图 6-76　输入 X 列数据

步骤 02　用同样的方法，输入 Y 列（第 A 组）、Y 列（第 B 组）数据，结果如图 6-77 所示。

表格式: XY	X	第 A 组	第 B 组
	时间/年	新药临床试验	BE试验
	X	Y	Y
1 标题	2019	1770	1586
2 标题	2020	1902	1456
3 标题	2121	2033	1325
4 标题			

图 6-77　输入 Y 列数据

3. 绘制分组图

步骤 01　在导航器"数据表"选项组下选择数据表"数据 1"，右击，选择"重命名表"命令，重命名数据表为"临床试验数量"。

步骤 02　在左侧导航器"图表"选项卡下选择"临床试验数量"图表，弹出"更改图表类型"对话框，在"图表系列"下拉列表中默认显示"分组"，在"摘要数据"选项卡下选择"交错条形"选项，如图 6-78 所示。

步骤 03　单击"确定"按钮，关闭该对话框，在导航器"图表"选项中的"临床试验数量"中显示交错的条形图"临床试验数量（交错条形图）"，如图 6-79 所示。

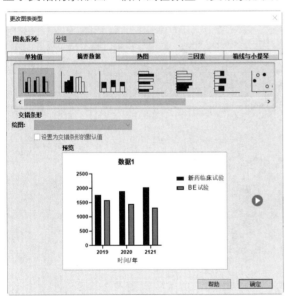

图 6-78　"更改图表类型"对话框

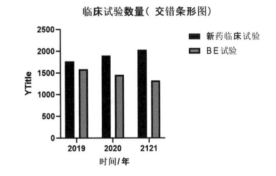

图 6-79　绘制交错条形图

步骤 04　在左侧导航器"图表"选项卡下单击"新建图表"命令，弹出"创建新图表"对话框，在"图表类型"下的"显示"下拉列表中默认显示"分组"，在"摘要数据"选项卡下选择"分隔条形图"选项，如图 6-80 所示。

步骤 05　单击"确定"按钮，关闭该对话框，在导航器"图表"选项下新建一个"临床试验数量"图表，显示分隔条形图"临床试验数量（分隔条形图）"，如图 6-81 所示。

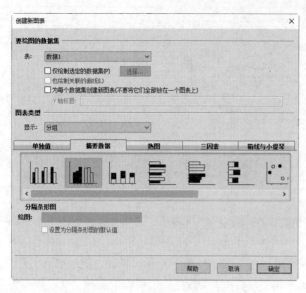
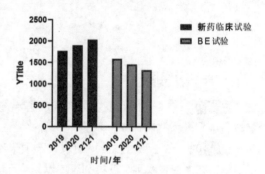

图 6-80 "创建新图表"对话框　　　　图 6-81 绘制分隔条形图

步骤 06 在左侧导航器"图表"选项卡下单击"新建图表"命令，弹出"创建新图表"对话框，在"图表类型"下的"显示"下拉列表中默认显示"分组"，在"摘要数据"选项卡下选择"堆叠条形图"选项，如图 6-82 所示。

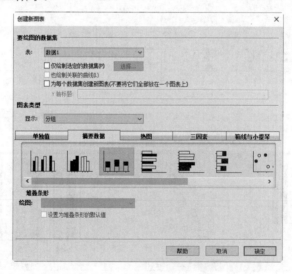

图 6-81 "创建新图表"对话框

步骤 07 单击"确定"按钮，关闭该对话框，在导航器"图表"选项下新建一个"临床试验数量"图表，显示堆叠条形图"临床试验数量（堆叠条形图）"，结果如图 6-83 所示。

4. 编辑堆叠条形图格式

步骤 01 在导航器"图表"下选择"临床试验数量（堆叠条形图）"图表。

步骤 02 选择 X 轴并向右拖动，以调整 X 轴的位置，同时优化其与图形的大小比例。修改 Y 轴标题为"数量"，设置字体颜色为红色（3E）。

步骤 03 设置图表标题,设置字体为"华文楷体",大小为 18,颜色为红色(3E),结果如图 6-84 所示。

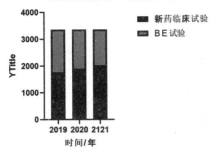

图 6-83 绘制堆叠条形图　　　　　　　　图 6-84 设置图表结果

步骤 04 双击绘图区空白处,或单击"更改"功能区中的"设置图表格式(符号、条形图、误差条等)"按钮，弹出"格式化图表"对话框。

步骤 05 打开"外观"选项卡,在"数据集"下拉列表中选择"更改所有数据集",在"边框"选项组下选择"无",取消柱形图边框。

步骤 06 打开"注解"选项卡,打开"在条形中-顶部"选项卡,在"显示"选项下选择"绘图的值(平均值,中位数…)"选项,在"方向"选项下选择"水平",如图 6-85 所示。取消勾选"自动确定字体"复选框,单击"字体"按钮,弹出"字体"对话框,设置字体大小为"小四",单击"确定"按钮,返回主对话框。

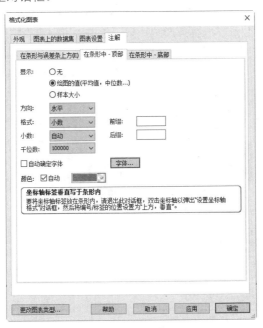

图 6-85 "注解"选项卡

步骤 07 打开"外观"选项卡,在"数据集"下拉列表中选择"临床试验数量:A:新药临床试验",在"条形与框"选项组下的"填充"下拉列表中选择紫色(9C);选择"临床试验数量:

B：BE 试验"，在"条形与框"选项组下的"填充"下拉列表中选择红色（3D）。

步骤 08 单击"确定"按钮，关闭该对话框，更新图表，如图 6-86 所示。一般创建的图表的图例自动位于图表右上角，选择图例，将图例移动到 X 轴下方。

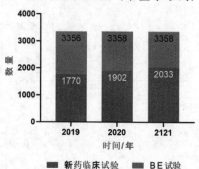

图 6-86 更新图表显示格式

> **注意** 设置标注字体后，由于堆叠的柱子太小，有些注解无法显示，需要向上拖动 Y 坐标轴，调整 Y 轴大小，从而得到合适的图形。

5. 魔法工具更新其余图表

步骤 01 在导航器"图表"下选择"表：临床试验数量（交错条形图）"图表。单击"更改"功能区中的"魔法"按钮，弹出"'魔法'步骤 1-选择图表作为示例"对话框，选择"本项目"下模板图表"表：临床试验数量（堆叠条形图）"。单击"下一步"按钮，弹出"'魔法'步骤 2-选择要应用的示例图表的属性"对话框，设置模板图表的属性，如图 6-87 所示。

步骤 02 单击"确定"按钮，关闭该对话框，按照模板更新图表格式，如图 6-88 所示。

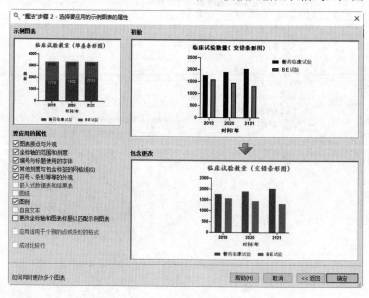

图 6-87 "'魔法'步骤 2-选择要应用的示例图表的属性"对话框

步骤03 在导航器"图表"下选择"临床试验数量（分隔条形图）"图表。单击"更改"功能区中的"魔法"按钮，弹出"'魔法'步骤1-选择图表作为示例"对话框，选择"本项目"下的模板图表"表：临床试验数量（堆叠条形图）"。单击"下一步"按钮，弹出"'魔法'步骤2-选择要应用的示例图表的属性"对话框。单击"确定"按钮，关闭该对话框，按照模板更新图表格式，如图6-89所示。

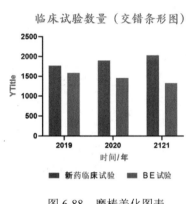

图6-88　魔棒美化图表

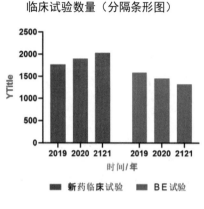

图6-89　设置图表结果

6. 保存项目

单击"文件"功能区中的"保存"按钮，或按Ctrl+S键，直接保存项目文件。

第 7 章 图表图形修饰处理

通过前面章节的学习,读者可能会感觉到简单的图表并不能满足我们对可视化的要求,为了让图表看起来美观、舒服,可以对图表图形进行修饰处理。GraphPad Prism 提供了许多图表图形修饰处理的命令,本章主要介绍一些常用的图形设置命令,包括坐标轴设置、图表数据设置和图表格式设置。

内容要点

- 图表元素
- 坐标轴设置
- 图表数据设置
- 插入图形对象
- 排列图形

7.1 图表元素

图表中的图表元素包括坐标轴(X 轴、Y 轴和坐标轴标题)、图表标题、图例、图表曲线(符号和线),如图 7-1 所示。选择不同的图表元素,可以很便捷地设置图表元素的格式。

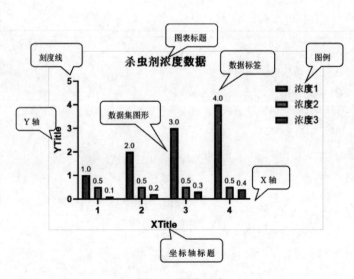

图 7-1　图表元素

7.2 坐标轴设置

图表中的坐标轴通常由带原点的坐标框（水平 X 轴和垂直 Y 轴）、坐标轴标题（水平 X 轴和垂直 Y 轴）和带刻度的水平 X 轴和垂直 Y 轴构成。

7.2.1 设置坐标轴格式

通常情况下，Y 轴显示在坐标框左侧，X 轴显示在坐标框下方。

选择菜单栏中的"更改"→"坐标框与原点"命令，或在坐标轴上右击，选择"坐标轴格式"命令，或单击"更改"功能区中的"设置坐标轴格式"按钮 ，弹出"设置坐标轴格式"对话框，如图 7-2 所示。该对话框中包含 4 个选项卡：坐标框与原点、X 轴、左 Y 轴、右 Y 轴、标题与字体（F），分别对应设置坐标轴不同的元素。

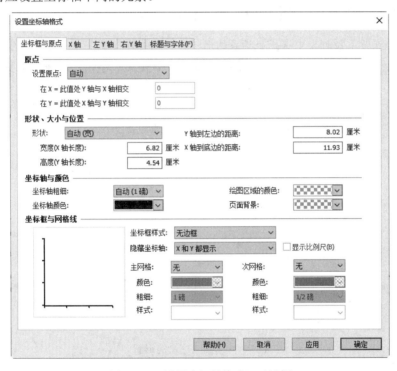

图 7-2 "设置坐标轴格式"对话框

1. "坐标框与原点"选项卡（参见图 7-2）

在图表区双击坐标原点，即可打开该选项卡。在该选项卡中设置图表的原点、坐标轴框或周围坐标系的颜色和形状的格式。

1）"原点"选项组

（1）在"设置原点"下拉列表中选择坐标原点的位置，默认选择"自动"选项，设置为左下角，还可以选择其余位置：左上、右下、右上，对应的效果如图 7-3 所示。

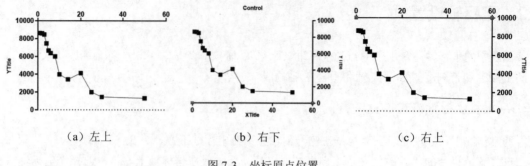

(a) 左上　　　　　　　(b) 右下　　　　　　　(c) 右上

图 7-3　坐标原点位置

(2) 选择"自定义"选项，设置"在 X=此值处 Y 轴与 X 轴相交""在 Y=此值处 X 轴与 Y 轴相交"中的值。

2)"形状、大小与位置"选项组（图 7-2 中间）

- 形状：在该下拉列表中选择坐标系的形状，包括自动（宽）、正方形、自定义、高、宽，高、宽和正方形的效果如图 7-4 所示。若选择"自定义"选项，则根据"宽度（X 轴长度）""高度（Y 轴长度）"选项定义坐标系的大小。
- Y 轴到左边的距离：定义 Y 轴到图表左侧边框的距离。
- X 轴到底边的距离：定义 X 轴到图表底部边框的距离。

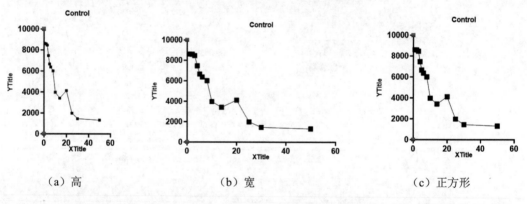

(a) 高　　　　　　　(b) 宽　　　　　　　(c) 正方形

图 7-4　选择坐标系的形状

3)"坐标轴与颜色"选项组

- 坐标轴粗细：设置坐标轴的线宽，默认值为"自动（1 磅）"。
- 绘图区域的颜色：设置坐标轴框架围成的坐标区域（矩形区域）的颜色。
- 坐标轴颜色：设置坐标轴的线条颜色。
- 页面背景：设置图表页面（全部区域）的颜色。

4) 坐标框与网格线

(1) 坐标框样式：选择坐标框样式，默认为"无边框"，不显示坐标框。图 7-5 显示其余类型的坐标框：X 轴和 Y 轴偏移、普通坐标框、带刻度的坐标框（镜像）、带刻度的坐标框（向内）。

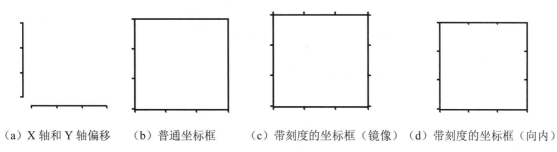

（a）X 轴和 Y 轴偏移　　（b）普通坐标框　　（c）带刻度的坐标框（镜像）　（d）带刻度的坐标框（向内）

图 7-5　坐标框样式

（2）隐藏坐标轴：选择坐标轴的显示样式，包括隐藏 X、显示 Y、隐藏 Y、显示 X、X 和 Y 都隐藏、X 和 Y 都显示，如图 7-6 所示。

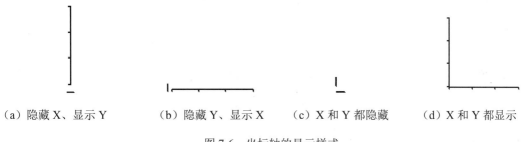

（a）隐藏 X、显示 Y　　（b）隐藏 Y、显示 X　　（c）X 和 Y 都隐藏　　（d）X 和 Y 都显示

图 7-6　坐标轴的显示样式

（3）显示比例尺：隐藏 X 或 Y 轴时激活该选项，若同时隐藏 X 轴和 Y 轴，则通过显示标尺来定义坐标系，如图 7-7 所示。

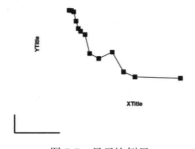

图 7-7　显示比例尺

（4）主网格：在该下拉列表中选择主网格线的样式，包括无、X 轴、Y 轴、X 轴和 Y 轴，如图 7-8 所示。同时，还可以选择网格线的颜色、粗细和样式。

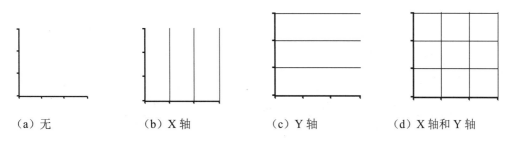

（a）无　　　　　（b）X 轴　　　　　（c）Y 轴　　　　　（d）X 轴和 Y 轴

图 7-8　选择主网格线的样式

（5）次网格：在该下拉列表中选择次网格线的样式（默认虚线表示），包括无、X 轴、Y 轴、X 轴和 Y 轴，如图 7-9 所示。同时，还可以选择次网格线的颜色、粗细和样式。

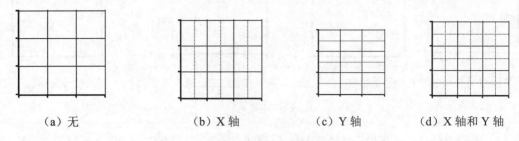

（a）无　　　　　　（b）X 轴　　　　　　（c）Y 轴　　　　　　（d）X 轴和 Y 轴

图 7-9　选择次网格线的样式

2．"X 轴"选项卡

双击图表中的横坐标轴（X 轴），即可打开如图 7-10 所示的"X 轴"选项卡。

图 7-10　"X 轴"选项卡

（1）间距与方向：选择坐标轴刻度间距的样式。

①标准：选择该选项，X 轴刻度值从小到大均匀间隔递增（0~60），如图 7-11 所示。

②反转：选择该选项，X 轴刻度值从大到小均匀间隔递增（60~0），如图 7-12 所示。

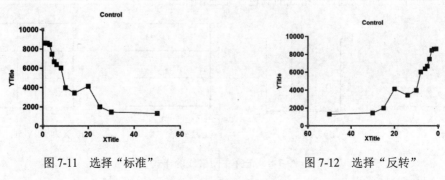

图 7-11　选择"标准"　　　　　　　　图 7-12　选择"反转"

③两段（—||—）：选择该选项，在对话框中增加"段"选项，如图 7-13 所示。将 X 轴分为左、右两个部分，创建一根不连续轴以及具有一个间隙的轴，分隔间隙为两条竖直线，如图 7-14 所示。在"段"下拉列表中选择左、右选项，设置每根轴（左段和右段）的范围，并将其长度设置为轴总长度的百分比，如图 7-15 所示。

图 7-13　增加"段"选项

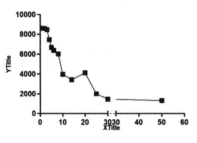

图 7-14　X 轴分为两段

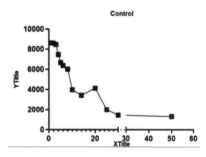

图 7-15　X 轴左、右两段设置结果

④两段（—//—）：选择该选项，在对话框中增加"段"选项，将 X 轴分为左、右两个部分，分隔线为两条右倾斜的竖直线，如图 7-16 所示。

⑤两段（—\\—）：选择该选项，在对话框中增加"段"选项，将 X 轴分为左、右两个部分，分隔线为两条左倾斜的竖直线，如图 7-17 所示。

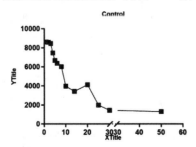

图 7-16　X 轴两段（右倾）分隔

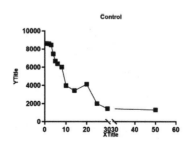

图 7-17　X 轴两段（左倾）分隔

⑥三段（—||—||—）：选择该选项，在对话框中增加"段"选项，将 X 轴分为左、中心、右三个部分，分隔线为两条竖直线，如图 7-18 所示。

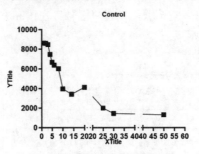

图 7-18　X 轴三段分隔

⑦三段（—//—//—）：选择该选项，在对话框中增加"段"选项，将 X 轴分为左、中心、右三个部分，分隔线为两条右倾斜的竖直线，如图 7-19 所示。

⑧三段（—\\—\\—）：选择该选项，在对话框中增加"段"选项，将 X 轴分为左、中心、右三个部分，分隔线为两条左倾斜的竖直线，如图 7-20 所示。

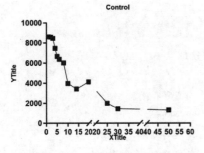
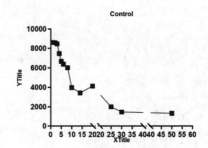

图 7-19　X 轴三段（右倾）分隔　　　　　图 7-20　X 轴三段（左倾）分隔

（2）比例：选择坐标轴刻度值使用的比例，默认选择"线性"选项，在图表上等距分布 0、20、40、60 处的刻度。若选择 Log10 选项，则表示该轴为对数轴，在图表上等距分布 1、10、100 处的刻度。1、10、100 的对数是 0、1、2，其为等距值，如图 7-21 所示。

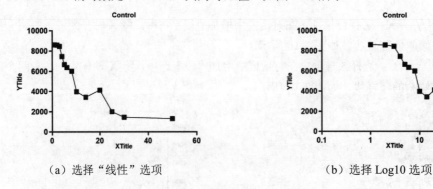

（a）选择"线性"选项　　　　　　　　　（b）选择 Log10 选项

图 7-21　X 轴刻度值比例

（3）自动确定范围与间隔：勾选该复选框，Prism 自动选择坐标轴的范围。Prism 在坐标轴上显示主要刻度（长刻度）和次要刻度（短刻度）。默认情况下，Prism 自动设置坐标轴的最小和最大范围,以及主要刻度间隔。

(4)范围:若取消选中"自动确定范围与间隔"复选框,则在"范围"选项组输入在轴上绘制的最小值和最大值。

(5)所有刻度:设置坐标轴刻度的样式。

①刻度方向:选择 X 轴刻度线的方向,默认向下,如图 7-22 所示。

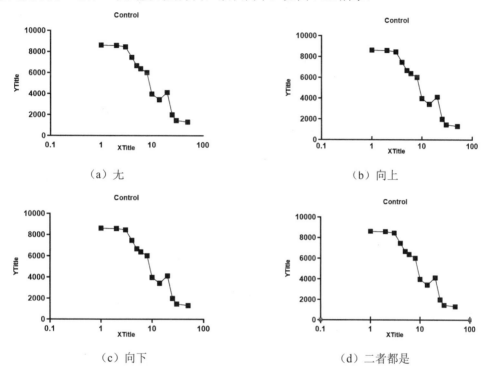

图 7-22 X 轴刻度线的方向

②编号/标签的位置:选择 X 轴刻度线对应标签值的位置,默认选择"自动(下方,水平)"。

③刻度长度:选择刻度线的样式,包括很短、短、正常、长、很长。

④编号/标签的角度:选择刻度线编号/标签的放置角度,一般在编号/标签过长的情况下,避免压字时应用。

(6)有规律间开的刻度。

在"间距与方向"选项中,选择标准和反转之外的分隔 X 轴的选项时,激活该选项组下的选项,用于设置主要刻度(长刻度)和次要刻度(短刻度)的刻度值参数。

- 长刻度间隔:设置主要刻度(长刻度)两个刻度值之间的间隔。
- 数值格式:设置主要刻度值(长刻度)的数值格式,包括小数、科学记数、10 的幂、反对数。
- 前缀:设置主要刻度值(长刻度)中数值的前缀,一般为特殊符号。
- 起始 X=:定义主要刻度值(长刻度)原点的值。
- 千位数:定义主要刻度值(长刻度)千位数的表示方法。

- 后缀：设置主要刻度值（长刻度）中数值的后缀，一般为特殊符号，如%。
- 短刻度：设置次要刻度（短刻度）两个刻度值之间的间隔。
- 对数：勾选该复选框，次要刻度（短刻度）中刻度值显示为对数。
- 小数：设置次要刻度（短刻度）中刻度值为小数时的显示格式。
- 句点：设置次要刻度（短刻度）中刻度值为小数时，小数点的显示格式，如句点：1.23、逗号：1,23、中间点：1·23。

（7）其他刻度与网格线。

设置在X轴中添加的附加刻度线的样式。

①X=：输入添加附加刻度线的X位置。
②刻度：勾选该复选框，显示刻度值。
③线：勾选该复选框，显示刻度线。
④文本：输入附加刻度线的文本标注。
⑤详细信息：单击该按钮，弹出"设置其他刻度和网格的格式"对话框，设置刻度或网格线的外观格式，如图7-23所示。

图7-23 "设置其他刻度和网格的格式"对话框

- X=：显示附加刻度线的X位置。
- 显示文本：勾选该复选框，设置要添加的文本的内容、位置、角度和偏移值。
- 显示刻度：勾选该复选框，设置要添加的附加刻度线的尺寸、粗细和方向。
- 显示网格线：勾选该复选框，显示附加刻度线的网格线粗细、样式、颜色和位置。
- 在此刻度与X为此值之间的区域填充（阴影）：Prism可以填充一条附加网格线及其相邻网格线之间的间距。如需在网格线两侧创建填充，可在同一位置放置两条附加网格线，且从一条网格线向后填充，从另一条网格线向前填充。勾选该复选框，设置填充区域的填充颜色、位置、填充图案和图案颜色，如图7-24所示。
- 新建刻度：单击该按钮，添加一条新的刻度线。
- 删除刻度：单击该按钮，删除选中的刻度线。

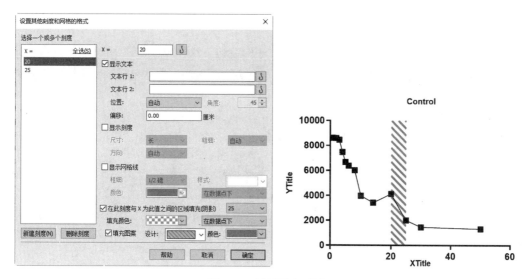

图 7-24　设置填充区域

（8）显示其他刻度。

在该选项组下选择使用的刻度线样式，包括使用有规律的刻度、不使用有规律的刻度、仅使用有规律的刻度。

3. "左Y轴"选项卡

双击图表左侧的纵坐标轴（Y轴），即可打开如图 7-25 所示的"左 Y 轴"选项卡。该选项卡中的设置与"X 轴"相同，这里不再赘述。

4. "右Y轴"选项卡

若双击图表右侧的纵坐标轴（Y轴），即可打开如图 7-26 所示的"右 Y 轴"选项卡。该选项卡中的设置与"X 轴"相同，这里不再赘述。

图 7-25　"左 Y 轴"选项卡

图 7-26　"右 Y 轴"选项卡

5. "标题与字体"选项卡

如果要设置沿坐标轴的文本格式,可以切换到"标题与字体"选项卡,如图 7-27 所示。在这里可以设置坐标轴文本的字体、对齐方式、位置和旋转方式。例如,旋转坐标轴文本(水平)的效果如图 7-28 所示。

1)图表标题

- 显示图表标题:勾选该复选框,在图表中显示图标标题。单击"字体"按钮,弹出"字体"对话框,设置图标标题中文本的字体、字形和大小,如图 7-29 所示。
- 到图表顶部的距离:在该文本框内输入图表标题到图表页面顶部的距离值,单位为厘米。
- 图表标题还原为图表表的标题:勾选该复选框,将图表标题定义为图表文件的名称。

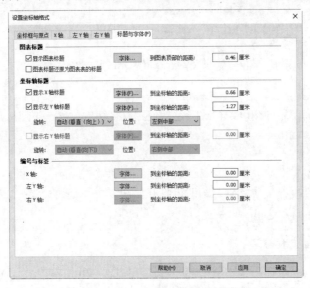

图 7-27 设置文本选项

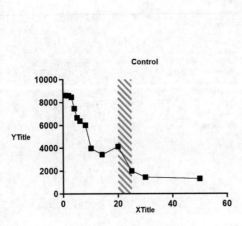

图 7-28 旋转文本后的效果

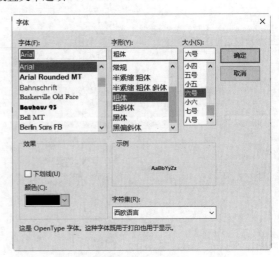

图 7-29 "字体"对话框

2）坐标轴标题

在该选项组下定义 X 轴（左 Y 轴、右 Y 轴）标题的显示、标题文本的字体、到坐标轴的距离、坐标轴标题的旋转方式、坐标轴标题的位置。

3）编号与标签

在该选项组下定义 X 轴（左 Y 轴、右 Y 轴）编号与标签的字体以及到坐标轴的距离。

7.2.2 设置坐标轴外观

坐标轴外观设置除设置坐标轴的长度、粗细、颜色外，还可以设置坐标轴中的数字/标签、标题文本等。

1. 设置坐标轴的长度

如需更改坐标轴的长度，可以直接在图表绘图区对坐标轴的对象进行修改。

单击并拖动坐标轴末端到适当位置，此时鼠标上显示坐标轴的长度值（长度：2.60 厘米），拖动到适当位置后（2.6），松开鼠标，坐标轴显示为当前长度值，如图 7-30 所示。

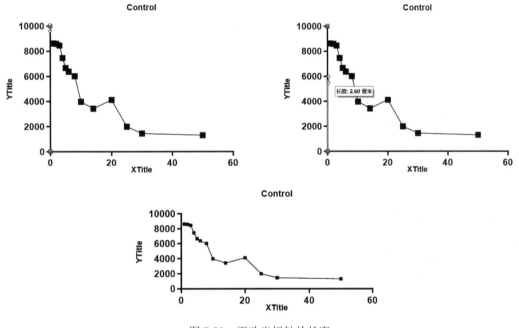

图 7-30　更改坐标轴的长度

2. 编辑坐标轴

（1）将坐标轴作为一个整体的对象分解后发现，坐标轴是由线条和文本组成的，编辑坐标轴实际上可以分为编辑对象和文本。

（2）选择坐标轴，然后选择菜单栏中的"更改"→"选定的对象"命令，弹出"设置对象格式"对话框，更改坐标轴中线条的颜色和粗细，如图 7-31 所示。

（3）选择坐标轴，然后选择菜单栏中的"更改"→"选定的文本"命令，弹出"设置文本格式"对话框,更改坐标轴中文本格式的字体、字型、字号和颜色,如图 7-32 所示。同时,还可以为文本添加特殊效果,包括下画线、上标、下标。

图 7-31 "设置对象格式"对话框

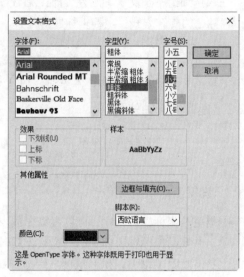

图 7-32 "设置文本格式"对话框

3. 其余坐标轴设置命令

选择坐标轴中的 Y 轴线或文本,右击,弹出如图 7-33 所示的快捷菜单,显示对坐标轴的设置命令。

(1)坐标轴粗细:选择该命令,弹出子菜单,选择坐标轴的线宽,默认以磅为单位,如图 7-34 所示。

(2)坐标轴颜色:选择该命令,弹出颜色列表,设置坐标轴的颜色。

图 7-33 坐标轴设置快捷菜单　　图 7-34 "坐标轴粗细"子菜单

(3)坐标框:选择该命令,弹出子菜单,选择坐标框的显示样式,如图 7-35 所示。

(4)设置坐标轴格式:选择该命令,设置坐标轴中不同对象的格式。

(5)数字/标签字号:选择该命令,弹出子菜单,选择坐标轴的数字/标签的字号(8~72),如

图 7-36 所示。

（6）数字/标签颜色：选择该命令，弹出颜色列表，设置数字/标签的颜色。

（7）标签位置：选择该命令，弹出子菜单，选择坐标轴的标签位置，如图 7-37 所示。其中，X 轴标签可以选择的位置包括：上方，水平；上方，垂直；下方，水平；下方，垂直；下方，成角度。Y 轴标签可以选择的位置包括：左侧，水平；左侧，垂直；右侧，水平；右侧，垂直。不同位置标签的效果如图 7-38 和图 7-39 所示。

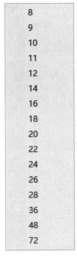

图 7-35　"坐标框"子菜单　　图 7-36　"数字/标签字号"子菜单　　图 7-37　"标签位置"子菜单

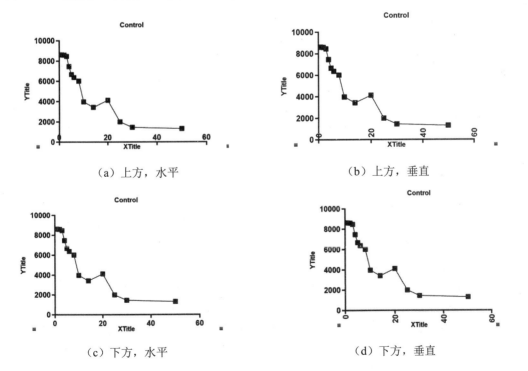

（a）上方，水平　　　　　　　　　　（b）上方，垂直

（c）下方，水平　　　　　　　　　　（d）下方，垂直

图 7-38　X 轴标签位置

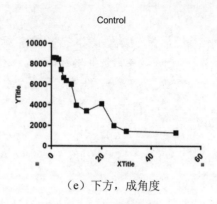

(e)下方,成角度

图 7-38 X 轴标签位置(续)

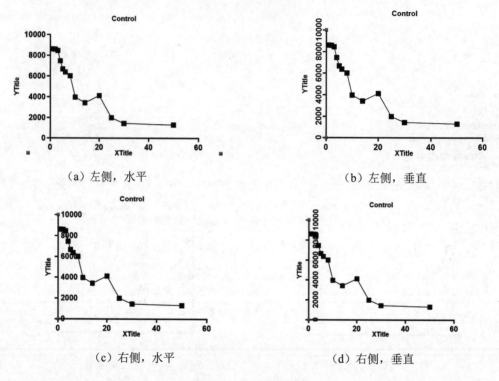

(a)左侧,水平　　　　　　　　　　　(b)左侧,垂直

(c)右侧,水平　　　　　　　　　　　(d)右侧,垂直

图 7-39 Y 轴标签位置

(8)标题文本大小:选择该命令,弹出子菜单,选择坐标轴标题文本的字号(8~72)。

(9)标题颜色:选择该命令,弹出颜色列表,设置坐标轴标题文本的颜色。

(10)标题位置:选择该命令,弹出子菜单,选择坐标轴标题文本的位置,包括左侧中部、左侧底部、左侧顶部、中部上方、左侧上方、右侧上方,如图 7-40 所示。

(11)标题旋转:选择该命令,弹出子菜单,选择坐标轴标题文本的旋转样式,包括自动(垂直(向上))、水平、垂直(向上)、垂直(向下)。

(12)显示标题:选择该命令,选择显示或隐藏坐标轴的标题,该命令前显示✓符号,表示显示坐标轴标题。默认 X 轴标题为 XTitle,Y 轴标题为 YTitle。

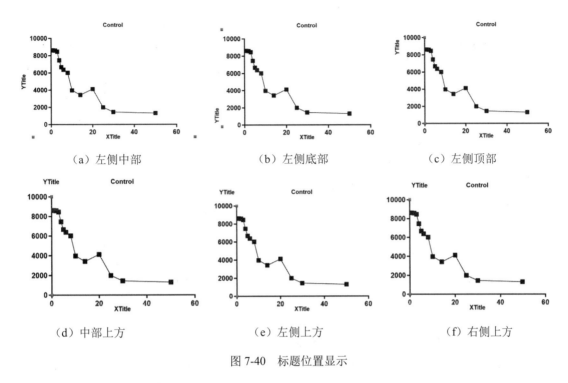

图 7-40 标题位置显示

7.2.3 实例——新药研发现状正负柱状图分析

本实例通过在研药物数量绘制散点图、箱线图和小提琴图，设置图表曲线颜色、绘图区颜色和背景色。

 操作步骤

1. 设置工作环境

步骤01 双击 GraphPad Prism 10 图标，启动 GraphPad Prism。

步骤02 选择菜单栏中的"文件"→"打开"命令，或单击 Prism 功能区中的"打开项目文件"命令，或单击"文件"功能区中的"打开项目文件"按钮，或按 Ctrl+O 键，弹出"打开"对话框，选择需要打开的文件"新药研发现状分析表图表颜色分析.prism"，单击"打开"按钮，即可打开项目文件。

步骤03 选择菜单栏中的"文件"→"另存为"命令，或单击"文件"功能区中的"保存命令"按钮下的"另存为"命令，弹出"保存"对话框，输入项目名称"新药研发现状正负柱状图分析"。单击"确定"按钮，在源文件目录下自动创建项目文件"新药研发现状正负柱状图分析.prism"。

2. 数据转换

步骤01 将数据表"全球药企在研产品数前 25（单位：个）"置为当前。

步骤02 单击工作区左上角的"表格式"单元格，弹出"格式化数据表"对话框，打开"表格式"选项卡，勾选"显示行标题"复选框，如图 7-41 所示。单击"确定"按钮，关闭该对话框，在数据表中数据列左侧添加一列行标题，结果如图 7-42 所示。

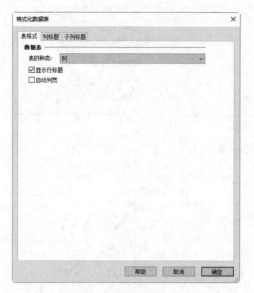

图 7-41 "格式化数据表"对话框　　　　　图 7-42 添加一列行标题

步骤03 打开数据表"新药研发现状分析表",单击行标题所在列,按 Ctrl+C 键,复制整列数据。打开数据表"全球药企在研产品数前 25(单位:个)",单击行标题所在列,选择菜单栏中的"编辑"→"粘贴"→"粘贴数据"命令,粘贴复制的数据,手动调整表格的列宽,结果如图 7-43 所示。

步骤04 选择菜单栏中的"分析"→"数据处理"→"变换"命令,弹出"分析数据"对话框,在左侧列表中选择指定的分析方法:变换。单击"确定"按钮,关闭该对话框,弹出"参数:变换"对话框,在"函数列表"下选择"标准函数",勾选"以此变换 Y 值(V)"复选框,在下拉列表中选择"K*Y",选择"每个数据集的 K 不同"选项,"第 1 年在研产品数"中 K=1,"第 2 年在研产品数"K=−1。取消勾选"为结果创建图表"复选框。

步骤05 单击"确定"按钮,关闭该对话框,在结果表"变换/全球药企在研产品数前 25(单位:个)"中创建标准函数计算的数据,自动根据变换数据创建分组散点图,如图 7-44 所示。

表格式:列	第 A 组 第1年在研产品数	第 B 组 第2年在研产品数
1 Novartis	240	251
2 GlaxoSmithKline	242	250
3 Pfizer	217	232
4 Merck&Co.	223	229
5 Johnson&Johnson	227	214
6 AstraZeneca	231	213
7 Roche	211	206
8 Sanofi	199	193
9 Bristol-Myers Squibb	136	144
10 Takeda	137	141
11 Eli Lilly	124	126
12 Allergan	119	122

变换	A 第1年在研产品数	B 第2年在研产品数
1 Novartis	240.000	−251.000
2 GlaxoSmithKline	242.000	−250.000
3 Pfizer	217.000	−232.000
4 Merck&Co.	223.000	−229.000
5 Johnson&Johnson	227.000	−214.000
6 AstraZeneca	231.000	−213.000
7 Roche	211.000	−206.000
8 Sanofi	199.000	−193.000
9 Bristol-Myers Squibb	136.000	−144.000
10 Takeda	137.000	−141.000

图 7-43 粘贴数据　　　　　图 7-44 结果表

3. 绘制条形图

步骤01 在左侧导航器"图表"选项卡下单击图表"变换/全球药企在研产品数前 25(单位:

个）"命令，弹出"更新图表类型"对话框，在"图表系列"下拉列表中选择"分组"，在"摘要数据"选项卡下选择垂直方向"交错条形"，如图 7-45 所示。

步骤02 单击"确定"按钮，关闭该对话框，创建图表，重命名为"全球药企在研产品数（正负柱形图）"，如图 7-46 所示。

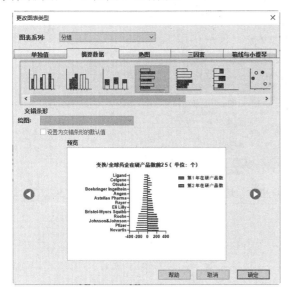

图 7-45 "更改图表类型"对话框　　　　图 7-46 正负柱形图

4. 编辑图表坐标轴

步骤01 双击任意坐标轴，或单击"更改"功能区中的"设置坐标轴格式"按钮，弹出"设置坐标轴格式"对话框。

步骤02 打开"坐标框与原点"选项卡，在"宽度（X 轴长度）"选项中输入 7，在"高度（Y 轴长度）"选项中输入 5；在"坐标轴与颜色"选项组下将"坐标轴颜色"设置为白色，在"隐藏坐标轴"下拉列表中选择"X 和 Y 都隐藏"，取消勾选"显示比例尺"复选框，如图 7-47 所示。

步骤03 打开"标题与字体"选项卡，取消勾选"显示 X 轴标题""显示左 Y 轴标题"复选框，如图 7-48 所示。在"显示图表标题"右侧单击"字体"按钮，弹出"字体"对话框，选择字体为"华文楷体"，字形为粗体，大小为四号，颜色为红色（3E），如图 7-49 所示。单击"确定"按钮，关闭该对话框，返回主对话框。

图 7-47 "坐标框与原点"选项卡

步骤04 单击"确定"按钮，关闭该对话框，更新图表坐标轴设置，效果如图 7-50 所示。

图 7-48 "标题与字体"选项卡

图 7-49 "字体"对话框

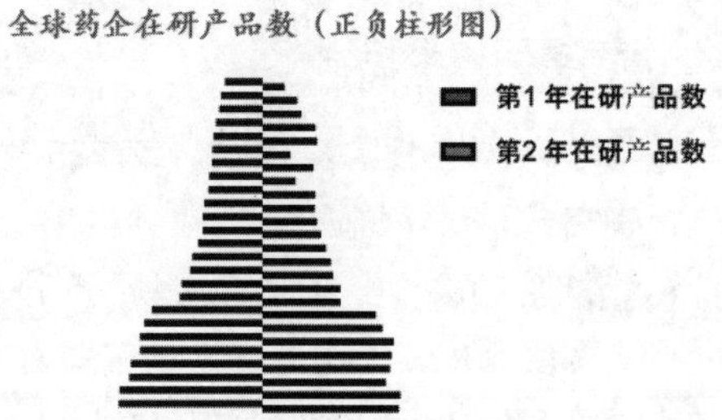

图 7-50 更新图表坐标轴设置的效果

5. 图表格式设置

步骤01 双击绘图区空白处，或单击"更改"功能区中的"设置图表格式（符号、条形图、误差条等）"按钮，弹出"格式化图表"对话框。

步骤02 打开"注解"选项卡，打开"在条形与误差条上方"选项卡，在"显示"选项下选择"绘图的值（平均值，中位数…）"选项。

步骤03 打开"外观"选项卡，在"数据集"下拉列表中选择"变换/全球药企在研产品数前25（单位：个）：A：第1年在研产品数"，在"填充"下拉列表中选择蓝色（8E），在"边框"选项下选择"无"。

步骤04 在"数据集"下拉列表中选择"变换/全球药企在研产品数前25（单位：个）：B：第2年在研产品数"，在"填充"下拉列表中选择洋红色（12E），在"边框"选项下选择"无"。

步骤05 单击"确定"按钮，关闭该对话框，更新图表符号，效果如图7-51所示。

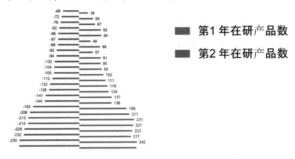

图 7-51　更新图表符号

步骤 06　选中图表标题和图例,激活"文本"功能区,设置字体大小为 8,效果如图 7-52 所示。

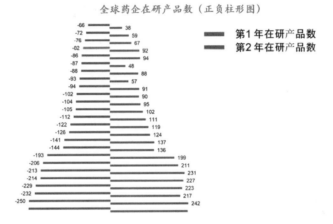

图 7-52　设置文本字体

6. 保存项目

单击"文件"功能区中的"保存"按钮,或按 Ctrl+S 键,直接保存项目文件。

7.3　图表数据设置

创建图表后,可以随时根据需要在图表中添加、更改和删除数据。本节介绍图表数据设置中常用的一些操作,希望读者能仔细体会,举一反三。

7.3.1　在图表中添加数据

数据集源自数据表的行或列的相关数据点。图表中的每个数据集具有唯一的颜色或图案,并且在图表的图例中表示。在图表中添加数据可采用以下两种方法之一。

1. 添加数据集

(1) 选择菜单栏中的"更改"→"添加数据集"命令,弹出"向图表中添加数据集"对话框,如图 7-53 所示。

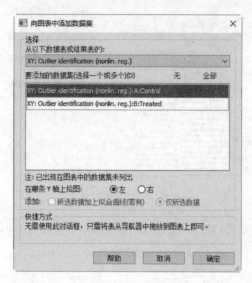

图 7-53 "向图表中添加数据集"对话框

（2）在"从以下数据表或结果表："下拉列表中选择数据表文件，在"要添加的数据集（选择一个或多个）"列表中显示当前图表中可使用的数据集。选择要添加的数据集，单击"确定"按钮，在当前图表中添加使用选中数据集绘制的曲线，如图 7-54 所示。

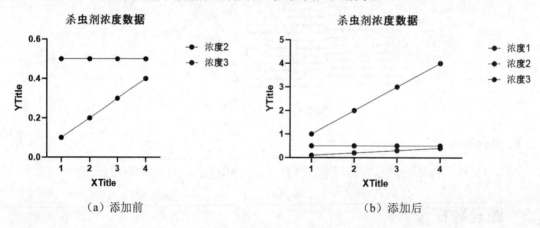

（a）添加前　　　　　　　　　　　　　　（b）添加后

图 7-54 添加数据集曲线

2. 直接拖动工作表

除使用对话框外，直接将导航器中的工作表拖放到图表上，也可以完成在工作表中添加所有数据集。

7.3.2 在图表中删除数据

（1）右击图表区中的图形（最上方数据集曲线"浓度 1"），在弹出的快捷菜单中单击"从图表中移除数据集"命令，即可在图表中删除指定的数据，如图 7-55 所示。

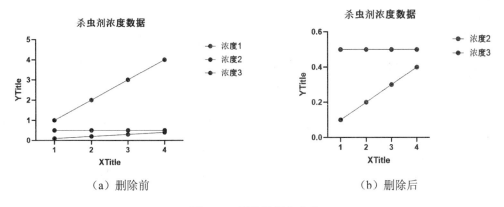

图 7-55　删除数据集曲线

（2）右击图表区中的图形（最上方数据集曲线"浓度1"），在弹出的快捷菜单中单击"仅保留此数据集"命令，即可在图表中保留指定的数据，删除其余数据，如图 7-56 所示。

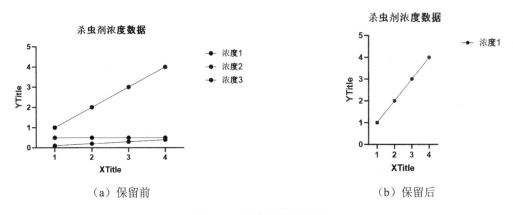

图 7-56　保留数据集曲线

（3）右击图表区中的图形（最上方数据集曲线"浓度1"），在弹出的快捷菜单中单击"替换数据集"命令，弹出"替换数据集"对话框，如图 7-57 所示。

图 7-57　"替换数据集"对话框

(4)选择要替换的数据集(浓度4),替换当前选中的数据集(浓度1),单击"确定"按钮,即可在图表中删除指定的数据,删除数据前后的效果如图7-58所示。

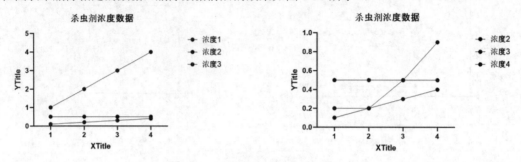

图7-58 替换数据前后的图表效果

7.3.3 排列数据集顺序

选择菜单栏中的"更改"→"数据集顺序排列"命令,或单击"更改"功能区中的"添加或移除数据集,并更改其从前到后或从左到右的顺序"按钮,弹出"格式化图表"对话框,打开"图表上的数据集"选项卡,如图7-59所示。

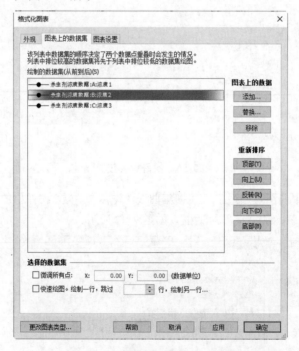

图7-59 "格式化图表"对话框

1. 图表上的数据

(1)添加:单击该按钮,弹出"向图表中添加数据集"对话框,添加数据集。

(2)替换:单击该按钮,弹出"替换数据集"对话框,选择要替换的数据集,替换当前选中的数据集。

(3)移除:单击该按钮,直接删除选中的数据集。

2. 重新排序

在列表中对当前图表中显示的数据集进行排序。列表中数据集的顺序决定了两个数据点重叠时会发生的情况。

（1）顶部：选择该选项，将列表中选中的数据集移动到列表的第一行。
（2）向上：选择该选项，将列表中选中的数据集向上移动一行。
（3）反转：选择该选项，将列表中选中的数据集顺序对调。
（4）向下：选择该选项，将列表中选中的数据集向下移动一行。
（5）底部：选择该选项，将列表中选中的数据集移动到列表的最后一行。

3. 选择的数据集

（1）微调所有点：勾选该复选框，移动数据集中的数据点，在 X、Y 选项中输入 X、Y 方向上移动的相对坐标值，单位为数据集中默认的数据单位。

（2）快速绘图。绘制一行，跳过行，绘制另一行：勾选该复选框，选择各行拾取数据集中的数据点。

4. 更改图表类型

单击该按钮，弹出"更改图表类型"对话框，更改图表的类型，如图 7-60 所示。图中将点线图更改为条形图。

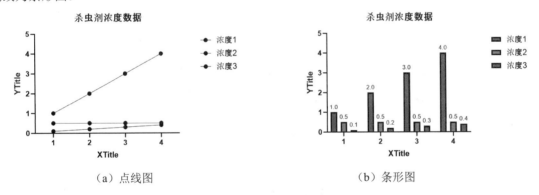

（a）点线图　　　　　　　　　　　　（b）条形图

图 7-60　更改图表的类型

7.3.4　翻转数据集

图表中排位较高的数据集将先于列表中排位较低的数据集绘图，因此从前到后或从右到左翻转数据集，导致图表发生变化。

选择菜单栏中的"更改"→"反转数据集顺序"命令，或在图表区右击，在弹出的快捷菜单中选择"反转数据集顺序"命令，或单击"更改"功能区中的"反转数据集顺序、翻转方向或旋转条形"按钮 ⟳ 下的"反转数据集的顺序（从前到后或从右到左）"命令，直接调整图表中使用数据集的排列顺序（从左到右）。

在图 7-61（a）中，条形图中第一个条形表示的是"浓度 1"数据集，第二个条形表示的是"浓度 2"数据集，第三个条形表示的是"浓度 3"数据集。在图 7-61（b）中，条形图中第一个条形表示的是"浓度3"数据集,第二个条形表示的是"浓度2"数据集,第三个条形表示的是"浓度1"数据集。

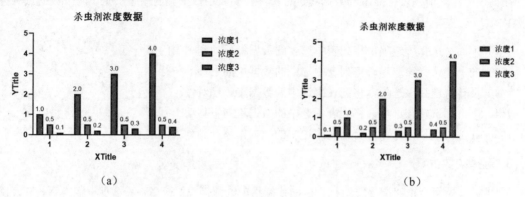

图 7-61 翻转数据集

7.3.5 设置数据集显示样式

双击绘图区中的图形,或选择菜单栏中的"更改"→"符号与线条"命令,或在绘图区中的图形上右击,在弹出的快捷菜单中选择"格式化图表"命令,或单击"更改"功能区中的"设置图表格式(符号、条形图、误差条等)"按钮，弹出"格式化图表"对话框,在"图表上的数据集"选项卡中添加或删除数据集,如图 7-62 所示。

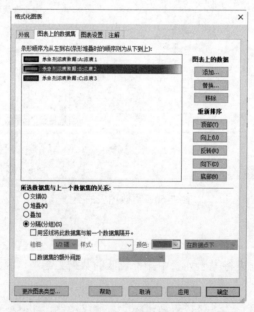

图 7-62 "图表上的数据集"选项卡

(1)图表上的数据:添加、替换、移除图表中显示的数据集。

(2)重新排序:移动图表中显示的数据集,并调整顺序。

(3)所选数据集与上一个数据集的关系:设置列表中选中的数据与上一个数据表中数据的显示方式,如图 7-63 所示。

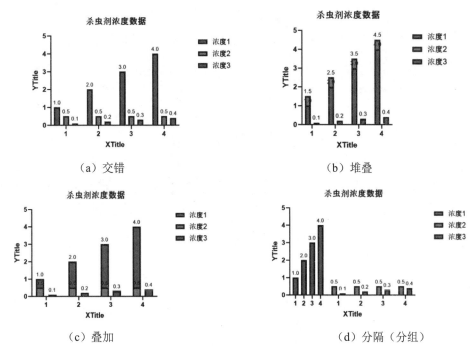

图 7-63　数据集数据的显示方式

①交错：选择该选项，不同数据集中的数据按照列对应分组显示。

②堆叠：选择该选项，选中数据集与上一个数据集中的数据在同个类目轴上（同一 X 轴位置）进行拼接，条形图中每根条带均从下面一根条带的顶部开始。

③叠加：选择该选项，选中数据集与上一个数据集中的数据在同个类目轴上（同一 X 轴位置）进行重叠，条形图中每根条带均从 X 轴延伸到值。

④分隔（分组）：选择该选项，选中数据集与上一个数据集中的数据按照数据集进行分组显示。

- 用竖线将此数据集与前一个数据集隔开：勾选该复选框，在图表中添加选中数据集与上一个数据集之间的竖直分组线，将选中数据集与另一数据集分开，如图 7-64 所示。

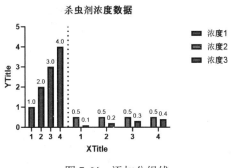

图 7-64　添加分组线

- 粗细：在该下拉列表中设置分组线的线宽，默认值为 1/2 磅。
- 样式：在该下拉列表中选择分组线的样式。
- 颜色：在该下拉列表中选择分组线的颜色。在右侧的下拉列表中选择分组线与数据点的相对位置,包含在数据点下和在数据点上。

- 数据集的额外间距:勾选该复选框,设置两个数据集之间的间距,包含小、中、大 3 个选项,如图 7-65 所示。

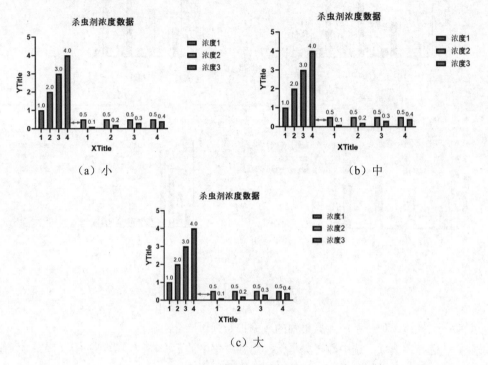

图 7-65 数据集的间距

7.3.6 实例——骨密度仪检测数据图表分析

现有某女性患者,腰部外伤致腰 3 椎体爆裂性骨折,屈曲压缩型损伤,累及前中柱,椎体高度丢失大于 1/2,双下肢感觉肌力正常。骨密度仪检测报告见表 7-1,通过条形图分析骨密度和成人 T 值评分和 Z 值评分。

表 7-1 骨密度仪检测报告单

区 域	骨密度/g/cm2	T 值评分	Z 值评分
腰椎 1	0.451	−4.9	−1.6
腰椎 2	0.409	−5.8	−2.3
腰椎 3	0.573	−4.8	−1.4
腰椎 4	0.624	−4.3	−1.4
L1~L4	0.518	−5.0	−1.6

操作步骤

1. 设置工作环境

步骤 01 双击 GraphPad Prism 10 图标,启动 GraphPad Prism,自动弹出"欢迎使用 GraphPad

Prism"对话框，在"创建"选项组下选择"列"选项。在"数据表"选项组下选择"输入或导入数据到新表"选项，在"选项"选项组下选择"输入重复值，并堆叠到列中"。

步骤 02 单击"创建"按钮，创建项目文件，同时该项目下自动创建一个数据表"数据1"和关联的图表"数据1"，重命名数据表为"骨密度仪检测数据"。

步骤 03 选择菜单栏中的"文件"→"另存为"命令，或单击"文件"功能区中的"保存命令"按钮下的"另存为"命令，弹出"保存"对话框，输入项目名称"骨密度仪检测数据图表分析"。单击"确定"按钮，在源文件目录下自动创建项目文件。

2. 输入数据

步骤 01 在数据表中输入表7-1中的数据，结果如图7-66所示。

步骤 02 单击工作区左上角的"表格式"单元格，弹出"格式化数据表"对话框，打开"表格式"选项卡，勾选"显示行标题"复选框。单击"确定"按钮，关闭该对话框，在数据表中数据列左侧添加一列行标题。

步骤 03 根据表7-1中的"区域"列的数据输入行标题，结果如图7-67所示。

第A组 骨密度（g/cm2)	第B组 T值评分	第C组 Z值评分
0.451	-4.9	-1.6
0.409	-5.8	-2.3
0.573	-4.8	-1.4
0.624	-4.3	-1.4
0.518	-5.0	-1.6

图7-66 输入数据

表格式: 列	第A组 骨密度（g/cm2)	第B组 T值评分	第C组 Z值评分
1 腰椎1	0.451	-4.9	-1.6
2 腰椎2	0.409	-5.8	-2.3
3 腰椎3	0.573	-4.8	-1.4
4 腰椎4	0.624	-4.3	-1.4
5 L1-L4	0.518	-5.0	-1.6

图7-67 添加一列行标题

3. 条形图分析

步骤 01 打开导航器"图表"下的"骨密度仪检测数据"，自动弹出"更改图表类型"对话框，在"图表系列"选项组下选择"分组"，在"摘要数据"选项卡下选择"交错条形"，如图7-68所示。

步骤 02 单击"确定"按钮，关闭该对话框，显示条形图，如图7-69所示。

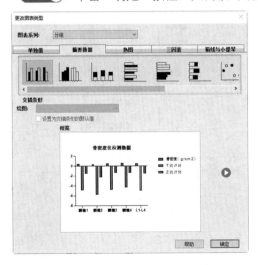

图7-68 "更改图表类型"对话框

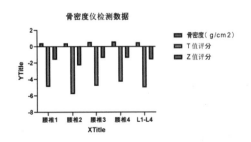

图7-69 显示条形图

4. 删除数据集

选择如图 7-70 所示的数据集曲线，右击，在弹出的快捷菜单中单击"从图表中移除数据集"命令，即可在图表中删除指定的数据，如图 7-71 所示。

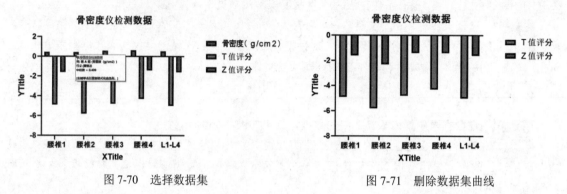

图 7-70　选择数据集　　　　　　　　图 7-71　删除数据集曲线

5. 更改图表类型

步骤01　单击"更改"功能区中的"选择其他类型的图表"按钮，打开"更改图表类型"对话框。在"图表系列"下拉列表中选中"分组"，在"摘要数据"选项卡下选择"交错条形"选项，如图 7-72 所示。

步骤02　单击"确定"按钮，关闭该对话框，更新图表类型，显示水平方向的条形图，如图 7-73 所示。

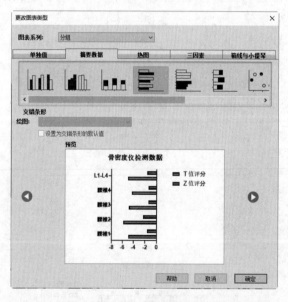

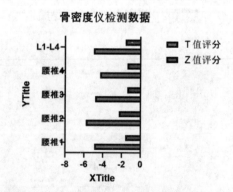

图 7-72　"更改图表类型"对话框　　　　图 7-73　绘制水平方向的条形图

6. 设置图表颜色

单击"更改"功能区中的"更改颜色"按钮下的"花卉"命令，即可自动更新图表颜色，结果如图 7-74 所示。

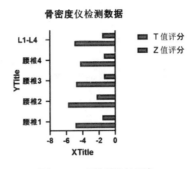

图 7-74　更新图表颜色

7. 保存项目

单击"文件"功能区中的"保存"按钮 ■，或按 Ctrl+S 键，直接保存项目文件。

7.4 插入图形对象

在 GraphPad Prism 中，图表中的图形对象除包括常见的文本、文本框、形状和图片外，还包括嵌入式对象，如 Word 对象、Excel 对象和方程式等。

7.4.1 插入绘图工具

在 GraphPad Prism 中，可以很方便地绘制形状、线条、文本等图形符号，还能设置绘制图形的箭头、边框和填充效果。

1. 图形符号

（1）单击"绘制"功能区中的"绘图工具"按钮 □·，打开绘图工具列表，在形状、线条选项中选择绘图工具，如图 7-75 所示。

（2）选择需要的绘图工具，鼠标指针变为画笔 ✎。

（3）将十字光标移到要绘制的位置单击，即可绘制指定的图形，如图 7-76 所示。

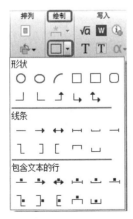

图 7-75　绘图工具列表

图 7-76　绘制图形

（4）按住 Shift 键并单击，即可绘制一系列图形。

2. 编辑图形对象

（1）在 GraphPad Prism 中，不仅可以修饰图形对象的外观，还可以改变图形对象的形状，创建新的图形对象形状。

（2）双击绘制的图形，或选择菜单栏中的"更改"→"选定的对象"命令，弹出"设置对象格式"对话框，设置选中图形对象的箭头、边框、线条对象的颜色和样式，还可以设置对象的填充效果，如图 7-77 所示。

（3）选中绘制的形状，右击，弹出如图 7-78 所示的快捷菜单，可以对图形的外观进行修饰。需要注意的是，选择不同的图形对象，快捷菜单中可以设置的属性命令不同。

- 填充颜色：选择该命令，在弹出的颜色列表中选择图形对象的填充颜色。
- 填充图案：选择该命令，在弹出的图案列表中选择图形对象的填充样式。
- 图案颜色：若选择实心之外的填充图案，则激活该命令。选择该命令，在弹出的颜色列表中选择图形对象填充图案的颜色。
- 边框颜色：选择该命令，在弹出的颜色列表中选择图形对象边框线的颜色。
- 边框粗细：选择该命令，在弹出的列表中选择图形对象边框线的大小。
- 边框样式：选择该命令，在弹出的颜色列表中选择图形对象边框线的线型。
    - 格式化嵌入式表：选择该命令，弹出"设置对象格式"对话框，设置选中嵌入式表的格式。
    - 格式化椭圆形：选择该命令，弹出"设置对象格式"对话框，设置选中图形对象（椭圆）的格式。
    - 设置文本格式：选择该命令，弹出"设置对象格式"对话框，设置选中文本的格式。

图 7-77 "设置对象格式"对话框

图 7-78 快捷菜单

（4）单击要修改的形状，此时图形形状各个顶点上将显示蓝色矩形控制点■，如图 7-79（a）所示。将鼠标指针移到矩形控制点上，指针变为白色的控制手柄⇔时，按下鼠标左键拖动。在拖动过程中，形状的轮廓线上会显示白色的控制手柄，如图 7-79（b）所示。拖动白色手柄可以调整轮廓线的大小。释放鼠标，即可调整形状，如图 7-79（c）所示。

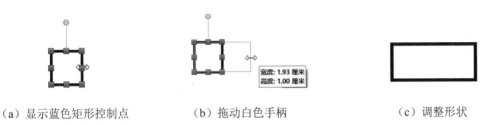

（a）显示蓝色矩形控制点　　　（b）拖动白色手柄　　　（c）调整形状

图 7-79　改变图形形状

（5）单击要修改的形状，此时图形形状的蓝色矩形控制点上方显示绿色圆形控制手柄，如图 7-80（a）所示。将鼠标指针移到矩形控制点上，指针变为旋转手柄时，按下鼠标左键左右拖动。在拖动过程中，形状的轮廓线以图形对象中心为基准点进行旋转，如图 7-80（b）所示。释放鼠标，即可旋转图形形状，如图 7-80（c）所示。

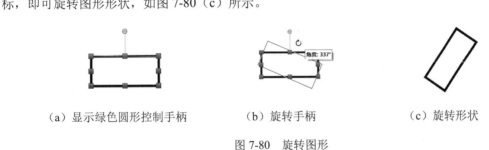

（a）显示绿色圆形控制手柄　　　（b）旋转手柄　　　（c）旋转形状

图 7-80　旋转图形

3. 在图形中添加文本

（1）在 GraphPad Prism 中，提供一系列带文本的图形，在指定的图形中添加文本，添加的文字将与形状组成一个整体，该操作简化了在图形中添加文本的步骤。

（2）单击"绘制"功能区中的"绘图工具"按钮，打开绘图工具列表，单击"包含文本的行"选项下的按钮，绘制带文本的线条。

（3）在空白位置处右击，在弹出的下拉菜单中选择文本样式，如图 7-81 所示。在空白位置处单击，结束放置操作，如图 7-82 所示。

（4）单击选中文本，右击，弹出如图 7-83 所示的快捷菜单，可以对图形和文本的外观进行修饰。

- 文本设置：选择该命令，在弹出的子菜单中选择命令，设置文本的字体、大小、颜色，还可以设置加粗、倾斜、下画线效果。
- 线条设置：选择该命令，在弹出的子菜单中选择命令，设置线条颜色、线条粗细、线条样式、箭头方向、箭头样式、箭头大小。
- 横向文本：显示文本排列方向为水平。
- 竖向文本（向上）：显示文本排列方向为竖直，从下到上。
- 竖向文本（向下）：显示文本排列方向为竖直，从上到下。
- 文本置于上方：选择该命令，将文本放置在图形的上方。
- 文本置于下方：选择该命令，将文本放置在图形的下方。
- 设置文本格式：选择该命令，弹出"设置文本格式"对话框，设置文本的字体、字型、字号、颜色，还可以设置上标、下标、下画线效果。
- 格式化线：选择该命令，弹出"设置对象格式"对话框，设置选中图形线条的格式。
- 编辑文本：选择该命令，激活文本样式下拉菜单，选择文本样式。

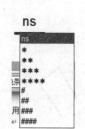
图 7-81　选择文本样式

图 7-82　输入文本

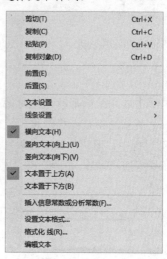
图 7-83　快捷菜单

7.4.2　文本和文本框

在绘制图形的过程中，文本和文本框中的文字传递了很多设计信息，可能是一个很复杂的说明，也可能是一段简短的文字信息。实际上，文本框可以被视为带有矩形边框的文本。

1. 插入文本

在图表页面空白处右击，在弹出的快捷菜单中选择"插入文本"命令，或单击"写入"功能区中的 T 按钮，在指定位置输入文本文字，输入后按 Enter 键，文本文字另起一行，可继续输入文字，待全部输入完成后，在空白处单击，退出文本输入命令，如图 7-84 所示。

2. 插入文本框

在图表页面空白处右击，在弹出的快捷菜单中选择"插入文本框"命令，或单击"写入"功能区中的 T 按钮，在指定位置输入文本文字，输入后按 Enter 键，文本文字另起一行，可继续输入文字，待全部输入完成后，在空白处单击，退出文本输入命令，如图 7-85 所示。

图 7-84　插入文本　　　　　　　　　图 7-85　插入文本框

3. 编辑文本和文本框

（1）在 GraphPad Prism 中，既可以插入文本，又可以插入文本框，插入文本或文本框后，还可以编辑文本框的外观，得到如图 7-86 所示的效果。

图 7-86　编辑文本框的外观

（2）选中文本或文本框，右击，弹出如图 7-87 所示的快捷菜单。下面介绍关于文本或文本框外观显示的设置命令。

- 字体：选择该命令下的"其他字体"命令，弹出"设置文本格式"对话框，设置文本的字体、字型、字号、颜色，还可以设置上标、下标、下画线效果。
- 大小：选择该命令，在弹出的列表中选择文本字体大小（8~72）。
- 文本颜色：选择该命令，在弹出的颜色列表中选择文本颜色。
- 加粗：选择该命令，将文本加粗，也可以按 Ctrl+B 键。
- 倾斜：选择该命令，文本倾斜显示，也可以按 Ctrl+I 键。
- 下画线选择该命令，在文本下面添加下画线，也可以按 Ctrl+U 键。
- 旋转：选择该命令，设置文本的旋转方向，包括水平、垂直（向上）、垂直（向下）。垂直（向上）表示将文本逆时针旋转 90°，垂直（向下）表示将文本顺时针旋转 90°，如图 7-88 所示。
- 两端对齐：选择该命令，设置文本的对齐方式，包括左对齐、居中对齐、右对齐，如图 7-89 所示。
- 填充（背景）颜色：选择该命令，在弹出的列表中选择文本编辑框的背景色。
- 填充（背景）图案：选择该命令，在弹出的列表中选择文本编辑框的填充图案。
- 图案颜色：选择该命令，在弹出的列表中选择文本编辑框的填充图案颜色。

图 7-87　快捷菜单

(a) 水平　　　　(b) 垂直（向上）　　　　(c) 垂直（向下）

图 7-88　文本旋转

(a) 左对齐　　　　(b) 居中对齐　　　　(c) 右对齐

图 7-89　文本对齐方式

- 边框颜色：选择该命令，在弹出的列表中选择文本编辑框的线条颜色。
- 边框粗细：选择该命令，在弹出的列表中选择文本编辑框的线宽。
- 边框样式：选择该命令，在弹出的列表中选择文本编辑框的线型。
- 设置文本对象格式：选择该命令，弹出"设置文本格式"对话框，设置文本的字体、字型、字号、颜色、上标、下标、下画线，还可以设置两端对齐、旋转方式、旋转角度，如图7-90所示。
- 放置对象：选择该命令，弹出"文本位置：厘米"对话框，设置文本的位置（左下角点和右下角点坐标）和旋转角度（逆时针），如图7-91所示。

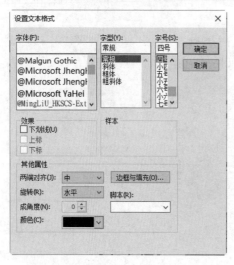

图7-90 "设置文本格式"对话框

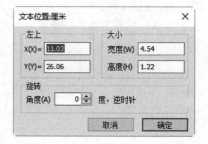

图7-91 "文本位置：厘米"对话框

- 编辑文本：选择该命令，进入文本编辑状态，如图7-92所示。

图7-92 文本编辑状态

7.4.3 使用图像

为了使图表更加美观、生动，可以在其中插入图像对象。在GraphPad Prism中，不仅可以插入图像，还可以利用相应的命令调整图像大小、样式、色彩等格式。

1. 插入图像

（1）将光标插入点定位到需要插入图像的位置。

（2）选择菜单栏中的"插入"→"导入图像"命令，或在图表中右击，在弹出的快捷菜单中选择"导入图像"命令，弹出"导入"对话框，如图7-93所示。

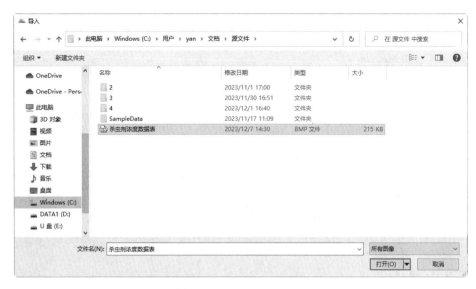

图 7-93 "导入"对话框

（3）选择要插入的图像，单击"打开"按钮，即可在当前图表中插入指定的图像，如图 7-94 所示。

2. 编辑图像外观

插入的图像四周显示矩形控制点■和圆形旋转手柄◎。按下鼠标左键，指针变为✥，用户可以在图表上随意拖动图像位置；将鼠标指针移到图像四周的矩形控制手柄上，指针变为↘，按下鼠标左键拖动，可以调整图像的大小；移到图像顶部的圆形旋转手柄上，指针变为↻，按下鼠标左键拖动，可以旋转图像，效果如图 7-95 所示。

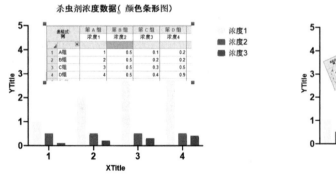

图 7-94 插入的图像

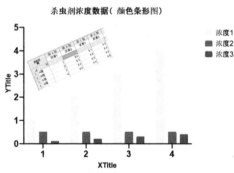

图 7-95 图像设置效果

3. 设置图像属性

（1）选中插入的图像，右击，在弹出的快捷菜单中选择"格式化图像"命令，弹出"格式化图像"对话框，如图 7-96 所示。

（2）在该对话框中可以设置图像对象的边框线（粗细、颜色和样式）、在页面上的位置、旋转角度、图像大小和裁剪尺寸，效果如图 7-97 所示。

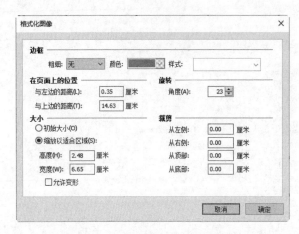 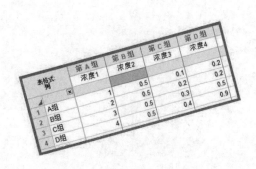

图 7-96 "格式化图像"对话框　　　　图 7-97 设置图像属性效果

7.4.4 使用嵌入式对象

嵌入式对象也是一种图形对象，可以将文字和其他各种外部软件对象链接在一起，这种操作在丰富图表内容的同时，还能保证图表页面的简洁美观，非常方便。

1. 插入 Word 对象

（1）在图表中插入 Word 对象，从而使图表中的图形更具视觉冲击和趣味性。

（2）将光标插入点定位到需要插入对象的位置。

（3）选择菜单栏中的"插入"→"插入对象"→"Word 对象"命令，或在图表中右击，在弹出的快捷菜单中选择"插入对象"→"Word 对象"命令，或单击"写入"功能区中的 W 按钮，在图表插入点处显示嵌入式空白区

图 7-98 嵌入式区域

域，如图 7-98 所示，同时自动创建一个名为"未命名中的文档"的空白 Word 文件，如图 7-99 所示。

图 7-99 打开空白 Word 文件

（4）在新建的 Word 文档中，输入文本信息，单击右上角的"关闭"按钮，如图 7-100 所示。

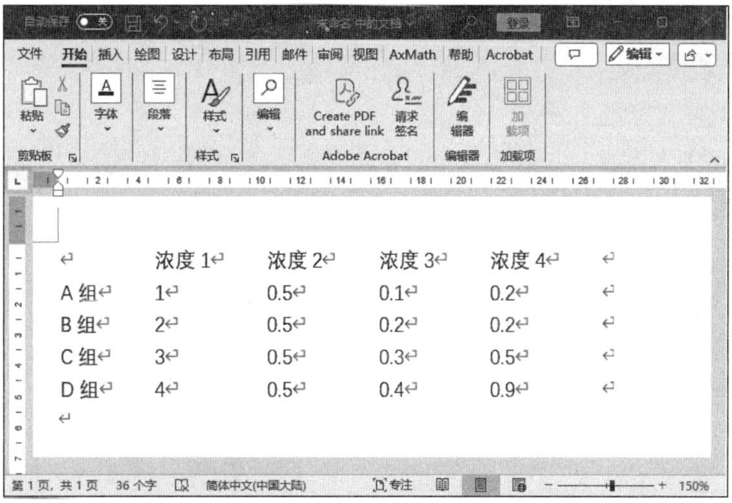

图 7-100　输入文本信息

（5）返回 GraphPad Prism 图表文件，选择的 Word 对象即可插入光标插入点所在位置，如图 7-101 所示。

（6）插入 Excel 对象和方程式的步骤与插入 Word 对象类似，这里不再赘述。

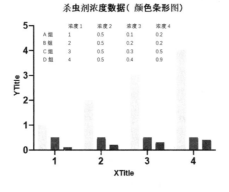

图 7-101　插入 Word 对象效果

2. 插入信息常数

GraphPad Prism 经常需要将信息常数插入图表标题、图例或文本对象中，在编辑信息表时更新文本。

（1）将光标插入点定位到需要插入对象的位置。

（2）选择菜单栏中的"插入"→"信息常数或分析常数"命令，或在图表中右击，在弹出的快捷菜单中选择"插入对象"→"信息常数或分析常数"命令，或单击"写入"功能区中的"插入信息常数或分析常数"按钮，弹出"挂接常数"对话框，选择项目文件中的信息常数或文件常数，如图 7-102 所示。

（3）完成选择"实验日期-2023/10/25"后，单击"确定"按钮，关闭该对话框，在图表插入点插入信息常数：2023/10/25，如图 7-103 所示。

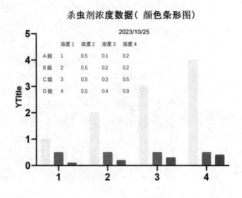

图 7-102　"挂接常数"对话框　　　　　图 7-103　插入实验日期

3. 插入其他对象

目前支持的嵌入式对象包括 Microsoft 系列（Word、Excel）、方程式（WPS 公式）、写字板等。

（1）将光标插入点定位到需要插入对象的位置。

选择菜单栏中的"插入"→"插入对象"→"其他对象"命令，或在图表中右击，在弹出的快捷菜单中选择"插入对象"→"其他对象"命令，弹出"插入对象"对话框，其中包含两种插入对象的方法（新建和由文件创建）。

（2）选择"新建"选项，如图 7-104 所示。

（3）在"对象类型"列表中显示当前可插入的对象类型 Microsoft Excel Worksheet，在图表插入点处显示嵌入式空白区域，同时自动创建一个名为 Object 的空白 Excel 文件，如图 7-105 所示。

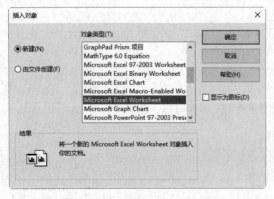

图 7-104　选择"新建"选项　　　　　图 7-105　新建空白 Excel 文件

（4）在新建的 Excel 文档中，输入数据信息，如图 7-106 所示，单击右上角的"关闭"按钮关闭文档。

第 7 章　图表图形修饰处理　　261

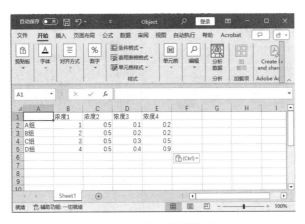

图 7-106　输入数据信息

（5）返回 GraphPad Prism 图表文件，选择的 Excel 对象即可插入光标插入点所在位置，如图 7-107 所示。

（6）选择"由文件创建"选项，如图 7-108 所示。

（7）单击"浏览"按钮，在弹出的对话框中选择要打开的文件，单击"确定"按钮，即可在图表插入点处显示选择文件中的数据，结果如图 7-109 所示。

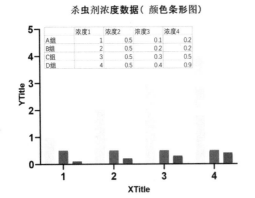

图 7-107　插入 Excel 对象效果

图 7-108　选择"由文件创建"选项

4. 设置对象属性

（1）在 GraphPad Prism 中，嵌入式对象用来建立特殊的文本，并且可以对其进行一些特殊的处理，例如设置数据值和对象格式。

（2）选中插入的嵌入式对象（Excel 对象），右击，在弹出的快捷菜单中选择"Worksheet 对象"命令，显示下面 3 个对象编辑命令。

- Edit：选择该命令，打开嵌入式对象编辑器窗口，可修改编辑器中的数据。
- Open：选择该命令，打开嵌入式对象编辑器窗口，可显示编辑器中的数据。
- 转换：选择该命令，打开"转换"对话框，如图 7-110 所示。在该对话框中可以将当前对象类型转换为其他格式。例如将插入的 Word 对象转换为 Excel 对象。

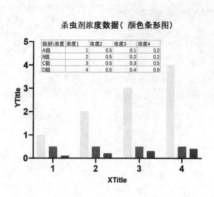
图 7-109 插入选择的文件中的数据

图 7-110 "转换"对话框

7.5 排列图形

在图表中插入多个图形对象之后，往往还需要对插入的对象进行微调、对齐、分布、叠放次序以及组合等操作。

7.5.1 改变位置

改变位置命令是指按照指定要求改变当前图形或图形中某部分的位置。

（1）按住 Ctrl 或 Shift 键选中要对齐的多个图形对象。

（2）将鼠标放置在选中的对象上，指针变为 ✥，用户可以在图表上随意拖动选中的对象的位置。

（3）按 ↑、↓、←、→键，在图表中将选中有对象向指定方向移动一个单位的距离。

（4）在对象移动过程中，显示水平和垂直辅助线，自动进行对齐捕捉。其中按住 Alt 键可关闭对齐捕捉，按住 Ctrl 键只进行水平移动，按住 Shift 键只进行垂直移动。

7.5.2 对齐与分布

为了使图形看起来更加整齐，可以将它们的位置进行重新分布或对齐调整。

1. 对齐对象

（1）按住 Ctrl 或 Shift 键选中要对齐的多个图形对象。

（2）选择菜单栏中的"排列"→"对齐对象"命令，或在图表中右击，在弹出的快捷菜单中选择"对齐对象"命令，或单击"排列"功能区 ⌄ 按钮下的"对齐对象"命令，弹出如图 7-111 所示的子菜单。

2. 分布对象

（1）按住 Ctrl 或 Shift 键选中要对齐的多个图形对象。

图 7-111 "对齐对象"子菜单

（2）选择菜单栏中的"排列"→"分布对象"命令，或在图表中右击，在弹出的快捷菜单中选择"分布对象"命令，或单击"排列"功能区 ⌄ 按钮下的"分布对象"命令，弹出子菜单，显

- 水平：图形对象水平方向均匀分布，相邻对象间距相同。
- 垂直：图形对象垂直方向均匀分布，相邻对象间距相同。

（3）单击需要的对齐或分布命令。

7.5.3 叠放图形对象

在默认情况下，图表中的图形对象发生重叠时，后添加的图形总是在先添加的图形之上，从而挡住下方的图形。用户可以根据需要改变它们的层次关系。

（1）选择要改变层次的绘图对象。

（2）选择菜单栏中的"排列"→"前置"或"后置"命令，或在图表中右击，在弹出的快捷菜单中选择"前置"或"后置"命令，或单击"排列"功能区 按钮下的"前置"或"后置"命令，选择一种叠放次序命令，即可完成操作。改变层次后的效果如图 7-112 所示。

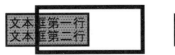 

图 7-112　改变叠放层次后的效果

7.5.4 组合图形对象

将多个对象组合在一起，就可以对它们进行统一操作，也可以同时更改对象组合中所有对象的属性。

（1）按住 Shift 或 Ctrl 键单击要组合的对象，同时选中工作表中的多个对象。

（2）选择菜单栏中的"排列"→"分组"命令，或在图表中右击，在弹出的快捷菜单中选择"分组"命令，或单击"排列"功能区 按钮下的"分组"命令，按 Ctrl+G 键，组合选中的对象，如图 7-113 所示。

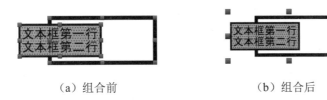

（a）组合前　　　　　　　　（b）组合后

图 7-113　组合对象

（3）如果要撤销组合，选择菜单栏中的"排列"→"取消分组"命令，或在图表中右击，在弹出的快捷菜单中选择"取消分组"命令，或单击"排列"功能区 按钮下的"取消分组"命令，按快捷键 Shift+Ctrl+G 即可。

7.5.5 实例——血吸虫病病例图表分析

现有新疗法治疗血吸虫病病例的临床数据，如表 7-2 所示。利用条形图和饼图分析男女不同年龄段的死亡率数据分布情况。本例主要讲解如何制作一张既简单又整洁的调查研究数据表和图表，使其能够将不同年龄段的死亡率数据清楚地反映出来。

表 7-2　治疗血吸虫病不同性别死亡者年龄分布

年龄组（岁）	男	女
0~	3	3
10~	11	7
20~	4	6
30~	5	3
40~	1	2
50~	5	1

操作步骤

1. 设置工作环境

步骤01　双击 GraphPad Prism 10 图标，启动 GraphPad Prism，自动弹出“欢迎使用 GraphPad Prism”对话框，在“创建”选项组下选择“整体分解”选项。

步骤02　单击“创建”按钮，创建项目文件，同时该项目下自动创建一个数据表“数据 1”和关联的图表“数据 1”，重命名数据表为“死亡率数据”。

步骤03　选择菜单栏中的“文件”→“另存为”命令，或单击“文件”功能区中的“保存命令”按钮下的“另存为”命令，弹出“保存”对话框，输入项目名称。单击“确定”按钮，在源文件目录下自动创建项目文件“血吸虫病病例图表分析.prism”。

2. 输入数据

根据表 7-2 中的数据在数据表中输入血吸虫病病例患病率，结果如图 7-114 所示。

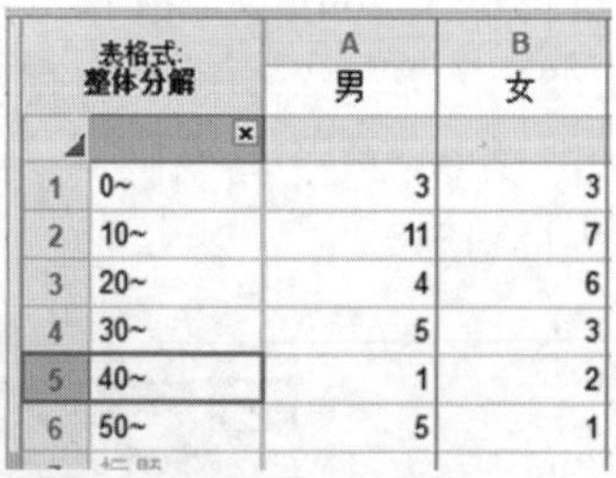

表格式:整体分解	A 男	B 女
1 0~	3	3
2 10~	11	7
3 20~	4	6
4 30~	5	3
5 40~	1	2
6 50~	5	1

图 7-114　输入数据

3. 绘制饼图

步骤01　打开导航器“图表”下的“死亡率数据”，自动弹出“更改图表类型”对话框，在“图表系列”选项组下选择“整体分解”下的“甜甜圈”，如图 7-115 所示。

步骤02　单击“确定”按钮，关闭该对话框，显示环形图“死亡率数据”，如图 7-116 所示。默认情况下，生成的饼图表示的是关联数据表第 A 列的数据。因此，重命名该图表为“死亡率数据[男]”。

步骤03　单击导航器“图表”下的“新建图表”命令，打开“创建新图表”对话框，勾选“仅绘制选定的数据集”复选框，单击“选择”按钮，弹出“选择数据集”对话框，选择数据集“死亡率数据：B：女”，如图 7-117 所示。单击“确定”按钮，关闭该对话框，返回主对话框。

步骤04　在“图表系列”下拉列表中选择“整体分解”下的“饼”。单击“确定”按钮，关闭该对话框，显示创建的饼图“死亡率数据[女]”，如图 7-118 所示。

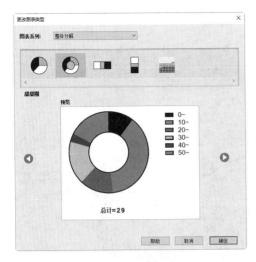

图 7-115 "更改图表类型"对话框

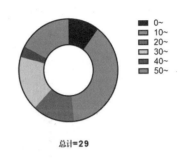

图 7-116 显示环形图

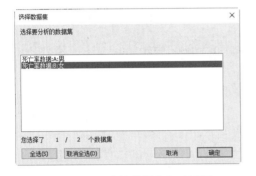

图 7-117 "选择数据集"对话框

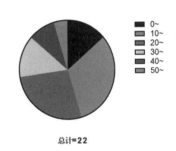

图 7-118 显示饼图

4. 编辑"死亡率数据[男]"图表

步骤 01 将图表"死亡率数据[男]"置为当前。双击绘图区空白处，或单击"更改"功能区中的"设置图表格式（符号、条形图、误差条等）"按钮，弹出"格式化图表"对话框，打开"外观"选项卡，如图 7-119 所示。

- 在"颜色与图例"下拉列表中选择"更改所有类别"，取消勾选"显示图例"下的"值"复选框（勾选其余复选框）。
- 在"边框"选项组下取消勾选"外部"复选框，勾选"内部"复选框，边框宽度为 6 磅，颜色为白色。
- 在"标题"选项组下取消勾选"显示总计："复选框。
- 在"大小"选项组下设置"直径"为 8，"环形孔"为 65%。
- 在"颜色与图例"下拉列表中选择"0~"，在"颜色"下拉列表中选择颜色（8D）；用同样的方法，设置"10~"颜色（4E）、"20~"颜色（10C）、"30~"颜色（6D）、"40~"颜色（5E）、"50~"颜色（12F）。

步骤 02 单击"确定"按钮，关闭该对话框，更新图表格式，如图 7-120 所示。

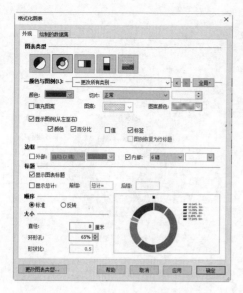

图 7-119 "外观"选项卡

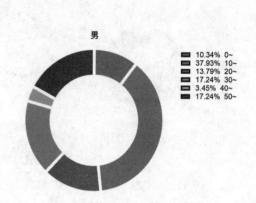

图 7-120 更新图表格式

步骤 03 复制右侧的图例，粘贴到空白处，复制后的图例不显示颜色块，显示百分比和标签组，如图 7-121 所示。

步骤 04 选择复制的图例（显示百分比和标签组），右击，选择"编辑文本"命令，编辑选中的图例，编辑后的图例只显示百分比。将鼠标放置在图例上，指针变为 ✥，将百分比图例拖动到对应的饼形中，如图 7-122 所示。

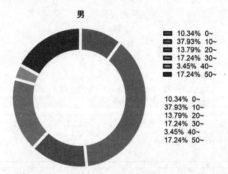

图 7-121 复制图例

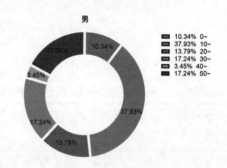

图 7-122 移动百分比图例

步骤 05 双击绘图区空白处，或单击"更改"功能区中的"设置图表格式（符号、条形图、误差条等）"按钮，弹出"格式化图表"对话框，打开"外观"选项卡。在"颜色与图例"下拉列表中选择"更改所有类别"，勾选"显示图例（从左至右）"下的"标签"复选框（取消勾选其余复选框）。单击"确定"按钮，关闭该对话框，更新图表图例格式，只显示标签值。将标签图例拖动到对应的饼形外侧，结果如图 7-123 所示。

5. 编辑"死亡率数据 [女]"图表

步骤 01 单击"更改"功能区中的"更改颜色"按钮下的"彩色（半透明）"命令，即可自动更新图表颜色，如图 7-124 所示。

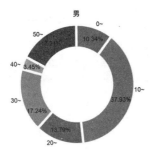
图 7-123　移动标签图例

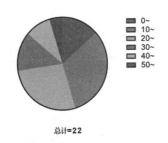
图 7-124　设置图表颜色结果

步骤 02 双击绘图区空白处，或单击"更改"功能区中的"设置图表格式（符号、条形图、误差条等）"按钮，弹出"格式化图表"对话框，打开"外观"选项卡。在"颜色与图例"下拉列表中选择"更改所有类别"，在"标题"选项组下取消勾选"显示总计："复选框，勾选"显示图表标题"复选框，"直径"设置为 5。单击"确定"按钮，关闭该对话框，更新图表格式，如图 7-125 所示。

步骤 03 将鼠标放置在图例上，指针变为 ✥，将百分比图例拖动到对应的饼形中，如图 7-126 所示。

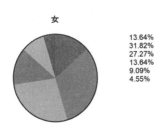
图 7-125　更新图表格式

图 7-126　移动图例

6. 插入 Excel 对象

步骤 01 打开图表"死亡率数据 [男]"，框选所有对象，选择菜单栏中的"排列"→"分组"命令，将环形图和图例注释组成一个组合，防止后面的图形对象在编辑过程中发生移动，结果如图 7-127 所示。

步骤 02 选择菜单栏中的"插入"→"插入对象"→"Excel 对象"命令，在图表插入点处显示嵌入式空白区域，如图 7-128 所示。同时自动创建一个名为"工作簿 1"的空白 Excel 文件。

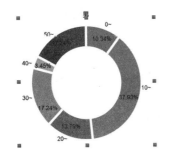
图 7-127　组合对象

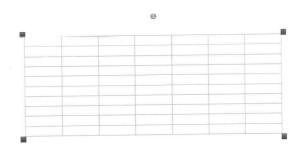
图 7-128　显示嵌入式空白区域

步骤03 打开数据表"死亡率数据",单击左上角的按钮,选中整个数据表中的内容,按 Ctrl+C 键,复制数据。打开图表"死亡率数据 [男]",打开名为"工作簿 1"的空白 Excel 文件,按 Ctrl+V 键,粘贴数据(保留"男"列数据),如图 7-129 所示,单击右上角的"关闭"按钮关闭文档。

步骤04 返回 GraphPad Prism 图表文件"死亡率数据 [男]",选择的 Excel 对象即可插入光标插入点所在位置,如图 7-130 所示。

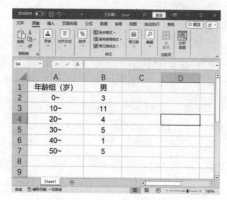

图 7-129 输入文本信息

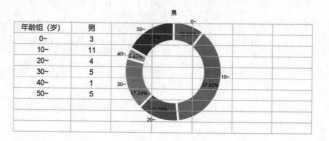

图 7-130 插入 Excel 对象效果

7. 编辑 Excel 对象

步骤01 选中插入的 Excel 对象,右击,在弹出的快捷菜单中选择"格式化图像"命令,弹出"格式化图像"对话框,在"从右侧"文本框中输入适当的数据,裁剪插入的 Excel 对象,如图 7-131 所示。这里需要注意的是,输入的值不是固定的,读者可根据插入的表格大小进行调整,裁剪后效果如图 7-132 所示。

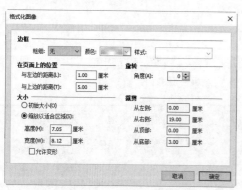

图 7-131 "格式化图像"对话框

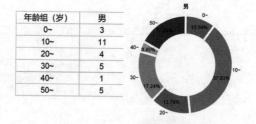

图 7-132 裁剪对象效果

步骤02 框选 Excel 图表和环形图,选择菜单栏中的"排列"→"对齐对象"→"底部"命令,对齐两个对象,结果如图 7-133 所示。

步骤03 选择菜单栏中的"排列"→"页面居中"命令,移动两个对象,放置到图标页面的正中间。

步骤04 单击"更改"功能区下"调整页面大小"按钮下的"填充页面"按钮,放大页面中的图形布满整个页面,结果如图 7-134 所示。

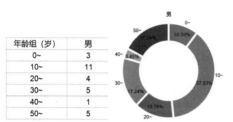 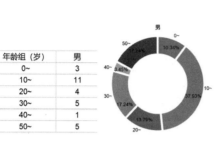

图 7-133 对齐对象效果　　　　　图 7-134 填充页面效果

8. 保存项目

单击"标准"功能区的"保存项目"按钮，或按 Ctrl+S 键，直接保存项目文件。

第 8 章 试验数据分析

医学试验的性质属于抽样研究,通常根据研究的目的,通过良好的设计,采用足够数量的受试者(样本)来研究试验药物对疾病进程、预后等方面的作用以及药物的可接受性。因此,医学试验设计必须应用统计学原理对试验相关的因素做出合理的、有效的安排和计划,并最大限度地控制试验误差、提高试验质量以及对试验结果进行科学合理的分析。

在保证试验结果科学、可信的同时,尽可能在较少的受试者中进行,以减少受试者的风险,使试验做到高效与省时。所以,统计学在临床试验中起着极其重要的作用。

本章通过对数据的初步观察和分析,了解数据的特征、结构和潜在关系,为后续的深入分析和建模提供基础。

内容要点

- 数据探索性分析
- 相关性分析
- 主成分分析
- 曲线拟合

8.1 数据探索性分析

探索性试验一般并不总是对事先提出的假设进行简单的检验,分析也可能仅限于探索性分析。这类试验对整个有效性验证有贡献,但不能作为证明有效性的正式依据。所以,这些试验是确证性试验的必要条件和设计的基础。

8.1.1 统计量

数据探索性分析实质上是通过计算各种统计量并利用可视化手段对数据进行摘要统计,以便更好地理解数据的特征、分布和关系,发现其中的模式、趋势以及异常。

1. 数据的集中趋势

集中趋势只是数据分布的一个特征,它反映的是各变量值向其中心值聚集的程度。在实际应用中，描述数据的集中趋势的统计量包括均值、中位数等。平均数是通过计算得到的，因此它会因每一个数据的变化而变化。中位数是通过排序得到的，不受最大、最小两个极端数值的影响。当一组数据中的个别数据变动较大时，常用中位数来描述这组数据的集中趋势。

1）均值

平均数（Mean）也称均值，是一组数据相加后除以数据的个数所得到的结果。平均数在统计学中具有重要的地位，是集中趋势的主要测度值，它主要适用于数值型数据，而不适用于分类数据和顺序数据。

根据所掌握数据的不同，平均数有不同的计算形式和计算公式。平均值包含几何平均值、平方平均值（均方根平均值）、调和平均值等。

（1）几何均值：计算所有值的对数，再计算对数的平均值，然后取平均值的反对数（根据 $b=\log_a N$，计算正数 b 的对数 N）。当数据服从对数正态分布（长尾）时，这是一种优异的中心趋势度量。

（2）调和平均数：计算所有值的倒数，再计算倒数的平均值，然后取平均值的倒数。

（3）平方平均值：计算所有值的平方的平均数的算术平方根。

2）中位数

一组数据排序后处于中间位置上的变量值，称为中位数（Median），用 M_e 表示。中位数将全部数据等分成两部分，每部分包含50%的数据，一部分数据比中位数大，另一部分比中位数小。中位数主要用于测度顺序数据的集中趋势，当然也适用于测度数值型数据的集中趋势，但不适用于分类数据。

2. 数据的离散程度

数据的离散程度是数据分布的另一个重要特征，它所反映的是各变量值远离其中心值的程度，用于显示各变量值之间的差异状况。描述数据离散程度采用的测度值，根据所依据数据类型的不同，主要有四分位差、方差和标准差等。

1）方差

各变量值与其平均数离差平方的平均数，称为方差 S^2。方差不仅表达了样本偏离均值的程度，更揭示了样本内部彼此波动的程度，在许多实际问题中，研究方差（即偏离程度）有着重要意义。在样本容量相同的情况下，方差越大，说明数据的波动越大，越不稳定。

2）标准差

方差的平方根称为标准差。S 标准差是最常用的反映随机变量分布离散程度的指标。标准差越大，数据波动越大；标准差越小，数据波动越小。

3）分位数

中位数是从中间点将全部数据等分为两部分。与中位数类似的还有四分位数、十分位数和百分位数等。它们分别是用 3 个点、9 个点和 99 个点将数据 4 等分、10 等分和 100 等分后各分位点上的值。

一组数据排序后处于 25% 和 75% 位置上的值，称为四分位数，也称为四分位点。四分位数是通过 3 个点将全部数据等分为 4 部分，其中每部分包含 25% 的数据。很显然，中间的四分位数就是中位数，因此通常所说的四分位数是指处在 25% 位置上的数值（下四分位数）和处在 75% 位置上的数值（上四分位数）。与中位数的计算方法类似，根据未分组数据计算四分位数时，首先对数据进行排序，然后确定四分位数所在的位置。

4）变异系数

变异系数（离散系数）是测度数据离散程度的相对统计量，通常是根据标准差来计算的，因此也称为标准差系数，具体指的是数据的标准差与其相应的平均数之比。变异系数主要用于比较不同样本数据的离散程度。变异系数较大说明数据的离散程度较高，变异系数较小说明数据的离散程度较低。

3. 偏态和峰态

集中趋势和离散程度是数据分布的两个重要特征，要全面了解数据分布的特点，还需要知道数据分布的形状是否对称、偏斜的程度以及分布的扁平程度等。偏态和峰态是对分布形状的测度。

1）偏态

偏态又称偏度、偏度系数，是描述变量取值分布形态对称性的统计量。如果一组数据的分布是对称的，则偏态系数等于 0；如果偏度系数明显不等于 0，则表明分布是非对称的。

2）峰态

峰态又称峰度、峰度系数，是描述变量取值分布形态陡缓程度的统计量，当数据分布与标准正态分布的陡缓程度相比，两者相同时，峰度值等于 0；若更陡峭，则峰度值大于 0，称为尖峰分布；若更平缓，则峰度值小于 0，称为平峰分布。

8.1.2 描述性统计

描述性统计一般是指按列计算每个数据集的描述性统计量。

选择菜单栏中的"分析"→"数据探索和摘要"→"描述性统计"命令，弹出"分析数据"对话框，在左侧列表中选择指定的分析方法：描述性统计，在右侧显示需要分析的数据集和数据列，如图 8-1 所示。

单击"确定"按钮，关闭该对话框，弹出"参数：描述性统计"对话框，显示数据集的基本参数统计值，如图 8-2 所示。

1. 基本

选择要计算并输出的基本描述性统计量，包括最小值、最大值、区间、平均值、标准差、标准误、四分位数、列求和。

2. 高级

选择要计算并输出的高级描述性统计量，包括变异系数、偏度和峰度、百分位数、几何平均数、调和平均数和平方平均数。

3. 置信区间

选择要计算并输出描述性统计量的置信区间。

图 8-1 "分析数据"对话框

图 8-2 "参数：描述性统计"对话框

4. 子列

（1）如果数据存储在 XY 格式化的表中，或带有子列的分组数据中，需要分别计算每个子列的列统计信息，或计算子列的平均值，并基于这些平均值来计算列统计信息。

（2）如果数据表具有用于输入平均值和标准差（SD）或标准误（SEM）值的子列，则 Prism 会计算平均值的列统计信息，并忽略输入的 SD 或 SEM 值。

5. 输出

输出数据的有效数字位数，默认值为 4。

8.1.3　实例——计算抗体滴度数据统计量

本实例模拟了 150 例类风湿关节炎患者的血清中某抗体滴度数据，计算描述性统计量，了解数据的集中趋势和离散趋势的描述情况。

 操作步骤

1. 设置工作环境

步骤 01　双击开始菜单的 GraphPad Prism 10 图标，启动 GraphPad Prism 10，自动弹出"欢迎使用 GraphPad Prism"对话框。

步骤 02　在"创建"选项组下选择"列"，在右侧界面"数据表"选项组下选择"将数据输入或导入到新表"这种方法；在"选项"选项组下选择"输入重复值，并堆叠到列中"。单击"创建"按钮，创建项目文件，同时该项目下自动创建一个数据表"数据 1"和关联的图表"数据 1"，重命名为"抗体滴度数据"。

步骤 03　选择菜单栏中的"文件"→"另存为"命令，或单击"文件"功能区中的"保存命令"按钮 下的"另存为"命令，弹出"保存"对话框，输入项目名称"抗体滴度数据表"。单击"确

定"按钮，保存项目。

2. 模拟数据

步骤01 选择菜单栏中的"分析"→"模拟"→"模拟列数据"命令，弹出"分析数据"对话框，在左侧列表中选择指定的分析方法：模拟列数据。单击"确定"按钮，关闭该对话框，弹出"参数：模拟列数据"对话框，如图 8-3 所示。

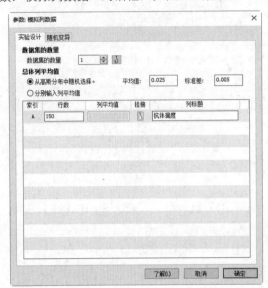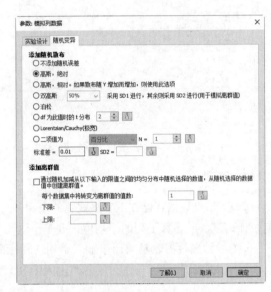

图 8-3 "参数：模拟列数据"对话框

步骤02 打开"实验设计"选项卡，在"数据集的数量"中输入 1，选择"从高斯分布中随机选择。"选项，平均值为 0.0025，标准差为 0.005，行数为 150，列标题为"抗体滴度"。

步骤03 打开"随机变异"选项卡，选择"高斯，绝对"，输入"标准差"0.01。

步骤04 单击"确定"按钮，关闭该对话框，创建结果表"模拟列数据"，如图 8-4 所示。

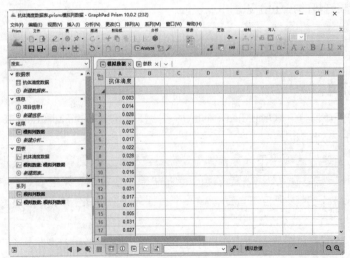

图 8-4 结果表"模拟列数据"

3. 计算统计量

步骤01 选择菜单栏中的"分析"→"数据探索和摘要"→"描述性统计"命令，弹出"分析数据"对话框，在左侧列表中选择指定的分析方法：描述性统计。单击"确定"按钮，关闭该对话框，弹出"参数：描述性统计"对话框，如图 8-5 所示。

步骤02 在"基本"选项组下选择"最小值、最大值、区间""平均值、标准差、标准误""四分位数（中位数，第 25 和第 75 百分位数）""列求和"复选框。

步骤03 在"高级"选项组下选择"变异系数""偏度和峰度""百分位数""几何平均数和几何标准差因子""调和平均数""平方平均数"复选框。

步骤04 单击"确定"按钮，关闭该对话框，生成结果表"描述性统计/模拟列数据"，如图 8-6 所示。结果表"模拟列数据"中包含负数，不符合常理，需要对数据进行处理。

图 8-5 "参数：描述性统计"对话框　　　图 8-6 结果表"描述性统计/模拟列数据"

4. 复制数据

步骤01 打开结果表"模拟列数据"，选中 A 列单元格中的数据，按 Ctrl+C 键，复制表格数据。打开数据表"抗体滴度数据"，单击 A 列所在单元格，选择菜单栏中的"编辑"→"粘贴"命令，粘贴结果表中的数据，结果如图 8-7 所示。

步骤02 选中负数（-0.006）单元格（第 97 行），右击，选择"排除值"命令，在后续计算和绘图中不包含该数据，如图 8-8 所示。

步骤03 单击导航器"结果"选项组下的"新建分析"命令，弹出"分析数据"对话框，选择"列分析"→"描述性统计"。单击"确定"按钮，关闭该对话框。弹出"参数：描述性统计"对话框。在"基本"选项组下选择"最小值、最大值、区间""平均值、标准差、标准误""四分位数（中位数，第 25 和第 75 百分位数）""列求和"复选框；在"高级"选项组下选择"变异系数""偏度和峰度""百分位数""几何平均数和几何标准差因子""调和平均数"和"平方平均数"复选框。

步骤04 单击"确定"按钮，关闭该对话框，生成结果表"描述性统计/抗体滴度数据"，如图 8-9 所示。

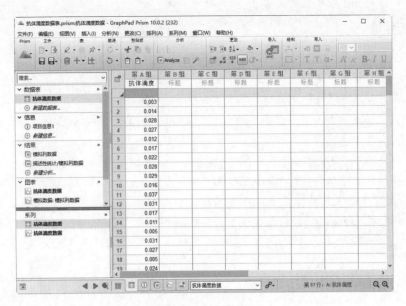

图 8-7 复制数据

图 8-8 设置排除值　　　　图 8-9 更新描述性统计结果表

5. 结果分析

（1）在"描述性统计/抗体滴度数据"结果表中，展示了基本统计量分析的结果。这些统计量包括算术平均数、几何平均数和中位数，它们用于描述数据的集中趋势；范围（全距）、分位数区间、方差、标准差以及变异系数等指标则用来反映数据的离散程度；而偏度和峰度则揭示了数据分布的形态特征。

（2）从表中可以看出，所有样本的平均数均高于中位数，这表明抗体滴度数据呈现出右偏态分布的特点。通常情况下，当数据集较为对称或偏斜程度较小时，使用平均数作为中心位置的代表是合适的；但对于明显偏离对称分布的情况，则更适合采用中位数来表示一组数据的中心位置。

（3）为了更全面地了解数据分布情况，还需要考察其他特定位置上的数值，比如位于整个序列左侧25%处的值（第一四分位数Q1）和右侧75%处的值（第三四分位数Q3）。通过计算这两个百分位数之间的差异，并结合10%至90%范围内的百分位点，可以更好地理解大部分数据是如何分布的。

（4）全距指的是某一变量所有观测值之间最大值与最小值之差。对于具有相同测量单位的不同变量而言，较大的全距意味着其对应的观察结果更加分散，从而暗示了更高的变异性。

（5）变异系数 CV 是一种衡量相对离散程度的有效工具，它通过将标准差除以平均值得到。一个较高的 CV 值表明该数据集内的个体间差异较大。

（6）根据偏度系数大于零可以判断出此抗体滴度数据呈现正向偏态，而峰度系数小于零则提示我们该分布可能不是非常稳定或者存在尾部效应。

6. 保存项目

单击"文件"功能区中的"保存"按钮 ▦，或按 Ctrl+S 键，直接保存项目文件。

8.1.4 行统计

前面的描述统计是对列数据进行统计，行统计则是按照行数据计算统计量的。

选择菜单栏中的"分析"→"数据探索和摘要"→"描述性统计"命令，弹出"分析数据"对话框，在左侧列表中选择指定的分析方法：描述性统计，在右侧显示需要分析的数据集和数据列，如图 8-10 所示。

单击"确定"按钮，关闭该对话框，弹出"参数：行统计"对话框，显示数据集的基本参数统计值，如图 8-11 所示。

图 8-10 "分析数据"对话框

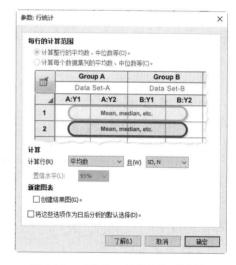

图 8-11 "参数：行统计"对话框

1. 每行的计算范围

当数据输入多个数据集中，同时每个数据集包含多个子列时，Prism 会根据每个数据集的总数、平均数、中位数等对该行进行汇总计算。

（1）计算整行的平均数、中位数等：选择该选项，Prism 将首先计算每个数据集的平均数，然后计算这些平均数的总平均数（以及相应的标准偏差）。

（2）计算每个数据集列的平均数、中位数等：选择该选项，Prism 将计算每个数据集中每行的单独平均数（或中位数、总数等）。

2. 计算

（1）计算行：选择需要计算的值和误差。

- 总计：无计算误差。
- 平均数：计算误差包括无误差、SD,N、SEM,N、%CV,N、置信区间（CI）。
- 中位数：计算误差包括无误差、四分位数、最小值/最大值、百分位数。
- 几何均值：计算误差包括无误差、几何标准差、置信区间。

（2）置信水平：选择置信水平。

8.1.5 频数分布

频数分布是指在统计分组的基础上，将总体中各单位按组归类整理，按一定顺序排列，形成的总体中各单位在各组间的分布。其实质是，在各组按顺序排列的基础上，列出每个组的总体单位数，形成一个数列，称为频数分布数列。各组的总体单位数称为次数或频数。一般用频率分布表和频率分布图来表示频数分布。

选择菜单栏中的"分析"→"数据探索和摘要"→"频数分布"命令，弹出"分析数据"对话框，在左侧列表中选择指定的分析方法：频数分布，在右侧显示需要分析的数据集和数据列，如图8-12所示。

单击"确定"按钮，关闭该对话框，弹出"参数：频率分布"对话框，创建频率分布表和频率分布图，如图8-13所示。

图 8-12 "分析数据"对话框

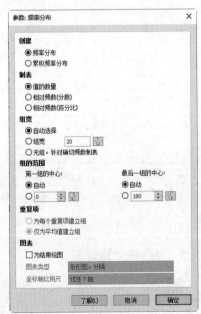

图 8-13 "参数：频率分布"对话框

1. 创建

（1）频率分布：选择该选项，绘制频率分布图。数据区间数据出现的频率=次数/数据个数。

（2）累积频率分布：选择该选项，绘制累积频率分布图。累积频率=输出区间数据出现的频率和。

2. 制表

选择频率分布表/图的数据来源：值的数量、相对频数（分数）、相对频数（百分比）。

3. 组宽

将一批数据分组，一般数据越多，分的组数也越多。根据分组绘制频率分布图，分组的个数决定了频率分布图（一般为条形图）中条柱的个数。

（1）自动选择：自动进行分组。
（2）组宽：根据指定的组宽进行分组。
（3）无组。针对确切频数制表：不分组。

4. 组的范围

通过定义第一组/最后一组的中心设置组的范围。

5. 重复项

（1）为每个重复项建立组：若输入重复值，则可将每个重复值放入相应分组中。
（2）仅为平均值建立组：若输入重复值，则可将重复值的平均值放入相应分组中。

6. 图表

（1）为结果绘图：勾选该复选框，绘制频率分布图。
（2）图表类型：选择频率分布图的类型，包括"XY 图。点""条形图。交错""条形图。堆叠""条形图。分隔"。
（3）坐标轴比例尺：设置显示坐标轴比例尺的对象，默认选择线性 Y 轴。

8.1.6　实例——编制抗体滴度数据频数分布表

本实例根据抗体滴度数据全距（最大值与最小值之差），按照 0.01 为间隔进行分组，计算各组段频数、各组段频率、累计频数和累计频率。

操作步骤

1. 设置工作环境

步骤01 双击开始菜单的 GraphPad Prism 10 图标，启动 GraphPad Prism 10。

步骤02 选择菜单栏中的"文件"→"打开"命令，或单击 Prism 功能区中的"打开项目文件"命令，或单击"文件"功能区中的"打开项目文件"按钮，或按 Ctrl+O 键，弹出"打开"对话框，选择需要打开的文件"抗体滴度数据表.prism"，单击"打开"按钮，即可打开项目文件。

步骤03 选择菜单栏中的"文件"→"另存为"命令，或单击"文件"功能区中的"保存命令"按钮下的"另存为"命令，弹出"保存"对话框，输入项目名称"抗体滴度数据频数分布表"。

单击"确定"按钮,保存项目。

2. 绘制频数分布表

步骤 01 打开数据表"抗体滴度数据",选择菜单栏中的"分析"→"数据探索和摘要"→"频数分布"命令,弹出"分析数据"对话框,在左侧列表中选择指定的分析方法:频数分布。单击"确定"按钮,关闭该对话框,弹出"参数:频率分布"对话框,如图 8-14 所示。

步骤 02 在该对话框的"创建"选项组下选择"频率分布",在"制表"选项组下选择"值的数量",在"组宽"选项组下选择"组宽"为 0.01,在"图表"选项组下勾选"为结果绘图"复选框,图表类型为"条形图"。

步骤 03 单击"确定"按钮,关闭该对话框,生成结果表"直方图/抗体滴度数据"和图表"直方图/抗体滴度数据"。将结果表重命名为"频数分布",图表自动更新为"频数分布"。结果表中 A 列标题为"频数",结果如图 8-15 所示。

图 8-14 "参数:频率分布"对话框

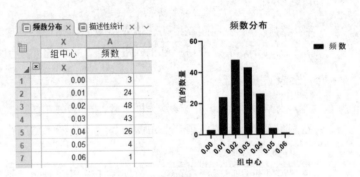

图 8-15 结果表和图表"频数分布"

3. 绘制频率分布表

步骤 01 打开数据表"抗体滴度数据",选择菜单栏中的"分析"→"数据探索和摘要"→"频数分布"命令,弹出"分析数据"对话框。单击"确定"按钮,关闭该对话框,弹出"参数:频率分布"对话框(参见图 8-14)。

步骤 02 在该对话框的"创建"选项组下选择"频率分布",在"制表"选项组下选择"相对频数(百分比)",在"组宽"选项组下选择"组宽"为 0.01。单击"确定"按钮,关闭该对话框,生成结果表"直方图/抗体滴度数据",将结果表和图表重命名为"频率分布",A 列标题为"%频率",结果如图 8-16 所示。

4. 绘制累计频数分布表

步骤 01 在导航器中选择结果表"频率分布",右击,选择"复制当前表"命令,弹出"分析数据"对话框。单击"确定"按钮,关闭该对话框,弹出"参数:频率分布"对话框(参见图 8-14)。

步骤 02 在"创建"选项组下选择"累积频率分布",在"制表"选项组下选择"值的数量",

在“组宽”选项组下选择“组宽”为 0.01。单击“确定”按钮，关闭该对话框，生成结果表“副本频率分布”，将结果表重命名为“累计频数分布”，A 列标题为“累计频数”，结果如图 8-17 所示。

频数分布 × | 描述性统计 ×

	X	A
	组中心	% 频率
	X	
1	0.00	2.01342281879195
2	0.01	16.10738255033560
3	0.02	32.21476510067110
4	0.03	28.85906040268460
5	0.04	17.44966442953020
6	0.05	2.68456375838926
7	0.06	0.67114093959732

图 8-16　结果表“频数分布”

X	A
组中心	累计频数
X	
0.00	3
0.01	27
0.02	75
0.03	118
0.04	144
0.05	148
0.06	149

图 8-17　结果表“累计频数分布”

5. 绘制累计频率分布表

步骤 01　在导航器中选择结果表“频数分布”，右击，选择“复制当前表”命令，弹出“分析数据”对话框。单击“确定”按钮，关闭该对话框，弹出“参数：频率分布”对话框（参见图 8-14）。

步骤 02　在“创建”选项组下选择“累积频率分布”，在“制表”选项组下选择“相对频数（百分比）”，在“组宽”选项组下选择“组宽”为 0.01。单击“确定”按钮，关闭该对话框，生成结果表“副本频率分布”，将结果表重命名为“累计频率分布”，A 列标题为“%累计频率”，结果如图 8-18 所示。

X	A
组中心	% 累计频率
X	
0.00	2.01342281879195
0.01	18.12080536912750
0.02	50.33557046979870
0.03	79.19463087248320
0.04	96.64429530201340
0.05	99.32885906040270
0.06	100.00000000000000

图 8-18　结果表“累计频率分布”

6. 图表编辑

步骤 01　在导航器中打开图表“频数分布”，显示根据频数绘制成的频数分布图。从图中可以看出，抗体滴度数据主要分布在 0.02~0.03（参见图 8-16）。

步骤 02　双击绘图区空白处，或单击“更改”功能区中的“设置图表格式（符号、条形图、误差条等）”按钮，弹出“格式化图表”对话框，打开“图表上的数据集”选项卡。单击“添加”按钮，弹出“向图表中添加数据集”对话框，选择数据集“频率分布：频数分布”下的“频率分布”，在“在哪条 Y 轴上绘图”选项中选择“右”，如图 8-19 所示。

步骤 03　单击“确定”按钮，关闭该对话框，返回主对话框。在“所选数据集与上一个数据集的关系”选项组下选择“叠加”，如图 8-20 所示。单击“确定”按钮，关闭该对话框。

7. 编辑图表

步骤 01　双击绘图区空白处，或单击“更改”功能区中的“设置图表格式（符号、条形图、误差条等）”按钮，弹出“格式化图表”对话框，打开“外观”选项卡，如图 8-21 所示。

- 在“数据集”下拉列表中选择“频率分布：频数分布：A：频数”，在“条形”下“填充”颜色选择“白色”。

- 在"数据集"下拉列表中选择"频率分布:频数分布:A:%频率",在"样式"下的"外观"下拉列表中选择"符号(每行一个符号)",在"符号"下的"颜色"下拉列表中选择红色,"形状"选择●;勾选"线条"复选框,在"颜色"下拉列表中选择蓝色,"粗细"为1磅。

步骤 02 单击"确定"按钮,关闭该对话框,更新图表,结果如图 8-22 所示。

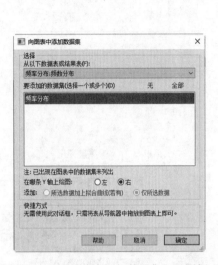

图 8-19 "向图表中添加数据集"对话框

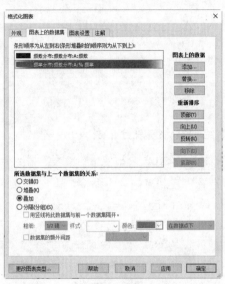

图 8-20 "图表上的数据集"选项卡

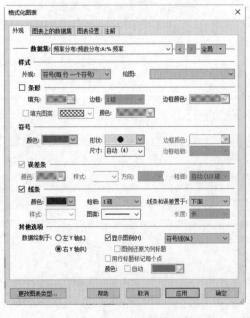

图 8-21 "外观"选项卡

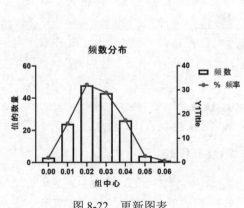

图 8-22 更新图表

8. 保存项目

单击"文件"功能区中的"保存"按钮，或按 Ctrl+S 键，直接保存项目文件。

8.2 相关性分析

相关性分析主要是研究随机数据之间的相互依赖关系,旨在了解一个变量与另一个变量之间是否存在相关关系以及相关的强度大小。

8.2.1 相关性概述

世界上所有事物之间都是相互影响、相互制约、相互印证的关系。而事物这种相互影响、相互关联的关系,在统计学上叫作相关关系,简称相关性。

所有的相关关系问题,转换为数据问题,不外乎就是评估一个因素与另一个因素之间的相互影响或相互关联的关系。而分析这种事物之间关联性的方法,就是相关性分析方法。

传统统计模型主要用来探索影响事物的因果关系,因此过去也被称为影响因素分析。然而,从统计学的角度来看,虽然因果关系往往伴随着统计显著性,但统计显著性并不等同于因果关系。因此,更准确地说,影响因素分析应当被称为相关性分析。

1. 相关性种类

(1) 客观事物之间的相关性,大致可归纳为两大类:一类是函数关系,另一类是统计关系。

- 函数关系:两个变量的取值存在一个函数关系来唯一描述。
- 统计关系:两个事物之间的非一一对应关系,即当变量 x 取一定值时,另一个变量 y 虽然不唯一确定,但按某种规律在一定的可预测范围内发生变化。例如,子女身高与父母身高是无法用一个函数关系唯一确定其取值的,但这些变量之间确实存在一定的关系。大多数情况下,父母身高越高,子女的身高也就越高。这种关系叫作统计关系。

(2) 进一步来说,统计分析按照相关的形态可分为线性相关和非线性相关(曲线相关),如果按照相关的方向来分,可分为正相关和负相关等,相关关系分类如图 8-23 所示。

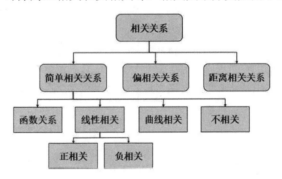

图 8-23 相关关系分类

2. 相关性描述方式

(1) 散点图是判断两个变量是否存在线性相关关系的最简单方法,即通过可视化来进行判断。在相关分析中,散点图是最合适用来展示变量间关系的图形。

(2) 在进行相关分析时,我们会引入一个新的数据指标——相关系数,专门用来衡量两个变量之间的线性相关程度。相关系数以数值形式精确反映两个变量之间线性相关的强弱。相关系数通常用字母 r 表示。r 的取值范围介于-1 和+1 之间，即 $-1 \leqslant r \leqslant +1$。

- 当 r>0 时，表示两个变量正相关。
- r<0 时，表示两个变量负相关。
- 当|r|=1 时，表示两个变量为完全线性相关，即为函数关系。
- 当 r=0 时，表示两个变量间无线性相关关系。
- 当 0<|r|<1 时，表示两个变量存在一定程度的线性相关。|r|越接近 1，表示两个变量间的线性关系越密切；|r|越接近 0，表示两个变量的线性关系越弱。

一般可按 4 级划分：|r|<0.3 表示不相关，$0.3 \leqslant$|r|<0.5 表示低度线性相关，$0.5 \leqslant$|r|<0.8 表示中度相关，$0.8 \leqslant$|r|表示高度相关，0.95<|r|$\leqslant$1<0.5 表示显著性相关。

8.2.2 相关系数

相关性分析是一种用于衡量变量之间关联性的统计方法。它通过计算相关系数来度量变量之间的线性关系。常用的相关系数有 Pearson 相关系数和 Spearman 等级相关系数。

选择菜单栏中的"分析"→"数据探索和摘要"→"相关性"命令，弹出"分析数据"对话框，在左侧列表中选择指定的分析方法：相关性，在右侧显示需要分析的数据集和数据列，如图 8-24 所示。

单击"确定"按钮，关闭该对话框，弹出"参数：相关性"对话框，如图 8-25 所示。

图 8-24 "分析数据"对话框

图 8-25 "参数：相关性"对话框

1. 计算哪几对列之间的相关性

（1）为每对 Y 数据集（相关矩阵）计算 r（X）：选择该选项，计算一组数据之间的相关系数。勾选"如果缺少或排除了某个值，请在计算中移除整行"复选框，移除包含缺失值的数据行。

（2）计算 X 与每个 Y 数据集的 r：计算数据集中任意两列之间的相关系数，其中一列为 X 值，得到相关系数组成的相关矩阵。

（3）在两个选定的数据集之间计算 r（S）：计算任意两个变量列之间的相关系数。

2. 假定数据是从高斯分布中采样

Prism 可以计算多种相关系数，包括 Pearson 相关系数、Spearman 相关系数。

（1）是。计算 Pearson 相关系数：选择该选项，计算 Pearson 相关系数（样本数小于或等于 17）。Pearson 相关计算依据的假设是：X 值和 Y 值都是从服从高斯分布的群体中抽样得到的。

（2）否。计算非参数 Spearman 相关性：选择该选项，计算 Spearman 相关系数（样本数大于或等于 18）。斯皮尔曼等级相关系数主要用于评价顺序变量间的线性相关关系，常用于计算类型变量的相关性。

3. 选项

通过计算得到的各相关系数的 P 值，可用于检验零假设。零假设是"一对变量的真实总体相关系数 r 为零"。

（1）P 值：选择计算单尾 P 值或双尾 P 值，通常建议选择双尾 P 值。双尾 P 值可用于检验相关系数是否同时大于或小于零，而单尾 P 值只能用于检验一个方向或另一个方向。

（2）置信区间：选择置信区间，默认值为 95%。

4. 输出

（1）显示的有效数字位数（对于 P 值除外的所有值）：显示输出结果中有效数字的位数。

（2）P 值样式：显示相关矩阵中 P 值的显示格式。其中，P 值右上角显示*，P 值越小，通常使用的星号数量越多，最多为 3 个。标注方式有*（P<0.05）、**（P<0.01）、***（P<0.001）。

5. 绘图

创建相关矩阵的热图：勾选该复选框，根据 P 值或样本量制作热度图。

8.2.3 正态性检验

最常用的相关系数是皮尔逊（Pearson）相关系数，又称积差相关系数。当数据不满足正态分布，不能使用皮尔逊相关分析时，使用 Spearman 相关系数。因此，进行相关系数计算的第一步是对数据进行正态性检验。正态性检验是后面进行推断性分析的重要前提之一。

选择菜单栏中的"分析"→"数据探索和摘要"→"正态性与对数正态性检验"命令，弹出"分析数据"对话框，在左侧列表中选择指定的分析方法：正态性与对数正态性检验，在右侧显示需要分析的数据集和数据列，如图 8-26 所示。

单击"确定"按钮，关闭该对话框，弹出"参数：正态性与对数正态性检验"对话框，设置基本参数，如图 8-27 所示。

1. 要检验哪些分布

选择检验数据是否服从正态（高斯）分布、对数正态分布或者服从两者中任意一种。对数正态分布仅包含正数，在对数正态分布中，不可能存在负值和零。如果存在任何值为零或负值，则 Prism 需要检验对数正态性。

图 8-26 "分析数据"对话框

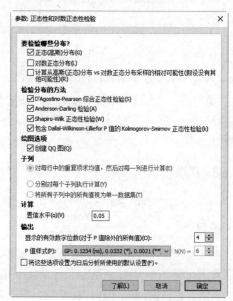

图 8-27 "参数：正态性与对数正态性检验"对话框

2. 检验分布的方法

（1）D'Agostino-Pearson 综合正态性检验：也称为 D'Agostino 和 Pearson 正态性检验，是一种用于检验数据是否符合正态分布的统计检验方法，通常用于中小样本量的情况。

（2）Anderson-Darling 检验：简称 AD 检验，是一种拟合检验，此检验是将样本数据的经验累积分布函数与假设数据呈正态分布时期望的分布进行比较，如果差异足够大，该检验将否定总体呈正态分布的原假设。

（3）Shapiro-Wilk 正态性检验：夏皮罗维尔克检验法。

（4）包含 Dallal-Wikinson-Lillefor P 值的 Kolmogorov-Smirnov 正态性检验：进行两种正态性检验。

3. 绘图选项

创建 QQ 图：勾选该复选框，创建 QQ 图，Q-Q 图是一种常见的正态概率图，用来考察数据资料是否服从某种分布类型。Q-Q 图（Q 代表分位数）用概率分布的分位数进行正态性考察，如果样本数对应的总体分布确为正态分布，则 Q-Q 图中的样本数据对应的散点应基本落在原点出发的 45°线附近。

4. 子列

选择对包含子列的数据表进行特殊处理后再进行分析。

5. 计算

置信水平：置信度区间百分比 α，默认值为 5%。这表示在指定水平下，样本平均值与指定的检验值之差的置信区间。

8.2.4 实例——儿童体重和体表面积相关性分析

本小节利用相关系数精确地展示某地 3 岁儿童 10 人的体重（kg）与体表面积（$10^3 m^2$）的统计关系。

操作步骤

1. 设置工作环境

步骤01 双击 GraphPad Prism 10 图标，启动 GraphPad Prism。

步骤02 选择菜单栏中的"文件"→"打开"命令，或单击 Prism 功能区中的"打开项目文件"命令，或单击"文件"功能区中的"打开项目文件"按钮，或按 Ctrl+O 键，弹出"打开"对话框，选择需要打开的文件"儿童体重和体表面积 XY 图表.prism"，单击"打开"按钮，即可打开项目文件。

步骤03 选择菜单栏中的"文件"→"另存为"命令，或单击"文件"功能区中的"保存命令"按钮下的"另存为"命令，弹出"保存"对话框，输入项目的保存名称。单击"确定"按钮，在源文件目录下自动创建项目文件"儿童体重和体表面积相关性分析.prism"。

2. 正态性检验

步骤01 将数据表"数据 1"置为当前。

步骤02 相关系数包括 Pearson 相关系数、Spearman 相关系数，选择相关系数计算方法之前，需要检验数据是否服从正态分布。

步骤03 选择菜单栏中的"分析"→"数据探索和摘要"→"正态性与对数正态性检验"命令，弹出"分析数据"对话框，在左侧列表中选择指定的分析方法：正态性与对数正态性检验。单击"确定"按钮，关闭该对话框，弹出"参数：正态性与对数正态性检验"对话框。

- 在"要检验哪些分布？"选项组下选择"正态（高斯）分布"，检验数据是否服从正态（高斯）分布。
- 由于实验数据样本数小于或等于 50，适合小样本数据的检验方法，在"检验分布的方法"选项组下选择"Shapiro-Wilk 正态性检验"复选框。

步骤04 单击"确定"按钮，关闭该对话框，输出结果表"正态性与对数正态性检验/数据 1"和"正态 QQ 图：正态性与对数正态性检验/数据 1"，如图 8-28 所示。

步骤05 查看正态分布检验表中 Shapiro-Wilk 检验的显著性检验结果：所有数据显著性值均大于 0.05，数据服从正态分布。因此，在进行相关性分析时，使用参数检验的 Pearson 相关系数计算。

步骤06 "图表"下的"正态 Q-Q 图"显示实际残差与预测残差图。可以发现，图中点的大致趋势明显地在从原点出发的一条 45°直线上，这表明误差的正态性假设是合理的。

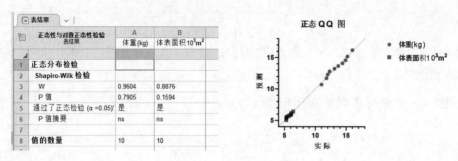

图 8-28 正态性检验结果

3. 相关系数计算

步骤01 将数据表"数据1"置为当前。

步骤02 选择菜单栏中的"分析"→"数据探索和摘要"→"相关性"命令,弹出"分析数据"对话框。单击"确定"按钮,关闭该对话框,弹出"参数:相关性"对话框,在"计算哪几对列之间的相关性?"选项组下选择"计算X与每个Y数据集的r",在"假定数据是从高斯分布中采样?"选项组下选择"是。计算Pearson相关系数。"选项,如图8-29所示。

步骤03 单击"确定"按钮,关闭该对话框,输出结果表"相关性/数据1"。

4. 结果分析

(1) 结果表"相关性/数据1"中显示 Pearson r,如图 8-30 所示。

图 8-29 "参数:相关性"对话框   图 8-30 相关性分析结果

(2) 从 Pearson r 表中可以看到相关系数 r(皮尔逊相关系数),用来判断相关程度。体重(kg)的相关系数为 0.9950,体表面积 10^3m^2 的相关系数为 0.9460,存在相关关系,为高度相关。

(3) "P 值"选项组显示计算得到的相关系数的 P 值,P 值决定性质(相关与否)。原假设是"不相关"。若两组的 P 值小于 0.001,则拒绝原假设,说明这些组的数据具有显著相关性。

5. 保存项目

单击"文件"功能区中的"保存"按钮,或按 Ctrl+S 键,直接保存项目文件。

8.2.5 比较观察到的分布与预期分布

比较数据分布主要用于将实际观察到的对象或事件的数量与理论预期的分布进行对照，而不是用来比较两个不同的观察到的分布。

选择菜单栏中的"分析"→"数据探索和摘要"→"比较观察到的分布与预期分布"命令，弹出"分析数据"对话框，在左侧列表中选择指定的分析方法：比较观察到的分布与预期分布，在右侧显示需要分析的数据集和数据列，如图 8-31 所示。

单击"确定"按钮，关闭该对话框，弹出"参数：比较观察到的分布与预期分布"对话框，利用卡方检验和二项式检验将观察到的离散类别数据的分布与理论预期的分布进行比较，如图 8-32 所示。

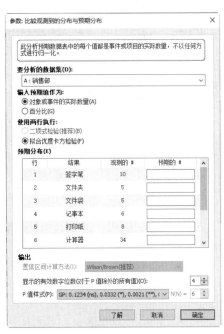

图 8-31　"分析数据"对话框　　　图 8-32　"参数：比较观察到的分布与预期分布"对话框

1. 要分析的数据集

选择要进行分析比较的数据集。

2. 输入预期值作为

（1）对象或事件的实际数量：选择该选项，选择输入每个类别中预期的受试者或事件的实际数量，预期值的总和必须等于在数据表中输入的观察数据的总和。

（2）百分比：选择该选项，预期值的总和必须为 100。

3. 使用两行执行

（1）二项式检验（推荐）：如果输入两行以上的数据，Prism 将执行卡方拟合优度检验。

（2）拟合优度卡方检验：如果只输入两行数据，则可以选择二项式检验（推荐选择）。

4. 预期分布

在"预期的#"列输入跟原始数据比较的预期值。

5. 输出

置信区间计算方法：选择置信区间的计算方法，默认选择 Wilson/Brown（推荐）。

8.3 主成分分析

相关性分析和主成分分析（Principal Component Analysis，PCA）是常用的统计分析方法，它们在数据分析和模式识别领域具有重要的作用。相关性分析关注变量之间的线性关系，而主成分分析适用于多变量数据，通过线性变换捕捉数据中的非线性关系和结构。

8.3.1 主成分分析

主成分分析是通过正交变换将一组可能存在相关性的变量转换为一组线性不相关的变量的统计方法，转换后的这组变量称为主成分。

选择菜单栏中的"分析"→"数据探索和摘要"→"主成分分析(PCA)"命令，弹出"分析数据"对话框，在左侧列表中选择指定的分析方法：主成分分析(PCA)，在右侧显示需要分析的数据集和数据列，如图 8-33 所示。

图 8-33 "分析数据"对话框

单击"确定"按钮，关闭该对话框，弹出"参数：主成分分析(PCA)"对话框，该对话框包含 4 个选项卡，如图 8-34 所示。

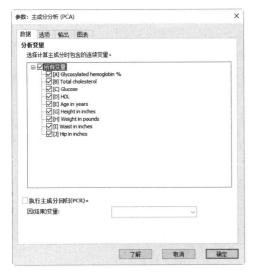

（a)"数据"选项卡

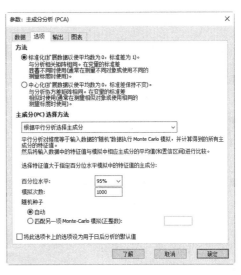

（b)"选项"选项卡

（c)"输出"选项卡

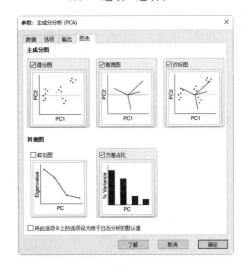

（d)"图表"选项卡

图 8-34 "参数：主成分分析(PCA)"对话框

1."数据"选项卡

指定用于 PCA 的被测变量（也称为"预测变量"，或者直接称为"X 变量"），选择至少两个连续变量。其中，分类变量不能用 PCA 来分析。

2."选项"选项卡

选择如何标准化列，以及如何确定要保留的主成分数量。

（1）方法：对标准化或居中数据进行 PCA。

- 关于标准化数据的 PCA：Xstandardized=（Xraw − $\bar{X}$）/sx，其中，$\bar{X}$ 是平均值，sx 是变量值的标准偏差。

- 关于居中数据的 PCA：Xcentered=（Xraw $-\bar{X}$），其中，$\bar{X}$ 是变量值的平均值。

（2）主成分（PC）选择方法：Prism 提供以下 4 种选择主成分数量的方法。

- 根据平行分析选择主成分：通过确定 PC 与模拟噪声所产生的点中无法区分的点来选择要包含的 PC 数量。
- 根据特征值选择主成分：按照典型做法，选择特征值大于 1 的 PC。这称为"Kaiser 准则"。
- 根据总解释方差的占比选择主成分：保留具有最大特征值的 PC，这些特征值累计解释了总方差的指定百分比。总方差目标百分比的常见选择是 75%和 80%。
- 选择所有主成分：不推荐。仅用于探索目的。

3. "输出"选项卡

自定义报告的输出，用于绘图的附加变量设置（例如，符号的颜色、尺寸、标签等）。

（1）另外报告。

- 标准化/中心化数据：实际输入 PCA 计算的转换数据。
- 特征向量：定义每个 PC 的变量线性组合提供系数。
- 变量贡献矩阵：每行代表一个变量，每列代表一个 PC。单列中的值代表由每个变量贡献的 PC 解释的总方差评分。因此，这些值的总和为 1.0（即 PC 解释的方差的 100%）。在数值上，这些值是特征向量表格中对应值的平方。
- 变量和主成分之间的相关矩阵：每行代表一个变量，每列代表一个 PC。每个数值均为对应的相关系数。对于标准化数据，该表格将与载荷矩阵相同。
- 病例贡献矩阵：每行代表一个案例（原始数据表中的一行），每列代表一个 PC。单列中的值代表由每个案例贡献的 PC 解释的总方差评分。因此，这些值的总和为 1.0（即 PC 解释的方差的 100%）。
- 变量之间的相关性/协方差矩阵：每行表示一个变量，每列也表示一个变量。如果将数据标准化，每个数值是两个变量之间的相关系数。对角线（行和列是相同的变量）始终为 1.0。

（2）用于绘图的其他变量（主成分得分表）：选择可选变量来细化图表。

- 标签：行标识符（例如行号、名称或 ID 号），放置在每个数据点的旁边。
- 符号填充颜色：选择分类或连续变量。
- 符号大小：用于缩放气泡图上点的尺寸（分类或连续）。
- 连接线：用于在气泡图上绘制不同组数据点之间的连接线（仅限分类变量）。

（3）输出。显示的有效数字位数，默认值为 4。

4. "图表"选项卡

选择 Prism 应编制的图表。

1）主成分图

- 得分图：得分图是最常用的主成分分析图，对于一些较好的结果能够将不同的散点进行聚集，并将同类型的散点看作一个整体。

- 载荷图：载荷图是通过主成分分析得出的主要主成分的载荷所绘制的多维坐标图，作用是观察它们如何解释原变量。
- 双标图：双标图是 PCA 的常用图表，通过一个乘数来缩放载荷，以便可以在相同图表上绘制 PC 评分和载荷。

2）其他图

- 碎石图：碎石图用于确定 PCA 期间要包含的主成分数量，在碎石图上给出每个 PC 的特征值。
- 方差占比：方差占比图类似于碎石图，但不是绘制特征值，而是绘制每个 PC 解释的方差比例。该方差比例等于该 PC 的特征值除以所有 PC 的特征值之和（报告为百分比）。此外，其还包括一个累计总数的条形图。

8.3.2 分析一堆 P 值

P 值是用来判定假设检验结果的一个参数。通过分析一堆 P 值，可以识别其中较小的 P 值，从而选出值得进一步研究的变量进行比较。

选择菜单栏中的"分析"→"数据探索和摘要"→"分析一堆 P 值"命令，弹出"分析数据"对话框，在左侧列表中选择指定的分析方法：分析一堆 P 值，在右侧显示一列包含 P 值的数据集和数据列，如图 8-35 所示。

图 8-35 "分析数据"对话框

单击"确定"按钮，关闭该对话框，弹出"参数：分析一堆 P 值"对话框，选择对 P 值的分析方法，如图 8-36 所示。

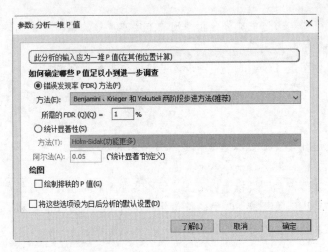

图 8-36 "参数：分析一堆 P 值"对话框

1. 如何确定哪些 P 值足以小到进一步调查

1）错误发现率（FDR）方法

选择该选项，选择下面的错误发现率（FDR）方法调整 P 值进行多次比较。

（1）Benjamini、Krieger 和 Yekutieli 两阶段步进方法（推荐）：假设"检验统计独立或正相关"，需要设置所需的错误发现率（FDR）。错误发现率（FDR）是错误拒绝（拒绝真的（原）假设）的个数占所有被拒绝的原假设个数的比例的期望值。

（2）Benjamini 和 Hochberg 的原始 FDR 方法：假设"检验统计独立或正相关"，比上面的方法检验能力强，计算复杂。首先考察 P 值的分布，以估计实际为真的零假设的分数。在决定某个 P 值是否足够低以被视为一个"发现"时，使用该信息来增强检验能力。

（3）Benjamini 和 Yekutieli 校正方法（低次幂）：该方法不依赖于各检验之间的独立性或正相关性假设。然而，由于其保守性，其检验能力通常较低。

2）统计显著性

选择该选项，选择对照比较族的 I 型错误率调整 P 值进行多次比较。

（1）Holm-Sidak（功能更多）：适用于成对比较和与对照组的比较。默认情况下，阿尔法（α）值为 0.05（统计显著的定义）。

（2）Bonferroni-Dunn：后续检验方法，适用于将某个算法与其余 k-1 个算法进行对比。该方法是将各个算法平均排名之差与某个域值对比：若大于该域值，则说明平均排名高的算法在统计上优于平均排名低的算法；否则，二者在统计上没有差异。

（3）Bonferroni-Šidák：该方法的检验力度更大。Prism 通过判断哪些 P 值在经过多重比较校正后仍然足够小，从而将这些比较标记为"具有统计学显著性"。

2. 绘图

绘制排秩的 P 值：勾选该复选框，查看 P 值秩与 P 值的关系图。

8.3.3 实例——鸢尾花双基质测量指标主成分分析

现对 3 种不同的鸢尾花进行双基质测量,测量指标包括萼片和花瓣的长度和宽度,单位为厘米。本实例通过使用相关系数对双基质测量的各项指标进行相关性分析,并进一步开展主成分分析,以探索不同测量指标之间的相关性及数据的主要变异来源。

操作步骤

1. 设置工作环境

步骤 01 双击 GraphPad Prism 10 图标,启动 GraphPad Prism,自动弹出"欢迎使用 GraphPad Prism"对话框,设置创建的默认数据表格式。

- 在"创建"选项组下选择"多变量"选项。
- 在"数据表"选项组下选择"输入或导入数据到新表"选项。

步骤 02 单击"创建"按钮,创建项目文件,同时该项目下自动创建一个数据表"数据 1"和关联的图表"数据 1",重命名数据表为"双基质测量指标"。

步骤 03 选择菜单栏中的"文件"→"另存为"命令,或单击"文件"功能区中的"保存命令"按钮下的"另存为"命令,弹出"保存"对话框,输入项目名称。单击"确定"按钮,在源文件目录下自动创建项目文件"鸢尾花双基质测量指标主成分分析.prism"。

2. 导入 XLSX 文件

步骤 01 在数据表中激活"第 A 组"标题所在的单元格。

步骤 02 选择菜单栏中的"文件"→"导入"命令,或在功能区"导入"选项卡单击"导入文件"按钮,或右击,在弹出的快捷菜单中选择"导入数据"命令,弹出"导入"对话框,在"文件名"右侧下拉列表中选择"工作表(*.xls*, *.wk*, *.wb*)",在指定目录下选择要导入的文件"鸢尾花测量数据.xlsx"。单击"打开"按钮,弹出"导入和粘贴选择的特定内容"对话框。打开"源"选项卡,在"关联与嵌入"选项组下选择"仅插入数据"选项。

步骤 03 单击"导入"按钮,在数据表"双基质测量指标"中导入 Excel 中的数据,结果如图 8-37 所示。

3. 正态性检验

步骤 01 选择菜单栏中的"分析"→"数据探索和摘要"→"正态性与对数正态性检验"命令,弹出"分析数据"对话框,在左侧列表中选择指定的分析方法:正态性与对数正态性检验,取消选择"A:鸢尾花种类"数据集。单击"确定"按钮,关闭该对话框,弹出"参数:正态性与对数正态性检验"对话框。

- 在"要检验哪些分布?"选项组下选择"正态(高斯)分布",检验数据是否服从正态(高斯)分布。
- 由于实验数据样本数为 150,适合大样本数据的检验方法,在"检验分布的方法"选项组下选择"D'Agostino-Pearson 综合正态性检验"。

步骤 02　单击“确定”按钮，关闭该对话框，输出结果表“正态性与对数正态性检验/双基质测量指标”，如图 8-38 所示。

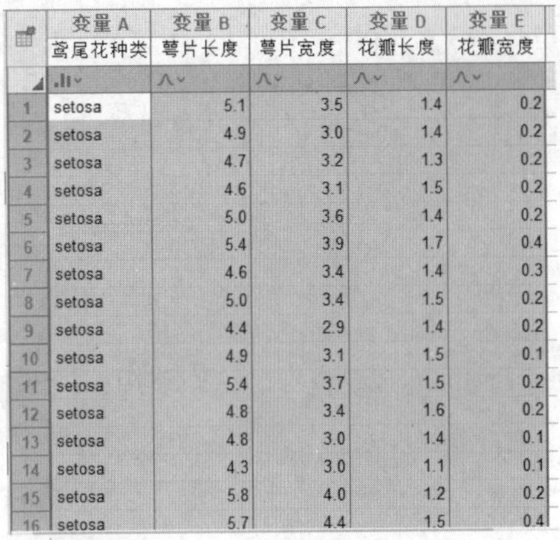

	变量 A 鸢尾花种类	变量 B 萼片长度	变量 C 萼片宽度	变量 D 花瓣长度	变量 E 花瓣宽度
1	setosa	5.1	3.5	1.4	0.2
2	setosa	4.9	3.0	1.4	0.2
3	setosa	4.7	3.2	1.3	0.2
4	setosa	4.6	3.1	1.5	0.2
5	setosa	5.0	3.6	1.4	0.2
6	setosa	5.4	3.9	1.7	0.4
7	setosa	4.6	3.4	1.4	0.3
8	setosa	5.0	3.4	1.5	0.2
9	setosa	4.4	2.9	1.4	0.2
10	setosa	4.9	3.1	1.5	0.1
11	setosa	5.4	3.7	1.5	0.2
12	setosa	4.8	3.4	1.6	0.2
13	setosa	4.8	3.0	1.4	0.1
14	setosa	4.3	3.0	1.1	0.1
15	setosa	5.8	4.0	1.2	0.2
16	setosa	5.7	4.4	1.5	0.4

图 8-37　导入 Excel 中的数据

正态性与对数正态性检验 表结果	A 萼片长度	B 萼片宽度	C 花瓣长度	D 花瓣宽度
1 正态分布检验				
2 D'Agostino & Pearson 检验				
3 K2	5.736	3.124	221.7	137.6
4 P 值	0.0568	0.2097	<0.0001	<0.0001
5 通过了正态检验 (α =0.05)?	是	是	否	否
6 P 值摘要	ns	ns	****	****
7				
8 值的数量	150	150	150	150

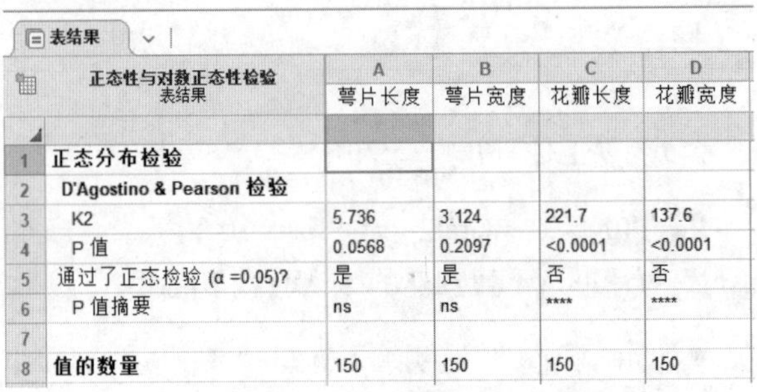

图 8-38　正态性检验结果

步骤 03　查看正态分布检验表中的检验结果：萼片长度、萼片宽度数据服从正态分布，花瓣长度、花瓣宽度数据不服从正态分布。因此，进行相关性分析时，使用非参数检验的 Spearman 相关系数计算。

4. 相关系数计算

步骤 01　将数据表“双基质测量指标”置为当前。

步骤 02　选择菜单栏中的“分析”→“数据探索和摘要”→“相关性”命令，弹出“分析数据”对话框，取消选择“A：鸢尾花种类”数据集。单击“确定”按钮，关闭该对话框，弹出“参数：相关性”对话框，在“计算哪几对列之间的相关性？”选项组下选择“为每对 Y 数据集（相关矩阵）计算 r”，在“假定数据是从高斯分布中采样？”选项组下选择“否。计算非参数 Spearman 相关性。”，如图 8-39 所示。

图 8-39　“参数：相关性”对话框

步骤 03　单击“确定”按钮，关闭该对话框，输出结果表“相关性/双基质测量指标”。

5. 结果分析

（1）结果表“相关性/双基质测量指标”中包含 5 个选项卡：Pearson r、P 值、P 值类型、样本大小、rs 的置信区间，如图 8-40 所示。

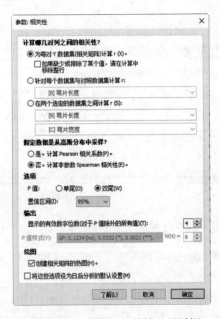

相关性 Spearman r	A 萼片长度	B 萼片宽度	C 花瓣长度	D 花瓣宽度
1 萼片长度	1.000	-0.167	0.882	0.834
2 萼片宽度	-0.167	1.000	-0.310	-0.289
3 花瓣长度	0.882	-0.310	1.000	0.938
4 花瓣宽度	0.834	-0.289	0.938	1.000

（a）Spearman r

相关性 P值	A 萼片长度	B 萼片宽度	C 花瓣长度	D 花瓣宽度
1 萼片长度		0.041	3.44308727804688e-050	4.18944667739006e-040
2 萼片宽度	0.041		0.00011539383751	0.00033429810586
3 花瓣长度	3.443e-050	1.154e-004		8.15659685412467e-070
4 花瓣宽度	4.189e-040	3.343e-004	8.15659685412467e-070	

（b）P 值

相关性 P值类型	A 萼片长度	B 萼片宽度	C 花瓣长度	D 花瓣宽度
1 萼片长度		近似	近似	近似
2 萼片宽度	近似		近似	近似
3 花瓣长度	近似	近似		近似
4 花瓣宽度	近似	近似	近似	

（c）P 值类型

相关性 样本大小	A 萼片长度	B 萼片宽度	C 花瓣长度	D 花瓣宽度
1 萼片长度	150.000	150.000	150.000	150.000
2 萼片宽度	150.000	150.000	150.000	150.000
3 花瓣长度	150.000	150.000	150.000	150.000
4 花瓣宽度	150.000	150.000	150.000	150.000

（d）样本大小

相关性 rs的置信区间	A 萼片长度	B 萼片宽度	C 花瓣长度	D 花瓣宽度
1 萼片长度		-0.3228 到 -0.001916	0.8390 到 0.9139	0.7762 到 0.8784
2 萼片宽度	-0.3228 到 -0.001916		-0.4515 到 -0.1525	-0.4333 到 -0.1303
3 花瓣长度	0.8390 到 0.9139	-0.4515 到 -0.1525		0.9141 到 0.9549
4 花瓣宽度	0.7762 到 0.8784	-0.4333 到 -0.1303	0.9141 到 0.9549	

（e）rs 的置信区间

图 8-40　相关性分析结果

（2）从 Pearson r 表中可以看到相关系数 r（皮尔逊相关系数），用来判断相关程度。萼片长度和花瓣长度数据的相关系数为 0.882，存在相关关系，为高度相关；花瓣长度和花瓣宽度的相关系数为 0.938，为高度相关；萼片宽度和萼片长度、花瓣长度、花瓣宽度均为负相关。

（3）“P 值”选项卡显示计算得到的各相关系数的 P 值，P 值决定性质（相关与否）。原假设是“不相关”。所有数据的 P 值小于 0.05，拒绝原假设，说明这些组的数据均相关。

（4）“P 值类型”选项卡显示是否计算每个相关系数的精确或近似 P 值。

（5）“样本大小”选项卡显示每个相关系数的值对数量。

（6）“rs 的置信区间”选项卡显示矩阵中每个相关系数的置信区间。

（7）图表“Spearman r：相关性/双基质测量指标”中显示相关矩阵的热图，根据相关系数制作热图，如图 8-41 所示。

6. 热度图表编辑

步骤 01　打开图表“Pearson r: 相关性/双基质测量指标”。

步骤 02　双击绘图区空白处，或单击“更改”功能区中的“设置图表格式（符号、条形图、误差条等）”按钮，弹出“格式化图表”对话框。

- 打开“图表设置”选项卡，设置“单元格边框”颜色为白色，6 磅，取消勾选“热图边框”复选框。
- 打开“标题”选项卡，勾选“显示图表标题”复选框。

- 打开"标签"选项卡,在"列标签"选项组下设置"位置"为"下面"、"标"为"水平"。

步骤 03 单击"确定"按钮,关闭该对话框,更新图表格式,如图 8-42 所示。

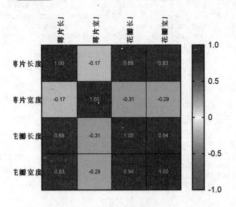

图 8-41 相关矩阵图

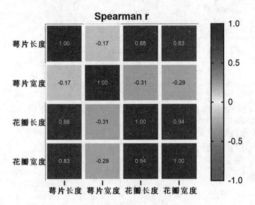

图 8-42 更新图表格式

7. 主成分分析

主成分分析只能进行连续变量数据的分析,不适用于分类变量的情况。

步骤 01 将数据表"双基质测量指标"置为当前。

步骤 02 单击"更改"功能区的"主成分分析"按钮,弹出"参数:主成分分析(PCA)"对话框,打开"数据"选项卡,如图 8-43 所示。

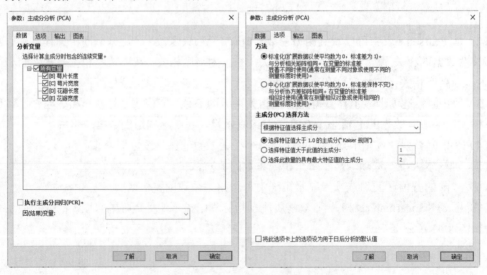

图 8-43 "参数:主成分分析"对话框

步骤 03 打开"选项"选项卡,在"方法"选项组下选择"标准化"选项,在"主成分(PC)选择方法"选项组下选择"根据特征值选择主成分"下的"选择特征值大于 1.0 的主成分("Kaiser 规则")选项。

步骤 04 打开"输出"选项卡,在"另外报告"选项组中勾选"标准化/中心化数据""特征向量"复选框。

步骤05 打开“图表”选项卡，勾选“得分图”“载荷图”“双标图”“碎石图”“方差占比”复选框。

步骤06 单击“确定”按钮，关闭该对话框，输出结果表和图表。

8. 结果分析

（1）在结果表“主成分分析/双基质测量指标”的“表结果”选项卡显示分析结果，包括特征值、方差占比、累积方差比例和成分选择（主成分 1~主成分 4），如图 8-44 所示。

（2）标准化数据显示经过降维变换后的 4 组变量值，如图 8-45 所示。

	主成分分析 表结果	A	B	C	D
1	分析的表	双基质测量指标			
2					
3	主成分摘要	主成分1	主成分2	主成分3	主成分4
4	特征值	2.918	0.9140	0.1468	0.02071
5	方差占比	72.96%	22.85%	3.67%	0.52%
6	累积方差比例	72.96%	95.81%	99.48%	100.00%
7	成分选择	已选择			
8					
9	数据摘要				
10	变量总数	4			
11	成分总数	4			
12	成分选择方法	特征值大于 1.0 的 PC("Kaiser 规则")			
13	选定的成分数	1			
14	表中的行	150			
15	跳过的行(缺少数据)	0			
16	分析的行（案例数）	150			

图 8-44　“表结果”选项卡

	A 萼片长度	B 萼片宽度	C 花瓣长度	D 花瓣宽度
1	-0.898	1.016	-1.336	-1.311
2	-1.139	-0.132	-1.336	-1.311
3	-1.381	0.327	-1.392	-1.311
4	-1.501	0.098	-1.279	-1.311
5	-1.018	1.245	-1.336	-1.311
6	-0.535	1.933	-1.166	-1.049
7	-1.501	0.786	-1.336	-1.180
8	-1.018	0.786	-1.279	-1.311
9	-1.743	-0.361	-1.336	-1.311
10	-1.139	0.098	-1.279	-1.442

图 8-45　经过降维变换后的 4 组变量值

（3）在“特征值”选项卡量化每个主成分解释的方差量，如图 8-46 所示。表中的数据按降序排列，因此 PC1 可解释最大方差，PC2 可解释第二大方差，以此类推。所有特征值之和等于成分数，成分数也等于变量数（只要数据的观测值多于变量）。

（4）在 Loadings 选项卡显示每个主成分的载荷值，如图 8-47 所示。在分析标准化数据时，每个载荷值对应一个变量和一个单一成分，两者均仅为一组值。载荷代表变量值与成分计算值之间的相关性。分析中心化（而非标准化）数据时，载荷表示变量与特征向量之间关系的强度。载荷=特征向量*特征值。

	主成分分析 特征值	A 特征值
1	主成分1	2.918
2	主成分2	0.914
3	主成分3	0.147
4	主成分4	0.021

图 8-46　“特征值”选项卡

	A 变量	B 主成分1
1	萼片长度	0.890
2	萼片宽度	-0.460
3	花瓣长度	0.992
4	花瓣宽度	0.965

图 8-47　Loadings 选项卡

（5）在“特征向量”选项卡显示变量的特定线性组合（主成分向量），如图 8-48 所示。每个主成分的特征向量对于每个原始变量有一个值（一个数字），代表用于确定主成分的变量线性组合中的系数。

（6）在 PC scores 选项卡显示 PC 评分，计算方法是将标准化或居中数据乘以特征向量，结果如图 8-49 所示。

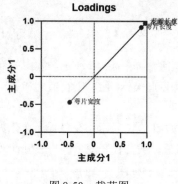
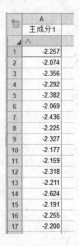

图 8-48 "特征向量"选项卡　　　　　　　图 8-49 PC scores 选项卡

（7）图表"Loadings：主成分分析/双基质测量指标"显示载荷图，绘制指定主要成分载荷矩阵的数值，如图 8-50 所示。

（8）图表"PC scores：主成分分析/双基质测量指标"显示评分图，沿所选主成分轴绘制数据行，如图 8-51 所示。将光标悬停在感兴趣的点上，以获得指向数据表中相关行或列的链接。

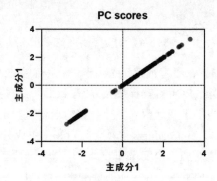

图 8-50 载荷图　　　　　　　　　　　图 8-51 评分图

（9）图表"双标图"通过一个乘数来缩放载荷，以便可以在相同图表上绘制 PC 评分和载荷，如图 8-52 所示。在大多数情况下，选择分别绘制载荷和 PC 评分。

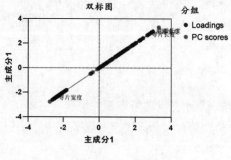

图 8-52 双标图

（10）图表"特征值"显示碎石图，确定 PCA 期间要包含的主成分数量（给出每个 PC 的特征值），如图 8-53 所示。在碎石图上可直观地确定特征值结束陡降并开始变平的点，在曲线开始变平之前，保留曲线上的所有 PC，但不包括曲线从"陡峭"变为"水平"的 PC。若选择使用"Kaiser 准则"指定的特征值阈值，则 Prism 将在碎石图上包含一条指示该阈值的水平线。

（11）图表"方差占比"显示方差占比图，绘制每个 PC 解释的方差比例。方差比例等于该 PC 的特征值除以所有 PC 的特征值之和（报告为百分比），如图 8-54 所示。

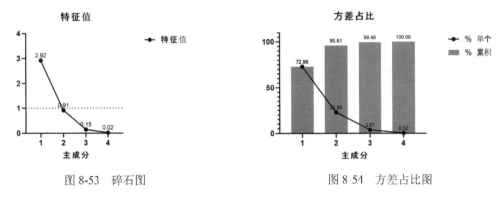

图 8-53　碎石图　　　　　　　　　　图 8-54　方差占比图

9. 保存项目

单击"文件"功能区中的"保存"按钮 , 或按 Ctrl+S 键，直接保存项目文件。

8.4　曲线拟合

在医学临床实践中，只能通过测量得到一些离散的数据，然后利用这些数据得到一个光滑的曲线来反映某些医学参数的规律。这就是一个曲线拟合的过程。本节将介绍曲线拟合命令。

8.4.1　平滑曲线

为了改善图表的外观，对数据进行平滑处理。平滑并非一种数据分析方法，纯粹是一种用于创建更有吸引力的图表的方法。平滑处理包括平滑曲线或转换为微分或积分曲线。由于在平滑曲线时会丢失数据，因此在进行非线性回归或其他分析之前，不应对曲线进行平滑处理。

选择菜单栏中的"分析"→"数据探索和摘要"→"平滑、微分或积分曲线"命令，弹出"分析数据"对话框，在左侧列表中选择指定的分析方法：平滑、微分或积分曲线，在右侧显示需要分析的数据集和数据列，如图 8-55 所示。

单击"确定"按钮，关闭该对话框，弹出"参数：平滑、微分或积分曲线"对话框，选择输出曲线的样式参数，如图 8-56 所示，此对话框上的配置选项说明如下。

1. 微分或积分（参看图 8-56 上方）

（1）不微分或积分：选择该选项，不创建微分、积分曲线。

（2）创建曲线的一阶导数：选择该选项，计算绘制曲线的数据的导数，绘制一阶导数曲线。

（3）创建曲线的二阶导数：选择该选项，计算绘制曲线的数据的导数，绘制二阶导数曲线。

（4）创建积分：选择该选项，计算绘制曲线的数据的积分，绘制显示累积面积的曲线。通过在"生成的积分以 Y=此值时开始"栏输入 Y 值，计算曲线与直线之间的累积面积。

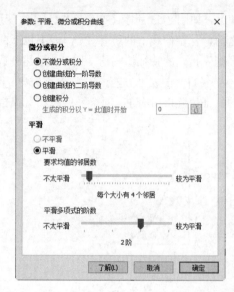

图 8-55 "分析数据"对话框　　　　图 8-56 "参数：平滑、微分或积分曲线"对话框

2. 平滑（参看图 8-56 中间）

如果要求 Prism 既平滑又转换为导数（一阶或二阶）或积分，Prism 会按顺序执行，首先创建导数或积分，然后进行平滑处理。

（1）不平滑：选择该选项，不对数据进行平滑处理。

（2）平滑：Prism 提供了两种用于调整曲线平滑度的方法：要求均值的邻居数和平滑多项式的阶数。在平滑曲线时会丢失数据，因此在进行非线性回归或其他分析之前，不应对曲线进行平滑处理。平滑并非一种数据分析方法，而是一种改善图表的外观、创建更有吸引力的图表的方法。

8.4.2　实例——平滑双基质测量指标曲线

现对鸢尾花的双基质测量指标进行平滑处理，以改善图表的外观。原始数据得到的曲线不利于观察曲线的趋势走向，采用调整曲线平滑度的方法，可以使曲线看起来更加清晰。

操作步骤

1. 设置工作环境

步骤01　双击 GraphPad Prism 10 图标，启动 GraphPad Prism。

步骤02　选择菜单栏中的"文件"→"打开"命令，或单击 Prism 功能区中的"打开项目文件"命令，或单击"文件"功能区中的"打开项目文件"按钮，或按 Ctrl+O 键，弹出"打开"对话框，选择需要打开的文件"鸢尾花双基质测量指标主成分分析.prism"，单击"打开"按钮，即可打开项目文件。

步骤03　选择菜单栏中的"文件"→"另存为"命令，或单击"文件"功能区中的"保存命令"按钮下的"另存为"命令，弹出"保存"对话框，输入项目名称"平滑双基质测量指标曲线.prism"。单击"确定"按钮，在源文件目录下保存新的项目文件。

2. 新建 XY 数据表

步骤01 单击导航器中“数据表”选项组下的“新建数据表”按钮⊕，弹出“新建数据表和图表”对话框，在左侧“创建”选项组下选择 XY 选项；在“数据表”选项组下选择“输入或导入数据到新表”选项；在“选项”选项组下的 X 选项下选择“数值”，Y 选项下选择“为每个点输入一个 Y 值并绘图”。

步骤02 单击“创建”按钮，在该项目下自动创建一个数据表“数据 2”和图表“数据 2”，修改数据表“数据 2”名称为“萼片长度”，关联的图表“数据 2”自动更名为“萼片长度”。

3. 数据准备

步骤01 打开数据表“双基质测量指标”，单击“变量 B”，选中“萼片长度”列单元格中的数据，按 Ctrl+C 键，复制表格数据。

步骤02 打开数据表“萼片长度”，单击“第 A 组”所在单元格，选择菜单栏中的“编辑”→“粘贴”命令，粘贴复制的数据，手动调整表格的列宽，结果如图 8-57 所示。

步骤03 激活 X 列标题行，输入“编号”。激活第 1 行单元格，选择菜单栏中的“插入”→“创建级数”命令，或在功能区“更改”选项卡单击“插入数字序列”按钮，弹出“创建级数”对话框，默认设置 150 个值垂直排列，“第一个值”为 1，计算每个值时，值在其正上方“加”1.0。单击“确定”按钮，关闭该对话框，在选择的单元格内插入 150 个序列，结果如图 8-58 所示。

表格式:XY	X X 标题	第 A 组 萼片长度
	X	Y
1		5.1
2		4.9
3		4.7
4		4.6
5		5.0
6		5.4
7		4.6
8		5.0
9		4.4
10		4.9
11		5.4
12		4.8
13		4.8
14		4.3

图 8-57　粘贴数据

表格式:XY	X 编号	第 A 组 萼片长度
	X	Y
135	135	6.1
136	136	7.7
137	137	6.3
138	138	6.4
139	139	6.0
140	140	6.9
141	141	6.7
142	142	6.9
143	143	5.8
144	144	6.8
145	145	6.7
146	146	6.7
147	147	6.3
148	148	6.5
149	149	6.2
150	150	5.9

图 8-58　创建级数

4. 图表绘制

步骤01 打开导航器“图表”下的“萼片长度”，自动弹出“更改图表类型”对话框，在“图表系列”选项组下选择 XY 下的“仅连接线”，如图 8-59 所示。单击“确定”按钮，关闭该对话框，显示折线图“萼片长度”，结果如图 8-60 所示。

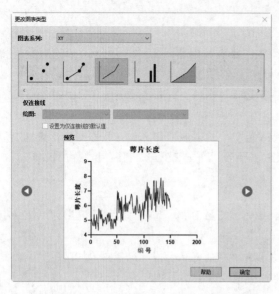

图 8-59 "更改图表类型"对话框

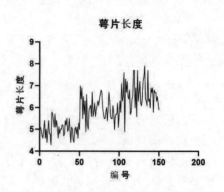

图 8-60 显示点线图

步骤02 双击 X 轴,弹出"设置坐标轴格式"对话框,打开"X 轴"选项卡,取消勾选"自动确定范围与间隔"复选框,设置"最大值"为 150,"长刻度间隔"为 30,如图 8-61 所示。单击"确定"按钮,关闭该对话框,更新图表标题为图表文件名称,如图 8-62 所示。

图 8-61 "X 轴"选项卡

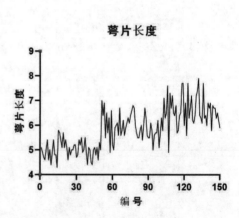

图 8-62 更新图表标题

5. 绘制平滑曲线

步骤01 将数据表"萼片长度"置为当前。选择菜单栏中的"分析"→"数据探索和摘要"→"平滑、微分或积分曲线"命令,弹出"分析数据"对话框。单击"确定"按钮,关闭该对话框,弹出"参数:平滑、微分或积分曲线"对话框,选择"不微分或积分"选项,调整要求均值的邻居数为"每个大小有 8 个邻居","平滑多项式的阶数"为"2 阶",如图 8-63 所示。

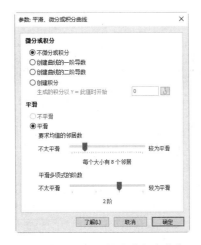

图 8-63 "参数：平滑、微分或积分曲线"对话框

步骤 02 单击"确定"按钮，关闭该对话框，在结果表"平滑/萼片长度"中显示对应的平滑值（设置平均的相邻点数以及平滑多项式的级数），重命名结果表为"平滑/萼片长度（相邻点数为 8）"。

步骤 03 在图表"萼片长度"中添加一条相邻点数为 8 的平滑曲线，结果如图 8-64（b）所示。其中，为了方便区分，修改图例中第二个"萼片长度"为"平滑 8：萼片长度"。

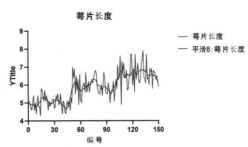

（a）结果表"平滑/萼片长度" 　　　　（b）相邻点数为 8 的平滑曲线

图 8-64 平滑分析结果

步骤 04 将鼠标放置在图表的平滑曲线上，右击，选择"格式化整个数据集"→"线条/曲线颜色"命令，在颜色列表中选择红色，选择"线条/曲线粗细"命令，选择 2 磅，平滑曲线设置结果如图 8-65 所示。

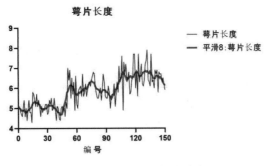

图 8-65 设置平滑曲线样式

步骤 05 将数据表"萼片长度"置为当前。选择菜单栏中的"分析"→"数据探索和摘要"→"平滑、微分或积分曲线"命令,弹出"分析数据"对话框。单击"确定"按钮,关闭该对话框,弹出"参数:平滑、微分或积分曲线"对话框,选择"不微分或积分"选项,调整要求均值的邻居数为"每个大小有 16 个邻居","平滑多项式的阶数"为"2 阶"。单击"确定"按钮,关闭该对话框,输出结果表"平滑/萼片长度",重命名结果表为"平滑/萼片长度(相邻点数 16)"。

步骤 06 在图表"萼片长度"中添加一条相邻点数为 16 的平滑曲线。其中,为了方便区分,修改图例中第二个"萼片长度"为"平滑 16:萼片长度"。

步骤 07 将鼠标放置在图表的平滑曲线上,右击,选择"格式化整个数据集"→"线条/曲线颜色"命令,在颜色列表中选择蓝色,选择"线条/曲线粗细"命令,选择 1 磅,平滑曲线设置结果如图 8-66 所示。

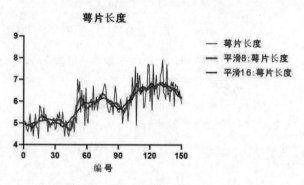

图 8-66 相邻点数为 16 的平滑曲线

6. 复制图表

步骤 01 在导航器"图表"选项组下选择图表"萼片长度",右击,从弹出的快捷菜单中选择"复制当前表"命令,直接创建选择工作表的副本"副本萼片长度",重命名图表为"平滑曲线相邻点数 8:萼片长度"。

步骤 02 用同样的方法,复制图表"萼片长度",得到两个图表"平滑曲线相邻点数 16:萼片长度"和"平滑曲线:萼片长度"。

7. 编辑图表"萼片长度"

步骤 01 打开图表"萼片长度",单击"更改"功能区下的"添加或移除数据集"按钮,弹出"格式化图表"对话框。

- 打开"图表上的数据集"选项卡,选择"萼片长度:A:萼片长度""平滑/萼片长度(相邻点数 16):A:萼片长度",单击"移除"按钮,移除这两个数据集,如图 8-67 所示。
- 打开"外观"选项卡,取消勾选"显示图例"复选框。

步骤 02 单击"确定"按钮,关闭该对话框,在图表窗口中应用前面设置的参数,结果如图 8-68 所示。

步骤 03 双击 Y 轴,弹出"设置坐标轴格式"对话框。

- 打开"坐标框与原点"选项卡,在"坐标框样式"下拉列表中选择"普通坐标框","坐标轴粗细"为 1/2 磅。
- 打开"标题与字体"选项卡,取消勾选"显示图表标题""显示 X 轴标题""显示 Y 轴标题"复选框。

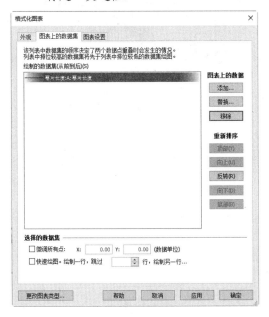

图 8-67 "图表上的数据集"选项卡

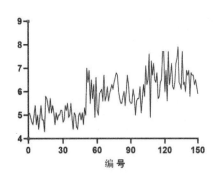

图 8-68 图表格式设置结果

步骤 04 单击"确定"按钮,关闭该对话框,更新图表坐标轴,结果如图 8-69 所示。

步骤 05 用同样的方法,设置其余图表。

- 图表"平滑曲线相邻点数 8:萼片长度"移除数据集:"萼片长度:A:萼片长度""平滑/萼片长度(相邻点数 16):A:萼片长度",结果如图 8-70 所示。
- 图表"平滑曲线相邻点数 16:萼片长度"移除数据集:"萼片长度:A:萼片长度""平滑/萼片长度(相邻点数 8):A:萼片长度",结果如图 8-71 所示。
- 图表"平滑曲线:萼片长度"不移除任何数据集,将图例移动到 X 轴下方,结果如图 8-72 所示。

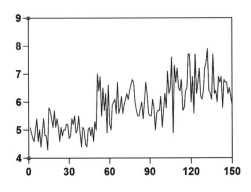

图 8-69 更新图表坐标轴

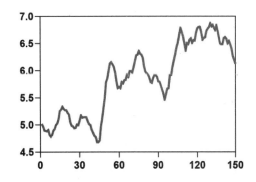

图 8-70 图表"平滑曲线相邻点数 8:萼片长度"

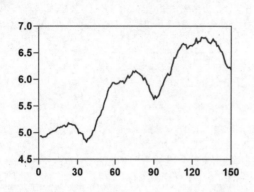
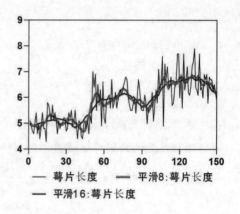

图 8-71　图表"平滑曲线相邻点数 16：萼片长度"　　　　图 8-72　图表"平滑曲线：萼片长度"

8. 创建布局表

步骤 01　单击导航器"布局"下的"新建布局"按钮，弹出"创建新布局"对话框，在"页面选项"选项组下选择"横向"，勾选"页面顶部包含主标题"复选框，在"图表排列"选项组下选择 2 行 2 列的图表排列，如图 8-73 所示。单击"确定"按钮，关闭该对话框，创建 2 行 2 列的图表占位符的布局图。

步骤 02　单击导航器"图表"下的图表：萼片长度、平滑曲线相邻点数 8：萼片长度、平滑曲线相邻点数 16：萼片长度、平滑曲线：萼片长度，将其拖动到布局表左侧的图表占位符上。松开鼠标左键后，自动将选中的图表放置到布局表中，结果如图 8-74 所示。

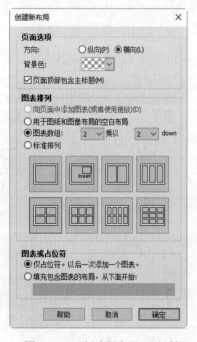
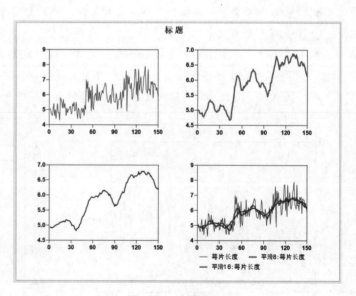

图 8-73　"创建新布局"对话框　　　　　　　　　图 8-74　放置图表

步骤 03　在导航器"布局"选项组下选择"布局1",重命名为"平滑曲线"。

步骤 04　在"平滑曲线"布局图中输入标题名称"平滑双基质测量指标曲线",选择图表标题,设置字体为"华文楷体",大小为36,颜色为红色(3E)。

步骤 05　单击"写入"功能区中的"写入文本"按钮,在指定位置填表注释:原始数据、相邻点数8、相邻点数16。设置字体为"华文楷体",大小为20,颜色为红色(3E),结果如图8-75所示。

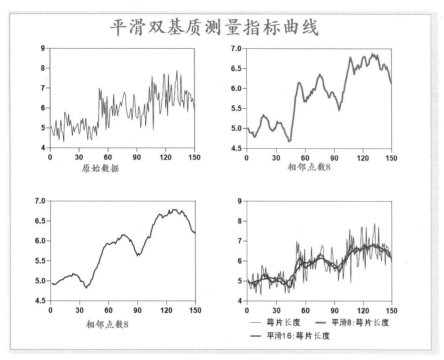

图 8-75　添加文本注释

9. 保存项目

单击"标准"功能区的"保存项目"按钮，或按 Ctrl+S 键，直接保存项目文件。

8.4.3　拟合样条/LOWESS

在医学试验中,通过间隔测量得到一些离散的数据,然后利用这些数据得到一个光滑的曲线来反映某些医学参数的规律,这就是一个曲线拟合的过程。

选择菜单栏中的"分析"→"回归和曲线"→"拟合样条/LOWESS"命令,弹出"分析数据"对话框,在左侧列表中选择指定的分析方法:拟合样条/LOWESS,在右侧显示数据集和数据列,如图8-76所示。

单击"确定"按钮,关闭该对话框,弹出"参数:拟合样条/LOWESS"对话框,设置拟合曲线的创建方法,如图8-77所示。

图 8-76 "分析数据"对话框

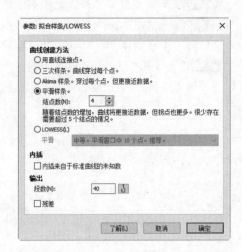
图 8-77 "参数：拟合样条/LOWESS"对话框

1．曲线创建方法

Prism 提供下面几种拟合曲线的创建方法，并根据曲线拟合方法输出拟合数据。

（1）用直线连接点：通过直线连接每个数据点得到拟合曲线。

（2）三次样条：使用三次多项式计算得到拟合曲线。

（3）Akima 样条：基于 Akima 样条曲线拟合的前瞻插补方法得到拟合曲线，该方法得到的曲线穿过每个点，但更接近数据。

（4）平滑样条。通过指定节点的数量（结点数）来决定拟合曲线的平滑度。随着结点数的增加，曲线将更接近数据，但拐点也更多。很少存在需要超过 5 个结点的情况。

（5）LOWESS：局部加权回归（Lowess），用于拟合非线性数据。

- 粗糙。平滑窗口中 5 个点。
- 中等。平滑窗口中 10 个点。推荐。
- 精细。平滑窗口中 20 个点。

2．内插

内插来自于标准曲线的未知数：勾选该复选框，根据拟合得到的标准曲线在 X 值范围内进行插值计算，输出"内插 Y 值"和"内插 X 值"结果表。

3．输出

（1）段数：Prism 生成的曲线为一系列线段，在该选项中输入拟合曲线的线段数。Prism 生成 Lowess 曲线时，其线段数量至少是数据点数量的 4 倍，而且线段数量不会低于该值。

（2）残差：勾选该复选框，绘制 X-残差图。

8.4.4 实例——微量元素标准试样数据拟合曲线

为鉴定某种生化分析方法，取出 10 个含有微量元素的标准试样，测得的数据如表 8-1 所示。通过曲线拟合、内插曲线的方法得出一系列光滑的拟合曲线。

表 8-1　微量元素标准试样数据

标准含量 X/ppm	1.0	1.5	2.0	2.5	3.0	3.5	4.0	4.5	5.0	5.5
分析 Y/ppm	0.7	1.4	2.1	2.3	3.0	3.6	3.7	4.0	4.2	5.4

1. 设置工作环境

步骤 01　双击 GraphPad Prism 10 图标，启动 GraphPad Prism，自动弹出"欢迎使用 GraphPad Prism"对话框，设置创建的默认数据表格式。

- 在"创建"选项组下选择 XY 选项。
- 在"数据表"选项组下选择"输入或导入数据到新表"选项。
- 在"选项"选项组下的 X 选项下选择"数值"，Y 选项下选择"为每个点输入一个 Y 值并绘图"。

步骤 02　单击"创建"按钮，创建项目文件，同时该项目下自动创建一个数据表"数据 1"和关联的图表"数据 1"，重命名数据表为"微量元素"。

步骤 03　选择菜单栏中的"文件"→"另存为"命令，或单击"文件"功能区中的"保存命令"按钮下的"另存为"命令，弹出"保存"对话框，输入项目名称"微量元素标准试样数据拟合曲线.prism"。单击"确定"按钮，在源文件目录下保存新的项目文件。

2. 输入数据

根据表 8-1 中的数据在数据表中输入微量元素标准试样数据，结果如图 8-78 所示。

图 8-78　输入数据

3. 图表绘制

步骤 01　打开导航器"图表"下的"微量元素"，自动弹出"更改图表类型"对话框，在"图表系列"选项组下选择 XY 下的"点与连接线"，如图 8-79 所示。

步骤 02　单击"确定"按钮，关闭该对话框，显示点线图"微量元素"。可以发现，由于数据样本少，连接散点的线条不是光滑的，如图 8-80 所示。

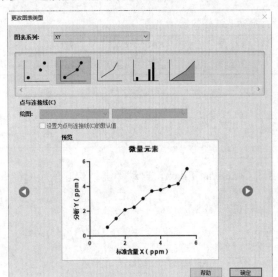

图 8-79 "更改图表类型"对话框　　　　图 8-80 显示点线图

4. 平滑样条拟合曲线

步骤01 将数据表"微量元素"置为当前。

步骤02 选择菜单栏中的"分析"→"回归和曲线"→"拟合样条/LOWESS"命令，弹出"分析数据"对话框。单击"确定"按钮，关闭该对话框，弹出"参数：拟合样条/LOWESS"对话框，默认使用"平滑样条"，"结点数"为 4，"段数"为 40，如图 8-81 所示。

图 8-81 "参数：拟合样条/LOWESS"对话框

步骤03 单击"确定"按钮，关闭该对话框，输出结果表"样条/微量元素"，在图表"微量元素"中添加平滑样条曲线，如图 8-82 所示。修改结果表名称为"平滑样条"。

第 8 章 试验数据分析 313

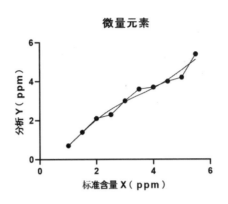

图 8-82 样条平滑分析结果

步骤 04 将鼠标放置在图表的平滑曲线上,右击,选择"格式化整个线条/曲线"→"线条/曲线颜色"命令,在颜色列表中选择红色,选择"线条/曲线粗细"命令,选择 1 磅,平滑曲线设置结果如图 8-83 所示。

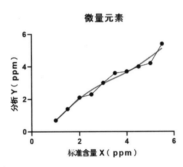

图 8-83 设置样条平滑曲线样式

5. 三次样条拟合曲线

步骤 01 将数据表"微量元素"置为当前。

步骤 02 选择菜单栏中的"分析"→"回归和曲线"→"拟合样条/LOWESS"命令,弹出"分析数据"对话框。单击"确定"按钮,关闭该对话框,弹出"参数:拟合样条/LOWESS"对话框,选择"三次样条。曲线穿过每个点。","段数"为 100。

步骤 03 单击"确定"按钮,关闭该对话框,输出结果表"样条/微量元素",在图表"微量元素"中添加三次样条曲线,如图 8-84 所示。修改结果表名称为"三次样条"。

6. Akima 样条拟合曲线

步骤 01 将数据表"微量元素"置为当前。

步骤 02 选择菜单栏中的"分析"→"回归和曲线"→"拟合样条/LOWESS"命令,弹出"分析数据"对话框。单击"确定"按钮,关闭该对话框,弹出"参数:拟合样条/LOWESS"对话框,选择"Akima 样条。穿过每个点,但更接近数据。","段数"为 100。

步骤 03 单击"确定"按钮,关闭该对话框,输出结果表"样条/微量元素",在图表"微量元素"中添加 Akima 样条曲线,如图 8-85 所示。修改结果表名称为"Akima 样条"。

X 序列	A
标准含量 X（ppm）	分析 Y（ppm）
X	
95	5.27272727272727	4.753
96	5.31818181818182	4.875
97	5.36363636363636	5.002
98	5.40909090909091	5.132
99	5.45454545454546	5.266
100	5.50000000000000	5.400
101	5.54545454545455	
102	5.59090909090909	
103	5.63636363636364	
104	5.68181818181818	
105	5.72727272727273	

图 8-84　三次样条分析结果

X 序列	A
标准含量 X（ppm）	分析 Y（ppm）
X	
93	5.18181818181818	4.460
94	5.22727272727273	4.566
95	5.27272727272727	4.684
96	5.31818181818182	4.814
97	5.36363636363636	4.951
98	5.40909090909091	5.096
99	5.45454545454546	5.247
100	5.50000000000000	5.400
101	5.54545454545455	
102	5.59090909090909	
103	5.63636363636364	
104	5.68181818181818	
105	5.72727272727273	

图 8-85　Akima 样条分析结果

7. 图表编辑

步骤 01　打开图表"萼片长度"，双击绘图区，弹出"格式化图表"对话框，打开"外观"选项卡。

步骤 02　在"数据集"下拉列表中选择"平滑样条：A：分析 Y（ppm）"选项，设置该数据集中的符号颜色为红色（3E），线条粗细为 1 磅。

步骤 03　在"数据集"下拉列表中选择"三次样条：A：分析 Y（ppm）"选项，设置该数据集中的符号颜色为蓝色（9E），线条粗细为 2 磅。

步骤 04　在"数据集"下拉列表中选择"Akima 样条：A：分析 Y（ppm）"选项，设置该数据集中的符号颜色为洋红色（12E），线条粗细为 2 磅。

步骤 05　在"数据集"下拉列表中选择"更改所有数据集"选项，在"其他选项"选项组下勾选"显示图例"。

步骤 06　单击"确定"按钮，关闭该对话框。一次修改图例名称为：原始数据、平滑样条、三次样条、Akima 样条，设置结果如图 8-86 所示。

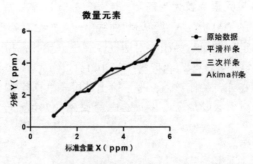

图 8-86　图表外观设置结果

步骤 07　从图中可以发现，三次样条、Akima 样条拟合的曲线比平滑样条曲线结果更平稳。

8. 保存项目

单击"标准"功能区的"保存项目"按钮，或按 Ctrl+S 键，直接保存项目文件。

8.4.5 内插标准曲线

Prism 可轻易从标准曲线中插入未知值，输入带 X 值和 Y 值的标准，拟合一条直线或曲线，在输出结果中反映出哪些 X 值对应于在同一数据表中输入的 Y 值。

选择菜单栏中的"分析"→"回归和曲线"→"内插标准曲线"命令，弹出"分析数据"对话框，在左侧列表中选择指定的分析方法：内插标准曲线，在右侧显示数据集和数据列，如图 8-87 所示。

图 8-87 "分析数据"对话框

单击"确定"按钮，关闭该对话框，弹出"参数：内插标准曲线"对话框，选择对 P 值的分析方法，如图 8-88 所示。

图 8-88 "参数：内插标准曲线"对话框

1. 模型

在列表中选择回归模型的类型。单击"详细信息"按钮，弹出"内置方程式"对话框，显示回归模型的方程式和回归曲线缩略图，如图 8-89 所示。

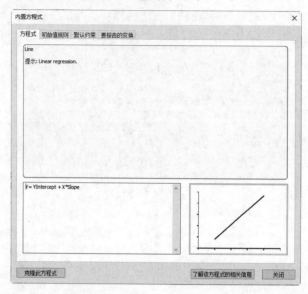

图 8-89 "内置方程式"对话框

2. 离群值/稳健

异常/离群值是指样本中的个别值，其数值明显偏离其余的数据。

（1）离群值不作特殊处理：处理离群值的基本方法是保留。选择该选项，保留离群值。

（2）稳健回归，以使离群值几乎没有影响：当线性回归（OLS）遇到样本点存在异常点的时候，用稳健回归代替最小二乘法。稳健回归可以用于异常点检测，或者找出那些对模型影响最大的样本点。

（3）检测并消除离群值：Prism 提供了一种识别并剔除异常值的独特方法——ROUT 方法。Q 值决定了 ROUT 方法定义异常值的激进程度，默认值为 1%。如果所有散射均服从高斯分布，则 Prism 将在 2%~3% 的实验中错误地发现一个或多个异常值，表示在小部分实验中将检测到一个或多个异常值。如果数据中确实存在异常值，则 Prism 将以低于 1% 的错误发现率来检测。

（4）报告离群值的存在：选择该选项，在结果表中输出离群值。

3. 选项

（1）相对加权（权重为 1/Y^2）：勾选该复选框，计算加权。

（2）报告每个内插值及其：勾选该复选框，在结果表中输出每个内插值及其置信区间（指定的置信水平下）。

（3）使用此置信区间绘制曲线：勾选该复选框，绘制指定的置信水平下的置信带。

4. 保存项目

单击"标准"功能区的"保存项目"按钮，或按 Ctrl+S 键，直接保存项目文件。

8.4.6 实例——微量元素标准试样数据内插曲线

本例根据选择的模型，在包含 10 个含有微量元素的标准试样中内插一系列值，并查看插值的精确程度。

操作步骤

1. 设置工作环境

步骤01 双击 GraphPad Prism 10 图标，启动 GraphPad Prism。

步骤02 选择菜单栏中的"文件"→"打开"命令，或单击 Prism 功能区中的"打开项目文件"命令，或单击"文件"功能区中的"打开项目文件"按钮，或按 Ctrl+O 键，弹出"打开"对话框，选择需要打开的文件"微量元素标准试样数据拟合曲线.prism"，单击"打开"按钮，即可打开项目文件。

步骤03 选择菜单栏中的"文件"→"另存为"命令，或单击"文件"功能区中的"保存命令"按钮下的"另存为"命令，弹出"保存"对话框，输入项目名称"微量元素标准试样数据内插曲线.prism"。单击"确定"按钮，在源文件目录下保存新的项目文件。

2. 图表绘制

步骤01 打开导航器"图表"下的"新建图表"命令，自动弹出"创建新图表"对话框，在"图表类型"选项组下的"显示"选择 XY 下的"仅连接线"，如图 8-90 所示。

步骤02 单击"确定"按钮，关闭该对话框，显示折线图"微量元素"，重命名为"微量元素（内插）"，如图 8-91 所示。

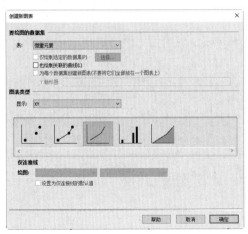
图 8-90 "创建新图表"对话框

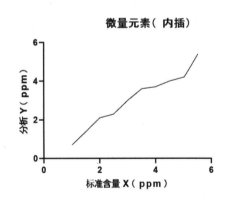
图 8-91 显示折线图

3. 内插标准曲线 1

步骤01 单击"分析"功能区的"内插标准曲线"按钮，弹出"参数：内插标准曲线"对话框，在"模型"列表中选择"Sigmoidal, 4PL, X is log(concentration)"（四参数对数拟合模型），其余参数保持默认值，如图 8-92 所示。

图 8-92 "参数：内插标准曲线"对话框

步骤 02 单击"详细信息"按钮，弹出"内置方程式"对话框，显示模型的方程式和图形，如图 8-93 所示。单击"关闭"按钮，关闭该对话框，返回主对话框。单击"确定"按钮，关闭该对话框。

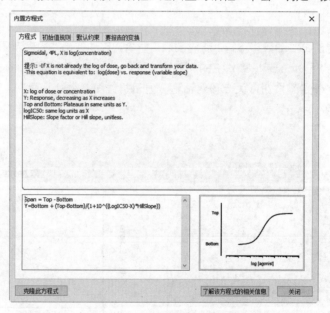

图 8-93 "内置方程式"对话框

4. 结果分析

（1）在结果表"内插/微量元素"中，显示通过"Sigmoidal, 4PL, X is log(concentration)"（四参数对数拟合模型）进行内插分析的结果，如图 8-94 所示。

（2）根据"最佳拟合值"选项组中显示的数据，选择模型的最佳拟合值。

（3）在"拟合优度"选项组中显示的 R 平方值为 0.9711，表明选择的模型对数据的拟合效果较好。

结果表

	内插 结果表	A 分析 Y（ppm）
1	Sigmoidal, 4PL, X is log(concentration)	
2	最佳拟合值	
3	Top	12.08
4	Bottom	-1192
5	LogIC50	-44.10
6	HillSlope	0.04489
7	IC50	7.859e-045
8	Span	1204
9	95% 置信区间(渐近)	
10	Top	-277.9 至 302.1
11	Bottom	-5074048 至 5071664
12	LogIC50	-43827 至 43739
13	HillSlope	-2.831 至 2.921
14	IC50	0.000 至 +无穷大
15	Span	-5071941 至 5074349
16	拟合优度	
17	自由度	6
18	R 平方	0.9711
19	调整后的 R 平方	0.9567
20	平方和	0.5254
21	运行检验	
22	曲线上的点	5
23	曲线下的点	5
24	运行数量	6
25	P 值(运行检验)	0.6429
26	模型偏差	不显著
27		
28	点数	
29	X 值的数量	10
30	#分析了 Y 值	10

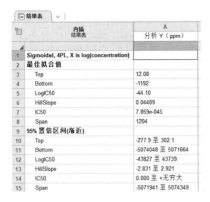

图 8-94　内插分析结果 1

5. 内插标准曲线 2

步骤 01　将数据表“微量元素”置为当前。

步骤 02　单击“分析”功能区的“内插标准曲线”按钮，弹出“参数：内插标准曲线”对话框，在“模型”列表中选择“Pade (1,1) approximant”（有理函数逼近模型），其余参数保持默认值。单击“确定”按钮，关闭该对话框。

步骤 03　在结果表“内插/微量元素”中，显示通过“Pade (1,1) approximant”（有理函数逼近模型）进行内插分析的结果，如图 8-95 所示。

步骤 04　根据“最佳拟合值”选项组中显示的数据，选择模型的最佳拟合值。

步骤 05　在“拟合优度”选项组中显示的 R 平方值为 0.9714，表明选择的模型对数据的拟合效果更好。

结果表

	内插 结果表	A 分析 Y（ppm）
1	Pade (1,1) approximant	
2	最佳拟合值	
3	A0	-0.4548
4	A1	1.311
5	B1	0.06513
6	95% 置信区间(渐近)	
7	A0	-1.835 至 0.9250
8	A1	0.2763 至 2.347
9	B1	-0.1100 至 0.2403
10	拟合优度	
11	自由度	7
12	R 平方	0.9714
13	调整后的 R 平方	0.9632
14	平方和	0.5207
15	运行检验	
16	曲线上的点	5
17	曲线下的点	5
18	运行数量	6
19	P 值(运行检验)	0.6429
20	模型偏差	不显著
21		
22	点数	
23	X 值的数量	10
24	#分析了 Y 值	10

图 8-95　内插分析结果 2

步骤 06　通过上面两个模型的比较，可以发现第二个模型“Pade (1,1) approximant”（有理函数逼近模型）的拟合优度更接近 1，说明第二个模型数据拟合效果更好，内插模型的数据点更接近原始数据曲线。

6. 保存项目

单击“标准”功能区的“保存项目”按钮，或按 Ctrl+S 键，直接保存项目文件。

第 9 章

回归分析

在客观世界中,变量之间的关系可以分为两种:确定性函数关系和不确定性统计关系。统计分析是研究统计关系的一种数学方法,可以由一个变量的值来估计另一个变量的值。无论是在经济管理、社会科学还是在工程技术、医学、生物学中,回归分析都是一种普遍应用的统计分析和预测技术。本章主要针对目前应用最普遍的最小二乘法进行一元线性回归和多元线性回归。

内容要点

- 回归模型
- 一元回归分析
- 多元回归分析

9.1 回归模型

一般来说,回归分析通过规定因变量和自变量来确定变量之间的因果关系,建立回归模型,并根据实测数据来求解模型的各个参数,然后评价回归模型是否能够很好地拟合实测数据;如果能够很好地拟合数据,则可以根据自变量进行进一步预测。

回归模型中包含用于进行模型检验的统计量参数,下面简单介绍线性拟合回归中常用的概念。

1. 评估模型的准确性

判断线性回归的拟合质量可以使用两个评估指标:回归估计标准误差和判定系数。

1)回归估计标准误差

回归方程的一个重要作用是根据自变量的已知值来估计因变量的理论值(估计值)。而理论值 $\hat{y}$ 与实际值 y 存在着差距,这就产生了推算结果的准确性问题。如果差距小,说明推算结果的准确性高;反之,则低。为此,分析理论值与实际值的差距很有意义。

为了度量 y 的实际水平和估计值离差的一般水平,可计算估计标准误差。估计标准误差是衡量回归直线代表性大小的统计分析指标,它说明观察值围绕着回归直线的变化程度或分散程度,通常用 S_e 代表估计标准误差,其计算公式为:

$$S_e = \sqrt{\frac{\sum(y-\bar{y})^2}{n-2}}$$

2）判定系数

判定系数 R^2 也叫可决系数或决定系数，是指在线性回归中，回归平方和与总离差平方和的比值，其数值等于相关系数的平方。

回归分析表明，因变量 y 的实际值（观察值）有大有小、上下波动，对每一个观察值来说，波动的大小可用离差 $(y_i - \bar{y})$ 来表示。离差产生的原因有两个方面：一是受自变量 x 变动的影响，二是受其他因素的影响（包括观察或实验中产生的误差的影响）。

总离差平方和 SST：$SST = \sum_{i=1}^{n}(y_i - \bar{y})^2$，表示 n 个观测值总的波动大小。

误差平方和 SSE：$SSE = \sum_{i=1}^{n}(y_i - \hat{y}_i)^2$，又称残差平方和，它反映了自变量 x 对因变量 y 的线性影响之外的一切因素（包括 x 对 y 的非线性影响和测量误差等）对因变量 y 的作用。

回归平方和 SSR：$SSR = \sum_{i=1}^{n}(\hat{y}_i - \bar{y}_i)^2$，表示在总离差平方和中，由于 x 与 y 的线性关系而引起的因变量 y 变化的部分。

可以证明：SST=SSE+SSR（要用到求导得到的两个等式）。

得出判定系数：$R^2 = \frac{SSR}{SST} = \frac{SST-SSE}{SST} = 1 - \frac{SSE}{SST}$

判定系数 R^2 是对估计的回归方程拟合优度的度量值。R^2 的取值在 0 和 1 之间，越接近 1，表明方程中 X 对 Y 的解释能力越强。通常将 R^2 乘以 100% 来表示回归方程解释 Y 变化的百分比。若对所建立的回归方程能否代表实际问题进行判断，可用是否趋近于 1 来判断回归方程的回归效果的好坏。

2. 拟合优度

对于多元线性回归模型来说，假设、求解、显著性检验的推断过程和逻辑是一致的。但对于多元回归模型，拟合优度需要修正，随着预测变量的增加，拟合优度至少不会变差。

引入调整后的拟合优度 $\bar{R}^2$ 的概念：

$$\bar{R}^2 = 1 - (1-R^2)\frac{n-1}{n-k}$$

其中，k 为包括截距项的估计参数的个数，n 为样本个数。

3. 置信区间

计算回归方程后，用参数估计量的点估计值近似代表参数值，即构造参数的一个区间作为预测结果。预测结果是以点估计值为中心的一个区间（称为置信区间），该区间以一定的概率（称为置信水平、置信度）包含该参数。例如气象预测人员对"明天气温在 20~30℃"有 90% 的把握，或者说明天气温有 90% 的可能在 20~30℃。90% 就是置信度。20~30℃ 就是置信区间。

在实际应用中，置信水平（置信度）越高越好，置信区间越小越好。在使用置信区间进行推断时，需要考虑置信水平（置信度）的选择。一般来说，通常选择常规的置信水平（95% 的置信水平）。

4. 置信带与预测带

置信带以直观的方式结合了斜率和截距的置信区间，使用置信带了解数据如何精确定义最佳拟合线。预测带范围更广，包括数据的分散性。显示数据的变化时，一般使用预测带。

1）置信带

围绕最佳拟合线的两个置信带（呈弯曲状虚线置信带）定义了最佳拟合线的置信区间，如图 9-1 所示。

根据线性回归的假设，我们可以 95%确信两条弯曲的置信带包含了真正的最佳拟合线性回归线。这意味着，真正的回归线有 5%的概率位于这些边界之外。需要注意的是，95%的置信带表示有 95%的概率该区间包含最佳拟合回归线，但这并不意味着置信带会包含 95%的数据点。实际上，许多数据点可能会落在 95%置信带的外部。

2）预测带

预测带比置信带距离最佳拟合线更远，尤其是在数据点较多的情况下，这种距离会更加明显。95%预测带表示预计有 95%的数据点会落在这个区域内。相反，95%置信带表示有 95%的概率该区间会包含真正的回归线。图 9-2 展示了预测带和置信带的具体定义，并显示了预测带距离回归线更远的曲线。

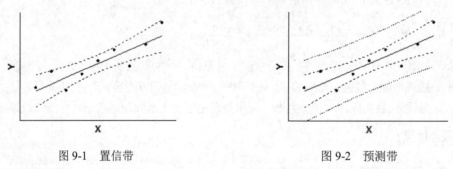

图 9-1　置信带　　　　　　　　图 9-2　预测带

5. 显著性检验

回归分析的主要目的是根据所建立的估计方程用自变量 x 来估计或预测因变量 y 的取值。当建立了估计方程后，还不能马上进行估计或预测，因为该估计方程是根据样本数据得出的，它是否真实地反映了变量 x 和 y 之间的关系，需要通过检验后才能证实。回归分析中的显著性检验主要包括两方面的内容：一是线性关系的检验；二是回归系数的检验。

（1）线性关系的检验：用于检验自变量 x 和因变量 y 之间的线性关系是否显著，它们之间能否用一个线性模型 $y = \beta_0 + \beta_1 x + \varepsilon$ 来表示。

（2）回归系数的显著性检验：用于检验自变量对因变量的影响是否显著的问题。在一元线性回归模型 $y = \beta_0 + \beta_1 x + \varepsilon$ 中，如果回归系数 $\beta_1=0$，回归线是一条水平线，表明因变量 y 的取值不依赖于自变量 x，即两个变量之间没有线性关系；如果回归系数 $\beta_1 \neq 0$，也不能肯定就得出两个变量之间存在线性关系的结论，要看这种关系是否具有统计意义上的显著性。回归系数的显著性检验就是检验回归系数 β_1 是否等于 0。

6. ROC 曲线

受试者工作特征曲线（ROC 曲线）最初用于评价雷达性能，又称为接收者操作特性曲线。ROC 曲线是根据一系列不同的二分类方式（分界值或决定阈），以真阳性率（灵敏度）为纵坐标，假阳性率（1-特异度）为横坐标绘制的曲线。

ROC 曲线能够直观地评估在任意阈值下对疾病识别的能力，并帮助选择最佳的诊断阈值。ROC 曲线越靠近左上角，表示测试的准确性越高。位于最靠近左上角的点代表了错误最少的最佳阈值，此时假阳性和假阴性的总数最少。

如果将 ROC 曲线的坐标轴变为 Z 分数（Z-Score）坐标，将看到 ROC 曲线从曲线形态变为直线形态。这种坐标变换可以用于验证信号检测论中的一个重要假设，即方差齐性假设。

7. 异方差

在回归模型中，误差项的方差应该为常量（同方差性）。在实际应用中，由于测量误差、遗漏解释变量以及随机因素的影响，误差项的方差 $E(\varepsilon)$ 通常不是常量，这种现象就称为异方差。

9.2 一元回归分析

在回归分析中，一元回归是指只涉及一个自变量和一个因变量的分析。一元回归分析的目的是建立一个数学模型，描述自变量对因变量的影响关系，并通过拟合数据来确定模型的参数。

9.2.1 简单线性回归

线性回归根据一组观测值（称为自变量）产生一条拟合线（称为回归线），并用来预测与其他自变量相关的响应变量（称为因变量）。简单线性回归可以用来获得一组变量之间的线性关系，可以用来预测变化以及进行预测性分析。

选择菜单栏中的"分析"→"回归和曲线"→"简单线性回归"命令，弹出"分析数据"对话框，在左侧列表中选择指定的分析方法：简单线性回归，在右侧显示数据集和数据列，如图 9-3 所示。

图 9-3 "分析数据"对话框

单击"确定"按钮,关闭该对话框,弹出"参数:简单线性回归"对话框,选择回归分析参数,如图9-4所示。

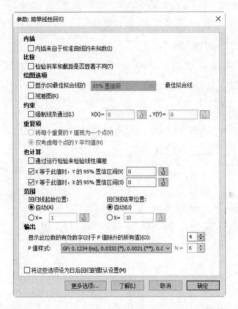

图9-4 "参数:简单线性回归"对话框

1. 内插比较

内插来自于标准曲线的未知数:勾选该复选框,根据回归方程计算给定X的Y和给定Y的X,输出"内插Y值"和"内插X值"结果表。

2. 比较

检验斜率和截距是否显著不同:勾选该复选框,对于多组测试指标,可以得到多条回归曲线(多组线性回归方程),检验它们之间能否用一个线性模型 $y = β_0 + β_1 x + ε$ 来表示,比较每组斜率 $β_1$ 和截距 $β_0$ 是否具有显著性差异。

3. 绘图选项

(1)显示最佳拟合线的"置信带/预测带"最佳拟合线:勾选该复选框,通过设置指定的置信带或预测带,计算线性回归方程,得到最佳拟合线。

(2)残差图:勾选该复选框,绘制残差图。

4. 约束

强制线条通过:勾选该复选框,设置回归曲线通过指定的(X,Y)点。

5. 重复项

(1)将每个重复的Y值视为一个点:勾选该复选框,如果输入重复的Y值,则Prism可只识别一个重复值。

(2)仅考虑每个点的Y平均值:勾选该复选框,如果输入重复的Y值,则Prism只识别重复值的平均值。

6. 也计算

（1）通过运行检验来检验线性偏差：勾选该复选框，进行线性偏度检验，一般不推荐使用。

（2）X 等于此值时，Y 的 95%置信区间：勾选该复选框，计算 Y 的置信水平为 95%时，"Y 截距"的置信区间，并在输出结果中显示。默认在结果中输出"斜率"的置信区间。

（3）Y 等于此值时，X 的 95%置信区间：勾选该复选框，计算 Y 的置信水平为 95%时，"X 截距"的置信区间，并在输出结果中显示。

7. 范围

选择回归线的起始位置和结束位置，可以选择自动或指定具体数据点。

9.2.2 实例——雌三醇含量线性回归分析

一名产科医生收集了 12 名产妇 24 小时的尿液，测量其中雌三醇的含量，同时记录了产儿的体重，如表 9-1 所示。试计算相关系数，如存在相关关系，则用回归方程来描述其关系并绘制回归线，求回归系数的 95%置信区间；试求当待产妇尿液中雌三醇含量为 18（mg/24h）时，新生儿体重个体值的 95%预测区间。

表 9-1 待产妇尿液中雌三醇含量与新生儿体重

尿雌三醇 （mg/24h）X	7	9	12	14	16	17	19	21	22	24	25	27
新生儿体重 （kg）Y	2.5	2.5	2.7	2.7	3.7	3.0	3.1	3.0	3.5	3.4	3.9	3.4

操作步骤

1. 设置工作环境

步骤 01 双击 GraphPad Prism 10 图标，启动 GraphPad Prism，自动弹出"欢迎使用 GraphPad Prism"对话框，设置创建的默认数据表格式。

- 在"创建"选项组下选择 XY 选项。
- 在"数据表"选项组下选择"输入或导入数据到新表"选项。
- 在"选项"选项组下的 X 选项下选择"数值"，Y 选项下选择"为每个点输入一个 Y 值并绘图"。

步骤 02 单击"创建"按钮，创建项目文件，同时该项目下自动创建一个数据表"数据 1"和关联的图表"数据 1"，重命名数据表为"测量数据"。

步骤 03 选择菜单栏中的"文件"→"另存为"命令，或单击"文件"功能区中的"保存命令"按钮 下的"另存为"命令，弹出"保存"对话框，输入项目名称"雌三醇含量线性回归分析.prism"。单击"确定"按钮，在源文件目录下保存新的项目文件。

2. 输入数据

根据表 9-1 中的数据在数据表中输入待产妇尿液中雌三醇含量与新生儿体重数据，结果如图 9-5 所示。

表格式: XY	X	第 A 组
	尿雌三醇（mg/24h）X	新生儿体重（kg）Y
	X	Y
1	7	2.5
2	9	2.5
3	12	2.7
4	14	2.7
5	16	3.7
6	17	3.0
7	19	3.1
8	21	3.0
9	22	3.5
10	24	3.4
11	25	3.9
12	27	3.4

图 9-5　输入数据

3. 图表绘制

打开导航器“图表”下的“测量数据”，自动弹出“更改图表类型”对话框，在“图表系列”选项组下选择 XY 下的“点与连接线”，如图 9-6 所示。

单击“确定”按钮，关闭该对话框，显示点线图“测量数据”，如图 9-7 所示。

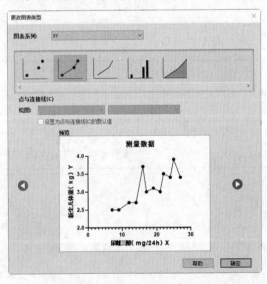

图 9-6　“更改图表类型”对话框

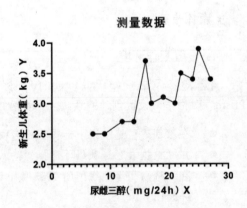

图 9-7　显示点线图

从图中可以看出，新生儿体重 Y 随待产妇尿液中雌三醇含量 X 的增大而增大，且呈直线变化趋势，但这 12 个数据点并非恰好全都在一条直线上。这与两个变量间严格对应的数学函数关系不同，称为直线回归。直线回归是回归分析中最基本、最简单的一种，故又称简单线性回归，其统计学模型为：

$$Y = \alpha + \boldsymbol{\beta} X + \varepsilon$$

上述模型假定对于 X 各个取值，相应的 Y 值总体为正态分布，其均数 Y 是在一条直线上。其中 α 为该回归直线的截距，β 是回归直线的斜率，在此称为回归模型的回归系数。其中 ε 为误差，且 $\varepsilon \sim N(0,\sigma^2)$。

通常情况下，研究者只能获取一定数量的样本数据，此时，用该样本数据建立的有关 Y 依 X 变化的线性回归方程表达式为 $\hat{Y}=a+bX$。

其中，$\hat{Y}$ 实际上是 X 所对应的 Y 总体均数的一个样本估计值，称为回归方程的预测值，而 a、b 分别是 α 和 β 的样本估计值。其中 a 称为常数项，是回归直线在 Y 轴上的截距。b 称为方程回归系数，即直线的斜率。b>0 表示直线从左下方走向右上方，即 Y 随 X 的增大而增大；b<0 表示直线从左上方走向右下方，即 Y 随 X 的增大而减小。b 的统计学意义是 X 每增（减）一个单位，Y 平均改变 b 个单位。

4. 正态性检验

将数据表“测量数据”置为当前。计算相关系数之前，需要检验数据是否服从正态分布。

选择菜单栏中的“分析”→“数据探索和摘要”→“正态性与对数正态性检验”命令，弹出“分析数据”对话框，在左侧列表中选择指定的分析方法：正态性与对数正态性检验。单击“确定”按钮，关闭该对话框，弹出“参数：正态性与对数正态性检验”对话框。

- 在“要检验哪些分布？”选项组下选择“正态（高斯）分布”，检验数据是否服从正态（高斯）分布。
- 在“检验分布的方法”选项组下选择“Shapiro-Wilk 正态性检验”。
- 取消勾选“创建 QQ 图”复选框。

单击“确定”按钮，关闭该对话框，输出结果表“正态性与对数正态性检验/测量数据”，如图 9-8 所示。“新生儿体重（kg）Y”数据的显著性值均大于 0.05，服从正态分布。

	正态性与对数正态性检验	A 新生儿体重（kg）Y
1	正态分布检验	
2	Shapiro-Wilk 检验	
3	W	0.9442
4	P 值	0.5549
5	通过了正态检验 (α =0.05)?	是
6	P 值摘要	ns
7		
8	值的数量	12

图 9-8　正态性检验结果

5. 相关系数计算

将数据表“测量数据”置为当前。在进行相关性分析时，使用参数检验的 Pearson 相关系数计算。

选择菜单栏中的“分析”→“数据探索和摘要”→“相关性”命令，弹出“分析数据”对话框。单击“确定”按钮，关闭该对话框，弹出“参数：相关性”对话框，在“假定数据是从高斯分布中采样？”选项组下选择“是。计算 Pearson 相关系数”。单击“确定”按钮，关闭该对话框，输出结果表“相关性/测量数据”。

6. 结果分析

（1）结果表“相关性/测量数据”中显示 Pearson r，如图 9-9 所示。

（2）从 Pearson r 表中可以看到，数据的相关系数为 0.8021，存在相关关系，为高度相关。

（3）“P 值”选项组显示计算得到的相关系数的 P 值，P 值决定性质（相关与否）。原假设是“不相关”。两组的 P 值小于 0.05，拒绝原假设。说明这些组的数据相关。

7. 线性回归分析

单击"分析"功能区的"采用简单线性回归拟合曲线"按钮，弹出"参数：简单线性回归"对话框，勾选"检验斜率和截距是否显著不同""显示最佳拟合线的95%置信带最佳拟合线""残差图""x等于此值时，Y的95%置信区间18"复选框，其余参数保持默认设置，如图9-10所示。

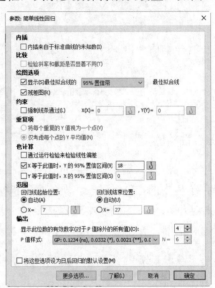

图9-9　相关性分析结果　　　　　图9-10　"参数：简单线性回归"对话框

单击"确定"按钮，关闭该对话框，输出结果表"简单线性回归/测量数据"和图表"残差图：简单线性回归/测量数据"，如图9-11所示。

（a）结果表"简单线性回归/测量数据"　　　　（b）图表"残差图：简单线性回归/测量数据"

图9-11　线性回归结果

8. 评估模型的准确性

判断线性回归的拟合质量可以使用两个评估指标：回归估计标准误差和判定系数。

（1）在"标准误差"选项下显示回归系数（斜率、X=此值时的Y值18）的标准误差。

(2)在"拟合优度"选项下显示的 R 平方值为 0.6434,表明回归方程的拟合效果一般。

9. 显著性检验

在"斜率非常显著吗?"选择 F 检验来检验该模型是否有显著的线性关系。F 检验的 P 值为 0.0017,小于 0.05,表示该回归模型在 5%显著性水平上是显著的。

10. 计算回归方程

(1)在"最佳拟合值"选项下显示回归方程各参数:斜率、X=此值时的 Y 值 18、X-截距、1/斜率,可得到回归方程。

(2)在"方程式"选项下显示回归方程: Y= 0.05852*X +2.078。

(3)在"95%置信区间"选项下显示回归系数的 95%置信区间。

11. 置信带

(1)围绕最佳拟合线的两个置信带(呈弯曲状的虚线置信带)定义了最佳拟合线的置信区间。

(2)打开导航器"图表"下的"测量数据",显示带置信带的散点图,如图 9-12 所示。置信带以直观的方式同时包含斜率和截距的置信区间。通过观察置信带,可以更好地理解数据对最佳拟合线的定义精度。

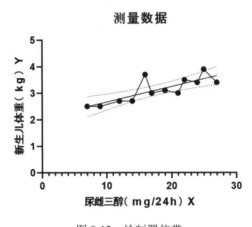

图 9-12 绘制置信带

12. 图表编辑

(1)双击绘图区空白处,或单击"更改"功能区中的"设置图表格式(符号、条形图、误差条等)"按钮,弹出"格式化图表"对话框。打开"外观"选项卡,勾选"显示区域填充"复选框,在"填充颜色"下拉列表中选择 10B 中的紫色,在"位置"下拉列表中选择"在误差带内",如图 9-13 所示。

(2)单击"确定"按钮,关闭该对话框,在图表误差带中填充颜色,如图 9-14 所示。

13. 保存项目

单击"文件"功能区中的"保存"按钮,或按 Ctrl+S 键,直接保存项目文件。

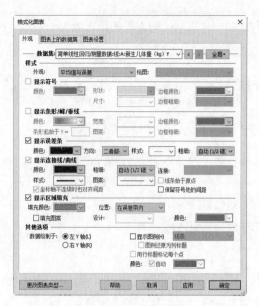

图 9-13 "外观"选项卡

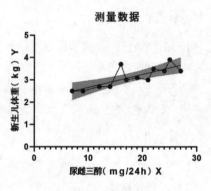

图 9-14 填充置信带

9.2.3 简单逻辑回归

逻辑回归也称作 Logistic 回归,是一种广义的线性回归分析模型,主要是用来解决二分类问题(也可以解决多分类问题)。例如,给出一个人的[身高,体重]这两个指标,然后判断这个人是属于"胖"还是"瘦"这一类。

在 Prism 中,简单逻辑回归的模型可写为:logit[P(Y=1)]=$β_0$+$β_1$X+ε,其中 P 表示变量 Y 等于 1 的概率,Y 是变量,只能取 0 和 1。logit 表示进行对数计算。

选择菜单栏中的"分析"→"回归和曲线"→"简单逻辑回归"命令,弹出"分析数据"对话框,在左侧列表中选择指定的分析方法:简单逻辑回归,在右侧显示数据集和数据列,如图 9-15 所示。

单击"确定"按钮,关闭该对话框,弹出"参数:简单逻辑回归"对话框,如图 9-16 所示。

图 9-15 "分析数据"对话框

图 9-16 "参数:简单逻辑回归"对话框

1. 分类与预测

（1）创建受试者工作特征曲线图并计算受试者工作特征曲线下面积：勾选该复选框，绘制接受者操作特性曲线（ROC 曲线）并计算 ROC 曲线下面积。在对同一种疾病的两种或两种以上诊断方法进行比较时，可将各试验的 ROC 曲线绘制到同一坐标中，以直观地鉴别优劣，靠近左上角的 ROC 曲线所代表的受试者工作最准确。也可通过分别计算各个试验的 ROC 曲线的下面积（AUC）进行比较，哪一种试验的 AUC 最大，则哪一种试验的诊断价值最佳。ROC 曲线的下面积值在 1.0 和 0.5 之间。在 AUC>0.5 的情况下，AUC 越接近 1，说明诊断效果越好。AUC 在 0.5~0.7 时，有较低准确性，AUC 在 0.7~0.9 时有一定准确性，AUC 在 0.9 以上时有较高准确性。AUC=0.5 时，说明诊断方法完全不起作用，无诊断价值。AUC<0.5 不符合真实情况，在实际应用中极少出现。

（2）每个对象（每行）的预测概率：逻辑回归的目的是模拟观察成功的概率。缺少的 Y 值将从模型拟合中插值。

2. 拟合优度

（1）拟合优度是指回归直线对观测值的拟合程度，它衡量了因变量的变异程度能够被模型所解释的比例。R 方的取值范围在 0 和 1 之间，较高的 R 方值表示模型能够较好地拟合数据。Prism 可计算的伪 R 平方值包括：伪 R 平方（Tjur R 平方）、广义 R 平方（Cox-Snell R 平方）和模型偏差。

（2）似然比检验（也称为对数似然比检验、G 检验或 G 平方检验）：勾选该复选框，进行似然比检验。似然比检验是一种假设检验，用于比较两个模型（一个是所有参数都是自由参数的无约束模型，另一个是由原假设约束的含较少参数的相应约束模型）的拟合优度，以确定哪个模型与样本数据拟合得更好。

3. 曲线

（1）最小 X 值：自动选择或直接定义（X=）在"受试者工作特征曲线"图表中显示 X 的最小范围。

（2）最大 X 值：自动选择或直接定义（X=）在"受试者工作特征曲线"图表中显示 X 的最大范围。

（3）绘制 95%渐近置信带：勾选该复选框，在"受试者工作特征曲线"图表中绘制 95%渐近置信带。置信带显示实际曲线的可能位置。

9.2.4　Deming（模型 II）线性回归

常用的线性回归分析会假设已知 X 值，Y 值不确定。如果两个变量（X、Y）均有不确定性，推荐使用 Deming 回归。

选择菜单栏中的"分析"→"回归和曲线"→"Deming（模型 II）线性回归"命令，弹出"分析数据"对话框，在左侧列表中选择指定的分析方法：Deming（模型 II）线性回归，在右侧显示数据集和数据列，如图 9-17 所示。

单击"确定"按钮，关闭该对话框，弹出"参数：Deming（模型 II）线性回归"对话框，设置 Deming 线性回归方法，如图 9-18 所示。

图 9-17 "分析数据"对话框

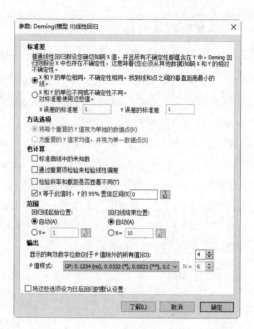

图 9-18 "参数：Deming（模型 II）线性回归"对话框

1. 标准差

误差的标准差是衡量回归直线代表性大小的统计分析指标，它说明观察值围绕着回归直线的变化程度或分散程度。标准差通常用 S 表示，其计算公式为：

$$S = \sqrt{\frac{\sum d_i^2}{N}}$$

其中，d_i 是同一样本（或受试者）两次测量结果的差值，N 是进行的测量次数，N 等于样本数的两倍，因为每个样本需进行两次测量。

如果 X 变量的标准差远小于 Y 值，则 Deming 回归结果将与标准线性回归几乎相同。

（1）X 和 Y 的单位相同，不确定性相同：选择该选项，X 和 Y 的标准偏差相等。在此情况下，Deming 回归使点与线的垂直距离的平方和减至最小，又称"正交回归"。

（2）X 和 Y 的单位不同或不确定性不同。选择该选项，假设 X 和 Y 的不确定性不相同，则需要输入其各自的标准偏差：X 误差的标准差和 Y 误差的标准差。

2. 方法选项

（1）将每个重复的 Y 值视为单独的数据点：勾选该复选框，如果输入重复的 Y 值，则 Prism 可识别每一个重复值。

（2）为重复的 Y 值求均值，并视为单一数据点：勾选该复选框，如果输入重复的 Y 值，则 Prism 只识别重复值的平均值。

3. 也计算

（1）标准曲线中的未知数：勾选该复选框，根据标准曲线在 X 值范围内进行插值计算。

(2)通过重复项检验来检验线性偏差：勾选该复选框，进行线性偏度检验。

(3)检验斜率和截距是否显著不同：勾选该复选框，输出"这些线不同吗？"结果表，回答下面两个问题：斜率相等吗？高度或截距相等吗？

(4)X等于此值时，Y的95%置信区间：勾选该复选框，计算Y的置信水平为95%时，"X截距"的置信区间，并在输出结果中显示。默认在结果中输出"斜率"的置信区间。

9.2.5 非线性回归分析

在生活中，很多现象之间的关系往往不是线性关系，若因变量和一组自变量之间的关系表现为形态各异的各种曲线，则称为非线性回归。

选择菜单栏中的"分析"→"回归和曲线"→"非线性回归（曲线拟合）"命令，弹出"分析数据"对话框，在左侧列表中选择指定的分析方法：非线性回归（曲线拟合），在右侧显示一列包含P值的数据集和数据列，如图9-19所示。

单击"确定"按钮，关闭该对话框，弹出"参数：非线性回归"对话框，包含10个选项卡，如图9-20所示。

图9-19 "分析数据"对话框

图9-20 "参数：非线性回归"对话框

1. "模型"选项卡

(1)"选择方程式"列表：选择模型的类型。除直接在列表中选择内置的方程式外，还可以单击"新建"按钮，选择创建新方程式、从Prism文件导入方程式、复制选定的方程式。

(2)勾选"从标准曲线内插未知数"复选框，从最佳拟合曲线中内插未知样品的浓度，并在下拉列表中选择置信区间（90%、95%、99%）。

2. "方法"选项卡

在该选项卡下选择回归分析过程中对离群值的处理、拟合方法等，如图9-21所示。

图9-21 "方法"选项卡

（1）离群值：设置下面3种离群值的处理方法。

- 离群值不作特殊处理：选择该选项，保留离群值。
- 检测并消除离群值：选择该选项，消除检测到的离群值。
- 报告离群值的存在情况：选择该选项，输出离群值。

（2）拟合方法：选择下面4种拟合方法之一。

①最小二乘回归：这是一种标准的非线性回归方法。Prism 会尽量减小数据点与曲线之间垂直距离的平方和，这也就是我们常说的最小二乘法。如果假设残差（数据点到曲线的距离）呈高斯分布，那么这种方法是合适的选择。

②稳健回归：稳健回归对异常值的敏感度较低，但它不能为参数生成置信区间。单独使用稳健回归并没有实际意义，它通常作为异常值检测的第一步。通过确定残差是否"过大"，可以判断某个数据点是否应被视为异常值。

③泊松回归：当每个Y值代表一个计数对象或事件的数量时，选择泊松回归。这些Y值必须是实际的计数，而不是任何形式的标准化数据。

④不拟合曲线：在非线性回归迭代过程中，从每个参数的初始值开始计算。选中"不拟合曲线"选项，可以查看由初始值生成的曲线。如果曲线与数据点偏离较大，返回"初始参数"选项卡，为初始值输入更合适的估计值。重复此操作，直至曲线接近数据点。然后返回"方法"选项卡，并选中"拟合曲线"选项。这通常是诊断非线性回归问题的最佳方法。

（3）收敛判别。

非线性回归是一种迭代过程。它从参数的初始值开始，然后反复调整这些值以提高拟合优度。当参数值的改变对拟合优度的影响变得非常微小时，迭代过程停止，回归达到收敛。

①严格程度：Prism 以以下 3 种方式定义收敛准则。

- 快速：如果正在拟合大量数据集，则可以使用"快速"收敛定义来加快拟合速度。通过这种选择，将非线性回归定义为在连续两次迭代的平方和变化小于 0.01%时收敛。
- 中（默认）。将非线性回归定义为在连续 5 次迭代的平方和变化小于 0.0001%时收敛。
- 严格（缓慢）。如果很难找到一个合理的拟合点，则可能需要尝试更严格的收敛定义。通过这种选择，非线性回归迭代不会停止，直到连续 5 次迭代的平方和变化小于 0.00000001%。

②必要时自动切换为严格收敛：采用最严格的收敛标准后，计算过程将花费更多时间。对于小数据集而言，这可能并不显著，但在大数据集或运行脚本来分析多个数据表时，计算时间的增加会变得尤为明显。

③最大迭代次数：在拟合曲线时，如果经过多次迭代仍未达到收敛，Prism 将自动停止迭代。默认的最大迭代次数为 1000。如果运行脚本以自动分析多个数据表，且每个数据表包含大量数据点，降低最大迭代次数可以有效减少计算时间，从而提高分析效率。

（4）加权方法。

计算拟合优度时，需要对数据点进行不同的加权操作。如果数据已标准化，则加权几乎没有意义。

①不加权：回归通常是通过最小化数据到直线或曲线的垂直距离的平方和来完成的。离曲线更远的点对平方和的贡献更大，离曲线较近的点贡献很小。

②加权为 $1/Y^2$：在许多实验中，Y 值较高时，期望曲线上点的平均距离（距离的平均绝对值）较高。具有较大散布的点将具有更大的平方和，从而主导计算。如果期望相对距离（残差除以曲线高度）是一致的，则应该用 $1/Y^2$ 加权。

③加权为：提供了下面 4 种选择：

- 1/Y 加权：散布遵循泊松分布时，选择该选项。此时，Y 代表定义空间中的对象数量或定义区间中的事件数量。
- $1/Y^K$：一种通用加权方式。
- 用 1/X 或 $1/X^2$ 加权：当进行生物测定的线性拟合时，选择这两种加权方式。

（5）重复项。

选择是否拟合所有数据（如果输入单个重复数，或以这种方式输入数据，则考虑 SD 或 SEM 和 n）或仅拟合平均值。

如果只拟合该平均值，则 Prism 将得到更少的数据点，因此参数的置信区间往往更宽，并且在比较不同模型时的能力也会减弱。因此，建议在选择回归分析时将每个重复数看作一个点，而非只看平均数。

如果将数据输入为平均值、n 和 SD 或 SEM，则 Prism 可选择仅拟合平均值，或考虑 SD 和 n。如果选择后者，则 Prism 将通过最小二乘回归法，计算出与直接输入原始数据时完全相同的结果。

3. "比较"选项卡

使用回归模型对生物数据进行拟合时，在该选项卡下区分不同模型，探询实验干预是否改变了参数，或探询参数的最佳拟合值是否与理论值存在显著差异。

4. "约束"选项卡

Prism 不可能拟合模型中的所有参数,一般可以将一项或多项参数固定为常数值、约束为值范围、在数据集之间共享(全局拟合)或将参数定义为列常数。

(1) 约束为常数值(常数等于)。

将参数约束为常数值会对结果产生很大影响。例如,如果已将剂量反应曲线从 0 标准化到 100,则将顶部约束为等于 100,底部约束为等于 0.0。同样,如果减去基线,则指数衰减曲线必须在 Y=0.0 时达到稳定,可将底部参数约束为等于 0.0。

(2) 约束值范围(必须小于、必须大于、绝对值必须小于、必须介于零和此值之间)。

约束值范围可以防止 Prism 参数设置不可能的值。例如,应将速度常数约束为仅具有大于 0.0 的值,并将分数(即具有高亲和力的结合位点的分数)约束在 0.0 和 1.0 之间。

(3) 共享。

- 所有数据集共享值。
- 共享,且必须小于。
- 共享,且必须大于。
- 共享,且绝对值小于。
- 共享,且必须介于零和此值之间。

如果拟合的是曲线族,而非一条曲线,可以选择在数据集之间共享一些参数。对于每个共享参数,Prism 会找到一个适用于所有数据集的(全局)最佳拟合值。对于每个非共享参数,程序会为每个数据集找到一个单独的(局部)最佳拟合值。

(4) 数据集常数。

拟合曲线族时,可将其中一项参数设置为数据集常数。Prism 提供以下两个数据集常数。

①列标题:值来自列标题,每个数据集的值可能不同。该参数几乎变成了第二个独立变量。其在任何一个数据集中均有常数值,但每个数据集的值不同。例如,在存在不同浓度抑制剂的情况下拟合酶进展曲线族时,可将抑制剂浓度输入数据表的列标题中。

②平均 X:该值是在该数据集中有 Y 值的所有 X 值的平均值,用于中心多项式回归。

(5) 不同数据集的不同约束。

将参数设置为常数值时,不可能为每个数据集输入不同的常数值。如果每个数据集的参数具有不同的常数值(不是列标题),则需写入用户定义的方程,并使用特殊符号为每个数据集分配不同值。

例如:

\<A\>Bottom=4.5
\<B\>Bottom=34.5
\<C\>Bottom=45.6
Y=Bottom +span*(1-exp(-1*K*X))

在拟合数据集 A 时,Bottom 参数设置为 4.5,在拟合数据集 B 时,Bottom 参数设置为 34.5,在拟合数据集 C 时，Bottom 参数设置为 45.6。

5. "初始值"选项卡

非线性回归是一种迭代过程，必须从每项参数的估计初始值开始。然后，会对这些初始值进行调整以提高拟合度。

Prism 内置的每个方程以及定义的方程均包含计算初始值的规则，这些规则利用 X 和 Y 值的范围得出初始值，即成为原始的自动初始值。可以改变用户定义方程的规则，且能够复制内置方程，使其成为由用户定义的方程。下一次选择该方程进行新的分析时，将调用新规则，而不会改变正在进行分析的初始值。

在拟合多项式模型时，输入任何值作为初始值都不会对结果产生影响。这是因为多项式模型的结构较为固定，初始值的选择对其影响不大。然而，在拟合其他类型的模型时，初始值的选择对拟合结果的重要性取决于数据的分布情况以及模型的复杂性。当数据较为分散、无法很好地定义模型，且模型包含较多参数时，初始值的选择显得尤为重要。

6. "范围"选项卡

1）指定 X 范围之外的点

如果在一段时间内收集数据，且只想在某个时间点范围内拟合数据，则忽略指定 X 范围之外的点：大于 X 值或小于 X 值。

2）定义曲线

除使模型适合数据外，Prism 还可以将曲线叠加在图表上，这就需要选择曲线的起点和终点，以及定义曲线的等距点的数量。

7. "输出"选项卡

（1）所选参数的最佳拟合值摘要表。

①创建摘要表和图表：勾选该复选框，创建汇总表作为附加结果视图，显示每个数据集参数的最佳拟合值。

②要包含的参数：选择汇总的变量。

③创建：选择要创建的图表类型：标有列标题的条形图、标有 A、B 等的条形图、X 值来自列标题的 XY 图表。

④报告：在下拉列表中选择参数类型。

（2）内插 X 值的位置。

选择内插 X 值的位置。

- X 列，重复值堆叠。
- Y 列，重复项并排排列。

8. "置信"选项卡

（1）参数的置信区间。

Prism 提供了两种计算置信区间的方法。

①不对称（轮廓似然）置信区间：推荐使用此方法，因为它能更准确地量化参数值的精确度。然而，由于计算较为复杂，对于大型数据集（尤其是用户自定义的方程），该方法的计算速度可能会明显较慢。

②对称（渐近）近似置信区间：也称为"Wald 置信区间"。这种方法假设参数的置信区间是对称的，但实际上参数的不确定性往往是不对称的，因此这种方法的估计结果可能不够准确。一般不推荐使用该方法。仅在以下情况下选择此方法：需要将 Prism 的结果与其他软件进行比较，或为了与早期的工作保持一致，或者当数据量过大导致轮廓似然方法计算过慢时。

（2）置信带或预测带。

选择绘制曲线的置信带或预测带。

①置信水平：可选择值为 90%、95%、99%。95%置信带表示 95%确定包含真实曲线的区域，95%预测带表示期望包含 95%的未来数据点的区域。

②置信带：直观地了解数据如何定义最佳拟合曲线。

③预测带：既包括曲线真实位置的不确定性（置信带），又考虑了曲线周围数据的分散程度。因此，预测带总是比置信带更宽。当数据点较多时，这种差异会更加显著。

（3）不稳定的参数和不明确的拟合。

下面显示数据没有提供足够的信息来拟合所有参数时的 3 种处理方法。

①识别"不稳定"的参数：默认选项。

②确定"不明确"拟合。如果任何参数的依赖度大于 0.9999，则 Prism 将拟合标记为"模糊"，在最佳拟合值之前加上波浪号（~），以表示不可信，且不显示其置信区间。

③都不是：无论何种情况，仅需报告最佳拟合值。这是大多数其他程序的做法。

9. "诊断"选项卡

（1）如何量化拟合优度：选择输出的拟合优度的量化统计量，包括 R 平方、Sy.x、平方和、调整后的 R 平方、RMSE、AICc。

（2）残差呈高斯（正态）分布吗：选择下面 4 种检验方法进行正态性检验，检验该假设：非线性回归假设残差的分布遵循高斯（正态）分布。

- D'Agostino-Pearson 综合正态性检验：该方法综合了 D'Agostino 和 Pearson 正态性检验，是一种用于检验数据是否符合正态分布的统计检验方法。
- Anderson-Darling 检验：安德森-达令检验，用于检验样本数据是否来自特定分布。
- Shapiro-Wilk 正态性检验：夏皮罗-威尔克检验，用于确定数据集是否服从正态分布。
- 包含 Dallal-Wilkinson-Lliefor P 值的 Kolmogorov-Smirnov 正态性检验：用于检验数据是否符合正态分布，是 Kolmogorov-Smirnov 检验的一种变体。

（3）残差是否存在聚类或异方差：曲线是否与数据趋势一致？或者曲线是否系统地偏离了数据趋势？Prism 提供了 3 种检验来回答这些问题。

①运行检验：勾选该复选框，进行游程检验，检验曲线是否系统地偏离数据（数据点随机分布

在回归曲线的上方和下方，计算预期游程数）。仅当输入单个 Y 值（无平行测定）或选择只对平均值而非单个平行测定进行拟合时，游程检验才有用。如果在结果表中计算出较低的 P 值，则可得出结论：曲线并不能很好地描述数据，可能选错了模型。

②重复项检验：如果输入了重复的 Y 值，选择该项检验以找出点是否"过于偏离"曲线（与重复 Y 值的分散程度相比）。如果 P 值很小，则可得出结论：曲线未足够接近数据点。

③适当加权检验（同方差）：勾选该复选框，对点进行不同的加权，Prism 假设点与曲线的加权距离在整个曲线上均是相同的（同方差性）。选择 Prism 用适当权重检验来检验该假设。零假设表示选择了正确的加权方案，曲线的 Y 值和加权残差的绝对值之间没有相关性。较高的 P 值支持该假设。P 值较小表示数据违反了该假设，有必要选择一个更合适的加权方案。

（4）要创建哪些残差图：Prism 提供了以下 5 种不同的残差图：

- 残差 vs X 轴图：在该图表中，X 轴表示数据的 X 值，Y 轴表示残差或加权残差。
- 残差 vs Y 轴图：在该图表中，X 轴表示预测的 Y 值，Y 轴表示残差或加权残差。
- 同方差图：在该图表中，X 轴表示预测的 Y 值，Y 轴表示残差或加权残差的绝对值。
- QQ 图：在该图表中，X 轴表示实际残差，Y 轴表示预测残差。
- 实际图与预测图：如果残差是从高斯分布中抽样的，则在该图表中，X 轴表示实际 Y 值，Y 轴表示预测 Y 值。

（5）参数是呈交错、冗余还是偏态分布：回归模型有两个或更多参数时，这些参数可以相互交织。Prism 可通过两种方式（依赖度和协方差矩阵）量化参数之间的关系。

- 依赖度值介于 0.0 和 1.0 之间。参数完全独立时，0.0 的依赖度是理想情况（数学中的正交）。在此情况下，更改一项参数的值所引起的平方和的增加不能通过更改其他参数的值来减少。这是非常罕见的情况。
- 依赖度为 1.0 表示参数冗余。更改一项参数的值后，可更改其他参数的值来重建完全相同的曲线。如果任何依赖度大于 0.9999，则 GraphPad 将标记拟合"不明确"（模糊）。

①参数协变：勾选该复选框，输出标准化协方差矩阵。协方差矩阵中的每个值量化两项参数交织的程度。

②依赖：勾选该复选框，输出依赖度。每个依赖值量化该参数与所有其他参数交织的程度。

③Hougaard 偏度度量：如果参数的分布高度倾斜，则该参数的 SE 和 CI 将不是评估精确度的非常有用的方法。Hougaard 偏斜度度量可以量化每个参数的倾斜度。

10. "标志"选项卡

如需分析许多数据集（可能是通过运行脚本），并且需要一种方法来自动标记需要更仔细检查的不良拟合，以下是一些判断标准，可以帮助识别这些问题：低 R^2 数据点过少、对任何参数的依赖度过高、残差的正态性检验失败、运行或残差检验失败、异常值过多等。

9.2.6 实例——雌三醇含量非线性回归分析

上例中使用线性回归模型拟合效果一般，本例根据数据进行非回归模型分析，确定待产妇尿液中雌三醇含量与新生儿体重的关系。

操作步骤

1. 设置工作环境

步骤 01 双击 GraphPad Prism 10 图标,启动 GraphPad Prism。

步骤 02 选择菜单栏中的"文件"→"打开"命令,或单击 Prism 功能区中的"打开项目文件"命令,或单击"文件"功能区中的"打开项目文件"按钮,或按 Ctrl+O 键,弹出"打开"对话框,选择需要打开的文件"雌三醇含量线性回归分析.prism",单击"打开"按钮,即可打开项目文件。

步骤 03 选择菜单栏中的"文件"→"另存为"命令,或单击"文件"功能区中的"保存命令"按钮下的"另存为"命令,弹出"保存"对话框,输入项目名称"雌三醇含量非线性回归分析"。单击"确定"按钮,保存项目。

2. 非线性回归曲线拟合

步骤 01 单击"分析"功能区的"采用非线性回归拟合曲线"按钮,弹出"参数:非线性回归"对话框,在"选择方程式"列表中选择"Dose-response - Stimulation"(剂量反应)→"[Agonist] vs. response (three parameters)"(3个参数剂量反应),如图9-22所示。

图 9-22 "参数:非线性回归"对话框

步骤 02 单击"详细信息"按钮,弹出"内置方程式"对话框,显示方程式为:Y=Bottom + X*(Top-Bottom)/(EC50 + X),如图 9-23 所示。单击"关闭"按钮,关闭该对话框。

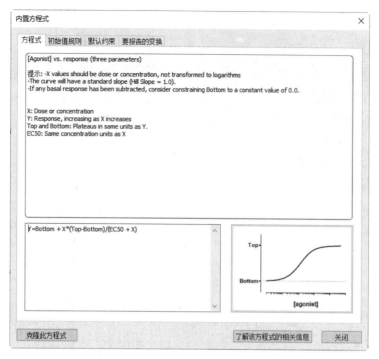

图 9-23 "内置方程式"对话框

步骤 03 打开"比较"选项卡,选择"对于每个数据集,两个方程式(模型)中哪一个能进行最佳拟合?"选项,在"选择第二个方程式"列表中选择 Line 选项,如图 9-24 所示。

步骤 04 单击"确定"按钮,关闭该对话框,输出包含使用最小二乘法计算的非线性分析结果的结果表"非线性拟合/测量数据",如图 9-25 所示。Line 模型与 [Agonist] vs. response (three parameters) 模型(三参数剂量反应模型)相比,首选 Line 模型。

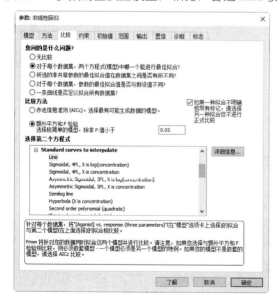

图 9-24 "比较"选项卡

图 9-25 结果表"非线性拟合/测量数据"

3. 保存项目

单击"标准"功能区的"保存项目"按钮🖫，或按 Ctrl+S 键，直接保存项目文件。

9.3 多元回归分析

前面介绍了一元回归问题，本节将讨论涉及两个以上自变量的回归问题，即多元回归。本节主要介绍多重线性回归和多重逻辑回归。

9.3.1 多重线性回归

多重线性回归是简单线性回归的推广，用于研究一个因变量与多个自变量之间的数量依存关系。当有 p 个自变量 $x_1, x_2, \cdots, x_p$ 时，多元线性回归的理论模型为：

$$y = \beta_0 + \beta_1 x_1 + \cdots + \beta_p x_p + \varepsilon$$

其中，ε 是随机误差，E(ε)=0。

选择菜单栏中的"分析"→"回归和曲线"→"多重线性回归"命令，弹出"分析数据"对话框，在左侧列表中选择指定的分析方法：多重线性回归，在右侧显示数据集和数据列，如图 9-26 所示。

单击"确定"按钮，关闭该对话框，弹出"参数：多重线性回归"对话框，设置多元线性回归模型参数，如图 9-27 所示。

图 9-26 "分析数据"对话框

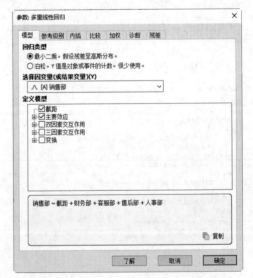
图 9-27 "参数：多重线性回归"对话框

1. "模型"选项卡

Prism 目前提供 3 种不同的多元回归模型框架：线性、泊松和逻辑回归。下面将描述用于线性回归和泊松回归的选项。

1)回归类型(图9-27上方)

(1)最小二乘:Prism 进行回归分析时,会尽可能减少数据点和曲线之间垂直距离的平方和,这种方法通常被称为最小二乘法。如果假设残差的分布(点到预测值的距离)为高斯分布,则选择该方法。

(2)泊松:在每个 Y 值都是对象或事件的一个计数(0,1,2,…)时使用。这些 Y 值必须是实际的计数,而不是任何形式的标准化。如果 Y 值是标准化计数,而非实际计数,则不应选择泊松回归。

2)选择因变量(或结果变量)(图9-27中间)

在下拉列表中选择多重线性回归模型中的因变量为Y。

3)定义模型(图9-27中间)

Prism 要求精确指定想要拟合的回归模型,将变量的交互作用纳入范围。多元线性回归模型为:

$$y = \beta_0 + \beta_1 x_1 + \beta_2 x_2 + \beta_3 x_1 x_2 + \cdots + \varepsilon$$

其中,ε 是随机误差,$x_1 x_2$ 代表交互项(双因素)。

(1)截距:所有连续预测因子变量均等于零且分类预测因子变量均设为其参考水平时,截距为结果变量的值。

(2)主要效应:每个主要效应将一项参数乘以一个回归系数(参数)。一般模型中包含所有主要效应。对于各项连续预测因子变量,仅需一个系数。分类预测因子变量所需的系数数量等于分类变量水平的数量减一(受变量编码过程的影响)。如果取消选中其中一个主要效应,则该预测因子变量基本上不会成为分析的一部分(除非该变量是交互作用或转换的一部分)。

(3)双因素交互作用:每个双因素交互作用项将两项参数相乘,并将乘积乘以一个回归系数(参数)。

(4)三因素交互作用:每个三因素交互作用项将三项参数相乘,并将乘积乘以一个回归系数(参数)。三因素交互作用比双因素交互作用更不常用。

(5)变换:Prism 定义多元回归模型时,可以转换使用模型中任何连续预测因子变量的平方、立方或平方根。

2."参考级别"选项卡

在该选项卡中,为模型中的每个分类变量指定"参考级别"或"参考值",参考通常用于指示此变量的"基准"或"常规"值。默认情况下,Prism 将每个分类变量的参考设置为数据表中列出的该变量的第一级。

3. "内插"选项卡

在该选项卡中定义插值点。Prism 可以通过以下两种方式对结果变量进行插值:

(1)数据表中结果变量为空/缺失的行:输入数据表中的点。

(2)以下所列场景的预测变量值:Prism 创建自定义插值点。

当多元线性回归的输入数据发生变化时,Prism 将自动重新计算指定模型的回归系数。

- 指定场景数:使用向上/向下箭头指定要添加的插值点数,指定每个预测变量的值。在"场景标签"列为每个插值点添加一个名称/标签。
- 为所选场景设置预测值:每个插值点必须为模型中的每个预测变量定义值。在不更改预测变量的任何默认值的情况下,结果变量的插值将等于截距。对于连续变量,Prism 提供了通过数据表中最小值、最大值或该变量的平均值进行插值的选项。对于分类变量,Prism 提供了使用数据表中该变量的第一级、最后一级、最频繁级或最不频繁级进行插值的选项。

报告内插值的置信区间:勾选该复选框,输出结果变量内插值的置信区间。

4. "比较"选项卡

在该选项卡中,选择是否对两种不同型号的拟合度进行比较。

5. "加权"选项卡

在该选项卡中,对数据点进行不同的加权操作,包含 4 种选择:不加权、权重为 $1/Y$、权重为 $1/Y^2$、权重为 $1/Y^K$。

6. "诊断"选项卡

在该选项卡中设置参数的诊断选项。

7. "残差"选项卡

在该选项卡中,可选择 4 种不同方式来绘制残差。

9.3.2 实例——男青年体检数据多重回归分析

10 名 20 岁男青年的身高、体重与前臂长度如表 9-2 所示。计算相关系数,如存在相关关系,则用回归方程式来描述其关系并绘制回归线。

表 9-2　20 岁男青年的身高、体重与前臂长度数据

身高(cm)	170	173	160	155	173	188	178	183	180	165
体重(kg)	165	182	142	136	175	182	173	188	195	155
前臂长(cm)	47	42	44	41	47	50	47	46	49	43

确定自变量和因变量:设身高、体重为预测变量 x_1、x_2(自变量),前臂长为响应变量 y(因变量)。

操作步骤

1. 设置工作环境

步骤 01 双击 GraphPad Prism 10 图标,启动 GraphPad Prism,自动弹出"欢迎使用 GraphPad Prism"对话框。在"创建"选项组下选择"多变量"选项,在"数据表"选项组下选择"输入或导入数据到新表"选项。

步骤02 单击"创建"按钮,创建项目文件,同时该项目下自动创建一个数据表"数据1"和关联的图表"数据1"。重命名数据表为"体检数据"。

步骤03 选择菜单栏中的"文件"→"另存为"命令,或单击"文件"功能区中的"保存命令"按钮下的"另存为"命令,弹出"保存"对话框,输入项目名称"男青年体检数据多重线性回归分析"。单击"确定"按钮,在源文件目录下自动创建项目文件。

2. 复制数据

打开"男青年体检数据.xlsx"文件,复制数据,粘贴转置到"男青年体检数据"中,结果如图 9-28 所示。其中,将 Y 数据(前臂长)设置在第一列。

	A	B	C
	身高(cm)	体重(kg)	前臂长(cm)
2	170	165	165
3	173	182	182
4	160	142	142
5	155	136	136
6	173	175	175
7	188	172	182
8	178	163	173
9	183	188	188
10	180	165	195
11	165	105	155

	变量 A	变量 B	变量 C
	前臂长(cm)	身高(cm)	体重(kg)
1	47	170	165
2	42	173	182
3	44	160	142
4	41	155	136
5	47	173	175
6	50	188	182
7	47	178	173
8	46	183	188
9	49	180	195
10	43	165	155

图 9-28 粘贴数据

3. 多重线性回归分析

假设残差 ε 的分布为高斯分布,选择最小二乘法进行回归分析,只考虑主效应的多元线性回归的模型为:

$$y = \beta_0 + \beta_1 x_1 + \beta_2 x_2 + \beta_3 x_3 + \cdots + \varepsilon$$

步骤01 单击"更改"功能区的"多重线性回归"按钮,弹出"参数:多重线性回归"对话框。

步骤02 打开"模型"选项卡,在"回归类型"选项组下选择"最小二乘",在"选择因变量(或结果变量)"下拉列表中选择多重线性回归模型中的因变量 Y 为"[A]前臂长(cm)",在"定义模型"列表中选择"截距""主要效应",如图 9-29 所示。

步骤03 打开"内插"选项卡,取消勾选"数据表中结果变量为空/缺失的行"复选框。

步骤04 打开"诊断"选项卡,在"变量是交错还是冗余?"选项组下勾选"多重共线性""相关矩阵"复选框;在"如何量化拟合优度"选项组下勾选"调整后的 R 平方"复选框;在"正态性检验。残差呈高斯分布吗?"选项组下勾选"Shapiro-Wilk 正态性检验"复选框,其余参数保持默认设置,如图 9-30 所示。

> **注意** 当自变量间存在较强的线性关系时,会使多元回归方程中的参数估计不准确,影响多元线性回归分析的结果。因此,在进行多重回归分析时,需要检验多重共线性。

步骤05 打开"残差"选项卡,取消勾选"残差图"复选框。

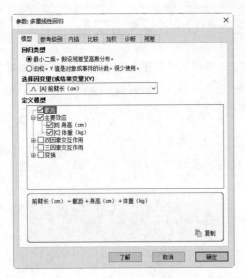 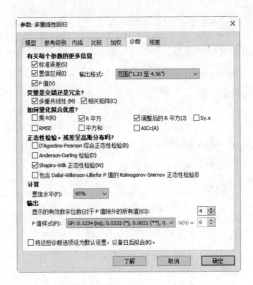

图 9-29 "参数:多重线性回归"对话框　　　　图 9-30 "诊断"选项卡

步骤 06 单击"确定"按钮,关闭该对话框,输出结果表和图表。同时,自动弹出注释窗口,如图 9-31 所示,显示多重回归模型的方程。

图 9-31 注释窗口

4. 结果分析

多元线性回归方程的假设检验分为模型检验和单个回归系数检验。在进行回归系数检验之前,需对所建立的多元回归方程进行假设检验,以判断它是否具有统计学意义。

步骤 01 在结果表"多重线性回归/体检数据"打开"表结果"选项卡,显示回归方程的拟合优度、方差分析结果以及各变量的回归系数,如图 9-32 所示。

步骤 02 在"残差正态性"选项下显示 Shapiro-Wilk (W)检验结果,P>0.05,表示残差通过了正态性检验,该例中的数据可以使用最小二乘法进行回归模型分析。

步骤 03 由"方差分析"表可见,"回归"行的 P<0.05,表示此回归方程有统计学意义。而自变量身高(cm)、体重(kg)的 P>0.05,无统计学意义。

步骤 04 在"参数估计"选项下显示回归方程各参数的估计值、95%置信区间(渐近)、Itl、P 值和 P 值摘要。根据回归系数估计值可得回归方程:

$$\hat{Y} = -1.307 + 0.3280 * X_1 - 0.05713 * X_2$$

其中,X_1 表示身高(cm),X_2 表示体重(kg)。

步骤 05 在"拟合优度"选项下显示调整后的 R 平方为 0.5572。

步骤 06 在"多重共线性"选项组下,当 0<VIF<10 时,不存在多重共线性。

	多重线性回归 表结果							
1	分析的表	体检数据						
2	因变量	前臂长（cm）						
3	回归类型	最小二乘						
4								
5	**模型**							
6	**方差分析**	**平方和**	**自由度**	**MS**	**F (DFn, DFd)**	**P 值**		
7	回归	52.71	2	26.35	F (2, 7) = 6.662	P=0.0240		
8	身高（cm）	18.03	1	18.03	F (1, 7) = 4.557	P=0.0702		
9	体重（kg）	1.964	1	1.964	F (1, 7) = 0.4965	P=0.5038		
10	残差	27.69	7	3.956				
11	总计	80.40	9					
12								
13	**参数估计**	**变量**	**估计**	**标准误差**	**95% 置信区间(渐近)**	**|t|**	**P 值**	**P 值摘要**
14	β0	截距	-1.307	15.17	-37.17 至 34.55	0.08617	0.9337	ns
15	β1	身高（cm）	0.3280	0.1536	-0.03531 至 0.6913	2.135	0.0702	ns
16	β2	体重（kg）	-0.05713	0.08108	-0.2489 至 0.1346	0.7046	0.5038	ns

18	**拟合优度**				
19	自由度	7			
20	R 平方	0.6556			
21	调整后的 R 平方	0.5572			
22					
23	**多重共线性**	**变量**	**VIF**	**R2 与其他变量**	
24	β0	截距			
25	β1	身高（cm）	5.743	0.8259	
26	β2	体重（kg）	5.743	0.8259	
27					
28	**残差正态性**	**统计**	**P 值**	**通过了正态性检验 (α=0.05)?**	**P 值摘要**
29	Shapiro-Wilk (W)	0.9699	0.8903	是	ns
30					
31	**数据摘要**				
32	表中的行	10			
33	跳过的行(缺少数据	0			
34	分析的行（案例数	10			
35	参数估计数	3			
36	#案例/#参数	3.3			

图 9-32　多重线性回归结果

5. 图表分析

步骤 01　“实际图与预测图：多重线性回归/体检数据”绘制实际 Y 值（在 X 轴上）与预测 Y 值（来自回归，在 Y 轴上）。如果模型有用，则数据应围绕同一条线聚集，如图 9-33 所示。该图表可以直观地展示多元回归模型如何解释数据。

步骤 02　“残差图：多重线性回归/体检数据”是最常用的图形之一。对于每一行数据，Prism 会根据回归方程计算预测的 Y 值，并将其绘制在 X 轴上，而 Y 轴显示残差。如果数据符合多元回归的假设，则无法看到任何明显的趋势，残差的大小不应与预测的 Y 值相关。

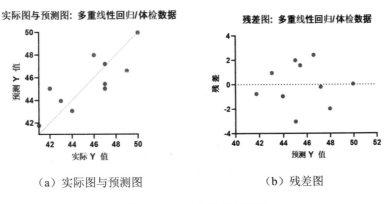

（a）实际图与预测图　　（b）残差图

图 9-33　多重线性回归图表

6. 保存项目

单击"文件"功能区中的"保存"按钮■，或按 Ctrl+S 键，直接保存项目文件。

9.3.3 多重逻辑回归

在多重逻辑回归中，所有统计推断都是建立在大样本基础上的，因此其应用的一个基本条件是要求有足够的样本含量，样本含量越大，分析结果越可靠。

选择菜单栏中的"分析"→"回归和曲线"→"多重逻辑回归"命令，弹出"分析数据"对话框，在左侧列表中选择指定的分析方法：多重逻辑回归，在右侧显示数据集和数据列，如图 9-34 所示。

单击"确定"按钮，关闭该对话框，弹出"参数：多重逻辑回归"对话框，选择对 P 值的分析方法，如图 9-35 所示。

图 9-34 "分析数据"对话框

图 9-35 "参数：多重逻辑回归"对话框

1. "模型"选项卡

1）"选择因变量（或结果变量）"选项组

系统识别多变量表中的文本变量。在该选项组下定义文本变量的负向结果值和正向结果值。若变量表中的数据为数值（0、1），则不需要指定变量值。

2）定义模型

指定想要拟合的回归模型，包括截距、主要效应、双因素交互作用、三因素交互作用、变换。

2. "参考级别"选项卡

在该选项卡中，为模型中的每个分类变量指定"参考级别"或"参考值"。

3. "比较"选项卡

在该选项卡中，选择是否对两种不同型号的拟合度进行比较。

4. "选项"选项卡

在该选项卡中，指定是否比较两个模型（指定模型与零模型）的拟合度。零模型只是一个不包含预测变量的模型，与分析中指定的模型进行比较时，可用于确定包含在指定模型中的预测变量的相对重要性，或者评估指定模型的总体"拟合度"。

5. "选项"选项卡

在该选项卡中，指定 Prism 结果表中输出的结果。

1）参数的最佳拟合值有多精确

Prism 输出评估系数估计值稳定性的统计量：

（1）参数的 SE：勾选该复选框，输出 β 系数的标准误差。

（2）参数的置信区间：勾选该复选框，输出系数和风险比的置信区间，定义置信区间的输出格式。

（3）输出格式：勾选该复选框，输出每个预测值的 P 值，给定参数系数的 P 值与相关风险比的 P 值相同。

2）变量是交错还是冗余

Prism 分析结果中提供参数协方差矩阵的选项，以显示每项参数与其他参数的相关程度。

（1）多重共线性：检测多重共线性的方法有多种，其中最简单的一种方法是计算模型中各个自变量之间的相关系数，并对各相关系数进行显著性检验。勾选该复选框，Prism 可以输出"多重共线性"选项组下的 β 系数，显示每个变量可以从其他变量预测的程度。

（2）参数协方差矩阵：勾选该复选框，Prism 将生成一个包含参数相关性的附加结果选项卡，并提供相关性的热图。

3）比较模型诊断

这些值可用于了解所选模型相对于更简单模型使用相同数据集预测相同结果的表现。

（1）校正的赤池信息准则（AICC）：AICC 是一种信息论方法，使用 Akaike 准则的修正版本。该方法考虑到每个模型的模型偏差，确定数据对每个模型的支持程度。

（2）（完整"模型"和"空"模型的）对数似然：在逻辑回归模型中，回归系数的估计通常采用最大似然法。

（3）（完整"模型"和"空"模型的）模型偏差：LRT 使用模型偏差来确定哪个模型是首选的。

6. "拟合优度"选项卡

输出评估逻辑回归模型优劣的拟合优度。

1）"分类和预测方法"选项组

（1）受试者工作特征曲线下面积：选择该选项，计算 ROC 曲线的下面积。其中面积为 0.5 表示模型预测的结果是 1 或 0，面积为 1 意味着模型完美预测。

（2）分类表（比较观测分类和预测分类的 2×2 表）：选择该选项，输出 2×2 的分类表，显示了在用户指定临界值点处正确分类的值的数量。该表有 4 个表项，包括预测值 0、预测值 1、观察值 0、观察值 1。

- 观测的（输入）0 的总数=A+B。
- 观测的（输入）1 的总数=C+D。
- 预测的 0 的总数=A+C。
- 预测的 1 的总数=B+D。
- %正确分类（观测 0 的百分比）=（A/（A+B））*100。
- %正确分类（观测 1 的百分比）=（D/（C+D））*100。
- %正确分类（总计，所有观测结果的百分比）=（(A+D)/（A+B+C+D））*100。
- 负预测能力（%）=（A/（A+C））*100。
- 正向预测能力（%）=（D/（B+D））*100。

（3）每个对象（每行）的预测概率：选择该选选项，生成包含两列的附加表。第一列包含在数据表中找到的所选因变量（Y）列中的值副本。第二列包含由对应第一列中每个表项（每行）的模型生成的预测概率。

2）"伪 R 平方"选项组

选择输出评估逻辑回归模型优劣的拟合优度，这些参数类似于 R 平方，因此统称为"伪 R 平方"。

（1）Tjur R 平方：计算每个因变量输入值的预测概率，Tjur R 平方=|0 的平均预测值–1 的平均预测值|。对于每个因变量类别（0 和 1），计算平均预测概率，然后计算这两个平均值之差的绝对值。

（2）McFadden R 平方：1 减去指定模型的对数似然比和相应的"仅截距"模型的比值。较小的比率（该值接近 1）表明指定模型优于仅截距模型。

（3）Cox-Snell R 平方（广义 R 平方）：使用似然比来计算该值，Cox-Snell 的 R 平方的最大值小于 1。

（4）Nagelkerke R 平方：与 Cox-Snell R 平方类似，主要区别在于该值可调整 Cox-Snell 的 R 平方，使其最大值为 1。

3）"假设检验"选项组

Prism 提供了两个假设检验来评估模型与输入数据的拟合程度。

（1）Hosmer-Lemeshow 拟合优度检验（常用，但备受批评）：此检验的零假设是模型与数据拟合良好，即假设所指定模型是正确的。与许多其他检验不同，较小的 P 值表示模型与数据的拟合较差，提示模型中可能缺少某些重要的因素、交互作用或需要对变量进行转换。

（2）似然比检验（也称为对数似然比检验、G 检验或 G 平方检验）：该检验的零假设是仅截距模型是正确的。这是一种经典的检验方法，用于比较所选模型与仅包含截距的模型（空模型）的拟合优度。较小的 P 值表示拒绝零假设，即所指定模型显著优于仅截距模型。

7. "图表"选项卡

（1）在该选项卡中可选择以下 4 种图表。

①预测 vs 观测：实际值与预测值图生成两组小提琴图：一组包含数据表中 Y 值为 0 的观察值，另一组包含 Y 值为 1 的观察值。通常，预测值（来自模型）会绘制成小提琴图。

②受试者工作特征曲线：通过 ROC 曲线评估分类模型的性能。ROC 曲线使用灵敏度和特异性作为评估真阳性和真阴性比例的指标。灵敏度是指在特定临界值下正确识别为 1 的比例（即真阳性率），而特异性是指正确识别为 0 的比例（即真阴性率）。计算公式如下：

灵敏度 =（正确识别的 1 的数量）/（观察到的 1 的总数）

特异性 =（正确识别的 0 的数量）/（观察到的 0 的总数）

③逻辑图：仅当模型中包含单个预测（X）变量时，逻辑图选项才可用。该图生成典型的 S 型曲线（或其一部分），表示在给定 X 值下 Y=1 的预测概率。如果比较两个模型，该选项仅在两个模型除截距项外均只包含一个预测因子（主要效应）时可用。

④比例校正 vs 截断：比例校正与截断值图表是观察 ROC 曲线的一种替代方法。与 ROC 曲线类似，该图表会针对每一个可能的临界值（X 轴）绘制相应的观察结果比例，显示在这些临界值下观察结果被正确分类的比例。

（2）绘图选项：选择是否在逻辑图中绘制渐近置信带。

9.3.4 绘制非线性函数

Prism 在进行回归分析时，有时并不需要分析实际数据，而是根据选择的回归方程和输入的参数生成曲线进行函数模拟。在许多实际问题中，回归函数往往是较为复杂的非线性函数，其规律在图形上表现为形态各异的曲线。

选择菜单栏中的"分析"→"回归和曲线"→"绘制函数"命令，弹出"分析数据"对话框，在左侧列表中选择指定的分析方法：绘制函数，在右侧显示一列包含 P 值的数据集和数据列，如图 9-36 所示。

单击"确定"按钮，关闭该对话框，弹出"参数：绘制函数"对话框，包含 3 个选项卡，如图 9-37 所示。

图 9-36 "分析数据"对话框

图 9-37 "参数：绘制函数"对话框

1. "函数"选项卡

（1）函数列表：选择内置函数。
（2）曲线数：选择绘制一条曲线或指定曲线条数组成系列。
（3）X 值范围：指定自变量 X 值的最小值和最大值。

2. "选项"选项卡

（1）导数和积分：选择绘制 XY 函数、函数的一阶导数、函数的二阶导数、函数的积分。
（2）XY 坐标表：选择创建曲线的线段数，默认值为 150。
（3）列标签：选择函数图表中曲线的列标签定义方法：手动标定每列（曲线）、使用参数值标定每列（曲线）。

3. "参数值与列标题"选项卡

在该选项卡中输入列标题，还可以定义参数值。

第 10 章

推断性统计分析

推断性统计分析是统计学的核心方法之一,在统计研究中得到了广泛应用。推断性统计可以通过描述性统计分析所揭示的变化趋势,将这些趋势推广应用于总体。它利用数据的形态建立一个能够解释其随机性和不确定性的数学模型,并通过该模型推论研究步骤和总体特征。

本章介绍的推断统计方法包括 t 检验和方差分析。这些方法以随机数据为研究对象,进行深入的数据分析,以揭示数据背后的规律和结论。

内容要点

- t 检验
- 方差分析

10.1 t 检验

t 检验是统计推断中非常常用的一种检验方法,适用于统计量服从正态分布且方差未知的情况。在 GraphPad Prism 中,t 检验及相关的非参数检验用于比较两组测量值(数据通常采用区间或比率尺度表示)。如果研究中涉及 3 个或更多组,则应使用单因素方差分析(ANOVA)及相关的非参数检验。

t 检验基于 t 分布理论,用于推断差异发生的概率,从而判断两总体均值的差异是否具有统计学显著性。它主要用于样本量较小(例如 n < 60)、总体标准差 σ 未知且数据呈正态分布的计量资料。

根据样本的分布情况和检验目的,t 检验可以分为以下几类:单样本 t 检验、双样本 t 检验、双样本配对 t 检验、Welch t 检验和多重 t 检验。其中:

- 配对 t 检验用于比较同一组对象在不同处理条件下的数据,例如在同一块土地上施用不同类型的肥料。
- 多重 t 检验用于多个样本之间的交叉比较。不过,在这种情况下,选择使用多重 t 检验还是 ANOVA 事后检验(post hoc test)需要根据具体情况进行讨论。

10.1.1 单样本 t 检验和 Wilcoxon 检验

如果数据集中某个变量的平均值(或中位数)与理论值(或零假设)所预期的不同,则需要使用单样本 t 检验或 Wilcoxon 检验来检验这种差异是否具有统计学显著性。

选择菜单栏中的"分析"→"群组比较"→"单样本 t 检验和 Wilcoxon 检验"命令,弹出"分析数据"对话框,在左侧列表中选择指定的分析方法:单样本 t 检验和 Wilcoxon 检验,在右侧显示要分析的数据集和数据列,如图 10-1 所示。

图 10-1 "分析数据"对话框

单击"确定"按钮,关闭该对话框,弹出"参数:单样本 t 检验和 Wilcoxon 检验"对话框,包含两个选项卡,如图 10-2 所示。

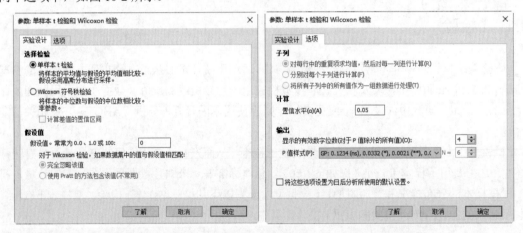

图 10-2 "参数:单样本 t 检验和 Wilcoxon 检验"对话框

1. "实验设计"选项卡

1)选择检验

(1)单样本 t 检验:将样本的平均值与假设的平均值相比较,假设采用高斯分布进行采样。

(2)Wilcoxon 符号秩检验:将样本的中位数与假设的中位数相比较,属于非参数检验。勾选"计算差值的置信区间"复选框,计算样本的中位数与假设的中位数差值的置信区间。

2）假设值

（1）假设值：输入与平均值（t 检验）或中值（Wilcoxon 检验）进行比较的假设值。该值通常为 0 或 100（当为百分比时），或 1.0（值为比率时）。

（2）对于 Wilcoxon 检验，如果数据集中的值与假设值相匹配：

- 完全忽略该值：忽略与假设值完全相等的值。
- 使用 Pratt 的方法包含该值（不常用）：Pratt 方法是一种用于拟合圆的数学算法，通过最小二乘法和梯度下降法来优化圆的拟合结果。

2."选项"选项卡

1）子列

在带有子列的分组表上输入数据时，Prism 提供以下 3 种选择：

- 对每行中的重复项求均值，然后对每一列进行计算。
- 分别对每个子列进行计算。
- 将所有子列中的所有值作为一组数据进行处理。

2）计算

输入计算输出结果时使用的置信水平（α），默认值为 0.05。该值用于定义统计学显著性的阈值，即 P 值。

3）输出

（1）显示的有效数字位数（对于 P 值除外的所有值）：选择在显示结果时使用的数据位数，P 值的数据格式与位数在下面的选项中设置。

（2）P 值样式：选择在显示结果时使用的 P 值格式和位数。

10.1.2 实例——心理抑郁状况单样本 t 检验

对某地 35 名大学生进行了心理抑郁状况检查，其检测评分结果分别为：5，5，5，5，4，4，4，4，3，3，3，3，3，3，2，2，2，2，2，2，2，2，2，2，1，1，1，1，1，1，0，0，0，0，0。比较检查结果与大学生平均评分（2）结果是否不同。

提出假设：

- H_0：$\mu_1 = \mu_2$，此次检查结果的平均评分与大学生平均评分相同。
- H_1：$\mu_1 \neq \mu_2$，此次检查结果的平均评分与大学生平均评分不同。

操作步骤

1. 设置工作环境

步骤01 双击 GraphPad Prism 10 图标，启动 GraphPad Prism，自动弹出"欢迎使用 GraphPad Prism"对话框。在左侧"创建"选项组下选择"列"选项，在"数据表"选项组下选择"输入或导入数据到新表”选项，在“选项”选项组下选择“输入重复值，并堆叠到列中”选项。

步骤 02 单击“创建”按钮，创建项目文件，同时该项目下自动创建一个数据表“数据 1”和关联的图表“数据 1”，重命名为“心理抑郁状况检查”。

步骤 03 选择菜单栏中的“文件”→“另存为”命令，或单击“文件”功能区中的“保存命令”按钮下的“另存为”命令，弹出“保存”对话框，输入项目名称“心理抑郁状况单样本 t 检验.prism”。单击“确定”按钮，在源文件目录下自动创建项目文件。

2. 输入数据

根据题中数据在数据表中输入数据，结果如图 10-3 所示。

3. 正态性检验

步骤 01 在进行单样本 t 检验之前，需要检验数据是否服从正态分布。

步骤 02 选择菜单栏中的“分析”→“数据探索和摘要”→“正态性与对数正态性检验”命令，弹出“分析数据”对话框，在左侧列表中选择指定的分析方法：正态性与对数正态性检验。单击“确定”按钮，关闭该对话框，弹出“参数：正态性与对数正态性检验”对话框。

- 在“要检验哪些分布？”选项组下选择“正态（高斯）分布”，检验数据是否服从正态（高斯）分布。
- 在“检验分布的方法”选项组下选择“Shapiro-Wilk 正态性检验（夏皮罗维尔克检验法）”。
- 取消勾选“创建 QQ 图”复选框。

步骤 03 单击“确定”按钮，关闭该对话框，输出结果表“正态性与对数正态性检验/心理抑郁状况检查”，如图 10-4 所示。“心理抑郁状况检查”数据显著性值小于 0.05，数据不服从正态分布。

	第 A 组 心理抑郁状况检查
1	5
2	5
3	5
4	5
5	4
6	4
7	4
8	4
9	3
10	3

图 10-3 粘贴数据

	正态性与对数正态性检验	A 心理抑郁状况检查
1	正态分布检验	
2	Shapiro-Wilk 检验	
3	W	0.9198
4	P 值	0.0141
5	通过了正态检验 (α =0.05)?	否
6	P 值摘要	*
7		
8	值的数量	35

图 10-4 正态性检验结果

4. 单样本 t 检验

步骤 01 数据不服从正态分布，单样本 t 检验通过比较数据的中位数来进行假设检验。将数据表“心理抑郁状况检查”置为当前。

步骤 02 选择菜单栏中的“分析”→“群组比较”→“单样本 t 检验和 Wilcoxon 检验”命令，弹出“分析数据”对话框。单击“确定”按钮，关闭该对话框，弹出“参数：单样本 t 检验和 Wilcoxon 检验”对话框。选择“0 Wilcoxon 符号秩检验”，假设值为 2；打开“选项”选项卡，置信水平默认为 0.05，如图 10-5 所示。

步骤03 单击"确定"按钮，关闭该对话框，输出结果表"单样本 t 检验/患病率"，显示单样本 t 检验结果，如图 10-6 所示。

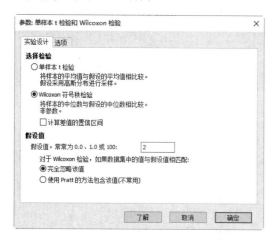

图 10-5 "参数：单样本 t 检验和 Wilcoxon 检验"对话框

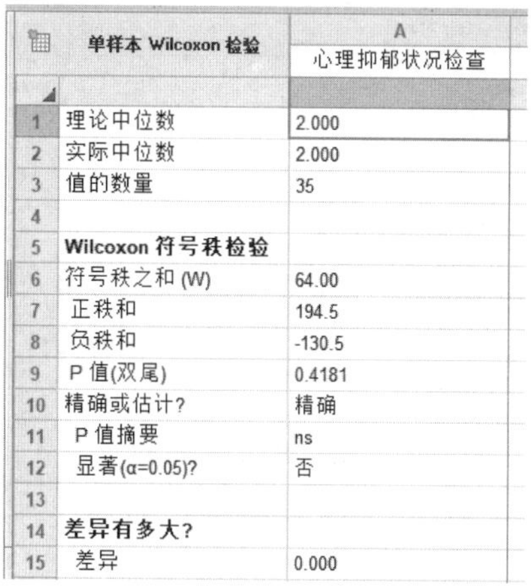

图 10-6 结果表"单样本 t 检验/患病率"

从单样本 t 检验表中看到，P 值（双尾）>0.05，样本中位数与备选假设值的差异没有超过参考值，接受原假设。得出结论：此次检查结果的平均评分与大学生平均评分相同。

5. 保存项目

单击"文件"功能区中的"保存"按钮 📷，或按 Ctrl+S 键，直接保存项目文件。

10.1.3 t 检验（和非参数检验）

选择菜单栏中的"分析"→"群组比较"→"t 检验（和非参数检验）"命令，弹出"分析数据"对话框，在左侧列表中选择指定的分析方法：t 检验（和非参数检验），在右侧显示要分析的数据集和数据列，如图 10-7 所示。

图 10-7 "分析数据"对话框

单击"确定"按钮，关闭该对话框，弹出"参数：t检验（和非参数检验）"对话框，包含3个选项卡，如图10-8所示。

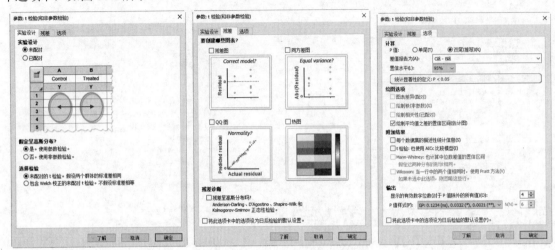

（a）"实验设计"选项卡　　　　（b）"残差"选项卡　　　　（c）"选项"选项卡

图10-8　"参数：t检验（和非参数检验）"对话框

1. "实验设计"选项卡

1）实验设计

由实验设计决定数据集中正在比较的变量是否匹配（未配对和已配对）。若正在比较两组的体重，则可以根据年龄或性别进行匹配，但不能根据体重进行匹配。

2）假定呈高斯分布

直接指定使用参数检验或非参数检验。

3）选择检验

根据数据集是否匹配选择参数检验或非参数检验，显示不同的检验方法，具体如表10-1所示。

表10-1　选择检验

实验设计	高斯分布	选择检验	说　明
未配对	参数检验	未配对的t检验	假设两个群体的标准差相等
		包含Welch校正的未配对t检验	不假设标准差相等
	非参数检验	Mann-Whitney检验	比较秩，检验中值变化的检验力
		Kolmogorov-Smirnov检验	比较累积分布，检验分布形状差异的检验力
已配对	参数检验	配对t检验	配对值之间的差异一致
		比值配对t检验	配对值的比值一致
	非参数检验	Wilcoxon配对符号秩检验	对配对资料的差值采用符号秩方法来检验

2. "残差"选项卡

1）要创建哪些图表

t 检验的一个假设是：该模型的残差是从高斯分布中抽样的。残差图有助于评估该假设，Prism 提供了 4 种基于 t 检验绘制残差图表的方式，QQ 图是最有帮助的绘制残差图表的方法。

2）残差是否服从高斯分布

勾选该复选框，Prism 对残差进行 4 次正态性检验。汇总两组的残差，然后进入一组正态性检验。

3. "选项"选项卡

1）计算

（1）P 值：选择 P 值的计算方法。

- 单侧（O）：也称单侧检验或单尾检验，强调某一特定方向的检验。当需要检验样本所取自的总体参数值大于或小于某个特定值时，采用单侧检验。
- 双侧（W）：也称为双尾检验，只强调差异，不强调方向性（例如大小、多少）。当检验样本和总体均值之间有无差异，或样本数之间有无差异时，采取双侧检验。双侧检验用于检测 A、B 两组是否有差异，无论 A 大于 B 还是 B 大于 A。

（2）差值报告为：选择 Prism 报告的均值或中间值之间的差异符号，即选择是将第一个均值减去第二个均值，还是将第二个均值减去第一个均值。

（3）置信水平：选择置信水平，默认值为 95%。

2）绘图选项

根据在"实验设计"选项卡选择的检验显示可用的选项，此类选项可用于更深入地查看数据。

（1）图表差异（配对）：该选项用来创建显示该差异列表的表格和图表。配对 t 检验和 Wilcoxon 匹配配对检验首先计算每行上的两个值之间的差异。

（2）绘制秩（非参数）。该选项用来创建显示这些等级的表格和图表。Mann-Whitney 检验首先从低到高排列所有值，然后比较两组的平均等级。Wilcoxon 首先计算每对之间的差异，然后排列这些差异的绝对值，当差异为负数时，赋予负值。

（3）绘制相关性（配对）：绘制一个变量与另一个变量的图表，直观地评估它们之间的相关性。该选项仅为非配对数据提供。如需创建新残差表，Prism 会计算每个值与该列的均值（或中间值）之间的差异。检查残差图表可评估所有数据均从具有相同 SD 的总体中抽样这一假设。

（4）绘制差值平均值的置信区间（估计图）：该选项生成的图形包括原始数据的散点图（或小提琴图）。此外，该图表还包括绘制了平均值与 95%CI（对于非配对检验）之间的差异或平均值与 95%CI（对于配对检验）之间的差异的第三个数据集。估计图对直观评估 t 检验结果非常有用。

3）附加结果

（1）每个数据集的描述性统计信息：勾选该复选框，Prism 将为每个数据集创建一个新的描述性统计表。

（2）t检验：勾选该复选框，Prism将报告通常的t检验结果，但也会使用AICC来比较两个模型的拟合度，并报告每个模型均正确的概率百分比。

（3）Mann-Whitney：也计算中位数差值的置信区间。假定这两种分布的形状相同。

（4）Wilcoxon：当一行中的两个值相同时，使用Pratt方法：勾选该复选框，按照Wilcoxon在创建检验时所述的方式处理该问题。Prism提供改用Pratt方法的选项。

10.1.4 实例——治疗血吸虫死亡病例t检验

本例根据新疗法治疗血吸虫病病例的临床数据，分析性别对血吸虫病死亡病例的影响。

本例要解决的问题是："10~岁组死亡率最高，其次为20~岁组"，请问这种说法是否正确？

两独立样本t检验又称成组t检验，它适用于完全随机设计的两样本均数的比较，其目的是检验两样本所来自总体的均数是否相等。完全随机设计是将受试对象随机地分配到两组中，每组对象分别接受不同的处理，分析比较两组的处理效应。

建立检验假设：

- H_0：$\mu_1 = \mu_2$，即不同性别死亡数相等。
- H_1：$\mu_1 \neq \mu_2$，即不同性别死亡数不相等。

操作步骤

1. 设置工作环境

步骤01 双击GraphPad Prism 10图标，启动GraphPad Prism。

步骤02 选择菜单栏中的"文件"→"打开"命令，或单击Prism功能区中的"打开项目文件"命令，或单击"文件"功能区中的"打开项目文件"按钮，或按Ctrl+O键，弹出"打开"对话框，选择需要打开的文件"血吸虫病病例图表分析.prism"，单击"打开"按钮，即可打开项目文件。

步骤03 选择菜单栏中的"文件"→"另存为"命令，或单击"文件"功能区中的"保存命令"按钮下的"另存为"命令，弹出"保存"对话框，输入项目名称"治疗血吸虫死亡病例t检验.prism"。单击"确定"按钮，保存项目。

2. 双样本t检验（参数检验）

步骤01 将数据表"死亡率数据"置为当前。

步骤02 假定两组数据服从正态分布，使用参数检验进行分析。采用非配对t检验比较两组的平均值，该检验通常称为独立样本t检验。

步骤03 选择菜单栏中的"分析"→"群组比较"→"t检验（和非参数检验）"命令，弹出"参数：t检验（和非参数检验）"对话框，打开"实验设计"选项卡，在"实验设计"选项组下选择"未配对"，在"假定呈高斯分布？"选项组下选择"是。使用参数检验。"，在"选择检验"选项组下选择"未配对的t检验。假设两个群体的标准差相同"，如图10-9所示。打开"残差"选项卡，勾选"残差呈高斯分布吗？"复选框。

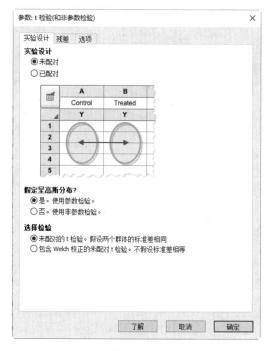
（a）"实验设计"选项卡

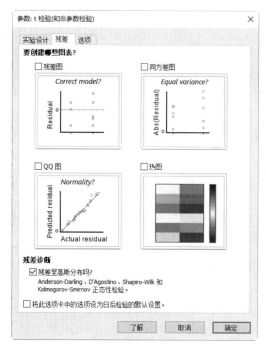
（b）"残差"选项卡

图 10-9 "参数：t 检验（和非参数检验）"对话框

步骤 04 单击"确定"按钮，在结果表"未配对 t 检验/死亡率数据"中显示独立样本 t 检验的结果。

3. 判断分析是否适用

步骤 01 进行参数检验，首要条件是数据服从正态分布，在"残差正态性"选项组下显示 4 种数据正态检验，如图 10-10 所示。在本例中，Shapiro-Wilk（W）检验结果的 P 值为 $0.3446>0.05$，说明通过了正态性检验（$α=0.05$）。

27	残差正态性				
28	检验名称	统计	P 值	通过了正态性检验 ($α=0.05$)?	P 值摘要
29	Anderson-Darling (A2*)	0.4337	0.2504	是	ns
30	D'Agostino-Pearson 综合检验 (K2	3.537	0.1706	是	ns
31	Shapiro-Wilk (W)	0.9265	0.3446	是	ns
32	Kolmogorov-Smirnov(距离)	0.2260	0.0916	是	ns

图 10-10 "残差正态性"选项组

步骤 02 进行参数检验，第二个条件是数据具有相同方差。"用于比较方差的 F 检验"选项组下显示 F 检验结果，如图 10-11 所示。P 值为 $0.4408>0.05$，认为两个数据集具有相同的方差，具有方差齐性。

步骤 03 因此，T 检验结果适用，下面分析 T 检验结果。在"表结果"选项卡中，P 值为 $0.5020>0.05$，认为男、女病例死亡率相等，不同性别的病例死亡率没有显著性差异，如图 10-12 所示。

21	用于比较方差的 F 检验	
22	F, DFn, Dfd	2.079, 5, 5
23	P 值	0.4408
24	P 值摘要	ns
25	显著不同 (P < 0.05)?	否

图 10-11 "用于比较方差的 F 检验"选项组

1	分析的表	死亡率数据
2		
3	列 B	女
4	vs	vs
5	列 A	男
6		
7	未配对 t 检验	
8	P 值	0.5020
9	P 值摘要	ns
10	显著不同 (P < 0.05)?	否
11	单尾或双尾 P 值?	双尾
12	t, df	t=0.6965, df=10
13		
14	差异有多大？	
15	平均值列A	4.833
16	平均值列B	3.667
17	平均值列差异 (B - A) ± 标准误	-1.167 ± 1.675
18	95% 置信区间	-4.899 到 2.565
19	R 平方(eta 平方)	0.04627

图 10-12 "表结果"选项卡

10.1.5 嵌套 t 检验

Prism 提供嵌套 t 检验，考虑了两个系数：一个是固定因素，另一个是嵌套因素。在嵌套 t 检验中，每个子列包含一个人或一项实验的重复测量结果，每个子列中的值采用任意顺序。

选择菜单栏中的"分析"→"群组比较"→"嵌套 t 检验"命令，弹出"分析数据"对话框，在左侧列表中选择指定的分析方法：嵌套 t 检验，在右侧显示要分析的数据集和数据列，如图 10-13 所示。

图 10-13 "分析数据"对话框

单击"确定"按钮，关闭该对话框，弹出"参数：嵌套 t 检验"对话框，包含两个选项卡，如图 10-14 所示。

 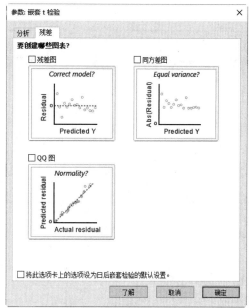

(a) "分析"选项卡　　　　　　　　　(b) "残差"选项卡

图 10-14　"参数：嵌套 t 检验"对话框

1. "分析"选项卡

1）计算

（1）差值报告为：选择分析中两组的比较顺序。

（2）置信水平：选择置信水平，默认值为 95%。统计显著性的定义：P<0.05，其中 0.05=（1-0.95）。

2）绘图选项

绘制包含置信区间的平均值之间的差异：该选项用来创建显示该差异列表的表格和图表。

3）附加结果

报告拟合优度：勾选该复选框，Prism 将报告拟合优度。

2. "残差"选项卡

Prism 提供了 3 种基于嵌套 t 检验绘制残差图表的方式，分别是残差图、同方差图和 QQ 图。

10.1.6　实例——猪脑组织钙泵含量嵌套 t 检验

某医生研究脑缺氧对脑组织中生化指标的影响，将每个实验室出生状况相近的乳猪按出生体重配成 7 对，随机接受两种处理，一组设为对照组，另一组设为脑缺氧模型组，每种处理方法均使用 3 个实验室的乳猪，因此创建一个包含 3 个子列的表格。实验结果如表 10-2 所示。试比较两种处理方法的猪脑组织钙泵的含量有无差别。

表 10-2　猪脑组织钙泵含量数据

乳猪号	对照组			试验组		
	实验室1	实验室2	实验室3	实验室4	实验室5	实验室6
1	0.255	0.291	0.263	0.2755	0.203	0.2756
2	0.2	0.205	0.192	0.2545	0.2435	0.2363
3	0.313	0.31	0.336	0.18	0.2063	0.7961
4	0.363	0.343	0.3832	0.323	0.3761	0.3035
5	0.3544	0.342	0.3356	0.3113	0.3034	0.3037
6	0.345	0.3631	0.3545	0.2955	0.2892	0.2268
7	0.305	0.3011	0.3101	0.287	0.2653	0.2763

操作步骤

1. 设置工作环境

步骤01 双击 GraphPad Prism 10 图标，启动 GraphPad Prism，自动弹出"欢迎使用 GraphPad Prism"对话框，设置创建的默认数据表格式。

- 在"创建"选项组下选择"分组"选项。
- 在"数据表"选项组下选择"输入或导入数据到新表"选项。
- 在"选项"选项组下的 X 选项下选择"数值"，Y 选项下选择"输入 3 个重复值在并排的子列中"。

步骤02 单击"创建"按钮，创建项目文件，同时该项目下自动创建一个数据表"数据1"和关联的图表"数据1"，重命名数据表为"钙泵的含量"。

步骤03 选择菜单栏中的"文件"→"另存为"命令，或单击"文件"功能区中的"保存命令"按钮下的"另存为"命令，弹出"保存"对话框，指定项目的保存名称。单击"确定"按钮，在源文件目录下自动创建项目文件"猪脑组织钙泵含量嵌套 t 检验.prism"。

2. 输入数据表数据

步骤01 在导航器中选择数据表"钙泵的含量"，右侧工作区直接进入该数据表的编辑界面。该数据表中包含 X 列、第 A 组（A:1、A:2、A:3）、第 B 组（B:1、B:2、B:3）等。

步骤02 选择菜单栏中的"编辑"→"格式化工作表"命令，或在功能区"更改"选项卡单击"更改数据表格式（种类、重复项、误差值）"按钮，或单击工作区左上角的"表格式"单元格，弹出"格式化数据表"对话框。打开"列标题"选项卡，在 A 行输入列标题"对照组"、B 行输入列标题"试验组"。

步骤03 打开"子列标题"选项卡，取消勾选"为所有数据集输入一组子列标题"复选框，显示所有列组的子列标题，在 A: 1、A: 2、A: 3、B: 4、B: 2、B: 3 行输入子列标题：实验室1~实验室6。单击"确定"按钮，关闭该对话框，在数据表中显示表格格式设置结果。

步骤04 根据表 10-2 中的猪脑组织钙泵含量数据，结果如图 10-15 所示。

图 10-15　输入数据

3. 嵌套 t 检验

步骤 01　选择菜单栏中的"分析"→"群组比较"→"嵌套 t 检验"命令，弹出"分析数据"对话框，在左侧列表中选择指定的分析方法：嵌套 t 检验。单击"确定"按钮，关闭该对话框，弹出"参数：嵌套 t 检验"对话框，如图 10-16 所示。

步骤 02　打开"分析"选项卡，勾选"绘制包含置信区间的平均值之间的差异""报告拟合优度"复选框。打开"残差"选项卡，勾选"QQ 图"复选框。

 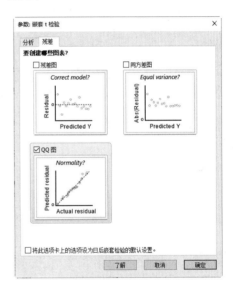

（a）"分析"选项卡　　　　　　　　　　（b）"残差"选项卡

图 10-16　"参数：嵌套 t 检验"对话框

步骤 03　单击"确定"按钮，关闭该对话框，输出结果表和图表。

4. 数据结果分析

步骤 01　在结果表"嵌套 t 检验/钙泵的含量"包含"表结果"选项卡，如图 10-17 所示。嵌套 t 检验的 P 值用于检验两个处理平均值相同的零假设。

提出假设 1：

- H_0：$\mu_1 = \mu_2$，两种处理方法（对照组、试验组）的猪脑组织钙泵的含量无差别。
- H_1：$\mu_1 \neq \mu_2$，两种处理方法（对照组、试验组）的猪脑组织钙泵的含量有差别。

提出假设 2：

- H_0：$\mu_3 = \mu_4$，不同实验室的乳猪检测结果无差别。
- H_1：$\mu_3 \neq \mu_4$，不同实验室的乳猪检测结果有差别。

	分析的表	钙泵的含量
1		
2	列 B	试验组
3	vs	vs
4	列 A	对照组
5		
6	嵌套 t 检验	
7	P 值	0.0181
8	P 值摘要	*
9	显著不同 (P < 0.05)?	是
10	单尾或双尾 P 值?	双尾
11	t, df	t=2.465, df=40
12	F, DFn, Dfd	6.074, 1, 40
13		
14	差异有多大？	
15	平均值列 B	0.2682
16	平均值列 A	0.3079
17	平均值差异 (B - A) ± 标准误	-0.03967 ± 0.01610
18	95% 置信区间	-0.07220 到 -0.007138

	随机效应	标准差	方差
20			
21	子列内部的变异	0.05216	0.002721
22	子列平均值之间的变异	0.000	0.000
23			
24	子列（每列内部）是否不同？		
25	卡方, df		
26	P 值		
27	P 值摘要		
28	子列之间是否存在显著差异(P < 0.05)?	否	
29			
30	拟合优度		
31	自由度	39	
32	REML 条件	-57.64	
33			
34	分析的数据		
35	治疗数(列)	2	
36	对象数(子列)	6	
37	值的总数	42	

图 10-17　嵌套 t 检验结果

步骤 02　打开图表"QQ 图：嵌套 t 检验/钙泵的含量"，显示实际残差-预测残差图，如图 10-18 所示。点的大致趋势明显地在从原点出发的一条 45°直线上，认为误差的正态性假设是合理的。

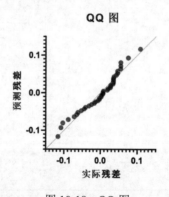

图 10-18　QQ 图

步骤 03　在"嵌套 t 检验"选项组中，P= 0.0181＜0.05，按 α=0.05 的标准，拒绝原假设，认为两种处理方法（对照组、试验组）的猪脑组织钙泵的含量有差别。

步骤 04　在"子列（每列内部）是否不同？"表中显示不同实验室的差异性，结果表明实验室之间不存在显著差异。

5. 保存项目

单击"文件"功能区中的"保存"按钮 🖫，或按 Ctrl+S 键，直接保存项目文件。

10.1.7　多重 t 检验（和非参数检验）

多重 t 检验分析分组数据表中的数据，将每个 t 检验的数据输入数据表的单行上。两列（每列均有适当数量的子列）代表所比较的两组，并且应将每组的重复样输入并排子列中。

选择菜单栏中的"分析"→"群组比较"→"多重 t 检验（和非参数检验）"命令，弹出"分析数据"对话框，在左侧列表中选择指定的分析方法：多重 t 检验（和非参数检验）每行一个，在右侧显示要分析的数据集和数据列，如图 10-19 所示。

图 10-19　"分析数据"对话框

单击"确定"按钮，关闭该对话框，弹出"参数：多重 t 检验（和非参数检验）"对话框，包含 3 个选项卡，如图 10-20 所示。

（a）"实验设计"选项卡　　　　（b）"多重比较"选项卡　　　　（c）"选项"选项卡

图 10-20　"参数：多重 t 检验（和非参数检验）"对话框

1. "实验设计"选项卡

1）实验设计

决定数据集中正在比较的变量是否匹配（未配对和已配对）。

2)假定呈高斯分布

直接指定使用参数检验或非参数检验。

3)选择每行的检验

根据数据集是否匹配选择参数检验或非参数检验，显示不同的检验方法，具体如表10-3所示。

表10-3 选择每行的检验

实验设计	高斯分布	选择检验	说 明
未配对	参数检验	未配对的t检验	假设标准差不一致，选择Welch t检验
			假设每行中的两个样本均来自具有相同标准差的总体
			假设所有样本（整个表）均来自具有相同标准差的总体
	非参数检验	Mann-Whitney检验	通过比较秩和，检验中位数差异的检验力
		Kolmogorov-Smirnov检验	比较累积分布，检验分布形状差异的检验力
已配对	参数检验	配对t检验	配对值之间的差异一致
		比值配对t检验	配对值的比值一致
	非参数检验	Wilcoxon配对符号秩检验	对配对资料的差值采用符号秩方法来检验

2. "多重比较"选项卡

在该选项卡下，Prism提供了两种方法来确定双尾P值何时足够小，使得该比较值得在进行多次t检验（和非参数）分析之后进一步研究。

1)通过控制错误发现率校正多重比较

在"方法"下拉列表中显示可选择的检验方法：

- Benjamini、Krieger和Yekutieli两阶段步进方法（推荐）：该方法取决于与Benjamini和Hochberg方法相同的假设。首先考察P值的分布，以估计实际为真的零假设的分数。然后，决定一个P值何时低到足以称为一个发现时，使用该信息来获得更多的检验力。该方法的缺点是数学计算有点复杂。该方法比Benjamini和Hochberg方法检验力更强，同时作出同样的假设，因此推荐这一方法。
- Benjamini和Hochberg的原始FDR方法：该方法最先被开发出来，现在仍是标准。其假设"检验统计独立或正相关"。
- Benjamini和Yekutieli校正方法（低次幂）：该方法无须假设各种比较如何相互关联。但这样做的代价是检验力更小，因此将更少的比较视为一个发现。

2)设置P值的阈值（或调整后的P值）

选择该方法，基于统计学显著性的方法对多重比较作出其他决定。

（1）使用Holm-Sidák法校正多重比较（推荐）：指定想要用于整个P值比较系列的置信水平α。如果零假设实际上对于每个行的比较而言是正确的，则指定的α值表示获得一项或多项比较的"显著"P值的概率。

（2）使用 Bonferroni-Dunn 方法校正多重比较：Bonferroni-Dunn 与 Šidák-Bonferroni 方法之间的主要差异是 Šidák-Bonferroni 方法假设每项比较均独立于其他比较，而 Bonferroni-Dunn 方法未做出独立性假设。Šidák-Bonferroni 方法的检验力略高于 Bonferroni-Dunn 方法。

（3）使用 Šidák-Bonferroni 方法校正多重比较：Šidák-Bonferroni 方法通常简称为 Sidák 方法，比普通 Bonferroni-Dunn 方法的检验力更高。

（4）不要校正多重比较：如果 P 值小于 α，则认为这项比较具有"统计学显著性"。Alpha 可为显著性水平设定一个值，通常设为 0.05，该值用作与 P 值进行比较的阈值。

3. "选项"选项卡

1）计算

（1）差值报告为：选择分析中两组的比较顺序。该操作不会改变检验的总体结果，只会改变差异的"符号"。

（2）也报告调整后的 P 值的负对数：选择报告计算得出的 P 值的两种基于对数的转换。

- -log10（q 值）。在火山图中使用：在创建结果的火山图时使用该转换，该选项可用于生成一张包含这些结果的表格，有助于在绘制火山图的同时进行报告。
- -log2（q 值）。奇怪值：计算得出的 P 值基于 2 的对数，提供了一种思考 P 值的直观方法。应用该转换将产生一个值 S。

2）绘图选项

绘制火山图：勾选该复选框，绘制数据的火山图。其中，X 轴表示每行的均值之间的差异，Y 轴绘制 P 值的转换。Prism 会自动将垂直网格线放在 X=0（无差异）处，将水平网格线放在 Y=-log（α）处。水平网格线上方的点的 P 值小于选择的 α 值。

10.1.8 实例——猪脑组织钙泵含量多重 t 检验

对照组和脑缺氧模型组的乳猪按出生体重配成 7 对。通过多重 t 检验进行每行数据的 t 检验，试比较不同体重的猪脑组织钙泵的含量有无差别。

操作步骤

1. 设置工作环境

步骤01 双击 GraphPad Prism 10 图标，启动 GraphPad Prism。

步骤02 选择菜单栏中的"文件"→"打开"命令，或单击 Prism 功能区中的"打开项目文件"命令，或单击"文件"功能区中的"打开项目文件"按钮，或按 Ctrl+O 键，弹出"打开"对话框，选择需要打开的文件"猪脑组织钙泵含量嵌套 t 检验.prism"，单击"打开"按钮，即可打开项目文件。

步骤03 选择菜单栏中的"文件"→"另存为"命令，或单击"文件"功能区中的"保存命令"按钮下的"另存为"命令，弹出"保存"对话框，输入项目名称。单击"确定"按钮，在源文件目录下自动创建项目文件"猪脑组织钙泵含量多重 t 检验.prism"。

2. 多重 t 检验

步骤 01 将数据表"钙泵的含量"置为当前。

步骤 02 选择菜单栏中的"分析"→"群组比较"→"多重 t 检验（和非参数检验）"命令，弹出"分析数据"对话框，在左侧列表中选择指定的分析方法：多重 t 检验（和非参数检验），在右侧显示要分析的数据集和数据列。

步骤 03 单击"确定"按钮，关闭该对话框，弹出"参数：多重 t 检验（和非参数检验）"对话框，打开"实验设计"选项卡，在"实验设计。"选项组下选择"未配对"，在"假定呈高斯分布？"选项组下选择"是。使用参数检验"，在"未配对（双样本 t 检验）"选项组下选择"没有关于一致标准差的假设。Welch t 检验。"，如图 10-21 所示。

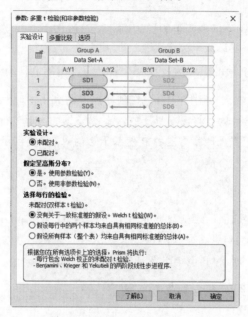

图 10-21 "参数：多重 t 检验（和非参数检验）"对话框

步骤 04 单击"确定"按钮，在结果表"多重未配对 t 检验/钙泵的含量"中显示 t 检验结果，包含 3 个选项卡：分析摘要、t 检验和发现，如图 10-22 所示。

	分析的表	钙泵的含量
2		
3	列 A	对照组
4	vs	vs
5	列 B	试验组
6		
7	检验详细信息	
8	检验名称	包含 Welch 校正的未配对 t 检验
9	方差假设	每组的个体方差
10	多重比较	错误发现率 (FDR)
11	方法	两阶段设置 (Benjamini、Krieger 和 Yekutieli)
12	所需的 FDR (Q)	1.00%
13		
14	执行的检验数	7
15	被忽略的行数	0

图 10-22 结果表"多重未配对 t 检验/钙泵的含量"

	发现？	P值	平均值对照组	平均值试验组	差值	差值标准误差	t比值	df	q值
1	否	0.543462	0.2697	0.2514	0.01830	0.02653	0.6897	2.782	0.470483
2	是	0.003095	0.1990	0.2448	-0.04577	0.006507	7.034	3.622	0.009379
3	是	0.000374	0.3197	0.1941	0.1255	0.01123	11.18	3.980	0.002267
4	否	0.323887	0.3631	0.3342	0.02887	0.02460	1.173	3.058	0.327126
5	否	0.009879	0.3440	0.3061	0.03787	0.006094	6.214	2.837	0.019955
6	否	0.055403	0.3542	0.2705	0.08370	0.02254	3.713	2.227	0.067149
7	否	0.029082	0.3054	0.2762	0.02920	0.006785	4.304	2.672	0.044059

	P值	平均值对照组	平均值试验组	差值	差值标准误差	t比值	df	q值
1	3	0.000374	0.3197	0.1941	0.1255	0.01123	11.18	3.980	0.002267
2	2	0.003095	0.1990	0.2448	-0.04577	0.006507	7.034	3.622	0.009379

图 10-22　结果表"多重未配对 t 检验/钙泵的含量"（续）

3. 结果分析

步骤 01　"分析摘要"选项卡显示了执行 Welch t 校正的未配对 t 检验，当两个样本的方差和样本大小不相等时进行的 t 检验。

步骤 02　"t 检验"选项卡显示了每行的 t 检验（两个指标），还显示了每次比较的 P 值以及多重性调整后的 P 值。第一列"发现？"显示"是"或"否"，表示在多次比较调整之后，比较情况是否具有统计学显著性。可以看出，第 2 对和第 3 对处理方法的数据具有显著性差异。

步骤 03　"t 检验"选项卡显示了具有统计学显著性的结果。

步骤 04　运行多个 t 检验时，自动创建火山图。图中每个点代表数据表中的一行，X 轴绘制平均值之间的差值。在 X = 0 处显示一条点网格线，没有差值，如图 10-23 所示。

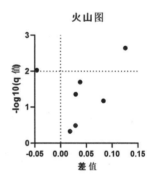

图 10-23　图表"火山图：多重未配对 t 检验/钙泵的含量"

4. 保存项目

单击"文件"功能区中的"保存"按钮，或按 Ctrl+S 键，直接保存项目文件。

10.2　方差分析

方差分析是一种常见的统计方法，用于检验样本间的均值是否相等。方差分析适用于处理因素类型为分类变量、响应变量类型为连续的情形。根据因素个数，方差分析可以分为单因素方差分析和多因素方差分析。在多因素方差分析中，要特别注意判断因素间是否存在交互作用。此外，在实际应用中，可以通过设计合理的试验，在尽可能排除外部因素的干扰后，再对试验数据进行方差分析，这样结果会更准确。

10.2.1 单因素方差分析（非参数或混合）

在单因素方差分析中，待分析变量称为响应变量或者因变量，影响实验结果的因素称为自变量或者因子。

选择菜单栏中的"分析"→"群组比较"→"单因素方差分析（非参数或混合）"命令，弹出"分析数据"对话框，在左侧列表中选择指定的分析方法：单因素方差分析（非参数或混合），在右侧显示数据集和数据列，如图 10-24 所示。

图 10-24 "分析数据"对话框

单击"确定"按钮，关闭该对话框，弹出"参数：单因素方差分析（非参数或混合）"对话框，包含 5 个选项卡，如图 10-25 所示。

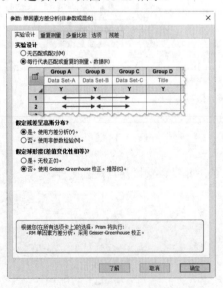

（a）"实验设计"选项卡

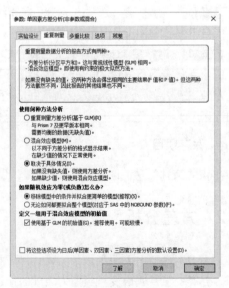

（b）"重复测量"选项卡

图 10-25 "参数：单因素方差分析（非参数或混合）"对话框

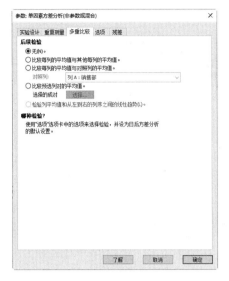
（c）"多重比较"选项卡

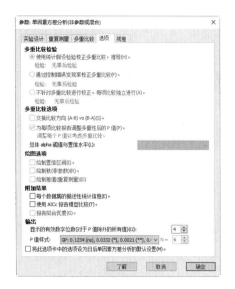
（d）"选项"选项卡

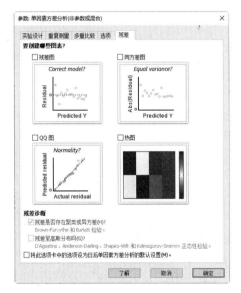
（e）"残差"选项卡

图 10-25 "参数：单因素方差分析（非参数或混合）"对话框（续）

1. "实验设计"选项卡

1）实验设计

重复测量数据的方差分析是一种对同一因变量进行重复测量的实验设计技术。该方法适用于在给予一种或多种处理后，通过在不同时间点重复测量同一受试对象的指标，或通过重复测量同一个个体的不同部位（或组织）的指标来获得观察值。

根据实验数据是否包含重复测量数据，应选择不同的分析方法：

- 无匹配或配对：选择该选项，输入的实验数据不包含成对值组成的重复数据。例如对每个个体进行两次测量（例如"治疗前"和"治疗后"）。
- 每行代表匹配或重复的测量、数据：对同一因变量进行重复测量的一种试验设计。

2）假定残差呈高斯分布

残差是指实际观测值与模型预测值之间的差异或偏差，可以观察残差的分布情况。如果残差的分布呈现出非正态性，那么会存在一些异常值或离群点需要进行处理。

- 是。使用方差分析：选择该选项，假定残差呈高斯分布（正态分布），使用方差分析。
- 否。使用非参数检验：选择该选项，残差偏离正态，需要使用非参数检验转换数据，改善其正态性。

3）假定球形度（差值变化性相等）

重复测量方差分析需满足球形假设，判断是否满足球形假设。

- 是。无校正：选择该选项。
- 否。使用 Geisser-Greenhouse 校正。推荐：如果不满足球形假设条件，方差分析的 F 值会出现偏差，增大第 1 类错误的概率（即"弃真"，拒绝了实际上成立的假设），这时就需要进行校正。

2. "重复测量"选项卡

针对同一观测变量使用同一组被试样本进行两次或两次以上的测量，每一位被试者都参与了所有的测量条件，得到的测量数据都来自相同的样本。基于这种研究设计而进行的方差分析，即为重复测量方差分析。在该选项卡下设置重复测量方差分析的参数。

1）使用何种方法分析

Prism 可通过两种方式分析重复测量数据。

（1）重复测量方差分析（基于 GLM）：无缺失值时使用。
（2）混合效应模型：在缺少值的情况下正常使用。
（3）取决于具体情况：如果没有缺失值，则使用方差分析。如果缺少值，则使用混合效应模型。

2）如果随机效应为零（或负数）怎么办

（1）移除模型中的条件并拟合更简单的模型（推荐）：选择该选项，移除模型中的缺失值后再进行分析。
（2）无论如何都要拟合整个模型（对应 SAS 中的 NOBOUND 参数）：选择该选项，使用包含缺失值的数据集拟合一个混合模型。

3）定义一组用于混合效应模型的初始值

使用基于 GLM 的初始值：勾选该复选框，基于广义线性模型定义初始值。

3. "多重比较"选项卡

方差分析的结果只说明多组之间存在差异，但并不能明确计算出是哪两组之间存在差异，因此还需要进行事后多重比较（两两进行比较），以找出多组中哪两组之间存在差异。在该选项卡中选择后续检验（事后多重比较）的方法。

（1）无（N）：选择该选项，不进行事后多重比较。

（2）比较每列的平均值与其他每列的平均值：最常用的多重比较方法，比其他选择进行更多的比较，检测差异的检验力会更小。选择该选项后，可以在"选项"选项卡中选择确切的检验，但最常用的是 Tukey 检验。

（3）比较每列的平均值与对照列的平均值：选择该选项，将每个组与一个对照组作比较，而非与其他每个组作比较。这会大大减少比较次数（至少在有许多组的情况下），如此能够提高检测差异的检验力。在"选项"选项卡中选择确切的检验，但最常用的是 Dunnett 检验。

（4）比较预选列对的平均值：选择该选项，减少了比较次数，但也因此增加了检验力。

（5）检验列平均值和从左到右的列序之间的线性趋势：线性趋势检验是一种专用检验，仅当列按自然顺序排列（例如剂量或时间）时进行此检验才有意义，在列之间从左向右移动时，检验是否存在列平均值趋向于增加（或减少）的趋势。其他多重比较检验完全不关注数据集的顺序。

4. "选项"选项卡

1）多重比较检验

在"多重比较"选项卡中选择不同的后续检验方法，对应在该选项卡中选择具体的多重比较检验的方法。

（1）使用统计假设检验校正多重比较。推荐。

①比较每列的平均值与其他每列的平均值：

- 如果假设同方差性（相等 SD），则在"检验"下拉列表中可选择的多重比较检验方法包括：Tukey（推荐）、Bonferroni、Sidak、Holm-Sidak、Newman-Keuls 检验方法。
- 如果不假设同方差性（相等 SD），则可选择的多重比较检验方法包括：Games-Howell（建议用于大样本）、Dunnett T3（每组样本量小于 50）、Tamhane T2，这 3 种方法均可以计算置信区间和多重性调整后的 P 值。

②比较每列的平均值与对照列的平均值：

- 如果假设同方差性（相等 SD），则可选择的多重比较检验方法包括：Dunnett's（推荐）、Bonferroni、Sidak、Holm-Sidak 检验方法。
- 如果未假设同方差性（相等 SD），则可选择的多重比较检验方法包括：Dunnett T3（推荐）、Tamhane T2。

③比较预选列对的平均值：

- 如果假设同方差性（相等 SD），则可选择的多重比较检验方法包括：Bonferroni（最常用）、Sidak（检验力更高）、Holm-Sidak（无法计算置信区间）检验方法。
- 如果不假设同方差性（相等 SD），则可选择的多重比较检验方法包括：Games-Howell（建议）、Dunnett T3、Tamhane T2。

（2）通过控制错误发现率校正多重比较：在"检验"下拉列表中显示可选择的检验方法：

- Benjamini、Krieger 和 Yekutieli 两阶段步进方法（推荐）：该方法取决于与 Benjamini 和 Hochberg 方法相同的假设。首先考察 P 值的分布，以估计实际为真的零假设的分数。然后，决定一个 P 值何时低到足以称为一个发现时，使用该信息来获得更多的检验力。该方法的缺点是数学计算有点复杂。该方法比 Benjamini 和 Hochberg 方法的检验力更强，同时作出同样的假设，因此推荐这一方法。
- Benjamini 和 Hochberg 的原始 FDR 方法：该方法最先被开发出来，现在仍是标准。其假设"检验统计独立或正相关"。
- Benjamini 和 Yekutieli 校正方法（低次幂）：该方法不需要对各组比较之间的相关性做任何假设。但这种方法的代价是降低了统计检验力，因此能够被判定为显著性差异的比较会更少。

（3）不针对多重比较进行校正。每项比较独立进行：选择该项，Prism 将执行 Fisher 最小显著性差异（LSD）检验。Fisher LSD 方法检测差异的检验力更高。但该方法可能得出错误结论，即差异具有统计学显著性。纠正多重比较（Fisher LSD 方法不执行）时，显著性阈值（通常为 5%或 0.05）适用于整个比较族。在使用 Fisher LSD 方法的情况下，该阈值分别适用于每项比较。

2）多重比较选项
- 交换比较方向（A-B）vs（B-A）：选择该选项，改变所有报告的均值间差异的符号。
- 为每项比较报告调整多重性后的 P 值、调整每个 P 值以考虑多重比较。如果选中该选项，则 Prism 会为每项 P 值比较，并报告调整后的 P 值。这些计算不仅考虑到所比较的两组，还考虑到方差分析中的组总数（数据集列）以及所有组中的数据。在使用 Dunnett 检验的情况下，Prism 只能在多重性调整后 P 值大于 0.0001 时报告该值。否则，Prism 会报告"< 0.0001"。多重性调整后的 P 值适用于整个比较族的最小显著性阈值（α），在该阈值下，特定比较将声明为"统计学显著性"。
- 总体 alpha 阈值与置信水平：一般情况下，根据 95%置信水平计算置信区间，统计学显著性使用等于 0.05 的 α 来定义。Prism 也可以选择其他 α 值，从而计算置信水平（1-α）。如果选择 FDR，则为 Q 选择一个值（百分比）。如果将 Q 设为 5%，则预计不超过 5%的"发现"为假阳性。

3）绘图选项

提供了创建一些额外图表的选项，每张图表均有自己的额外结果页面。

- 绘制置信区间：勾选该复选框，若选择了计算置信区间的多重比较方法（Tukey、Dunnett 等），则 Prism 可绘制这些置信区间。
- 绘制秩（非参数）：如果选择 Kruskal-Wallis 非参数检验，则 Prism 可绘制每个值的秩，因为这是检验实际分析的对象。
- 绘制差值（重复测量）：对于普通方差分析，每个残差均为某个值与该组的平均值之间的差异。对于重复测量方差分析，每个残差计算为某个值与来自该特定个体（行）的所有值的平均值之间的差异。勾选该复选框，选择绘制残差。

4）附加结果

- 每个数据集的描述性统计信息：勾选该复选框，选择额外的结果页面，显示每列的描述性统计，类似于列统计分析报告的内容。
- 使用 AICc 报告模型比较：勾选该复选框，输出总体方差分析比较，除通常的 P 值外。
- 报告拟合优度：勾选该复选框，输出拟合优度。Prism 将两个模型拟合至数据（一个是所有组均从具有相同平均值的总体中抽样，另一个是从具有不同平均值的群体中抽样），并表明每个模型均正确的可能性。

5. "残差"选项卡

1）要创建哪些图表

Prism 可以制作以下 4 种残差图。

- 残差图：X 轴是预测值（或拟合值），重复数据的平均值；Y 轴是残差。该图可以发现比其余部分大得多或小得多的残差。
- 同方差图：X 轴是预测值（或拟合值），重复数据的平均值（重复测量）；Y 轴是残差的绝对值。该图检查较大的值是否与较大的残差（大的绝对值）相关联。
- QQ 图：X 轴是实际残差。Y 轴是预测残差，根据残差的百分位数（在所有残差中）计算得到，并假设从高斯分布群体中抽样得到。方差分析假设残差服从高斯分布，该图表用来检查该假设。
- 热图：热图是对实验数据分布情况进行分析的直观可视化方法。

2）残差诊断

（1）残差是否存在聚类或异方差：方差分析假设每个样本从具有相同标准偏差的群体中随机抽样得到。勾选该复选框，通过 Brown-Forsythe 和 Barlett 检验验证该假设。

（2）残差呈高斯分布吗：勾选该复选框，通过 D'Agostino、Anderson-Darling、Shapiro-wilk 和 Kolmogorov-Smirnov 四次正态性检验，验证残差是否呈正态分布。

10.2.2 实例——分析治疗方法的疗效

将 18 名原发性血小板减少症患者按年龄相近的原则分配为 6 个单位组，每个单位组中的 3 名患者随机分配到 A、B、C 三个治疗组中，治疗后血小板升高（见表 10-4），请问 3 种治疗方法的疗效有无差别？

表 10-4 不同人用鹿茸草后血小板的升高值（10^{12}/l）

年龄组	A	B	C
1	3.8	6.3	8.0
2	4.6	6.3	11.9
3	7.6	10.2	14.1
4	8.6	9.2	14.7
5	6.4	8.1	13.0
6	6.2	6.9	13.4

建立检验假设：

- H_0：$\mu_1 = \mu_2$，治疗方法对血小板升高无影响，3种治疗方法的疗效无差别。
- H_1：$\mu_1 \neq \mu_2$，治疗方法对血小板升高有影响，3种治疗方法的疗效有差别。

操作步骤

1. 设置工作环境

步骤01 双击开始菜单的 GraphPad Prism 10 图标，启动 GraphPad Prism 10，自动弹出"欢迎使用 GraphPad Prism"对话框。

步骤02 在"创建"选项组下选择"列"，在右侧界面"数据表"选项组下选择"输入或导入数据到新表"这种方法；在"选项"选项组下选择"输入成对的或重复的测量数据-每个主题位于单独的一行"。单击"创建"按钮，创建项目文件"项目1"，同时该项目下自动创建一个数据表"数据1"和关联的图表"数据1"，重命名数据表为"血小板的升高值"。

步骤03 选择菜单栏中的"文件"→"另存为"命令，或单击"文件"功能区中的"保存命令"按钮下的"另存为"命令，弹出"保存"对话框，输入项目名称"方差分析治疗方法的疗效"。单击"确定"按钮，保存项目。

2. 输入数据

在导航器中选择"血小板的升高值"，根据表 10-4 中的数据在数据区输入数据、列标题和行标题，结果如图 10-26 所示。

3. 正态性检验

步骤01 选择菜单栏中的"分析"→"数据探索和摘要"→"正态性与对数正态性检验"命令，弹出"分析数据"对话框，在左侧列表中选择指定的分析方法：正态性和对数正态性检验。单击"确定"按钮，关闭该对话框，弹出"参数：正态性和对数正态性检验"对话框，如图 10-27 所示。

图 10-26 输入数据　　　　图 10-27 "参数：正态性和对数正态性检验"对话框

- 在"要检验哪些分布?"选项组下选择检验数据是否服从正态(高斯)分布。
- 由于实验数据样本数≤50,适合小样本数据的检验方法,在"检验分布的方法"选项组下选择"Shapiro-Wilk 正态性检验"(夏皮罗维尔克检验法)。

步骤02 单击"确定"按钮,关闭该对话框,输出结果表"正态性与对数正态性检验/血小板的升高值",如图 10-28 所示。

步骤03 查看正态分布检验表中 Shapiro-Wilk 检验的显著性检验结果。治疗组 A、治疗组 B、治疗组 C 的血小板升高值数据显著性值均大于 0.05,因此认为治疗组 A、治疗组 B、治疗组 C 的血小板升高值数据服从正态分布。

4. 单因素方差分析

步骤01 单击"分析"功能区的"比较三组或更多组:单因素方差分析、Kruskal Wallis 检验、Friedman 检验"按钮,弹出"参数:单因素方差分析(非参数或混合)"对话框中的"实验设计"选项卡,如图 10-29 所示。

图 10-28 正态性检验结果

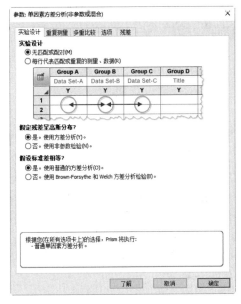

图 10-29 "参数:单因素方差分析(非参数或混合)"对话框

步骤02 由于输入的实验数据不包含成对值组成的重复数据,在"实验设计"选项组下选择"无匹配或配对"选项。

步骤03 由于输入的实验数据服从正态分布,在"假定残差呈高斯分布?"选项组下选择"是。使用方差分析。"选项。

步骤04 假定数据方差齐性,在"假定标准差相等?"选项组下选择"是。使用普通的方差分析"选项。

步骤05 单击"确定"按钮,关闭该对话框,输出结果表"普通单因素方差分析/血小板的升高值",如图 10-30 所示。

图 10-30　单因素方差分析结果

5. 结果分析

在"匹配是否有效？"选项组下检验数据的方差齐性，从图 10-30 可以看到，P 值＜0.05，表示方差差异显著，方差齐性检验未通过，无法使用简单的方差分析。

6. 方差分析（非参数检验）

在结果表左上角单击按钮，或单击"分析"功能区的"更改分析参数"按钮，弹出"参数：单因素方差分析（非参数或混合）"对话框，打开"实验设计"选项卡，在"假设标准差相等？"选项组下选择"否。使用 Brown-Forsythe 和 Welch 方差分析检验。"，如图 10-31 所示。

单击"确定"按钮，关闭该对话框，在结果表"Brown-Forsythe 和 Welch ANOVA 检验/血小板的升高值"中更新分析结果，如图 10-32 所示。

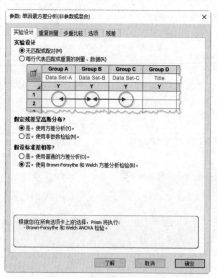

图 10-31　"参数：单因素方差分析（非参数或混合）"对话框　　图 10-32　单因素方差分析结果

7. 结果分析

在两种检验方法结果中，显著性 P 值均小于 0.05，各组之间存在显著差距，即治疗方法（治疗组 A、治疗组 B、治疗组 C）对血小板升高值有显著性影响。

8. 保存项目

单击"文件"功能区的"保存"按钮，或按 Ctrl+S 键，直接保存项目文件。

10.2.3 嵌套的单因素方差分析

若有 3 个或更多数据集，Prism 会提供嵌套的单因素方差分析，"嵌套方差分析"属于层次方差分析。对于嵌套方差分析，子列堆栈中的值序不相关，并且随机扰乱该顺序不会影响结果。

选择菜单栏中的"分析"→"群组比较"→"嵌套单因素方差分析"命令，弹出"分析数据"对话框，在左侧列表中选择指定的分析方法：嵌套的单因素方差分析，在右侧显示要分析的数据集和数据列，如图 10-33 所示。

单击"确定"按钮，关闭该对话框，弹出"参数：嵌套的单因素方差分析"对话框，包含 3 个选项卡，如图 10-34 所示。

 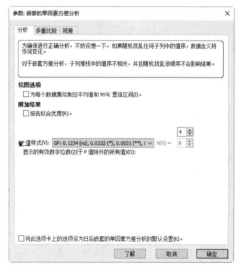

图 10-33 "分析数据"对话框　　　　图 10-34 "参数：嵌套的单因素方差分析"对话框

1. "分析"选项卡

1）绘图选项

为每个数据集绘制总平均值和 95% 置信区间：勾选该复选框，Prism 可绘制这些置信区间。

2）附加结果

报告拟合优度：勾选该复选框，输出拟合优度，表明每个模型均正确的可能性。

2. "多重比较"选项卡

在该选项卡下设置方差分析多重比较的参数：多重比较次数、多重比较检验方法等。

3. "残差"选项卡

在该选项卡下选择 Prism 可以制作的残差图：残差图、同方差性图、QQ 图。

10.2.4 双因素方差分析（或混合模型）

在许多实际问题中，常常需要研究多个因素同时变化时的方差分析，以控制一些无关因素、找出影响最显著的因素，并确定起显著作用的因素在何种条件下能产生最佳影响。这时，就需要用到双因素方差分析。

总的来说，双因素方差分析用于研究两个因素（自变量）的变化对某一因变量（响应变量）的影响。

选择菜单栏中的"分析"→"群组比较"→"双因素方差分析（或混合模型）"命令，弹出"分析数据"对话框，在左侧列表中选择指定的分析方法：双因素方差分析（或混合模型），在右侧显示要分析的数据集和数据列，如图 10-35 所示。

单击"确定"按钮，关闭该对话框，弹出"参数：双因素方差分析（或混合模型）"对话框，包含 6 个选项卡，如图 10-36 所示。

图 10-35 "分析数据"对话框

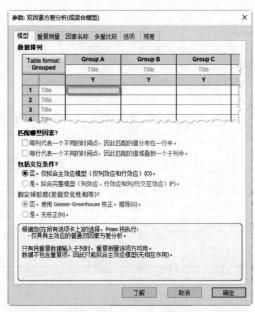

图 10-36 "参数：双因素方差分析（或混合模型）"对话框

下面介绍"模型"选项卡和"因素名称"选项卡，其余选项卡中的选项与单因素方差分析类似，这里不再赘述。

1. "模型"选项卡

1）匹配哪些因素

在进行数据匹配时，选择两个因素可能出现以下三种情况：非重复测量；有一个是重复测量，一个不是；两个因素均为重复测量。如果一个因素是重复测量，另一个不是，则该分析又称"混合效应模型方差分析"。

- 不勾选任何一个复选框，使用常规的双因素方差分析（非重复测量），在如图 10-37 所示的表格缩略图中显示数据集中两项因素（因素 A、因素 B）的数据排列方式。默认情况下，每个数据集（列）代表一项因素（因素 A）的不同级别，每行代表另一项因素的不同级别。列下面的每个子列代表一项因素（因素 B）。

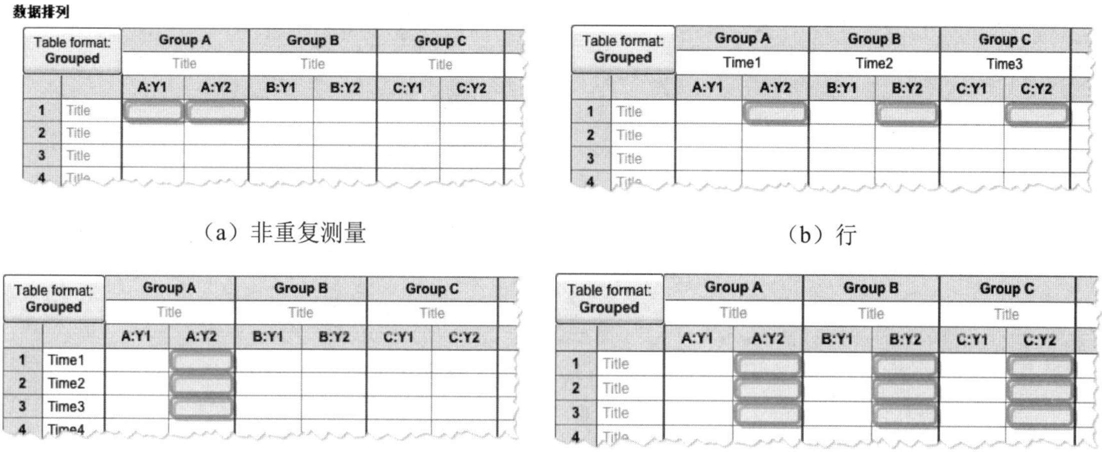

（a）非重复测量　　　　　　　　（b）行

（c）列重复测量　　　　　　　　（d）两个重复测量

图 10-37　数据排列

- 每列代表一个不同的时间点，因此匹配的值分布在一行中：勾选该复选框，两个因素中至少有一个是重复测量，每行代表重复测量的不同次数。
- 每行代表一个不同的时间点，因此匹配的值堆叠到一个子列中：勾选该复选框，两个因素中至少有一个是重复测量，重复测量的不同次数叠加在一个子列中显示。
- 勾选上面两个复选框，表示两个因素都是重复测量。

2）包括交互条件

选择方差分析模型是否包含两个因素的交互影响。

- 否。仅拟合主效应模型（仅列效应和行效应）。
- 是。拟合完整模型（列效应、行效应和列/行交互效应）。

3）假定球形度（差值变化性相等）

重复测量方差分析需满足球形假设，在该选项组下选择是否假定球形度。如果不假定球形度，则 Prism 会使用 Greenhouse-Geisser 修正，并计算 ε。

2. "因素名称"选项卡

在该选项卡下定义两个因素的描述性名称，使其更容易解释分析结果，如图 10-38 所示。

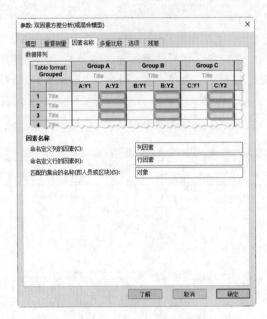

图 10-38 "因素名称"选项卡

10.2.5 三因素方差分析（或混合模型）

三因素方差分析用于确定一个反应变量如何受到三个因素的共同影响。例如，可以在两个时间点比较男性和女性对药物和安慰剂的反应。在这个例子中，性别是一个因素，药物治疗是另一个因素，时间是第三个因素。

三因素方差分析可以帮助回答以下问题：

- 药物是否对反应有影响？
- 性别是否对反应有影响？
- 时间是否对反应有影响？
- 这三个因素是否存在交互作用，即它们是否交织在一起共同影响反应？

三因素方差分析相对复杂，需要检验 7 个零假设，并报告对应的 7 个 P 值。其中三个 P 值用于检验主效应，三个 P 值用于检验双因素交互效应，还有一个 P 值用于检验三因素交互效应。具体零假设如下。

主效应的零假设：

- 零假设 1：平均而言，男性和女性的测量值相同。
- 零假设 2：平均而言，治疗组和对照组的测量值相同。
- 零假设 3：平均而言，采用低剂量或高剂量预处理时的测量值相同。

双因素交互效应的零假设：

- 零假设 4：汇总男性和女性的数据，低剂量和高剂量预处理的治疗效果与对照组相同。
- 零假设 5：汇总治疗和对照的数据，低剂量和高剂量预处理对男性和女性的影响相同。
- 零假设 6：汇总低剂量和高剂量预处理的数据，男性和女性受试者在治疗与对照条件下的效果相同。

三因素交互效应的零假设：

● 零假设 7：三个因素（性别、药物治疗、剂量）之间不存在三因素交互作用。

通过检验这些零假设，三因素方差分析可以全面评估三个因素的主效应及其交互效应对实验结果的影响。

选择菜单栏中的"分析"→"群组比较"→"三因素方差分析（或混合模型）"命令，弹出"分析数据"对话框，在左侧列表中选择指定的分析方法：三因素方差分析（或混合模型），在右侧显示要分析的数据集和数据列，如图 10-39 所示。

单击"确定"按钮，关闭该对话框，弹出"参数：三因素方差分析（或混合模型）"对话框，包含 7 个选项卡，如图 10-40 所示。下面介绍"RM 设计"选项卡和"合并数据"选项卡，其余选项卡中的选项与单因素方差分析、双因素方差分析类似，这里不再赘述。

图 10-39　"分析数据"对话框

图 10-40　"参数：三因素方差分析（或混合模型）"对话框

1. "RM 设计"选项卡

三因素方差分析可以处理重复测量。在三个复选框中，可以指定哪些因素是重复测量因素。当选中或取消选中这些选项时，查看"数据排列"选项组中的图形。

2. "合并数据"选项卡

该选项卡用来将三项数据合并成一个双因素表，如图 10-41 所示。

（1）不为双因素方差分析创建新的合并表：选择该选项，列数据中显示因素 A 和因素 B，子列数据中显示因素 C。

（2）合并 A 列和 B 列，也合并 C 列和 D 列：合并列时，数值保持不变，但得到更多子列。选择该选项，列数据中显示因素 A，子列数据中显示因素 B 和因素 C。因此，如果选择合并 A 列和 B 列（以及 C 列和 D 列），则将得到一半数量的数据集列，每列均有两倍数量的子列。B 列的 Y1 子列成为新 A 列的 Y3 子列。

（3）合并 A 列和 C 列，也合并 B 列和 D 列：选择该选项，列数据中显示因素 B，子列数据中显示因素 A 和因素 C。

图 10-41 "合并数据"选项卡

10.2.6 卡方检验（和费希尔精确检验）

卡方检验是一种用途很广的假设检验方法，属于非参数检验的范畴，主要用于比较两个或两个以上样本率以及两个分类变量的列联表分析。卡方检验原假设 H_0 是：样本来自的总体分布与期望分布或某一理论分布无差异。

选择菜单栏中的"分析"→"群组比较"→"卡方检验（和费希尔精确检验）"命令，弹出"分析数据"对话框，在左侧列表中选择指定的分析方法：卡方检验（和费希尔精确检验），在右侧显示要分析的数据集和数据列，如图 10-42 所示。

图 10-42 "分析数据"对话框

单击"确定"按钮,关闭该对话框,弹出"参数:卡方(和 Fisher 精确)检验"对话框,包含两个选项卡,如图 10-43 所示。

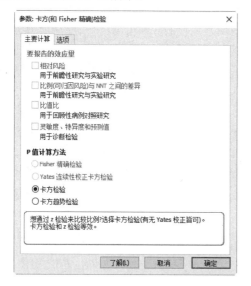
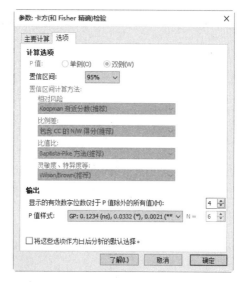

图 10-43 "参数:卡方(和 Fisher 精确)检验"对话框

1. "主要计算"选项卡

1)要报告的效应量

效应量是指方差分析中由于因素引起的差别,是衡量处理效应大小的指标。下面显示卡方检验的效应量。

- 相对风险:用于前瞻性研究与实验研究。
- 比例(可归因风险)与 NNT 之间的差异:用于前瞻性研究与实验研究。
- 比值比:用于回顾性病例对照研究。
- 灵敏度、特异度和预测值:表示检测的特性,用于诊断检验。

2)P 值计算方法

P 值是用来判定假设检验结果的一个参数,是指当原假设为真时,比所得到的样本观察结果更极端的结果出现的概率。如果 P 值很小,说明原假设情况发生的概率很小。根据小概率原理,拒绝原假设,P 值越小,拒绝原假设的理由越充分。总之,P 值越小,表明结果越显著。

- Fisher 精确检验:费希尔精确概率检验,评估两组或两个变量关系的统计检验方法,适用于 n<40 或 T<1。
- Yates 连续性校正卡方检验:基于卡方分布的检验方法,在某个单元格的期望频数小于 5 时,会使 χ^2 统计量渐进卡方分布的假设不可信,因此需要进行连续性校正,在每个单元格的残差中减去 0.5,适用于 n≥40 且 1≤T<5。
- 卡方检验:基于 χ^2 分布的假设检验方法,适用于 n≥40 且 T≥5。
- 卡方趋势检验:检验两个变量之间是否存在线性趋势。

2. "选项"选项卡

（1）P值：选择P值的计算方法。

- 单侧：也称单侧检验，强调某一方向的检验叫单尾检验。如当要检验的是样本所取自的总体参数值大于或小于某个特定值时，采用单侧检验方法。也称为单侧检验或单尾检验。这种检验强调某一特定方向的差异。当需要检验样本所来自的总体的参数是否显著大于或小于某个特定值时，采用单侧检验。例如，检验新药是否比现有药物更有效（关注"大于"特定值），或是否低于某一标准（关注"小于"特定值）。
- 双侧：也称为双尾检验。这种检验只关注差异的存在，而不关注差异的方向（例如，是否"大于"或"小于"）。当需要检验两个样本的均值之间是否存在任何差异时，采用双尾检验。例如，检验样本均值与总体均值是否有差异，或两个样本之间是否有差异。双尾检验的目的只是检测A组和B组之间是否存在差异，而不关心A是否大于B或B是否大于A。

（2）置信区间：选择置信水平，默认值为95%。

（3）置信区间计算方法：

- 相对风险：选择计算相对风险的置信区间的方法，默认选择Koopman渐近分数（推荐）。
- 比例差：包含CC的N/W得分（推荐）：早期Prism版本采用的渐进方法是一种近似法。
- 比值比：Prism 6和早期版本采用的Woolf方法是一种近似法，默认选择Baptista-Pike方法（推荐）。
- 灵敏度、特异度等：Clopper和Pearson"精确法"产生广泛的置信区间，默认选择Wilson/Brown（推荐）。

10.2.7 实例——卡方分析降压药有效率

对甲、乙两种降压药进行临床疗效评价，将某时间段内入院的高血压病人随机分为两组，每组均为100人。甲药治疗组80位患者有效，乙药治疗组50位患者有效，试估计两种降压药有效率之差的95%置信区间。

操作步骤

1. 设置工作环境

步骤01 双击开始菜单的GraphPad Prism 10图标，启动GraphPad Prism 10，自动弹出"欢迎使用GraphPad Prism"对话框。

步骤02 在"创建"选项组下选择"列联"，在右侧界面"数据表"选项组下选择"输入或导入数据到新表"这种方法。单击"创建"按钮，创建项目文件，同时该项目下自动创建一个数据表"数据1"和关联的图表"数据1"，重命名数据表为"降压药有效数据"。

步骤03 选择菜单栏中的"文件"→"另存为"命令，或单击"文件"功能区中的"保存命令"按钮 下的"另存为"命令，弹出"保存"对话框，输入项目名称"卡方分析降压药有效率.prism"。单击"确定"按钮，保存项目。

2. 输入数据

根据题中数据在数据区输入数据，结果如图 10-44 所示。

3. 卡方检验

步骤 01 单击"分析"功能区的"卡方检验或 Fisher 检验"按钮 χ^2，弹出"参数：卡方（和 Fisher 精确）检验"对话框，打开"主要计算"选项卡，如图 10-45 所示。

- 在"要报告的效应量"选项组下勾选"比例（可归因风险）与 NNT 之间的差异"，计算两种降压药有效率之差。
- 在"P 值计算方法"选项组下选择"卡方检验"，诊断样本数大于或等于 40 的数据集。

步骤 02 单击"确定"按钮，关闭该对话框，输出结果表"列联/降压药有效数据"，如图 10-46 所示。

图 10-44 输入数据

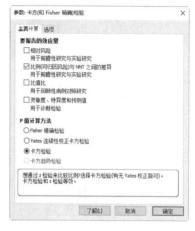

图 10-45 "主要计算"选项卡

图 10-46 "列联/降压药有效数据"结果

4. 结果分析

（1）查看"P 值与统计显著性"表中卡方检验的显著性检验结果：

- "单侧或双侧"选项中显示"双侧"，表示原假设 H_0：甲、乙两种降压药临床疗效之间没有显著的相关性。

- P 值 < 0.0001，"具有统计意义（P<0.05）？"结果为"是"。

因此，认为甲、乙两种降压药的临床疗效有极其显著的差异，具有统计意义。

（2）在"效应量"中显示归因风险（P1-P2），即降压药有效率之差为 0.3000，总体相对危险度 95%CI 值为（0.1618,0.4233）。

（3）"分析的数据"表中显示行列总计值，"行总计百分比"表中显示行百分比，"列总计百分比"表中显示列百分比。

5. 图表分析

步骤01 打开导航器"图表"下的"降压药有效数据"，自动弹出"更改图表类型"对话框，选择"交错条形"，如图 10-47 所示。

步骤02 单击"确定"按钮，关闭该对话框，显示创建的条形图，可以直观地看出甲、乙两种降压药临床疗效（有效、无效）的差异，如图 10-48 所示。

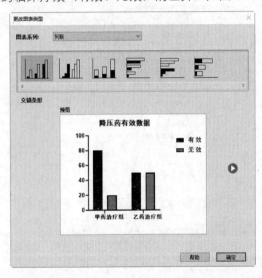

图 10-47　"更改图表类型"对话框

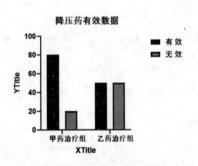

图 10-48　显示条形图

步骤03 选择 X 轴，并向右拖动 X 轴，调整 X 轴与其中图形的大小。移动图例到 X 轴下方。

步骤04 选择图表标题，设置字体为"华文楷体"，大小为 22，颜色为红色（3E）。

步骤05 单击"更改"功能区中的"更改颜色"按钮  下的"彩色（半透明）"命令，即可自动更新图表颜色。

步骤06 双击绘图区空白处，或单击"更改"功能区中的"设置图表格式（符号、条形图、误差条等）"按钮，弹出"格式化图表"对话框，打开"注解"选项卡，打开"在条形与误差条上方"选项卡，在"显示"选项下选择"绘图的值（平均值，中位数…）"选项，在"方向"选项下选择"水平"。

步骤07 打开"外观"选项卡，在"数据集"下拉列表中选择"更改所有数据集"，在"边框"选项组下选择"无"，取消条形的边框，如图 10-49 所示。

步骤08 单击"确定"按钮，关闭该对话框，更新图表，如图 10-50 所示。

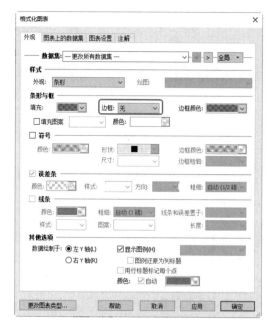

图 10-49 "外观"选项卡

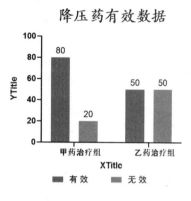

图 10-50 更新图表

6. 保存项目

单击"文件"功能区中的"保存"按钮 , 或按 Ctrl+S 键,直接保存项目文件。

第 11 章

一致性检验

在医学研究和临床实践中,经常会面临不同测量方法之间的比较和评估问题。为了确定两种测量方法是否能够得出相似的结果,需要评估它们之间的一致性。本章主要讨论一致性评估的场景:通过受试者工作特征曲线比较诊断结果与金标准的一致性、评估两种不同诊断方法在同一样本上的诊断结果一致性,以及分析同一试验者对同一试验对象前后两次诊断结果的一致性。

内容要点

- Bland-Altman 分析
- ROC 分析

11.1 Bland-Altman 分析

Bland-Altman 分析的基本思想是计算两组测量结果的一致性界限,并用图像直观地反映这个一致性界限。Bland-Altman 图是反映数据一致性很简单直观的图示方法。

11.1.1 诊断试验一致性

一般对两种方法或两个标准进行一致性评价时,都会对同一批研究对象同时各测量一次(典型的自身对照)。

理论上讲,这两种方法或两个标准一般不会获得完全相同的结果,但是会具有一定趋势的差异。也就是说,一种方法(一个标准)的测量结果总是大于(或小于)另一种方法(另一个标准),这种系统误差就是"偏倚"。

"偏倚"大小可以用两种方法(或两个标准)测量结果的差值的均数 d 进行估计,d 的变异情况则用差值的标准差 Sd 来描述。当测量结果的差值服从正态分布时,95%的差值应该位于 d±1.96Sd 之间,叫作 95%一致性界限(95%LoA)。

如果两个测量结果的差异位于 95%LoA 内,在临床上是可以接受的,则可以认为这两种方法或两个标准测量结果具有较好的一致性。

Bland-Altman 法正是基于以上思路,计算出两种方法或两个标准测量结果的"95%一致性界限",并用图形的方法直观地反映出这个一致性界限——通常以测量结果的差值为纵轴,以测量结果的均数为横轴,绘制散点图,并标注出 95%一致性界限。最后结合临床实际允许的最大误差,得出两种方法或两个标准是否具有一致性的结论。

11.1.2 Bland-Altman 方法比较

Bland-Altman LOA 是一种流行的统计分析方法，它提供了一种直观且易于理解的方式来评估两种测量方法的一致性。

要想评价不同医生对同一批患者的判断结果，或同一医生先后两次的测量和判断结果是否一致，常使用 Kappa 值和 Kendall 系数。

选择菜单栏中的"分析"→"群组比较"→"Bland-Altman 方法比较"命令，弹出"分析数据"对话框，在左侧列表中选择指定的分析方法：Bland-Altman 方法比较，在右侧显示要分析的数据集和数据列，如图 11-1 所示。

单击"确定"按钮，关闭该对话框，弹出"参数：Bland-Altman"对话框，如图 11-2 所示。

图 11-1 "分析数据"对话框

图 11-2 "参数：Bland-Altman"对话框

1. 数据集

选择采用方法 A、方法 B 的数据集。

2. 计算

选择描述测量结果的差值分布的统计量：

- 差值（A-B）vs 均值。
- 比率（A/B）vs 均值。
- %差值（100*（A-B）/均值）vs 均值。
- 差值（B-A）vs 均值。
- 比率（B/A）vs 均值。
- %差值（100*B-A）/均值）vs 均值。

3. 有效数字

显示的有效数字位数：显示差值和平均值的有效数字位数。

4. 新建图表

为结果创建新图表：创建 Bland-Altman 图，在 Y 轴上绘制两个测量值之间的差值，在 X 轴上绘制两个测量值的平均值。图中的两条虚线表示 95%一致性界限。

11.1.3 实例——两台仪器检测数据一致性比较

随机抽取 10 只小鼠，使用两种方法测得鼠肝中铁的含量（ug/g），数据如表 11-1 所示。试比较两台仪器检测鼠肝中铁的含量的一致性。

表 11-1　两台仪器检测铁的含量（ug/g）

A 仪器	3.59	0.96	3.89	1.23	1.61	2.94	1.96	3.98	1.54	2.59
B 仪器	2.23	1.14	3.63	1.00	1.35	3.01	1.64	2.13	1.01	2.70

操作步骤

1. 设置工作环境

步骤01　双击开始菜单的 GraphPad Prism 10 图标，启动 GraphPad Prism 10，自动弹出"欢迎使用 GraphPad Prism"对话框。

步骤02　在"创建"选项组下选择"列"，在右侧界面"数据表"选项组下选择 "输入或导入数据到新表"这种方法；在"选项"选项组下选择"输入重复值，并堆叠到列中"。单击"创建"按钮，创建项目文件，同时该项目下自动创建一个数据表"数据 1"和关联的图表"数据 1"，重命名数据表为"铁的含量"。

步骤03　选择菜单栏中的"文件"→"另存为"命令，或单击"文件"功能区中的"保存命令"按钮 下的"另存为"命令，弹出"保存"对话框，输入项目名称"两台仪器检测数据一致性比较.prism"。单击"确定"按钮，保存项目。

2. 输入数据

根据表 11-1 中的数据，在数据表中输入数据，结果如图 11-3 所示。

3. Bland-Altman 方法比较

步骤01　使用 Bland-Altman 方法计算出两台仪器检测结果的一致性界限，并用图形直观地反映一致性界限和两种检测方法测量差距的分布情况，最后结合临床实际经验，分析两台仪器检测数据是否具有一致性。

步骤02　在导航器中选择数据表"铁的含量"。

步骤03　选择菜单栏中的"分析"→"群组比较"→"Bland-Altman 方法比较"命令，弹出"分析数据"对话框，单击"确定"按钮，关闭该对话框，弹出"参数：Bland-Altman"对话框，自动识别采用 A 仪器、B 仪器的数据集，在"计算"选项组下选择"比率（A/B）vs 均值"，勾选"为结果创建新图表"复选框，如图 11-4 所示。

图 11-3　输入数据　　　　　图 11-4　"参数：Bland-Altman"对话框

步骤 04　单击"确定"按钮，关闭该对话框，输出分析结果表和图表，如图 11-5 所示。

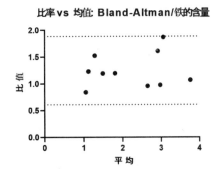

图 11-5　Bland-Altman 检验分析结果

4. 结果分析

（1）在结果表"Bland-Altman/铁的含量"中显示分析结果：两种检测方法结果差值的均值、两种检测方法结果差值的标准差、95%一致性界限范围。

（2）从图表"比率 vs 均值: Bland-Altman/铁的含量"中可以直观地看出两种仪器检测数据的差异。水平的两条虚线为 95%一致性界限，若均值数据点位于界限（最小值，最大值）之间，则表示两种检测方法有较好的一致性。

5. 美化图表

步骤 01　双击图表中的左 Y 轴，弹出"设置坐标轴格式"对话框，打开"坐标框与原点"选项卡，在"坐标框样式"下选择"普通坐标框"，坐标轴颜色为蓝色，如图 11-6 所示。

步骤 02　打开"左 Y 轴"选项卡，在"其他刻度与网格线"列表中添加刻度 1.247（两个测量值之间差值的均值），如图 11-7 所示。这样的操作，能够在图表 Y 轴上添加一条水平刻度线。

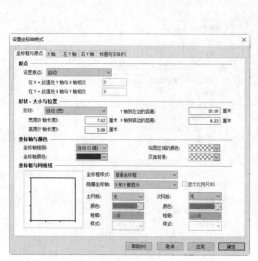

图 11-6 "坐标框与原点"选项卡　　　　图 11-7 "左 Y 轴"选项卡

步骤 03 单击刻度 1.247 右侧的 按钮,弹出"设置其他刻度和网格的格式"对话框,在"Y="列表中选择刻度 1.247,勾选"显示网格线"复选框,粗细设置为 2 磅,颜色设置为红色,如图 11-8 所示。

步骤 04 单击"确定"按钮,更新图表显示样式,其中,红色虚线表示 95%一致性界限,蓝色虚线表示两个测量值之间差值的均值,如图 11-9 所示。

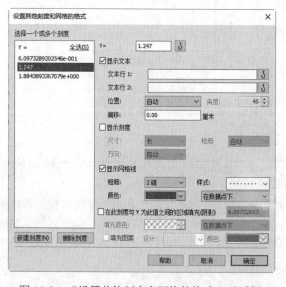

图 11-8 "设置其他刻度和网格的格式"对话框

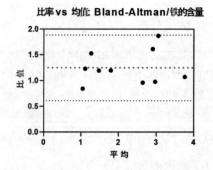

图 11-9 图表显示样式

6. 保存项目

单击"文件"功能区中的"保存"按钮 ,或按 Ctrl+S 键,直接保存项目文件。

11.2 ROC 分析

对于同一项检测方法，采用不同的诊断阈值会有不同的灵敏度和特异度。为了全面和准确地评价检测方法的诊断价值，可以采用 ROC 分析方法。

11.2.1 受试者工作特征曲线

受试者工作特征曲线（ROC 曲线）是诊断试验中一个重要的评估工具，它通过绘制不同临界值下的敏感性和特异性，确定"正常"与"异常"的最佳划分界限。通过分析曲线上每个可能的临界点，可以选择最优的诊断界值。

选择菜单栏中的"分析"→"群组比较"→"受试者工作特征曲线"命令，弹出"分析数据"对话框，在左侧列表中选择指定的分析方法：受试者工作特征曲线，在右侧显示要分析的数据集和数据列，如图 11-10 所示。

单击"确定"按钮，关闭该对话框，弹出"参数：受试者工作特征曲线"对话框，包含 3 个选项卡，如图 11-11 所示。

图 11-10 "分析数据"对话框

图 11-11 "参数：受试者工作特征曲线"对话框

1. 数据集

指定哪些列具有对照值和患者值。

2. 置信区间

- 置信区间：选择置信水平，默认值为 95%。
- 方法：选择计算置信区间的方法，默认选择 Wilson/Brown（推荐）。

3. 结果

受试者工作特征曲线的报告形式：以分数或百分比表示结果。

11.2.2 曲线下面积

曲线下面积命令用于测量效应或现象的综合度量，常用作药物动力学中药物效应的累积测量，并作为比较色谱峰的手段。

曲线下面积是利用输入的 XY 表格数据计算曲线与坐标轴围成的封闭区域的面积。首先在数据中选择两个数据点（Y1、Y2），计算两点之间曲线与坐标轴围成的梯形面积。为了方便计算，在两个数据点间选择一点，经过该点绘制水平基线，计算基线 ΔY 与 X 坐标轴（ΔX）围成的矩形的面积（$\Delta X * \Delta Y$）。

选择菜单栏中的"分析"→"数据探索和摘要"→"曲线下面积"命令，弹出"分析数据"对话框，在左侧列表中选择指定的分析方法：曲线下面积，在右侧显示需要分析的数据集和数据列，如图 11-12 所示。

单击"确定"按钮，关闭该对话框，弹出"参数：曲线下面积"对话框，定义曲线面积的计算参数，如图 11-13 所示。

图 11-12　"分析数据"对话框

图 11-13　"参数：曲线下面积"对话框

1. 基线

（1）Y(Y)：选择该选项，通过输入数据点的 Y 值定义水平基线到 X 轴的距离（ΔY）。

（2）前 1 行与后 0 行的平均数：选择该选项，通过选择指定行代表的两个数据点（Y1、Y2），通过平均值（(Y1+Y2)/2）定义水平基线到 X 轴的距离（ΔY）。

2. 最小峰高

Prism 可以选择忽略以下情况下的峰：

（1）小于最小 Y 值到最大 Y 值的距离的 10%。

（2）小于 0 Y 单位高度。

3. 最小峰宽

忽略数量不到 2 个的相邻点所定义的峰：选择忽略非常狭窄的峰值。

4. 峰的方向

（1）根据定义，所有峰均须位于基线上方：默认情况下，Prism 只将基线以上的点视为峰值的一部分，因此只报告基线以上的峰值。

（2）还应考虑基线以下的"峰"：勾选该复选框，选择考虑低于基线的峰值。

5. 有效数字

显示的有效数字位数：设置输出结果数据中有效数字位数，默认值为 4。

11.2.3 实例——小鼠体质量诊断试验评价

为了验证黑咖啡是否具有减肥作用，本实例将 50 只雌性小鼠随机分为两组，实验组喂食咖啡饲养 14 周，对照组不喂食咖啡，体质量增加量数据如表 11-2 所示，本例对小鼠黑咖啡喂养实验结果进行评价。

表 11-2 小鼠体质量增加数据

时间/周	对照组	实验组
2	4.77	5.8
4	7.52	7.63
6	9.34	9.54
8	10.04	11.6
10	9.66	12.14
12	11.17	14.14
14	12.31	15.75

操作步骤

1. 设置工作环境

步骤01 双击开始菜单的 GraphPad Prism 10 图标，启动 GraphPad Prism 10，自动弹出"欢迎使用 GraphPad Prism"对话框。

步骤02 在"创建"选项组下选择"列"，在右侧界面"数据表"选项组下选择"输入或导入数据到新表"这种方法；在"选项"选项组下选择"输入重复值，并堆叠到列中"。单击"创建"按钮，创建项目文件，同时该项目下自动创建一个数据表"数据 1"和关联的图表"数据 1"，重命名数据表为"小鼠体质量"。

步骤03 选择菜单栏中的"文件"→"另存为"命令，或单击"文件"功能区中的"保存命令"按钮 下的"另存为"命令，弹出"保存"对话框，输入项目名称"小鼠体质量诊断试验评价.prism"。单击"确定"按钮，保存项目。

2. 输入数据

根据表 11-2 中的数据，在数据表中输入数据，结果如图 11-14 所示。

3. ROC 曲线比较

步骤 01 受试者操作特性曲线（ROC 曲线）描述了在特定刺激条件下，以不同判断标准获得的虚报概率 P（y/N）为横坐标，以击中概率 P（y/SN）为纵坐标所绘制的曲线。该曲线有助于选择最佳的阈值。

步骤 02 选择菜单栏中的"分析"→"群组比较"→"受试者工作特征曲线"命令，弹出"分析数据"对话框，在左侧列表中选择指定的分析方法：受试者工作特征曲线，单击"确定"按钮，关闭该对话框，弹出"参数：受试者工作特征曲线"对话框，如图 11-15 所示，选择 Wilson/Brown（推荐）方法。

图 11-14 输入数据　　　　图 11-15 "参数：受试者工作特征曲线"对话框

步骤 03 单击"确定"按钮，关闭该对话框，输出分析结果表"ROC/小鼠体质量"，结果如图 11-16 所示。ROC 曲线下的面积可以用来综合评价诊断的准确性。

步骤 04 图表"受试者工作特征曲线：ROC/小鼠体质量"中显示 ROC 曲线，曲线越靠近左上角，模型的准确性就越高。最靠近左上角的 ROC 曲线上的点是分类错误最少的最好阈值，其假正例和假反例总数最少。

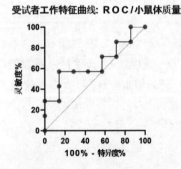

图 11-16 ROC 曲线比较结果

4. 保存项目

单击"文件"功能区中的"保存"按钮 ，或按 Ctrl+S 键，直接保存项目文件。

第 12 章 生存分析

在医学随访研究中，评价某种疗法对这些疾病的效果，不仅要看是否出现了某种结局（如有效、治愈、死亡等），还要考虑出现这些结局所经历的时间长短。生存分析是研究生存时间和结局与预后因子间的关系及其程度大小的方法，是一种处理删失数据的数据分析方法，也称生存率分析或存活率分析。

本章主要介绍生存率估计的概念、用于生存率比较的 Cox 检验和 Wilcoxon 检验，以及 Cox 回归分析模型。

内容要点

- 生存分析概述
- Cox 检验和 Wilcoxon 检验
- Cox 回归分析

12.1 生存分析概述

生存分析的目的是刻画生存时间的分布，比较不同组间的生存时间分布，并评估各种影响因素对生存时间分布的影响。

12.1.1 生存分析的基本概念

1. 生存时间

生存时间指患者从发病到死亡所经历的时间长度。广义上，可定义为从规定的观察起点到某一终点事件发生所经历的时间长度。观察起点可以是发病时间、首次确诊时间或接受治疗的时间等，而终点事件可以是某种疾病的发生、复发、死亡，或对某种治疗的反应等。

例如，在临床研究中，生存时间可以指急性白血病患者从骨髓移植治疗开始到疾病复发之间的时间间隔，或冠心病患者从接受治疗到发生心肌梗死所经历的时间。在流行病学研究中，生存时间可以指从接触某一危险因素开始到疾病发病所经历的时间。在动物实验研究中，生存时间则可以指从给药开始到实验动物死亡所经历的时间。

在计算生存时间时，为便于分析和比较，必须明确规定时间的起点和终点，以及时间测量的单位。

2. 生存数据

生存数据是一类特殊类型的数据，常见于医学、生物学或社会科学等领域的研究中，特别是在临床试验、疾病预后分析以及可靠性工程中。这类数据主要关注某个事件（通常是"失败"事件，如死亡、机器故障等）发生的时间。根据对事件发生时间的观测情况，生存数据可以分为两大类：完全数据和删失数据。

完全数据指的是我们能够确切知道事件（例如患者的死亡、疾病的治愈或产品的失效）发生的具体时间。在生存分析中，这意味着从研究开始到事件发生的整个时间段都被完整记录下来了。例如，在一项关于某种药物治疗效果的研究中，如果一个患者在治疗期间去世，那么从该患者接受治疗到死亡之间的时间就是一个完全数据点。

与完全数据相对的是删失数据，也称为截尾数据。这类数据的存在是因为研究结束时所关注的事件尚未发生，或者因为其他原因导致数据不完整。

3. 生存分析常用统计指标

1）生存率

生存率又称生存函数，表示观察对象的生存时间 T 大于某时刻 t 的概率，常用 S(t)表示，其估计值为：

$$\hat{s}(t) = \hat{p}(T > t) = \frac{t时刻仍存活的例数}{观察总例数}$$

上式是无删失数据时估计生存率的公式，若含有删失数据，则需要分时段计算生存概率。假定观察对象在各个时段的生存事件独立，S(t)的估计公式为：

$$S(t) = P(T > t_k) = p_1 p_2 \cdots p_k = S(t_{k-1}) p_k$$

其中，p_i（i=1,2,…,k）为各分时段的生存概率，故生存率又称累计生存概率。

2）中位生存期

50%的个体仍存活的时间称为中位生存期，也称为半数生存期。中位生存期越长，表示疾病的预后越好；反之，中位生存期越短，表示疾病的预后越差。中位生存期可以通过生存曲线获得，当生存率曲线的纵轴生存率为50%时，所对应的横轴生存时间即为中位生存期。

12.1.2 乘积限制估计

Kaplan-Meier 估计也称为乘积限制估计，是一种非参数统计量，用于根据生命周期数据估计生存函数。在医学研究中，它通常用于衡量患者在治疗后存活一定时间的比例。

选择菜单栏中的"分析"→"群组比较"→"简单生存分析（Kaplan-Meier）"命令，弹出"分析数据"对话框，在左侧列表中选择指定的分析方法：简单生存分析（Kaplan-Meier），在右侧显示要分析的数据集和数据列，如图 12-1 所示。

在"分析数据"对话框中单击"确定"按钮，关闭该对话框，弹出"参数：简单生存分析（Kaplan-Meier）"对话框，如图 12-2 所示。

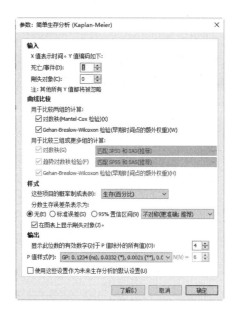

图 12-1 "分析数据"对话框　　图 12-2 "参数：简单生存分析（Kaplan-Meier）"对话框

1. 输入

默认选项是使用代码 1 表示感兴趣的事件发生，使用 0 表示已删失的观察结果。在 Prism 中，X 值表示时间，可手动指定 Y 值编码（死亡/事件、删失对象），代码必须为整数值。

2. 曲线比较

Prism 提供两种比较两条、三条或更多比较生存曲线的方法。

1）用于比较两组的计算

- Mantel-Cox 检验（对数秩检验）：Prism 使用 Mantel-Haenszel 方法、Mantel-Cox 方法这两种方法来计算该检验。这两种方法几乎相等，但在如何处理同时发生的多例事件上可能有所不同。
- Gehan-Breslow-Wilcoxon 检验（早期时间点的额外权重）：该方法对发生时间较早的事件给予更高权重。然而，当研究早期存在大量删失数据时，这种检验方法可能会导致误导性的结果。相比之下，对数秩检验给所有时间点的观察结果赋予相同的权重。该方法不要求一致的风险比，但要求一组的风险始终比另一组高。

2）用于比较三组或更多组的计算

- 对数秩检验：该检验最常用于比较三条或更多曲线。
- 趋势对数秩检验：仅当研究组顺序（由数据表中的数据集列定义）符合逻辑时，该检验才相关。例如，如果这些研究组具有不同的年龄、不同的疾病严重程度或不同的药物剂量，则以某种逻辑（升序或降序）顺序组织每个研究组。在 Prism 中，数据集从左至右的顺序必须对应于等间距的有序类别。如果数据集无序（或间距不相等），进行趋势对数秩检验是没有意义的。
- Gehan-Breslow-Wilcoxon 检验：该方法对早期时间点提供更多权重。

3. 样式

（1）这些项目的概率制成表：指定计算和显示结果的方式，包括生存（百分比）、死亡（百分比）、生存（分数）、死亡（分数）。

（2）分数生存误差条表示为：

- 无：不添加分数生存误差条。
- 标准误差：将标准误差作为分数生存误差条。
- 95%置信区间：Prism 提供两种选项：对称和不对称。默认选择"不对称"变换方法，其将绘制不对称置信区间。选择"对称"则表示选择对称 Greenwood 区间。通常，不对称区间更有效。

（3）在图表上显示删失对象：是否绘制经过审查的观察结果。

12.1.3 实例——狂犬病两种疗法生存分析

狂犬病一旦发病，患者几乎都在 2~6 天内死于心脏或肺部并发症，死亡率为 100%。本例用呼吸支持疗法、对症支持疗法两种方法进行治疗，各观察对象的生存期（天）如表 12-1 所示，"+"表示删失数据，试用 K-M 法估计两种疗法的生存率，并比较两种疗法生存率是否有差别。

表 12-1 观察对象生存期（单位为天）

呼吸支持疗法	5	4	5	2	3+	4	2+	3	2+	3	5	5	4	3
对症支持疗法	1	2	3	1	4+	5	5+	6	6+	4	6	5	2	3

操作步骤

1. 设置工作环境

步骤01 双击开始菜单的 GraphPad Prism 10 图标，启动 GraphPad Prism 10，自动弹出"欢迎使用 GraphPad Prism"对话框。

步骤02 在"创建"选项组下选择"生存"，在右侧界面"数据表"选项组下选择"输入或导入数据到新表"，在"选项"选项组下选择"以天数（或月数）为单位输入经过的时间"。单击"创建"按钮，创建项目文件，同时该项目下自动创建一个数据表"数据1"和关联的结果表"数据1"、图表"数据1"，重命名数据表为"生存期"。

步骤03 选择菜单栏中的"文件"→"另存为"命令，或单击"文件"功能区中的"保存命令"按钮下的"另存为"命令，弹出"保存"对话框，输入项目名称"狂犬病两种疗法生存分析.prism"。单击"确定"按钮，保存项目。

2. 输入数据

步骤01 在导航器中选择"生存期"，在列标题中分别输入生存期（天）、呼吸支持疗法、对症支持疗法。

步骤02 根据表 12-1 中的数据，在数据表中输入数据，结果如图 12-3 所示。加*的数据表示受试者因某种原因退出实验，为删失数据。删失数据结果变量为 0，其余受试者结果变量为 1。

表格式:生存	X 生存期（天）	第 A 组 呼吸支持疗法	第 B 组 对症支持疗法
	X	Y	Y
1	5	1	
2	4	1	
3	5	1	
4	2	1	
5	3	0	
6	4	1	
7	2	0	
8	3	1	
9	2	0	
10	3	1	
11	5	1	
12	5	1	
13	4	1	
14	3	1	
15	1		1
16	2		1
17	3		1
18	1		1
19	4		0
20	5		1
21	5		0
22	6		1
23	6		0
24	4		1
25	6		1
26	5		1
27	2		1
28	3		1
29			1

图 12-3　输入数据

3. 生存分析

步骤 01　生存分析不需要操作，直接输出分析结果。

步骤 02　打开结果表“生存/生存期”，包含 3 个选项卡：存在风险、曲线比较、数据摘要，如图 12-4 所示。

存在风险 | 曲线比较 | 数据摘要

	生存 曲线比较	A
1	生存曲线比较	
2		
3	对数秩 (Mantel-Cox) 检验	
4	卡方检验	0.6263
5	df	1
6	P 值	0.4287
7	P 值摘要	ns
8	生存曲线显著不同吗?	否
9		
10	Gehan-Breslow-Wilcoxon 检验	
11	卡方检验	0.005917
12	df	1
13	P 值	0.9387
14	P 值摘要	ns
15	生存曲线显著不同吗?	否

17	中位生存期		
18	呼吸支持疗法	4.000	
19	对症支持疗法	4.500	
20	比值(及其倒数)	0.8889	1.125
21	比值的 95% 置信区间	0.3854 至 2.050	0.4877 至 2.595
22			
23	风险比 (Mantel-Haenszel)	A/B	B/A
24	比值(及其倒数)	1.519	0.6585
25	比值的 95% 置信区间	0.5396 至 4.274	0.2339 至 1.853
26			
27	风险比(对数秩)	A/B	B/A
28	比值(及其倒数)	1.316	0.7602
29	比值的 95% 置信区间	0.5659 至 3.058	0.3270 至 1.767

图 12-4　对数秩检验结果

4. 结果分析

“曲线比较”选项卡中显示对数秩（Mantel-Cox）检验和 Gehan-Breslow-Wilcoxon 检验：P 值 >0.05，“生存曲线显著不同吗？”结果为“否”。因此，认为这两种治疗方法的生存时间没有显著不同。

5. 生存曲线分析

单击图表"生存期",自动弹出"更改图表类型"对话框,选择"带刻度的阶梯",如图 12-5 所示。单击"确定"按钮,关闭该对话框,创建阶梯模式的生存曲线,生存率绘制成百分比(0%~100%)形式,结果如图 12-6 所示。

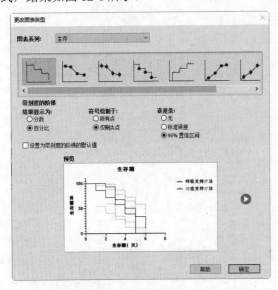

图 12-5 "更改图表类型"对话框

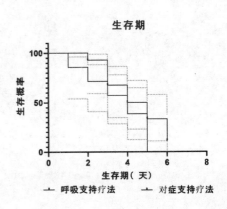

图 12-6 创建生存曲线

6. 图表编辑

步骤01 单击"更改"功能区中的"更改颜色"按钮下的"色彩"命令,即可自动更新图表颜色。

步骤02 单击"更改"功能区中的"设置图表格式(符号、条形图、误差条等)"按钮,弹出"格式化图表"对话框。打开"外观"选项卡,在"数据集"下拉列表中选择"更改所有数据集",勾选"显示区域填充"复选框,在"填充颜色"下拉列表中选择"几乎透明(75%)"中的绿色,在"位置"下拉列表中选择"在误差带内"。

步骤03 单击"确定"按钮,关闭该对话框,在图表误差带中填充颜色,结果如图 12-7 所示。

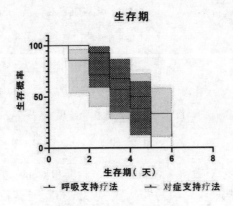

图 12-7 填充误差带

步骤 04 图中清晰地展示了实际生存数据，就像一个楼梯，但在每个研究组中，生存率曲线和误差包络线存在较多重叠，导致数据难以阅读。

7. 保存项目

单击"文件"功能区中的"保存"按钮，或按 Ctrl+S 键，直接保存项目文件。

12.2 Cox 回归分析

前述方法属于单变量生存分析方法。在多变量分析情况下，需要使用 COX 回归模型。

12.2.1 COX 回归模型概述

由于生存分析中的反应变量较为特殊，涉及事件结局及其发生时间，普通的线性回归和逻辑回归通常并不适用。如果仅将生存时间作为反应变量进行线性回归分析，由于生存时间通常不呈正态分布，无法满足线性回归模型的要求。而如果仅考虑某一时间点的事件结局作为反应变量进行逻辑回归分析，则无法充分利用生存时间长短所提供的信息。此外，生存时间数据中还存在删失数据的问题，上述两种模型均无法有效利用这些不完全数据所包含的信息。能够较为有效地对生存数据进行多因素分析的方法是比例风险回归模型（Proportional Hazards Regression Model），简称 Cox 回归。

Cox 模型的基本形式为：

$$h(t,x) = h_0(t)\exp(\beta_1 x_1 + \beta_2 x_2 + \cdots + \beta_p x_p)$$

$$h(t,x) = \lim_{\Delta t \to 0} \frac{p(t < T < t+\Delta t \mid T > t, x)}{\Delta t}$$

其中，x 表示研究者认为可能影响生存的诸因素，也称为协变量，这些变量在随访期间的取值不随时间的变化而变化，例如根据研究目的可以是随访对象的年龄、性别、接受的不同治疗方式等。

t 表示生存时间；h(t,x)称为具有协变量 x 的个体在 t 时刻的风险函数，表示生存时间已达 t 的个体在 t 时刻的瞬时风险率；$h_0(t)$称为基线风险函数，表示所有 x 都取值为 0 时的个体在 t 时刻的瞬时风险率或死亡率。风险函数定义为具有协变量 x 的个体在活过 t 时刻以后在 t 到 t+Δt 这一段很短的时间内的死亡概率与 Δt 之比的极限值。参数 β(i=1,2,…,p)为总体回归系数，其估计值为 b_i，可以从样本计算得出。

由于模型右侧的基线风险函数 $h_0(t)$不要求服从特定分布形式，具有非参数的特点，而指数部分的协变量效应具有参数模型的形式，故 Cox 回归属于半参数模型。

12.2.2 COX 回归模型分析

COX 回归模型以生存结局和生存时间为因变量，可同时分析众多因素对生存期的影响，能分析带有截尾生存时间的资料。

选择菜单栏中的"分析"→"群组比较"→"Cox 比例风险回归"命令，弹出"分析数据"对话框，在左侧列表中选择指定的分析方法：Cox 比例风险回归，在右侧显示要分析的数据集和数据列，如图 12-8 所示。

单击"确定"按钮，关闭该对话框，弹出"参数：Cox 比例风险回归"对话框，如图 12-9 所示，这个对话框包含 8 个选项卡。

图 12-8　"分析数据"对话框

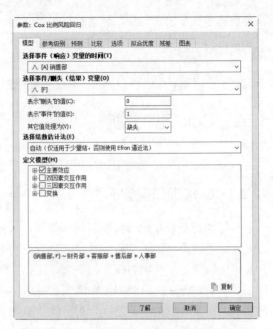

图 12-9　"参数：Cox 比例风险回归"对话框

1. "模型"选项卡

Cox 比例风险回归分析所必需的参数包括指定分析的事件（响应）发生时间变量以及结果（事件/删失）变量。

1）选择事件（响应）变量的时间

指定哪个值（或水平）代表包含"事件"的观察对象。

2）选择事件/删失（结果）变量

如何处理所选变量的任何其他值或水平。通过数值表明个体/观察结果是否发生了感兴趣的事件或进行过删失的变量。该变量可以是连续变量，也可以是分类变量。通常，这类信息会被编码为连续变量。

（1）表示"删失"的值：值 0 代表进行删失的个体。
（2）表示"事件"的值：值 1 代表发生感兴趣事件的个体。
（3）其他值处理为：指定 Prism 如何处理所选变量中的任何其他值。

- 缺失：选择该选项，Prism 会将所含数值不同于"删失"和"事件"指定值的行视为该行中根本没有该变量值。因此，将这些行从分析中省略。
- 删失：选择该选项，所含数值不同于"删失"和"事件"指定值的行将视为删失观察结果。
- 死亡/事件：选择该选项，所含数值不同于"删失"和"事件"指定值的行将视为事件。仅当只关注研究所有事件的概率，而非事件之间的差异时，才选择该选项。例如，如果正在研究一般生存概率，可以处理"车祸死亡"和"心脏病发作死亡"，但在一项考察实验治疗对心力衰竭的影响的研究中,不适合同等对待这两者(在此情况下,"车祸死亡"可能会视为删失观察结果)。

3)选择结数估计法

Cox 比例风险回归模型要求记录每个观察结果的事件发生前时间信息。当多个事件在同一时间点发生(可能是由于数据收集方式的限制,或者无法确定事件的具体发生顺序),这些同时发生的观察结果被称为"结"(ties)。对于这种情况,分析时可以采用不同的结数估计方法来处理。

(1)自动:默认情况下,Prism 会自动选择处理关联的最佳方法。

(2)Breslow 逼近法:仅用于匹配其他应用程序生成的结果,一般不建议使用。

(3)Efron 近似值:该方法通常视为最精确,且在执行所需的计算时考虑关联事件排序的所有可能排列。

(4)精确:随着数据集中关联的数量增加,排列的总数迅速增加,导致计算时间急剧增加。为解决该问题,开发了一些精确方法的近似方法。

4)定义模型

选择包含在模型中的预测变量、交互和变换(X2、X3、sqrt(X)、ln(X)、log(X)、exp(X)、10(X))。

(1)主要效应

主要效应可以是正在研究的变量(例如治疗组或基因型),也可以是正进行简单纠正的变量(例如年龄、性别、体重等协变量)。尽管对这些变量的解释可能不同,但从模型定义的角度来看并无区别。

在该选项下,选择指定模型中需要包含的预测变量。拟合模型时,Prism 将为模型中每个选定的主效应估计一个回归系数(β 系数)。当包括分类预测变量时,为该预测变量估计的回归系数的数量等于分类变量的水平数量减 1(例如,具有 4 个水平的分类预测变量将生成 3 个估计的回归系数)。另外,还将为模型中包含的各交互和变换估计回归系数。

(2)双因素或三因素交互作用

展开包含的交互(双因素或三因素)列表,Prism 在模型中选择进行任意数量独立预测变量的双因素或三因素交互。

(3)变换

除交互外,Prism 还可以在模型中指定将哪些预测变量变换为分析模型的一部分,包含任何预测变量的平方、立方、平方根、对数或指数。

2. "参考级别"选项卡

在分类预测变量作为预测因子纳入回归模型中时,Prism 会使用"虚拟编码"自动对该变量进行编码。在该选项卡下可以为指定模型中的任何分类预测变量设定参考水平,即分类变量的"基准"或"常规"水平。

3. "预测"选项卡

在该选项卡下利用 Prism 估计的 Cox 比例风险回归拟合模型,使用每个预测变量的值以及指定的历时来预测生存概率曲线。

4. "比较"选项卡

在该选项卡下指定是否比较两个模型（指定模型与零模型）的拟合度。零模型只是一个不包含预测变量的模型，与分析中指定的模型进行比较时，可用于确定包含在指定模型中的预测变量的相对重要性，或者评估指定模型的总体"拟合度"。

5. "选项"选项卡

在该选项卡下指定 Prism 结果表中输出的结果（"拟合优度""残差"和"图表"选项卡还包含自定义此分析结果输出的重要选项），如图 12-10 所示。

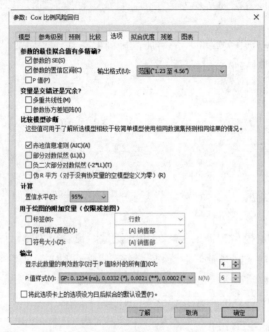

图 12-10 "选项"选项卡

1）参数的最佳拟合值有多精确

拟合 Cox 比例风险回归模型后，Prism 将输出模型中每个预测变量的估计回归系数（β 系数）和风险比（指数化 β 系数）。此外，Prism 还可以选择输出评估系数估计值稳定性的统计量。

（1）参数的 SE：勾选该复选框，输出 β 系数的标准误差。

（2）参数的置信区间：勾选该复选框，输出系数和风险比的置信区间，定义置信区间的输出格式。

（3）输出格式：勾选该复选框，输出每个预测值的 P 值，给定参数系数的 P 值与相关风险比的 P 值相同。

2）变量是交错还是冗余

Prism 分析结果中提供参数协方差矩阵的选项，以显示每项参数与其他参数的相关程度。

（1）多重共线性：检测多重共线性的方法有多种，其中最简单的一种方法是计算模型中各对自变量之间的相关系数，并对各相关系数进行显著性检验。勾选该复选框，Prism 可以输出"多重共线性"选项组下的 β 系数，以及每个变量可以从其他变量预测的程度。

（2）参数协方差矩阵：勾选该复选框，Prism 将生成带有参数相关性的附加结果选项卡，还将生成相关性的热图。

3）比较模型诊断

这些值可用于了解所选模型相较于较简单模型使用相同数据集预测相同结果的情况。

（1）赤池信息准则（AIC）：AIC 是一种信息论方法，用于确定数据支持每个模型的程度，同时考虑每个模型的部分对数似然值以及每个模型中包含的参数数量。AIC 可用来比较相同数据集上的任意两个模型，用于计算 AIC 的公式：AIC=-2*（部分对数似然值）+2*k。其中，k 是模型参数量。

（2）部分对数似然（LL）：当一个模型是另一个模型的缩减版本时，仅适用于似然比检验（LRT）。该方法将检验统计量计算为简单模型（具有更少参数的模型）与复杂模型（具有更多参数的模型）之间部分对数似然检验的标度差值：LRT 统计量=-2*[部分对数似然值（简单模型）]-部分对数似然值（复杂模型）]。

（3）负二次部分对数似然（-2*LL）：负对数似然就是对对数似然取负。-2 对数似然值代表了模型的拟合度，其值越小，表示拟合程度越好。

（4）伪 R 平方（对于没有协变量的空模型定义为零）：选择该选项，将输出"模型"选项卡上指定的模型和零模型（不含协变量/预测变量的模型）拟合到数据的选定诊断值。

4）计算

指定计算结果中的值时使用的置信水平。

5）用于绘图的附加变量（仅限残差图）

选择可选变量来自定义 Cox 比例风险回归生成的残差图。

（1）标签：行标识符（例如行号、名称或 ID 号）。

（2）符号填充颜色：每个符号的颜色由该变量的值决定，该变量通常不属于计算的一部分。

（3）符号大小：用于缩放输出图表上的符号大小。

6）输出

指定 Prism 在结果中报告的有效位数（除 P 值外的所有值），并指定在结果中报告 P 值时使用的 P 值样式。

6."拟合优度"选项卡

在该选项卡下指定 Prism 应输出哪些分析指标。每张图表均阐明了模型与给定数据之间的拟合程度，如图 12-11 所示。

1）假设检验（P 值）

Prism 提供了许多不同的检验，下面介绍 3 种假设检验的形式。

（1）偏似然比检验（也称为对数似然比检验或 G 检验）：表示引入某个参数后，似然函数的增量是否显著，结果服从一定自由度的卡方分布。若不显著，则表示增加的参数是无效的，可以剔除。似然比检验不仅可以检验一个参数，还可以检验两个嵌套模型多个参数整体上是否为 0。

（2）Wald 检验：沃尔德检验。对一个假设进行检验时，使用 Wald 统计量作为检验统计量，根据 Wald 统计量的大小与一定的置信水平进行比较，得出假设是成立还是拒绝的结论。

（3）Score 检验：分值检验，和沃尔德检验类似，主要区别在于采用的标准不同。一般来说，Score 检验结果较 Wald 检验更可靠，在大样本下，Wald 检验和 Score 检验的结果很接近。

假设零假设 H0: $\hat{\beta} = \beta$ 一般 β=0（所有 β 值均为零）为真，在进行 Cox 比例风险回归分析后，每项检验生成卡方统计量和相应的 P 值。该 P 值表示获得与计算值一样大或更大的检验统计量值的概率。对于这些检验，P 值小表示应该拒绝零值，或者零模型不足以描述观察的数据。

2）一致性统计量

Prism 提供了报告 Harrell 的一致性 C 统计量的选项"Harrell C 统计量"，指经历过某起事件的随机选择患者比未经历过该起事件的患者具有更高风险评分的概率。C 统计量可以取 0~1 的任何值。

- 值为 1：表示模型能够正确预测每一对观察对象中生存时间较长者（即风险评分较低者）。
- 值为 0.5：表示模型仅能正确预测 50%的观察对象对，其表现与随机猜测（抛硬币）无异。
- 值小于 0.5：表示模型的预测能力比随机猜测更差，提示可能需要重新考虑模型中的一些约束或假设。

7. "残差"选项卡

在该选项卡下选择阐明了模型拟合的质量的图表来分析残差，如图 12-12 所示。Cox 比例风险回归的"残差"在数学上不同于线性回归的残差，只是用来检验基于标准残差的回归模型假设。

图 12-11 "拟合优度"选项卡

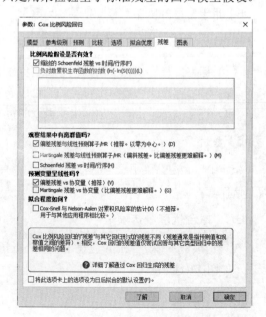

图 12-12 "残差"选项卡

1）比例风险假设是否有效

Prism 提供两张图表来验证比例风险假设是否有效。

（1）缩放的 Schoenfeld 残差 vs 时间/行序：如果比例风险假设有效，则这些残差应随机分布在以零点为中心的水平线周围。如果这些残差存在明显的趋势，则可能违反比例风险假设。对于删失观察，不存在缩放的 Schoenfeld 残差。

（2）负对数累积生存函数的对数（In(-In(S(t)))）：如果指定模型包含分类变量，则该图表的选项选择这些分类变量来构建 LML 图。该图表针对所选分类变量，为每个研究组（水平）生成一条曲线。为构建这些曲线，使用 Nelson-Aalen 风险估计计算各研究组的累积风险。其中累积风险函数 H(t)= -Ln(S(t))，取每个研究组 Nelson-Aalen 累积风险估计的自然对数，得到 Ln(H(t))或 Ln(-Ln(S(t))。在 Y 轴上绘制"对数-负对数"值，在 X 轴上绘制 Ln（时间）。如果比例风险假设有效，则对于单个分类预测变量，每个研究组（水平）的曲线将大致平行。如果单个分类预测变量组（水平）的曲线相互交叉，则很可能违反分析的比例风险假设。

2）观察结果中是否存在离群值

为检测分析输入数据中的潜在异常值，提出了许多不同的 Cox 比例风险残差图。

（1）偏差残差与线性预测算子/HR（推荐。以零为中心。）：该图表中的点应大致以零点为中心，而残差绝对值较大的点可能代表异常值。在这些图表中观察到的趋势可能是因为样本量不足或观察结果删失模式导致的。

（2）Martingale 残差与线性预测算子/HR（偏斜残差。比偏差残差更难解释。）：类似于偏差残差图，这些残差可用于发现数据中的潜在异常值。但图中这些残差呈偏斜趋势（不以零点为中心），事件观察结果的残差位于（-inf, 1]范围内，而删失观察结果的残差位于（-inf, 0]范围内。

（3）Schoenfeld 残差 vs 时间/行序：不同于偏差残差和鞅残差，这些残差用于确定观察结果对各回归系数的影响。选择该选项时，生成的图表用来检查每个不同变量系数的 Schoenfeld 残差。另外，该图表也可用于检验比例风险假设（如果这些图表显示非零斜率，则可能违反比例风险假设）。

3）预测变量是否呈现线性

Prism 提供了两张可用于评估预测变量对模型产生影响的线性度的图表，类似于检验是否存在潜在异常值的图表，可以选择使用偏差残差或鞅残差进行分析。

（1）偏差残差 vs 协变量（推荐）：将生成绘制偏差残差与模型中的每个连续预测变量的图表。预计偏差残差将随机以零点为中心，这些残差的趋势可能表明所选预测变量的偏离线性度。

（2）Martingale 残差 vs 协变量（比偏差残差更难解释。）：这些残差呈偏斜趋势，落在（-inf, 1]范围内，但平均值应该仍然为零。这些残差的可视趋势可能表明所选预测变量的偏离线性度。

4）拟合程度如何

Cox-Snell 与 Nelson-Aalen 对累积风险率的估计（不推荐。用于与其他应用程序相比较。）：该图表最初建议用于评估模型的整体拟合。拟合良好的回归将在该图表上生成一条点的近似直线，该直线穿过原点，斜率为 1。

8. "图表"选项卡

在该选项卡下利用 Prism 估计的模型,使用模型中跨越数据中所有观察时间点的选定预测变量的值生成预测生存曲线,如图 12-13 所示。

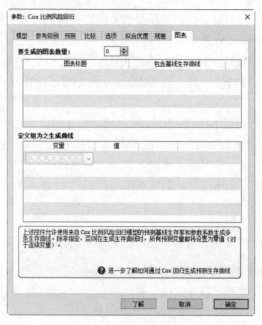

图 12-13 "图表"选项卡

12.2.3 实例——胃癌生存时间 Cox 回归分析

某研究者拟研究影响胃癌患者生存时间的有关因素,观察了 30 名患者,记录的观测指标及观测值如表 12-2 和表 12-3 所示。试进行 Cox 回归分析。

表 12-2 各指标数据赋值表

指标	含义	赋值
X_1	吸烟	1=吸烟,2=不吸烟
X_2	饮酒	0=经常饮酒,1=偶尔饮酒,2=不饮酒
X_3	体重	Kg
t	生存时间	月
Y	生存结局	0=删失,1=死亡

表 12-3 胃癌患者生存时间及观察数据

X_1	X_2	X_3	t	Y
0	0	63	3	1
0	1	65	8	1
1	2	72	18	1
1	1	67	10	1
0	0	59	5	1

(续表)

X_1	X_2	X_3	t	Y
0	1	60	8	1
1	1	67	9	1
1	1	70	12	0
1	1	69	11	1
0	1	57	7	0
1	1	77	9	1
0	0	59	5	1
0	1	64	8	1
1	1	75	9	1
1	1	71	9	1
1	1	67	8	1
0	0	56	5	1
0	1	66	6	1
1	1	67	9	1
1	1	73	10	1
1	1	65	11	1
0	0	79	8	1
0	1	80	7	1
1	1	87	9	1
1	1	73	10	0
1	1	67	9	1
0	0	55	8	1
0	1	73	11	1
0	0	72	5	1
0	1	80	6	1

操作步骤

1. 设置工作环境

步骤 01 双击 GraphPad Prism 10 图标，启动 GraphPad Prism，自动弹出"欢迎使用 GraphPad Prism"对话框。在"创建"选项组下选择"多变量"选项，在"数据表"选项组下选择"输入或导入数据到新表"选项。

步骤 02 单击"创建"按钮，创建项目文件，同时该项目下自动创建一个数据表"数据 1"和关联的图表"数据 1"。重命名数据表为"胃癌患者"。

步骤 03 选择菜单栏中的"文件"→"另存为"命令，或单击"文件"功能区中的"保存命令"按钮下的"另存为"命令，弹出"保存"对话框，输入项目名称"胃癌生存时间 Cox 回归分析.prism"。单击"确定"按钮，在源文件目录下自动创建项目文件。

2. 复制数据

打开"胃癌患者生存时间及观察数据.xlsx"文件，复制数据并粘贴到"胃癌患者"中，结果如图 12-14 所示。

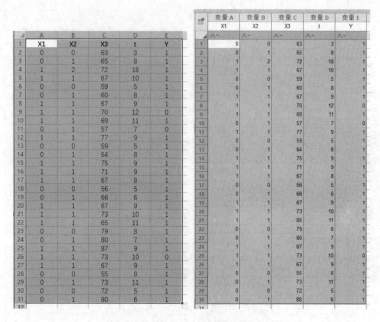

图 12-14　粘贴数据

3. Cox 比例风险回归分析

步骤 01　选择菜单栏中的"分析"→"生存分析"→"Cox 比例风险回归"命令，弹出"分析数据"对话框，在左侧列表中选择指定的分析方法：Cox 比例风险回归。单击"确定"按钮，关闭该对话框，弹出"参数：Cox 比例风险回归"对话框，如图 12-15 所示。

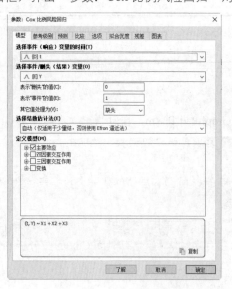 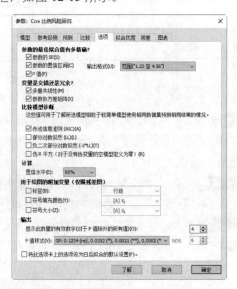

图 12-15　"Cox 比例风险回归"对话框

步骤02 打开"模型"选项卡,在"选择事件(响应)变量的时间"下拉列表中选择[D]t,在"选择事件/删失(结果)变量"下拉列表中选择[E]Y,在"选择系数估计法"下拉列表中选择"自动(仅适用于少量结,否则使用 Efron 逼近法)",在"定义模型"列表中选择"主要效应"。

步骤03 打开"选项"选项卡,在"参数的最佳拟合值有多精确?"选项组下勾选"P值"复选框;在"变量是交错还是冗余?"选项组下勾选"多重共线性""参数协方差矩阵"复选框。

步骤04 打开"残差"选项卡,取消所有复选框的勾选。

步骤05 单击"确定"按钮,关闭该对话框,输出结果表和图表。同时,自动弹出注释窗口,显示 Cox 回归模型的方程为:(t, Y) ~ X1 + X2 + X3。

4. "表结果"结果分析

在结果表"Cox 回归/胃癌患者"中包含"表结果"选项卡,分析结果如图 12-16 所示。

1	分析的表	胃癌患者			
2	时间变量	t			
3	删失/事件变量	Y			
4	回归类型	Cox 回归			
5	估计法	精确			
6					
7	模型				
8	参数估计	变量	估计	标准误差	95%置信区间(轮廓似然)
9	β1	X1	-1.209	0.5369	-2.248 至 -0.1140
10	β2	X2	-1.947	0.7103	-3.533 至 -0.6643
11	β3	X3	-0.009490	0.03163	-0.07504 至 0.05058
12					
13	风险比	变量	估计	95%置信区间(轮廓似然)	
14	exp(β1)	X1	0.2984	0.1057 至 0.8923	
15	exp(β2)	X2	0.1426	0.02921 至 0.5146	
16	exp(β3)	X3	0.9906	0.9277 至 1.052	

18	与零显著不同?	变量	|Z|	P 值	P 值摘要
19	β1	X1	2.253	0.0243	*
20	β2	X2	2.742	0.0061	**
21	β3	X3	0.3000	0.7642	ns
22					
23	模型诊断	#参数	AIC		
24	空模型(无协变量)	0	95.24		
25	选择的模型	3	77.15		
26					
27	多重共线性	变量	VIF	R2 与其他变量	
28	β1	X1	2.926	0.6583	
29	β2	X2	5.830	0.8285	
30	β3	X3	4.285	0.7666	

32	数据摘要	
33	表中的行	30
34	跳过的行(缺少数据)	0
35	分析的行(#观测)	30
36		
37	结数	24
38		
39	删失数	3
40	死亡/事件数	27
41	比值	0.1111
42		
43	删失数	3
44	观察次数	30
45	比值	0.1000
46		
47	死亡/事件数	27
48	参数估计数	3
49	比值	9.0000

图 12-16 Cox 回归结果

步骤01 在"参数估计"表中显示 β 系数估计值。其中 X3 估计值 β3=-0.009490,表示体重每增加 1kg,对数值(风险比)将降低 0.009490。参数估计值为正值时,表示该预测变量的增加会导致风险比增加,而负值则表示该预测变量的增加会导致风险比降低。

步骤02 在"风险比"表中显示给定参数对结果的"倍增效应",变量 X3 参数的风险比是 0.9906,则体重增加 1kg 将使所有时间点的风险比变为原来的 0.9906。

步骤03 在"与零显著不同?"表中显示评估回归模型的每项 β 系数的 P 值,对每项参数估计值进行单独检验。本例中,回归方程系数 β3 的 P 值显示为 ns,表示不重要。

步骤04 在"模型诊断"表中显示使用 AIC 分析空模型和指定模型的模型偏差。AIC 较小的模型表示更好“拟合”。在 AIC 列，空模型 AIC 值为 95.24，选择的模型 AIC 值为 77.15，表示选择的模型在描述观察数据方面做得更好。

步骤 05 在“多重共线性”选项组下显示 β 系数中的 VIF<10，表示回归模型不存在多重共线性。

步骤 06 在“数据摘要”表中显示数据的基本信息：表中的行、跳过的行（缺少数据）、分析的行（#观测）、删失数、观察次数、死亡/事件数、参数估计数等。

5. “单独值”结果分析

在结果表“Cox 回归/胃癌患者”中包含“单独值”选项卡，提供了描述模型中的预测变量与估计风险比之间的关系的参数，如图 12-17 所示。

表结果 × | 单独值 × | 基线函数 × | 参数协方差 ×

	X	A	B	C	D
	t	线性预测器	风险比	累积风险	累积生存
	X				
1	3.000	-0.598	0.550	0.123	0.88440143356454
2	8.000	-2.564	0.077	0.915	0.40052984909684
3	18.000	-5.787	0.003	0.258	0.77224570242793
4	10.000	-3.793	0.023	1.080	0.33973542472566
5	5.000	-0.560	0.571	0.902	0.40566446497588
6	8.000	-2.517	0.081	0.959	0.38311182873670
7	9.000	-3.793	0.023	0.834	0.43415247111860
8	12.000	-3.821	0.022	1.847	0.15776522888234
9	11.000	-3.812	0.022	1.864	0.15501161697219
10	7.000	-2.488	0.083	0.265	0.76734768805726
11	9.000	-3.887	0.020	0.759	0.46821844083083
12	5.000	-0.560	0.571	0.902	0.40566446497588
13	8.000	-2.555	0.078	0.924	0.39705070321604
14	9.000	-3.869	0.021	0.773	0.46145986765301
15	9.000	-3.831	0.022	0.803	0.44785711803876
16	8.000	-3.793	0.023	0.268	0.76498982198411
17	5.000	-0.531	0.588	0.928	0.39523122364800
18	6.000	-2.574	0.076	0.201	0.81817449635523
19	9.000	-3.793	0.023	0.834	0.43415247111860
20	10.000	-3.850	0.021	1.020	0.36065474955719
21	11.000	-3.774	0.023	1.936	0.14422479352179
22	8.000	-0.750	0.473	5.617	0.00363734730437
23	7.000	-2.707	0.067	0.213	0.80824702260979
24	9.000	-3.982	0.019	0.690	0.50151580315048
25	10.000	-3.850	0.021	1.020	0.36065474955719
26	9.000	-3.793	0.023	0.834	0.43415247111860
27	8.000	-0.522	0.593	7.053	0.00086472464279
28	11.000	-2.640	0.071	6.015	0.00244233370557
29	5.000	-0.683	0.505	0.798	0.45044747050478
30	6.000	-2.707	0.067	0.176	0.83885887701075

图 12-17　Cox 回归结果“单独值”选项卡

步骤 01 线性预测器：该值表示个体观察结果的估计对数（风险比）相较于基线风险水平的变化程度 XB。

步骤 02 风险比：线性预测因素（XB）的指数 exp（XB），用于根据基线风险比确定个体的风险比，或者根据基线累积生存率确定个体的累积生存率。

步骤 03 累积风险：在给定的观察时间内，模型估计的个体累积风险 H(t)（截至时间 t 的总累积风险）。累积风险值越高，估计的累积生存概率值越低。累积风险与累积生存率之间的关系：$H(t)=-\ln(S(t))$。

步骤 04 累积生存率：在给定的观察时间内，模型估计的个体生存率 S(t)。该值表示个体生存到此时间的概率，假设其每个预测变量的值与该观察结果相同。通过以下公式，运用基线生存函数，使用公式计算该值：$S(t)=S_0(t)^{\exp(XB)}$。

6. "基线函数"结果分析

在结果表"Cox 回归/胃癌患者"中包含"基线函数"选项卡，预测受检群体中给定个体的生存概率，如图 12-18 所示。根据表中的数值，绘制描述基线累积生存和基线累积风险曲线的图表"基线函数：Cox 回归/胃癌患者"，结果如图 12-19 所示。

	A t	B α	C 基线累积风险	D 基线累积生存
1	0.000	1.000	0.000	1.000
2	3.000	0.800	0.223	0.800
3	5.000	0.258	1.579	0.206
4	6.000	0.349	2.632	0.072
5	7.000	0.573	3.189	0.041
6	8.000	1.669e-004	11.887	6.882e-006
7	9.000	1.214e-011	37.021	8.354e-017
8	10.000	1.881e-005	47.902	1.572e-021
9	11.000	1.553e-016	84.304	2.440e-037
10	18.000	0.000	84.304	2.440e-037

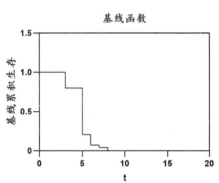

图 12-18　Cox 回归结果"基线函数"选项卡　　　　图 12-19　图表"基线函数：Cox 回归/胃癌患者"

7. "参数协方差"结果分析

在结果表"Cox 回归/胃癌患者"中包含"参数协方差"选项卡，如图 12-20 所示。协方差的绝对值越大，两个变量的相互影响越大。如果把这些参数标准化到[-1,1]之间，称为相关系数。Prism 还将生成相关性的热图：图表"参数协方差：Cox 回归/胃癌患者"，结果如图 12-21 所示。

Cox 回归 参数协方差	A β1	B β2	C β3
1　β1	1.000	-0.28136729640395	-0.0047921029655
2　β2	-0.281	1.00000000000000	-0.1529897529257
3　β3	-0.005	-0.15298975292570	1.0000000000000

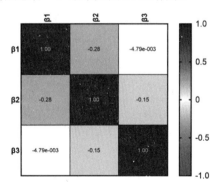

图 12-20　"参数协方差"选项卡　　　　图 12-21　图表"参数协方差：Cox 回归/胃癌患者"

8. 保存项目

单击"文件"功能区中的"保存"按钮，或按 Ctrl+S 键，直接保存项目文件。